KUHMINSA

한 발 앞서나가는 출판사, 구민사
독자분들도 구민사와 함께 한 발 앞서나가길 바랍니다.

구민사 출간도서 中 수험서 분야

- 용접
- 자동차
- 조경/산림
- 품질경영
- 산업안전
- 전기
- 건축토목
- 실내건축

- 기술사
- 기계
- 금속
- 환경
- 보일러
- 가스
- 공조냉동
- 위험물

전문가를 위한 첫걸음, 구민사는 그 이상을 봅니다!

전국 도서판매처

- 일산남부서점
- 포항학원사
- 안산대동서적
- 울산처용서림
- 대구북앤북스
- 창원그랜드문고
- 대구하나도서
- 순천중앙서점
- 부산브레인박스
- 광주조은서림

www.kuhminsa.co.kr

자격증 시험 접수부터 자격증 수령까지!

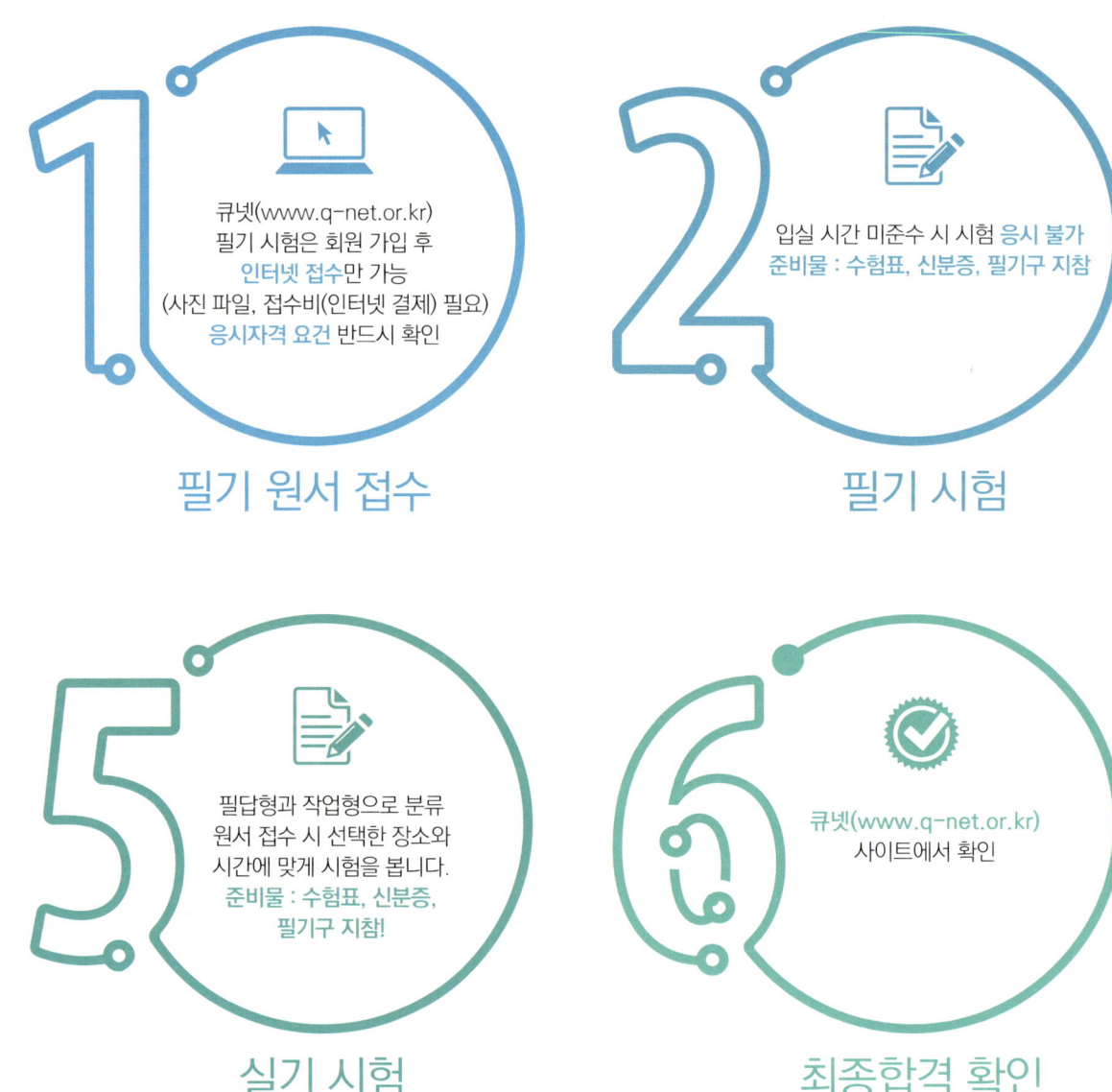

1. 필기 원서 접수
큐넷(www.q-net.or.kr)
필기 시험은 회원 가입 후
인터넷 접수만 가능
(사진 파일, 접수비(인터넷 결제) 필요)
응시자격 요건 반드시 확인

2. 필기 시험
입실 시간 미준수 시 시험 응시 불가
준비물 : 수험표, 신분증, 필기구 지참

5. 실기 시험
필답형과 작업형으로 분류
원서 접수 시 선택한 장소와
시간에 맞게 시험을 봅니다.
준비물 : 수험표, 신분증,
필기구 지참!

6. 최종합격 확인
큐넷(www.q-net.or.kr)
사이트에서 확인

전문가를 위한 첫걸음, 구민사는 그 이상을 봅니다!

상시시험 12종목
굴착기운전기능사, 지게차운전기능사, 미용사(일반), 미용사(피부), 미용사(네일)
미용사(메이크업), 조리기능사(양식, 일식, 중식, 한식), 제과·제빵기능사

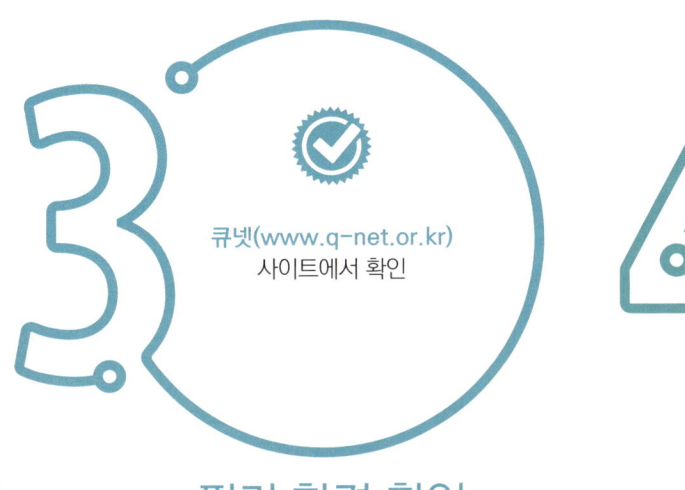

필기 합격 확인

큐넷(www.q-net.or.kr)
사이트에서 확인

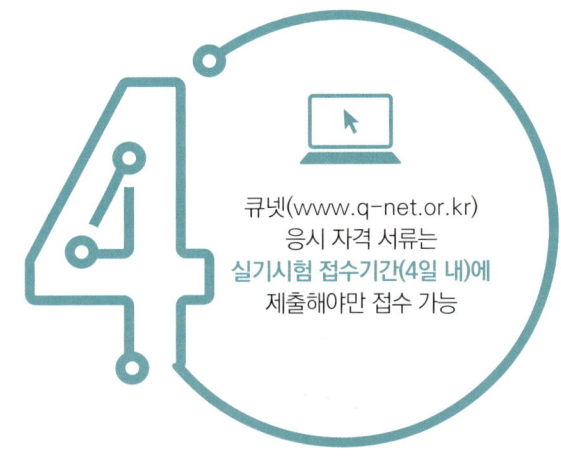

실기 원서 접수

큐넷(www.q-net.or.kr)
응시 자격 서류는
실기시험 접수기간(4일 내)에
제출해야만 접수 가능

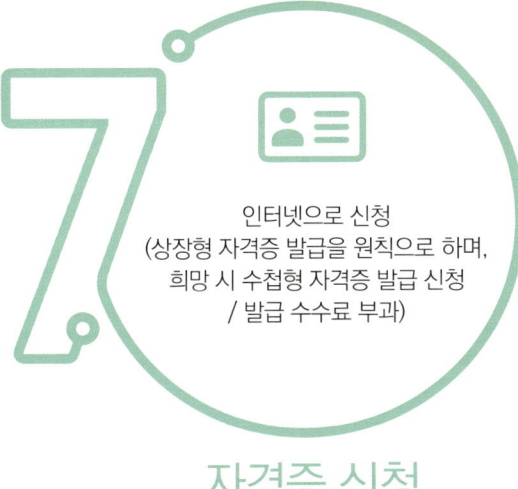

자격증 신청

인터넷으로 신청
(상장형 자격증 발급을 원칙으로 하며,
희망 시 수첩형 자격증 발급 신청
/ 발급 수수료 부과)

자격증 수령

인터넷으로 발급(출력)
(수첩형 자격증 등기 수령 시
등기 비용 발생)

추천사

추천사

기계설계분야에 입문하시는 여러분들에게 추천하는 본 교재는 오랜 기간의 합격 Know-how를 충분히 수록하였으므로 자격 취득의 지름길로 안내하여 드릴 것입니다.
본 교재는 모든 분들에게 합격의 기쁨을 드릴 수 있음을 확신합니다.

추천사를 쓰신 이승우 학교장님은 1990년 한국일보에 국가기술자격증 최다 보유자로(당시 21개 종목) 발표된 이래 2001(당시 28개 종목)까지 10년 넘게 국가기술자격증 국내 최다 보유자를 위치를 지켜왔습니다.

[주요약력]
- 1994.10(동아일보) 제16회 기능장 시험에서 전국수석(평균88점)
- 주요일간지(중앙, 조선, 동아, 경향 外), TV(KBS, SBS, MBC), 라디오 등 인터뷰 및 출연

[주요강연 및 표창]
- 유네스코 국제직업박람회 및 대학 등 초청강연
- 교육부장관 표창(2회)

[현재]
- (인천)현대 CAD 디자인 직업전문 학교장
- 설계해석 전문기업 CLG 고문
- 3D프린터 기술·운용 자격시험센터 대표(인천, 경기)

머리말

이미 출간된 전산응용기계제도기능사(필기)에 이어 보다 짧은 기간에 핵심 요약 및 핵심 문제만으로 자격 시험에 합격하고자 하는 독자 여러분의 요구를 수렴하여 [DIY 전산응용기계제도기능사] 문제집을 출간하게 되었습니다.

본 교재의 특징은

1. 십수년 이상의 강단경력이 있는 각 과목 집필진에 의한 핵심 요약 및 문제풀이로 구성하였습니다.
2. 국가기술자격증 최다보유자(이승우)가 추천하는 전문 단기 수험서로서 최선을 다하였습니다.
3. 단기간 수험서로서 합격에 만전을 기하도록 하였습니다.

집필진의 노력에도 불구하고 미흡한 점이 눈에 띌 것이며 발견이 될 때마다 독자 여러분께서 조언을 해주시길 진심으로 부탁드립니다.

또한 항상 질문을 받을 수 있도록 집필진의 이메일을 공개하여 독자 여러분의 궁금증을 해결해 드리도록 노력하겠습니다.

이 책이 출판되기까지 바쁜 시간을 내어주신 집필진 교사 여러분과 도서출판 구민사 대표 조규백 사장님과 직원 여러분께 깊은 감사를 드립니다.

저자 일동

D-DAY 60 전산응용기계제도기능사 60일 합격 PLAN

(위의 플랜은 가장 이상적인 것이므로 참고하여 개인의 입장과 일정에 맞춰 준비하시기 바랍니다.)

월요일	화요일	수요일	목요일	금요일	토요일	일요일
D-60	D-59	D-58	D-57	D-56	D-55	D-54
			PART 1 & PART 2			
D-53	D-52	D-51	D-50	D-49	D-48	D-47
			PART 3 & PART 4			
D-46	D-45	D-44	D-43	D-42	D-41	D-40
			이론 복습			
D-39	D-38	D-37	D-36	D-35	D-34	D-33
		과년도 기출문제 & CBT 필기 시험 문제 풀이				
D-32	D-31	D-30	D-29	D-28	D-27	D-26
			문제 풀이 복습			

D-DAY 60 놓친 부분 다시보기

월요일	화요일	수요일	목요일	금요일	토요일	일요일
D-25	D-24	D-23 이론 복습 (O / X)	D-22	D-21	D-20	D-19 문제 풀이 (O / X)
D-18	D-17	D-16 이론 복습 (O / X)	D-15	D-14	D-13	D-12 문제 풀이 (O / X)
D-11	D-10	D-9 이론 복습 (O / X)	D-8	D-7	D-6	D-5 문제 풀이 (O / X)
D-4	D-3	D-2 이론 복습 (O / X)	D-1			

시험장 가기 전에 Tip

Q 계산기를 따로 가져가야 하나요?
A 시험을 치르는 PC에 설치된 계산기를 이용하실 수 있습니다.(개인 계산기 지참 가능)

Q PC로 시험을 치르면 종이는 못 쓰나요?
A 시험장에서 필요한 사람에 한해 종이를 제공합니다. 시험장마다 상황이 다를 수 있으니 전화로 해당 시험장의 상황을 파악해보시길 권장합니다. 이 때 시험이 끝나고 종이 반납은 필수입니다.

DIY 쌤이 추천하는 30일 합격하기 PLAN

`전산응용기계제도기능사`

제1과목 기계재료
1. 기계재료의 개요와 재료의 역학관계 정리하기
2. 철강재료의 제조법, 열처리, 특수강, 주철의 종류와 특성, 특수용 특수강의 종류와 특성 정리하기
3. 비철금속재료의 종류와 제조법 정리하기
4. 신소재와 3D 프린팅 재료의 종류와 특성 정리하기
※ 단원이 끝나면 단원별 문제 풀이 후 중요 부분 내용 암기하기

제 2과목 기계공작법
1. 수기가공 및 정밀측정의 기계공작일반의 공작기계의 특성 및 구조 정리하기
2. 선반의 종류, 선반의 작업, 드릴링머신의 종류와 특성, 보링머신의 종류와 특성 정리하기
3. 세이퍼, 슬로터, 플레이너, 브로우치의 구조 및 작업특성 정리하기
4. 밀링머신의 종류와 구조, 가공법, 분할대 활용. 연삭 및 연삭기 종류와 특성 및 , 기어 가공 방식 정리하기
5. 정밀입자 및 특수 가공과 안전관리 정리하기
※ 단원이 끝나면 단원별 문제 풀이 후 중요 부분 내용 암기하기

제 3과목 기계제도
1. 기계제도의 개요, 투상법, 단면법, 치수 기입법, 기계재료 표시 정리하기
2. 표면거칠기와 치수공차, 끼워맞춤, 기하공차 정리하기
3. 스케치 및 전개도 기계요소의 제도 정리하기
※ 단원이 끝나면 단원별 문제 풀이 후 중요 부분 내용 암기하기

제 4과목 기계요소
1. 재료역학과 결합용 기계요소 정리하기
2. 축계 기계요소 정리하기
3. 전동용 기계요소 정리하기
4. 제동 및 완충용 기계요소와 관계기계요소를 정리하기
※ 단원이 끝나면 단원별 문제 풀이 후 중요 부분 내용 암기하기

D-10 과년도 문제 및 CBT 문제 풀이

D-4 과년도 문제와 CBT 문제는 처음 보는 문제와 자주 틀리는 문제를 위주로 집중 복습하기

교재에 표시된 ★표시된 부분을 위주로 정독하면서 정리하기

CONTENTS

※ p : 키워드 페이지

SECTION 01 기계재료

01. 기계 재료의 개요 ... 3
   1. 기계 재료 총론 ... 3
   2. 금속의 응고와 결정 검사 ... 6

02. 철강재료 ... 8
   1. 선철 제조 시의 재료 ... 8
   2. 강 제조 ... 8
   3. 철과 강의 분류 ... 8
   4. 순철 ... 8
   5. 탄소강의 종류 및 특성 ... 9
   6. 강의 열처리 ... 10
   7. 특수강(합금강) ... 12
   8. 주철(CAST IRON) ... 15

03. 비철금속재료 ... 17
   1. 구리와 구리 합금 ... 17

04. 신소재 ... 22
   1. 그래핀(Graphene) ... 22
   2. 나노튜브(Carbon nanotubes) ... 23
   3. 메타물질(Metamaterials) ... 23
   4. 청정에너지 소재 ... 23
   5. 생체적합성 소재
     (Biocompatible materials) ... 17
   6. 스마트 소재(Smart materials) ... 23

05. 3D 프린팅 재료 ... 23

◆ 단원별 출제예상문제 ... 24

SECTION 02 기계공작

01. 수기가공 및 정밀측정 ... 31
   1. 손 다듬질(수기가공) ... 31
   2. 정밀 측정 ... 33

02. 기계 공작 일반 ... 36
   1. 공작기계의 분류 ... 36
   2. 공작기계의 기본운동 ... 36
   3. 절삭 가공 ... 37
   4. 절삭 공구 재료 ... 38
   5. 절삭유 ... 40

03. 선반 ... 40
   1. 선반의 구조 ... 40
   2. 선반 크기의 표시 ... 41
   3. 선반용 부속품 ... 41
   4. 선반의 종류 ... 42
   5. 선반 작업 ... 43

04. 드릴링, 보링 ... 46
   1. 드릴링 머신 ... 46

05. 셰이퍼, 슬로터, 플레이너, 브로치 ... 48
   1. 셰이퍼(형삭기) – SH ... 48
   2. 슬로터 및 플레이너 ... 48
   3. 브로칭 가공 – BR ... 49

SECTION 02 기계공작

06. 밀링 — 49
   1. 밀링머신(Milling M/C)의 종류 — 49
   2. 밀링 머신의 구조 및 가공분야 — 49
   3. 밀링 머신의 크기 표시 — 49
   4. 밀링 가공 — 50
   5. 분할법 — 50

07. 연삭 및 기어가공 — 51
   1. 연삭기 — 51
   2. 기어가공 — 54

08. 정밀입자 및 특수가공 — 55
   1. 정밀 입자 가공 — 55
   2. 특수가공 — 55

09. 안전관리 — 57
   1. 일반 안전 — 57
   2. 기계 안전 — 57

   ◆ 단원별 출제예상문제 — 59

SECTION 03 기계제도

01. 제도법 — 65
   1. 제도 총칙 — 65
   2. 기계제도 통칙 — 65
   3. KS의 분류 기호 — 65
   4. 기계제도의 일반사항 — 65
   5. 도면의 크기 — 65
   6. 도면의 양식 — 65
   7. 도면의 척도 — 66
   8. 도면의 문자 — 67
   9. 선의 종류 및 용도 — 67

02. 투상도 및 단면법 — 68
   1. 투상법의 종류 — 68
   2. 정투상도 — 69
   3. 투상법의 기호는 표제란 또는 그 근처에 나타낸다. — 69
   4. 투상도의 선택 — 69
   5. 그 밖의 투상도 — 70
   6. 단면법의 종류 — 72
   7. 단면으로 표시하지 않는 부품 — 74
   8. 도형의 생략 — 74
   9. 2개 면의 교차부분의 표시 — 74

03. 치수기입법과 재료표시 — 75
   1. 치수기입의 원칙 — 75
   2. 치수 수치의 표시방법 — 76
   3. 치수 기입 방법 — 77
   4. 치수의 배치 — 77
   5. 치수문자기입 — 78
   6. 치수 표시 기호 — 79
   7. 치수 기입 — 79
   8. 재료 표시법 — 81

CONTENTS

※ p : 키워드 페이지

SECTION 03 기계제도

04. 표면거칠기와 끼워맞춤	**81**
1. 표면 거칠기	81
2. 치수 공차	83
3. 기하 공차	86
05. 스케치 및 전개도	**88**
1. 스케치	88
2. 도형의 스케치 방법	88
3. 전개도 작성법	89
06. 기계요소제도	**89**
1. 나사(Screw)	89
2. 핀, 키이	91
3. 리벳 및 용접	93
4. 축계 기계요소의 제도	95
5. 전동용 기계요소의 제도	95
6. 스프링 제도법	97
7. 관계 기계요소의 제도법	98
8. 시스템 일반	100
9. 3D 형상 모델링 출력 및 데이터 관리	100
◆ 단원별 출제예상문제	102

SECTION 04 기계요소

01. 재료역학	**111**
1. 응력과 변형률	111
02. 결합용 기계요소	**115**
1. 나사	115
2. 볼트와 너트(Bolt & Nut)	117
3. 키, 핀, 코터	118
4. 리벳 및 용접	121
03. 축계 기계요소	**122**
1. 축(Shaft)	122
2. 베어링과 저널	123
3. 축 이음	126
04. 전동용 기계요소	**127**
1. 마찰차	127
2. 기어	128
3. 벨트 전동	131
05. 제동 및 완충용 기계요소	**133**
1. 브레이크	133
2. 스프링	134
06. 관계요소	**136**
1. 밸브와 콕	136
◆ 단원별 출제예상문제	137

SECTION 05 과년도 기출문제

2015
1회 과년도 기출문제 — 145
2회 과년도 기출문제 — 154
4회 과년도 기출문제 — 162
5회 과년도 기출문제 — 170

2016
1회 과년도 기출문제 — 178
2회 과년도 기출문제 — 187
4회 과년도 기출문제 — 195

2017
1회 과년도 기출문제 — 203
2회 과년도 기출문제 — 211

2018
1회 과년도 기출문제 — 219

SECTION 06 필기 CBT 시행문제

제1회 필기 CBT 시행문제 — 229
◆ 정답 및 해설 — 235

제2회 필기 CBT 시행문제 — 240
◆ 정답 및 해설 — 246

제3회 필기 CBT 시행문제 — 250
◆ 정답 및 해설 — 256

제4회 필기 CBT 시행문제 — 261
◆ 정답 및 해설 — 268

제5회 필기 CBT 시행문제 — 270
◆ 정답 및 해설 — 276

제6회 필기 CBT 시행문제 — 281
◆ 정답 및 해설 — 288

제7회 필기 CBT 시행문제 — 293
◆ 정답 및 해설 — 299

제8회 필기 CBT 시행문제 — 305
◆ 정답 및 해설 — 311

제9회 필기 CBT 시행문제 — 316
◆ 정답 및 해설 — 322

제10회 필기 CBT 시행문제 — 326
◆ 정답 및 해설 — 332

제11 필기 CBT 시행문제 — 336
◆ 정답 및 해설 — 343

제12회 필기 CBT 시행문제 — 347
◆ 정답 및 해설 — 353

이 책의 구성과 특징

01 체계적인 핵심 요약 & 출제예상문제 수록

- 각 단원마다 체계적으로 핵심만을 요약하여 수록하였습니다.
- 이론 중간중간의 예제문제로 앞서 배운 이론을 한 번 더 짚고 넘어갈 수 있게 하였습니다.
- 단원별로 출제예상문제와 상세한 해설을 수록하여 실전시험에 대비하였습니다.

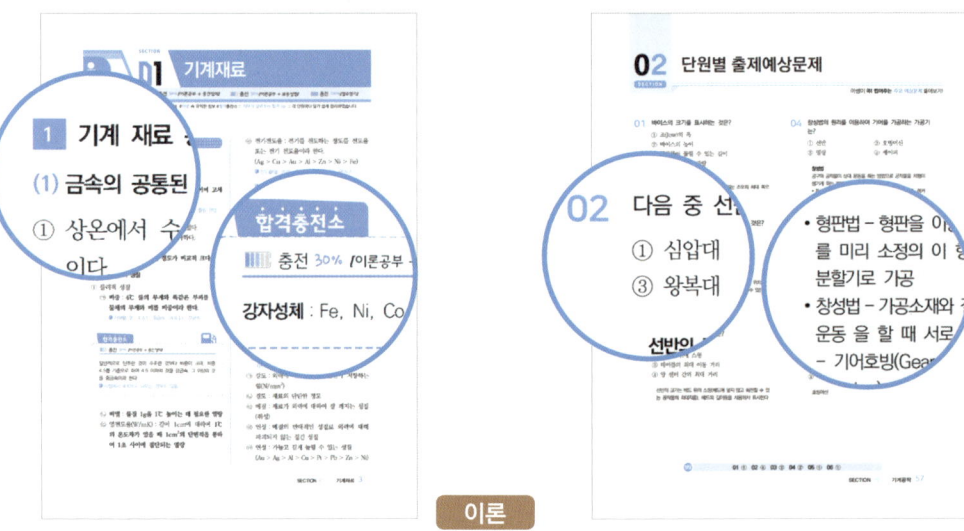

이론　　　　　　　　　　　　　　출제예상문제

02 알고 공부하면 편한 #키워드

- 각 단원마다 #키워드를 추출하여 효율적인 학습이 가능하도록 하였습니다.

03 과년도 기출문제 & CBT 필기 시행문제 수록

• 과년도 기출문제 & CBT 필기 시행문제, 해설을 수록하여 실전시험에 대비하였습니다.

과년도 기출문제

CBT 필기 시행문제 & 해설

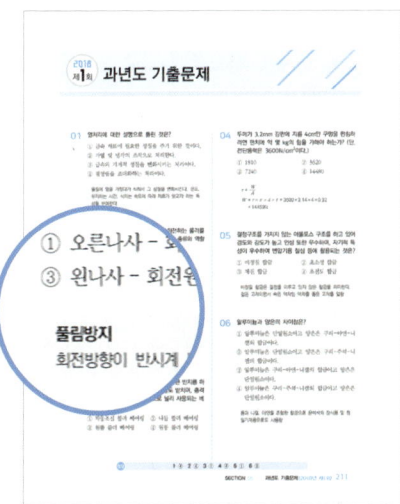
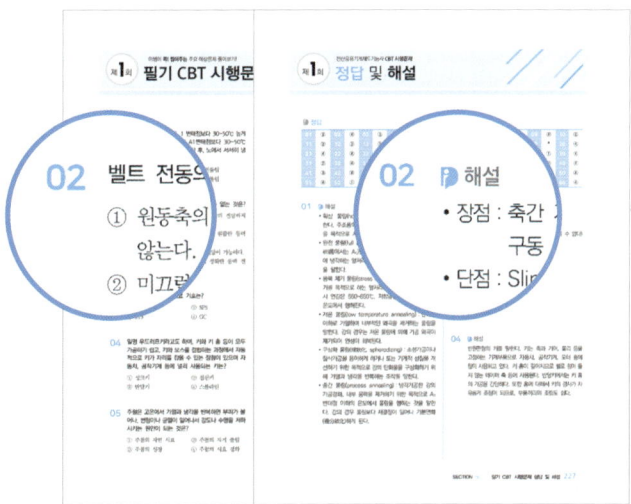

※ **CBT 시행문제란?**
2016년 5회부터 반영되는 CBT시행에 따라 저자께서 수검자들의 도움으로 최대한 유형에 가깝게 복원한 문제입니다.
앞으로도 높은 적중률을 위해 노력하겠습니다.

출제기준 & 시험정보 – 전산응용기계제도기능사 필기

직무분야	기계	중직무분야	기계제작	자격종목	전산응용기계제도기능사	적용기간	2026.1.1~ 2028.12.31
직무내용	산업체에서 제품개발, 설계, 생산기술 부문의 기술자들이 기술정보를 목적에 따라 산업표준 규격에 준하여 도면으로 표현하는 업무를 수행하는 직무이다.							
필기검정방법	객관식	문제수	60	시험시간	1시간			

필기과목명	문제수	주요항목	세부항목
기계설계제도	60	1. 2D도면작업	1. 작업환경 설정
			2. 도면작성
			3. 기계 재료 선정
		2. 2D도면관리	1. 치수 및 공차 관리
			2. 도면출력 및 데이터 관리
		3. 3D형상모델링 작업	1. 3D형상모델링 작업 준비
			2. 3D형상모델링 작업
		4. 3D형상모델링 검토	1. 3D형상모델링 검토
			2. 3D형상모델링 출력 및 데이터 관리
		5. 기계제작	1. 기계제작의 이해
		6. 기본측정기 사용	1. 작업계획 파악
			2. 측정기 선정
			3. 기본측정기 사용
		7. 조립도면해독	1. 부품도 파악
			2. 조립도 파악
		8. 체결요소설계	1. 요구기능 파악 및 선정
			2. 체결요소 선정
			3. 체결요소 설계
		9. 동력전달요소설계	1. 요구기능 파악 및 선정
			2. 동력전달요소 설계

[취득방법]

① 시행처 : 한국산업인력공단

② 관련학과 : 실업계 고등학교의 기계관련학과

③ 시험과목
- 필기 : 기계설계제도
- 실기 : 기계설계제도 실무

④ 검정방법
- 필기 : 객관식 4지 택일형 60문항(60분)
- 실기 : 작업형(5시간 정도, 100점)

⑤ 합격기준
- 필기·실기 : 100점을 만점으로 하여 60점 이상

[시험수수료]

필기 : 14,500원 / 실기 : 23,300원

DO IT
YOURSELF

기계재료

#SECTION 01

#키워드

#기계 총론 #재료시험 #철강 재료 #비철금속재료 외

SECTION 01 기계재료

01 기계 재료의 개요

1 기계 재료 총론

(1) 금속의 공통된 성질

① 상온에서 수은(Hg)을 제외하고 **결정체이며 고체**이다.
  > 시험에서, 모든 금속은 상온에서 고체이다 하면 틀린 것임. 수은은 상온에서 액체임.
② 빛을 잘 반사하며 특유의 광택이 있다.
③ **연성과 전성이 커서 가공이 용이하다.**
④ 열 및 전기에 양도체이다.
⑤ 용융점이 높고 **비중 및 경도가 비교적 크다.**

(2) 금속 재료의 성질

① 물리적 성질
  ㉠ 비중 : 4℃ 물의 무게와 똑같은 부피를 가진 물체의 무게와 비를 비중이라 한다.
    > 기억할 것 : 4.5↑ - 중금속, (4.6↓) - 경금속

  [합격충전소] 충전 30% /이론공부 + 중간정리/
  일반적으로 단조한 것이 주조한 것보다 비중이 크며, 비중 4.5를 기준으로 하여 4.5 이하의 것을 경금속, 그 이상의 것을 중금속이라 한다.
  > 시험에서 4.6으로 나오는 경우도 있음

  ㉡ 비열 : 물질 1g을 1℃ 높이는 데 필요한 열량
  ㉢ 열전도율(W/mK) : 길이 1cm에 대하여 1℃의 온도차가 있을 때 $1cm^2$의 단면적을 통하여 1초 사이에 절단되는 열량
  ㉣ 전기전도율 : 전기를 전도하는 정도를 전도율 또는 전기 전도율이라 한다.
    (Ag > Cu > Au > Al > Zn > Ni > Fe)
    > 전도율(열·전기) : 은(Ag) > 구리(Cu) > 금(Au) > 알루미늄(Al)
    > 전연성(전성·연성) : 금(Au) > 은(Ag) > 알루미늄(Al) > 구리(Cu)
  ㉤ 자기적 성질 : 금속을 자기장 속에 놓으면 유도 작용에 의해서 자화되는 성질(강자성체라 한다.)

  [합격충전소] 충전 30% /이론공부 + 중간정리/
  강자성체 : Fe, Ni, Co

  ㉥ 선팽창계수 : 물체의 단위 길이에 대하여 온도가 1℃ 상승하였을 때 팽창된 길이와 원래 길이와의 비 선팽창 계수가 큰 것(Pb > Mg > Al > Zn), 작은 것(Ir > W > Mo)
    > Pb(납) : 반드시 외울 것

② 기계적 성질
  > 물리적 성질과 기계적 성질 둘 다 외울 것
  > 예) 물리적 성질에는 강·경도, 피로, 크리프, 자성이 있음 (단, 자성(자기적 성질)은 제외)
  ㉠ 강도 : 외력에 대해 재료의 단면이 저항하는 힘(N/mm^2)
  ㉡ 경도 : 재료의 단단한 정도
  ㉢ 메짐 : 재료가 외력에 대하여 잘 깨지는 성질 (취성)
  ㉣ 인성 : 메짐의 반대적인 성질로 외력에 대해 파괴되지 않는 질긴 성질
  ㉤ 연성 : 가늘고 길게 늘릴 수 있는 성질
    (Au > Ag > Al > Cu > Pt > Pb > Zn > Ni)

ⓑ 전성 : 얇은 판으로 펴질 수 있는 성질
  (Au > Ag > Pt > Fe > Ni > Cu > Zn)
ⓐ 피로 : 작은 힘의 반복 작용에 의해 재료가 파괴되는 현상
ⓞ 크리프 : 재료를 고온에서 장시간 외력을 가하면 시간의 흐름에 따라 변형이 증가하는 현상
  📌 피로는 반드시 반복하중이 있어야 발생하고 피로한도 내에서는 재료는 영구히 파괴되지 않는다.

③ 화학적 성질
  ㉠ 내식성 : 금속이 산, 알칼리, 염류 등의 부식에 대한 저항력
  ㉡ 내열성 : 금속이 높은 온도에서 금속의 물리 기계적 성질 등의 변화가 없는 성질

④ 제작상 성질
  ㉠ 주조성 : 금속의 가용성을 이용하여 금속이나 합금을 녹여 이것을 주형에 주입하여 여러 가지의 기계 부품인 주물을 만들 수 있는 성질
  ㉡ 소성 가소성 : 재료가 외력을 받는 정도에 따라 여러 모양으로 변형되는 성질
  ㉢ 절삭성 : 절삭 공구에 의하여 재료가 깎여 나가는 성질
  ㉣ 용접성 : 재료가 용접이 좋고 나쁨을 나타내는 성질

(3) 재료 시험

기계적 성질을 시험하는 방법에는 경도시험, 인장시험, 압축시험, 굽힘시험, 전단, 비틀림, 충격시험, 피로시험, 마멸시험 등이 있다.

📌 파괴시험 → 경도시험, 인장시험, 압축시험, 굽힘시험, 전단, 비틀림, 충격시험, 피로시험, 마멸시험
📌 파괴시험과 비파괴시험 구분은 재료의 손상유무로 구분한다.

① 인장 강도 시험

재료에 외력이 정적으로 작용하여 재료가 파단되려고 할 때 재료 단면의 단위 면적에 대한 최대 저항력을 인장강도라고 한다.

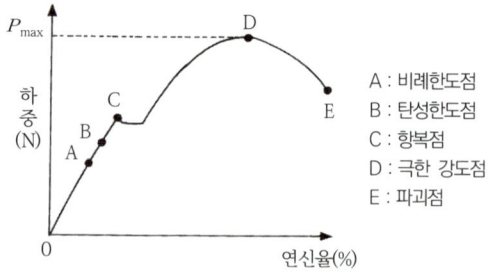

A : 비례한도점
B : 탄성한도점
C : 항복점
D : 극한 강도점
E : 파괴점

① **인장강도**

$$\sigma_t = \frac{P_{max}}{A_0} \text{[N/mm}^2\text{]}$$

📌 연신율은 $\frac{변화량}{길이}$ 이라 할 수 있으므로 $\frac{\lambda}{\ell}$ 라고도 표현한다.

② **연신율**

$$\epsilon = \frac{\text{시험 후 늘어난 거리}}{\text{표적거리}} = \frac{l - l_0}{l_0} \times 100[\%]$$

③ **단면 수축률**

$$\varnothing = \frac{\text{시험 후 단면적 차이}}{\text{원단면적}} = \frac{A_0 - A}{A_0} \times 100[\%]$$

- P_{max} : 최대 하중[N]
- l_0 : 표점 거리[mm]
- A_0 : 원 단면적[mm²]
- l : 파괴 시 표점 거리[mm]
- A : 파괴 시 단면적[mm²]

(4) 경도 시험

📌 매번 시험에 나올 정도로 중요함.

① 브리넬 경도(H_B) : **지름이 D인 강구로 하중 P로 압입 후 하중을 표면적으로 나눈 값**

$$H_B = \frac{하중}{표면적} = \frac{P}{\pi dt} \text{[N/mm}^2\text{]}$$

- m : 하중
- t : 압입 깊이
- D : 강구 외지름

📌 브리넬 경도 : 표면적으로 계산
  비커스 경도 : 표면적으로 계산
  로크웰 경도 : 깊이로 계산
  쇼어 경도 : 비파괴 시험으로 계산(반드시 외울 것)

② 비커스 경도(H_v) : **대면각이 136°인 다이아몬드 피라미드를 사용** 1~120kg 사용

$$H_v = \frac{하중}{표면적} = \frac{1.854P}{d^2} [\text{N/mm}^2]$$

- d : 압입 자국의 대각선 길이

③ 로크웰 경도(H_RC, H_RB)
  ㉠ H_RC : 꼭지각이 120°인 다이아몬드 원뿔을 사용
  $$H_RC = 100 - 500h (시험하중\ 150\text{kgf})$$
  ㉡ H_RB : 지름이 1.588(1/16″)인 강구를 사용
  $$H_RB = 130 - 500h (시험하중\ 100\text{kgf})$$
  - h : 압입 자국의 깊이

④ 쇼어 경도(H_s)
  낙하체를 이용한 반발경도(e)
  $$H_s = \frac{10,000}{65} \times \frac{h}{h_0}$$
  - h : 튀어오른 반발 높이   - h_0 : 낙하높이

(5) 충격 시험
🅟 충격시험의 목적 : 인성과 취성(메짐)이란 말이 매우 중요함.

인성과 메짐을 시험하기 위한 시험법이다.
$$E = WR(\cos\beta - \cos\alpha)[\text{N}\cdot\text{m}]$$
$$U = \frac{E}{A} = \frac{WR(\cos\beta - \cos\alpha)}{A}[\text{N}\cdot\text{m/cm}^2]$$

- E : 충격 에너지   - U : 충격 값

🅟 최소한 이 공식은 외울 것 : $U = \frac{E}{A}$

(6) 피로 시험
🅟 반복하중이란 말이 나와야 함.(매우 중요)

재료의 안전 하중 상태에서도 **작은 힘이 계속적으로 반복하여** 재료에 파괴를 일으키는 것을 피로 시험이라 한다.

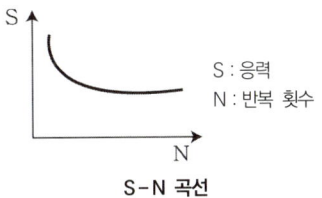

S-N 곡선

S : 응력
N : 반복 횟수

(7) 크리프 시험
🅟 시간, 온도, 변형의 관계임

재료에 인장 강도보다 작은 하중을 일정 온도에서 오랜 시간 가해주면 재료가 점차 늘어나서 파괴된다. 이러한 성질은 온도가 높을수록 발생하기 쉬우며, 용융점이 낮은 금속은 상온에서도 생긴다. 이러한 현상을 크리프(CREEP)라 한다.

(8) 비파괴 시험
🅟 비파괴 시험의 종류 : 자분 탐상법, 타진법, 침투 탐상법, 초음파 탐상법, 방사선 투과법

재료의 시험은 일반적으로 파괴하여 시험하지만 제품의 원형을 유지하고 재료 그 자체에 대하여 균열, 또는 그 밖의 결함을 확인하기 위하여 시험한다.

종류	설명
자분 탐상법	재료를 자화시켜 결함 검출. 상자성체만 가능(자석에 붙는 성질)
타진법	두드려서 소리로 검사
침투 탐상법	형광 침투제(자외선으로 검출) 등으로 결함 조사(암실에서 형광물질 이용)
초음파 탐상법	초음파의 반사파나 진동으로 결함 검출
방사선 투과법	x선, γ선을 투과하여 검출, 용접부의 불량, 주물의 공극, 재료의 내부균열, 섬유조직 등을 검출

(9) 조직 검사
① 매크로 조직 검사
   10배 이내의 확대경을 사용하거나 육안으로 직접 관찰하여 금속 조직의 결함을 확인한다.
   ㉠ 균열, 기공, 편석 등의 결함
   ㉡ 기계가공에 의한 재료의 상태
   ㉢ 결정 입자의 크기와 형태
   ㉣ 수지상 결정의 발달 방향 및 크기
   ㉤ 검사 종류 : 파단면 검사법, 설퍼 프린트법, 매크로 부식법

합격충전소

 충전 30% [이론공부 + 중간정리]

차축, 크랭크축의 커넥팅로드, 스프링에서 자주 일어남

합격충전소

▎▎▎ 충전 50% *[이론공부 + 보충설명]*

설퍼 프린트법
강철 중에 함유된 탄화물의 함량이나 분포상태를 검출하는데 요령은 2%의 희유산액에 적신 사진용 브로마이드지를 단면에 붙였다가 떼어내면 유황의 편석부에 상당하는 부분이 갈색으로 변색되어 묻어 나오는 것을 보고서 측정한다.

📌 비파괴 검사는 내부응력을 검사할 수가 없음

② 현미경 조직 검사
금속 현미경을 이용하여 고배율로 확대하여 금속 조직의 결함을 확인한다.

예제 1

재료에 함유된 탄화물의 함량이나 황의 분포상태를 검출하는데 사용하는 방법은 무엇인가? (2%의 희유산액에 적신 브로마이드지를 붙여서 테스트)

① 설퍼 프린트법 ② 매크로검사법
③ 침투탐상법 ④ 타진법

 정답 ①

설퍼프린트법 – 철 중에 함유된 탄화물의 함량이나 분포상태를 검출하는 방법으로 2%의 희유산으로 적신 사진용 브로마이드지를 금속 표면에 붙였다가 떼어내면 갈색(유황의 편석부)으로 변색된 것이 묻어 나오는 것을 보고 측정한다.

---

2 금속의 응고와 결정 검사

(1) 금속의 응고

📌 냉각 속도가 빠르면 결정은 미세해지고 조직은 조밀해지고 냉각속도가 느리면 결정체는 커진다.

용융한 금속이 냉각될 때, 응고점 이하로 온도가 내려가면 용융금속 중의 소수의 원자가 규칙적인 배열을 하여 매우 작은 결정핵을 만든다. 생성된 결정핵이 성장하여 수지상 결정을 형상하고 중심부로 향하여 성장하여 주상 결정을 만들며 응고된다.

(2) 결정 격자

결정이란 3차원 공간에서 규칙적으로 배열된 원자의 집합체를 말한다.

① 체심입방격자(BCC) : **전연성이 작고 기계적인 강도가 매우 우수한 결정격자**이다.
　예 Cr, α-Fe, Mo, W, V, δ-Fe
② 면심입방격자(FCC) : **전성, 연성이 우수하여 전기 전도도가 크며 가공성이 좋은 결정격자**이다.
　예 Al, γ-Fe, Ni, Cu, Ag, Pb
③ 조밀육방격자(HCP) : 강도 및 전연성, 점성이 조금 떨어지는 결정 격자이다.
　예 Cd, Co, Mg, Zn, Ti, Ce

예제 2

금속의 결정구조에서 체심입방격자의 금속으로만 이루어진 것은?

① Au, Pb, Ni ② Zn, Ti, Mg
③ Sb, Ag, Sn ④ Ba, V, Mo

 정답 ④

체심 입방 격자(BCC) : 융점↑, 강도 大 (소속원자수 : 2개, 배위수〈인접원자수〉: 8개)
Cr, W, Mo, V, Li, Na, Ta, K, α-Fe, δ-Fe

---

(3) 고용체

📌 고용된 입자가 크면 치환이 되고, 고용된 입자가 작으면 침입이 발생

다른 성분의 금속이 융합 상태로 되어 각 성분 금속을 기계적인 방법으로 구분할 수 없을 때를 말한다.

① **침입형 고용체** : 성분 금속의 결정격자 중에 다른 원자가 침입된 것을 말한다.
  📄 일반적으로 18k(합금)가 24k(순금)보다 경도가 높은 이유는 고용경화현상 때문이다.
② **치환형 고용체** : 성분의 원자가 다른 성분 금속의 결정격자의 원자와 위치가 바뀐 형식을 말함
③ **규칙 격자형 고용체** : 치환형 고용체 중 두 성분의 원자가 규칙적으로 치환된 배열을 가지는 것

(4) 금속간 화합물
서로 다른 금속이 화학적으로 결합하여 다른 성질을 가지는 독립된 화합물로 특징은 경도가 높고 내마멸성이 우수하다.

① **공정** : 2개의 용융된 금속이 응고 시 일정한 온도에서 액체로부터 두 종류의 성분 금속이 일정한 비율로 동시에 정출하여 혼합된 조직
  📄 액체 ⇒ 고체 + 고체
      예 레데뷰라이트 ⇒ γ-Fe + Fe_3C
② **공석** : 일정한 온도에서 하나의 고용체로부터 두 종류의 고체가 일정한 비율로 동시에 석출하여 생긴 혼합물
  📄 고용체 ⇒ 고체 + 고체
      예 펄라이트 ⇒ α-Fe + Fe_3C
③ **포정반응** : 하나의 고체에 다른 융체가 작용하여 다른 고체를 형성하는 반응을 말한다.
  📄 A고체 + 액체 ⇒ B고체
④ **편정반응** : 하나의 액상에서 별개의 액상과 고용체를 동시에 생성하는 반응을 말한다.
  📄 A액체 ⇒ 고체 + B액체

(5) 금속의 소성 변형
① **소성변형** : 재료에 외력을 가했을 때 그 재료의 변형이 외력을 제거하여도 원상태로 돌아가지 않는 성질을 소성이라 하며, 이 변형을 소성변형(plastic deformation)이라 한다.
② **탄성변형** : 탄성한계 이내에서 가해진 외력을 제거하면 원형으로 돌아가는 일시적인 변형을 탄성변형(elastic formation)이라 한다.
③ **소성 변형의 원리**

㉠ **슬립(Slip)** : 결정 내의 일정면이 미끄럼 변화를 일으켜 이동하여 변형하는 것
㉡ **쌍정(Twin)** : 결정의 위치가 어떤 면을 경계로 대칭으로 변형하는 것
㉢ **전위(Dislocation)** : 결정 내의 결함이 있는 곳으로부터 변형이 시작되는 것

④ **소성 가공법** : 냉간 가공과 열간 가공으로 나눈다.
  📄 냉간가공과 열간가공의 기준점은 재결정온도이다.

냉간가공 ← 이하 — 재결정 온도 — 이상 → 열간가공

㉠ **냉간 가공**(cold working) : 재결정 온도 이하에서의 가공으로, 가공 경화로 경도와 인장강도는 증가되고 연신율은 저하된다.

> **합격충전소**
> ▮▮▮ 충전 50% /이론공부 + 보충설명/
> **냉간 가공의 장점**
> 치수의 정밀, 균일한 재질, 매끈한 표면을 얻을 수 있다.

㉡ **열간 가공**(hot working) : 재결정 온도 이상에서의 가공으로, 내부응력이 없으므로 가공이 용이하다.
  📄 냉간가공, 열간가공 반드시 외울 것(시험에 잘 나옴)

ⓐ **재결정 온도** : 금속을 적당한 온도로 가열하면 결정 속에 새로운 결정이 생겨나기 시작하는 온도
  📄 가공경화 ⇒ 강·경도 증가 / 연신율, 점성, 연성, 단면수축률 감소 / 원인-내부응력 증가(결손입자증가 ⇒ 해결방법(재결정 온도에서 풀림 실시) ⇒ 이것을 회복이라 한다.)
ⓑ **가공경화** : 가공도의 증가에 따라 내부능력이 증가되어 강도와 경도가 커지고 연신율이 작아지는 현상(**철사를 구부렸다 폈다를 반복하면 잘리는 현상**)
ⓒ **시효경화** : 가공이 끝난 후 시간이 지남에 따라 단단해지는(경화) 현상 두랄루민, 강철, 황동 등)
ⓓ **피니싱 온도** : 열간가공이 끝나는 온도

02 철강재료

1 선철 제조 시의 재료

① **철광석** : 자철광, 적철광, 갈철광, 능철광
  ▶ 시험에서 재료 외 대리석을 넣어서 잘 나옴. 대리석이 틀린 답임.
② **코크스** : 연료 및 환원제로 사용한다.
③ **석회석, 형석** : 용제로 사용된다.

2 강 제조

① 각종 로의 용량
  ▶ 철강제조법은 제선법(선출)과 제강법(강괴)으로 나눈다.
  ㉠ 용광로 : 1일 산출되는 선철의 무게를 톤(ton)으로 표시
  ㉡ 용선로 : 1시간당 용해량을 톤(ton)으로 표시
  ㉢ 전로, 평로, 전기로 : 1회에 생산되는 용강의 무게를 톤(ton)으로 표시
  ㉣ 도가니로 : 1회에 용해할 수 있는 구리의 무게

② 강괴
  ▶ 림드강 → 불완전탈산, 킬드강 → 완전탈산, 세미킬드강 → 중간탈산
  ㉠ **림드강** : 평로 또는 전로에서 정련된 용강을 페로망간으로 가볍게 탈산시킨 강
  ㉡ **킬드강** : 페로실리콘, 알루미늄 등의 강력 탈산제를 첨가하여 충분히 탈산시킨 강으로 기포와 편석은 없으나 표면에 헤어 크랙(hair crack)이 생기기 쉬우며, 또 상부에 수축관(shrinkage cavity, piping)이 생기므로, 이러한 부분을 제거하기 위하여 강괴의 상부를 10~20% 잘라 버린다.
  ㉢ **세미킬드강** : 림드강과 킬드강의 중간 정도로 탈산을 시킨 강
  • 헤어크랙의 원인 : 수소

3 철과 강의 분류

탄소 함유량으로 구분된다.

구분	탄소함유량	제조법	담금질	특성 및 용도
순철	0.02% 이하	전기분해법	안됨	연하고 약함, 전기재료
강	0.02~2.11%	제강로	잘됨	강도, 경도 큼, 기계재료
주철	2.11~6.68%	용선로	안됨	경도가 크나 잘 깨짐, 주물용

4 순철

(1) 순철의 성질

① 탄소의 함량이 0.02% 이하인 순도가 높은 철을 암코철, 전해철이라 한다.
② 기계 구조용으로 사용되는 일은 거의 없고 전기재료에 많이 사용한다.
  ▶ 순철의 동소체는 3개이다.(α, r, δ)
③ **비중 : 7.87, 용융점 : 1538℃**

(2) 순철의 변태

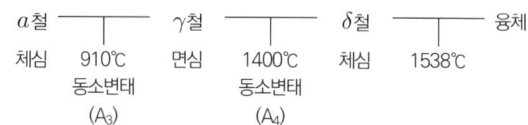

▶ 순철의 변태 : 동소변태(A_4 - 1400℃, A_3 - 910℃), 자기변태 (A_2 - 768℃)

① **동소변태** : 순철이 고체 내에서 원자의 배열이 변화하여 α철-γ철-δ철로 변하는 것을 말한다. A_3 변태점(910℃), A_4 변태점(1400℃)
② **자기변태** : 순철이 768℃에서 급격히 강자성체에서 상자성체로 되는데 이를 순철의 자기변태 또는 A_2 변태점이라 한다.
  ▶ 자기변태(퀴리)점

합격충전소

충전 50% /이론공부 + 보충설명/

자기변태(퀴리)점
- 철(Fe) – 768℃, 코발트(Co) – 1120℃
- 니켈(Ni) – 358℃ ⇒ 여기서 니켈만 동소변태를 안함

5 탄소강의 종류 및 특성

(1) 강의 기본조직

① 페라이트(ferrite) : α철에 탄소가 최대 0.02% 고용된 α고용체로, 대단히 연한 성질을 가지고 있어 전연성이 크며 A_2점 이하에서는 강자성체이다.

② 오스테나이트(austenite) : γ철에 탄소가 최대 2.11% 고용된 γ고용체로, 실온에서는 존재하기 어려운 조직이다. 인성이 크며 상자성체이다.

③ 시멘타이트(cementite) : 철에 탄소가 6.68% 화합된 철의 금속 간 화합물(Fe_3C)로 매우 단단하고 부스러지기 쉬운 조직이다.

④ 펄라이트(pearlite) : 0.77%C의 오스테나이트가 723℃ 이하로 냉각될 때 0.02%C의 페라이트와 6.68%C의 시멘타이트로 석출되어 생긴 공석강으로 강도가 크다.

⑤ 레데뷰라이트(ledeburite) : 4.3%C의 용융철이 1,148℃ 이하로 냉각될 때 2.11%C의 오스테나이트와 6.68%C의 시멘타이트로 정출되어 생긴 공정 주철 경도가 크고 메짐.

(2) 기계적 성질

▶반드시 외울 것 : 강·경도 증가, 전·연성 감소

① 탄소강의 탄소가 많을수록 변하는 성질
   ㉠ **강도, 경도가 크다.(공석 조직부근에서 최대)**
   ㉡ **인성과, 전성, 충격값에 감소한다.**
   ㉢ 용융점이 낮아지고 비중도 작아진다.
   ㉣ 담금질 효과가 커진다.
   ㉤ 가공변형이 어렵고 냉간가공은 되지 않는다.

② 탄소강의 고온 성질 : 탄소강도는 200 ~ 300℃에서는 상온일 때보다 오히려 메지게 된다. 이를 강의 청열 메짐이라 한다.

(3) 탄소강의 메짐

▶반드시 외울 것 : 청열 메짐, 적열 메짐

취성	온도	특성
저온 메짐	상온 이하	온도가 내려가면 강은 잘 깨지는 성질이 나타난다.
상온 메짐	상온	인(P)의 영향으로 충격값 감소, 냉간 가공 시 균열 발생
청열 메짐	200 ~ 300℃	강이 200~300℃에서 깨지는 성질이 나타난다.
적열 메짐	900℃ 이상	• 황(S)의 영향으로 단조 압연 시 균열이 발생 • Mn을 첨가하여 방지한다.
뜨임 메짐	500 ~ 650℃	• 담금질한 뒤 뜨임하면 충격값이 극히 감소하는 현상 • Mo(몰리브덴)을 첨가하여 방지한다.

(4) 탄소강에 함유된 원소의 영향

▶원소명 반드시 외울 것 : 탄소(C), 규소(Si), 망간(Mn), 인(P), 황(S)

철강의 5대원소 : **탄소(C), 규소(Si), 망간(Mn), 인(P), 황(S)**

원소명	영향
C(탄소)	강도·경도 증가, 인성·전성·충격값 감소, 담금질 효과 커짐, 냉간 가공성 저하
Si(규소)	강도·경도·주조성 증가, 연성·충격치 감소, 냉간 가공성 저하, 탄성한도 증가
Mn(망간)	강도·경도·인성·점성 증가, 연성 감소 억제, 황(S)의 해를 감소, 적열 메짐 예방, 주조성, 담금질성 효과 증가
P(인)	강도·경도 증가, 연신율 감소, 편석 발생, 냉간 가공성 저하, 저온메짐 원인
S(황)	강도·경도·연성·절삭성 증가, 충격치 저하, 용접성 저하, 적열메짐의 원인
H_2(수소)	헤어크랙(백점)의 발생

① 헤어크랙(Hair Crack) : H_2의 영향으로 금속 내부에 머리카락 같은 균열이 발생하는 현상
② Cu : 인장강도·탄성한도·내식성 증가, 압연 시 균열 원인

6 강의 열처리

강에 기계적 성질, 화학적 성질 등을 부여하기 위하여 가열 및 냉각을 하여 필요한 성질을 얻는 방법이다.

(1) 일반 열처리

> 담금질 : 강·경도 상승(급냉)
> 풀림 : 재질연화(노냉) → 냉각속도가 가장 느림
> 뜨임 : 인성부여(공냉)
> 불림 : 조직의 표준화(공냉)

1) **담금질(Quenching : 소입)**

강의 강도, 경도를 증가시킬 목적으로 가열 후 급냉한다.

① 담금질 온도
  ㉠ 아공석강 : A_3 변태점보다 30~50℃ 높게 가열 후 급냉
  ㉡ 과공석강 : A_1 변태점보다 30~50℃ 높게 가열 후 급냉

② 담금질 조직
> 수냉 : 마텐자이트(취성강함), 내식성 우수
> 유냉 : 트루스타이트(부식이 심함, 인성)
> 공냉 : 소르바이트(인성+탄성)
> 노냉 : 펄라이트

  ㉠ 노내에서 서냉 : 펄라이트 조직 → 열처리 조직이 아님
  ㉡ 공기 중에서 서냉 : 소르바이트 조직 → 트루스타이트보다 경도는 작으나 강도, 탄성이 함께 요구되는 구조강재에 사용
  ㉢ 유중(기름)에서 서냉 : 트루스타이트 조직 → 마텐자이트보다 경도는 작으나 강인성이 있음. 부식에 약함.
  ㉣ 수중(물)에서 냉각 : 마텐자이트 → 열처리 조직 중 경도가 최대이며, 부식에 강함.

합격충전소

||||| 충전 50% /이론공부 + 보충설명/

경도
마텐자이트 > 트루스타이트 > 소르바이트 > 펄라이트
> M > T > S > P > A = 모텔스파

질량효과
담금질 시 재료의 크기에 따라 냉각속도가 내부와 외부가 다르므로 경도차이가 생긴다. 이를 질량효과라 한다.
> 질량효과 : 군고구마(겉은 타고 속은 덜 익는 현상)

담금질의 냉각제
- 소금물 : 냉각 속도가 가장 빠르다.
- 물 : 처음은 경화능력이 크나 온도가 올라갈수록 저하
- 기름 : 처음은 경화 능력이 작으나 온도가 올라갈수록 커진다.

> 질량효과가 크다는 것은 열처리가 좋지 않다는 뜻이다.

2) **뜨임(Tempering : 소려)**

내부 응력제거와 인성개선 목적으로 담금질 이후에 실시한다.

① 저온 뜨임 : 담금질 조직에서 경도만이 요구되는 경우 150℃ 부근에서 가열 후 냉각 = 내부응력 제거
② 고온 뜨임 : 구조용 강은 강인한 조직인 소르바이트의 조직으로 바꾸기 위하여 500~600℃에서 가열 후 냉각한다. = 인성부여

3) **풀림(Annealing : 소둔)**

목적 : 결정 조직의 균일화(표준화) 주조 때의 내부 응력 제거
재료의 내부 응력을 제거하고 경화된 재료를 연화하기 위하여 가열 후 서냉한다.

4) **불림(Normalizing : 소준)**

A_3 또는 Acm 선보다 30~50℃ 높이에 가열 후 균일한 오스테나이트 조직으로 된 다음 공냉하여 조직이 미세화하고 표준화된 조직을 얻는 열처리를 말한다.

합격충전소

충전 30% /이론공부 + 중간정리/

심냉처리(Sub Zero)
담금질 직후 조직의 성질 저하, 뜨임 변형을 유발하는 잔류 오스테나이트를 없애기 위하여 0℃ 이하로 냉각하는 것
🚩 심냉처리 : 게이지강/잔류오스테나이트 제거가 주목적

예제 1

열처리 방법 및 목적으로 틀린 것은?
① 불림 - 소재를 일정온도에 가열 후 공냉시킨다.
② 풀림 - 재질을 단단하고 균일하게 한다.
③ 담금질 - 급냉시켜 재질을 경화시킨다.
④ 뜨임 - 담금질된 것에 인성을 부여한다.

 정답 ②

- 담금질 : 탄소강 $\xrightarrow[A_3, A_1]{가열}$ 급랭 {물, 기름, 공기, 소금물(냉각속도가 제일 빠름)}

노내 서냉	펄라이트	小
공기 중 서냉	소르바이트	↓ (경도)
유중 서냉	트루스타이트	
수중 서냉	마텐자이트	大

- 뜨임 $\xrightarrow{가열}_{A_1 이하온도}$ 공기 중 서냉 : 인성증가
- 풀림 $\xrightarrow{가열}_{A_3 \sim A_1 보다\ 30 \sim 50℃\ 높게}$ 노내 서냉 : 강의 조직개선 및 재질의 연화
- 불림 $\xrightarrow{가열}_{A_3 보다\ 30 \sim 50℃\ 높게}$ 공기 중 냉각 : 결정조직의 균일화, 내부응력 제거

---

(2) 항온 열처리

강을 가열 후 냉각시킬 때 냉각 도중 어떤 온도에서 냉각 정지한 다음 그 온도에서 변태시켜 변태 개시온도와 변태완료 온도를 온도 - 시간 곡선으로 나타낸 것을 항온 변태곡선이라고 하는데 이 **항온 변태곡선을**(isothermal transformation curve) = TTT 곡선이라고 한다.

🚩 TTT : 온도, 시간 변태를 의미

1) 오스 템퍼(Austemper)
🚩 오스템퍼 : 베이나이트 조직 생성

담금질 온도에서 염욕 중에 넣어 항온 변태를 끝낸 것으로 베이나이트 조직이 되며 뜨임이 필요 없고 균열과 편형이 잘 생기지 않는다.

2) 마템퍼(Martemper)
🚩 마템퍼 : 혼합조직

Ms 점 이하의 항온 염욕 중에 담금질하여 냉각시킨 것으로 마텐자이트와 베이나이트의 혼합조직이 얻어진다.

3) 마퀜칭(Mar Quenching)
🚩 마퀜칭, MS퀜칭 : 변형 없는 마텐자이트 얻는 법

Ms보다 다소 높은 온도의 염옥에서 담금질한 것을 마텐자이트 변태시켜 균열과 변형을 방지하는 방법

4) MS퀜칭(MSquenching)

담금질 온도로 가열한 강재를 **MS점보다 약간 낮은 온도**의 열욕에 넣어 강의 내·외부가 동일온도가 될 때까지 항온 유지한 후 꺼내어 물 또는 기름 중에 급냉하는 방법

> **예제 2**
> 마텐자이트와 베이나이트의 혼합조직으로 Ms와 Mf점 사이의 열욕에 담금질하여 과냉 오스테나이트의 변태가 완료될 때까지 항온 유지한 후에 꺼내어 공랭하는 열처리는 무엇인가?
> ① 오스템퍼(Austemper) ② 마템퍼(Martemper)
> ③ 마퀜칭(Marquenching) ④ 패턴팅(Patenting)
>
> 정답 ②
> • 마퀜칭: 마텐자이트와 베이나이트 혼합 조직으로 Ms와 Mf점 사이의 열욕에 담금질하여 과냉 오스테나이트의 변태가 완료될 때까지 항온 유지 후 공랭하는 열처리

(3) 표면 경화 열처리

> 차축: 내부는 인성을 유지하고 표면만 경화시켜 내마멸성, 경도를 증가시키는 열처리법

내부는 인성을 유지하고 표면만 경화시켜 내마멸성, 경도를 증가시키는 열처리법

1) 화학적인 방법

① 침탄법: 0.2% 이하의 저탄소강의 표면에 탄소를 침투하여 경도를 높인다.
  ㉠ 고체 침탄법: 철제 상자에 목탄, 코크스 등 침탄제와 촉진제로 탄산바륨($BaCO_3$)을 혼합해 넣고 용기를 침탄로 중에서 900~950℃로 가열하여 침탄한다.
  ㉡ 가스 침탄법: 메탄가스나 프로판가스와 같은 탄화수소계의 가스를 사용한 침탄방법
  ㉢ **액체침탄법(시안화법): 청화법**이라고도 하며 침탄제로 KCN, NaCN 등을 주성분으로 염화물이나 탄산염을 40~50% 첨가하여 염욕 중에서 600~900℃로 용해시키고 그중에서 작업하면 탄소와 질소가 침투

> 액체침탄법(시안화법): 침탄과 질화가 동시에 진행

② 질화법

> 질화법은 암모니아만 기억

  ㉠ **암모니아(NH_3)**로 표면을 경화하는 방법
  ㉡ 크랭크 축, 캠, 체인, 펌프 축, 톱니바퀴

③ 금속 침투법: 제품을 가열하여 그 표면에 다른 종류의 금속을 피복시키는 동시에 합금층을 얻는 작업을 말한다.
  ㉠ **크로마이징(CROMIZING): Cr** 침투
  ㉡ **칼로라이징(CALORIZING): Al** 침투
  ㉢ **실리코나이징(SILICONIZING): Si** 침투
  ㉣ **보로나이징(BORONIZING): B** 침투
  ㉤ **세라다이징: Zn** 침투

2) 물리적인 방법

> 화염 경화: 중탄소강에 사용
> 고주파 경화: 수초 내에 진행(아주 짧은 시간)
> 쇼트 피이닝: 피로강도 증가

① **화염 경화**: 탄소강이나 합금강에서 **0.4% 탄소 전후의 재료**를 필요한 부분에 산소-아세틸렌의 화염으로 표면만 가열하여 오스테나이트로 한 다음 담금질해서 표면만 강화하는 법이다.

② **고주파 경화**: 고주파 전류를 이용한 방법으로 **담금질 시간이 짧고 복잡한 형상에도 이용**할 수 있다.

③ 쇼트 피이닝: 금속재료 표면에 강구를 고속으로 분사시켜 가공경화에 의하여 표면층에 경도를 높이고 반복하중에 대한 **피로한도를 높인다**. 인장, 압축강도에는 많은 영향을 주지 않으나, 휨, 비틀림의 반복 하중에 대해서는 피로한도를 현저하게 증가

④ 하드 페이싱(도금): 금속의 표면에 스텔라이트나 경합금 등의 특수금속을 융착시켜 표면 경도를 높인다.

7 특수강(합금강)

합금강이라고 하며 보통 탄소강에 기계적 성질, 화학적 성질, 물리적 성질을 향상하기 위하여 비철계 금속 Cr, Ni, W, Si, Mn, V, Co 등을 첨가하여 만든 강을 말한다.

합격충전소

충전 50% /이론공부 + 보충설명/

합금강의 특성
- 기계적 성질 우수
- 내식·내마멸성 우수
- 고온에서의 기계적 성질 저하 방지
- 담금질성 우수
- 단접 및 용접성 우수
- 전·자기적 성질 우수
- 결정 입자의 성장 방지

▶ 합금강의 특성 : 다 좋음. 시험문제에서는 나쁜 것이 답임
※ 탄소강도 합금강임

(1) 구조용 특수강

탄소강보다 큰 강도 및 우수한 기계적 성질이 요구될 때 사용되며 탄소강에 Ni, Cr, Mo, Mn, Si 등을 첨가

1) 강인강

① Cr강(SCr) : Cr을 0.9 ~ 1.2% 첨가하여 강도를 증가시키고 내열성, 내식성, 내마멸성이 우수
② **Ni - Cr강(SNC)** : Ni만을 첨가한 강은 강도는 크나 경도가 낮다. Cr을 첨가하여 경도를 향상시켜서 사용한다. 550 ~ 580℃ **뜨임 메짐이 발생한다.**
▶ Ni - Cr : 뜨임 메짐이 발생한다.
③ Ni - Cr - Mo(SNCM) : Ni - Cr강에 Mo을 0.15 ~ 0.7% 첨가하여 내열성 및 담금질 효과가 향상되며 뜨임 메짐도 막을 수 있다. 고급 내연기관의 크랭크축, 강력볼트, 기어 등에 사용
④ Cr - Mo강(SCM) : 담금질이 쉽고 뜨임 메짐이 적으며 열간 가공이 쉽다.
⑤ Mn - Cr강(SMnC) : Ni - Cr강 중의 Ni 대신 Mn 첨가하여 질량효과가 크고 인성이 크다.
⑥ Mn강의 종류
   ㉠ 저Mn강(1 ~ 2%Mn)은 펄라이트 Mn강 또는 듀콜(ducol)강이라 한다.
   ㉡ **고Mn강**(10 ~ 14%Mn)은 **오스테나이트 Mn강** 또는 **하드필드 Mn강**이라 한다.
   Mn의 함량이 10 ~ 14% 첨가한 강으로 오스테나이트 망간강 또는 하드필드망간강이라 하며 **내마멸성이 우수하고 경도가 크므로** 각종 광산 기계, 기차 레일의 교차점, 칠드 롤러 등에 사용된다.
   ▶ 고Mn강 : 내마멸성 우수

2) 쾌삭강(SUM)

탄소강에 S, Pb, P, Mn을 첨가하여 절삭성을 개선한 구조용 강을 쾌삭강이라 하며 황계, 황 - 인계, 황 - 납계, 황 - 인 - 납계가 있다.

(2) 공구용 합금강과 공구 재료

금속재료를 절삭하거나 소성가공할 때 사용되는 바이트, 드릴(drill), 줄(file), 커터(cutter), 펀치(punch) 등을 공구강이라 하며 공구재료의 구비조건은 다음과 같다.

합격충전소

충전 50% /이론공부 + 보충설명/

공구강의 구비조건
- 경도가 크고 높은 온도에서도 경도를 유지하여야 한다.
- 내마멸성이 커야 한다.
- 강인성이 커야 한다.
- 열처리가 쉬워야 한다.
- 가공이 용이하고 가격이 싸야 한다.

▶ 공구강의 구비조건과 기호가 중요 - 외울 것

예제 3

공구강의 구비조건 중 틀린 것은?
① 강인성이 클 것   ② 내마모성이 작을 것
③ 고온에서 경도가 클 것   ④ 열처리가 쉬울 것

정답 ②

공구강의 구비조건
- 경도가 크고 높은 온도에서도 경도를 유지하여야 한다.
- 내마멸성(내마모성)이 커야 한다.
- 강인성이 커야 한다.
- 열처리가 쉬워야 한다.
- 가공이 용이하고 가격이 싸야 한다.

1) 탄소 공구강(STC)

   📌 300℃까지 사용

   0.6 ~ 1.5% C의 고탄소강으로 담금질로써 강도와 경도를 개선하고 뜨임에 의해 점성강도를 부여한다.

2) 합금 공구강(STS)

   📌 450℃까지 사용

   ① 고탄소강은 일반 공구재료로 사용되지만 고온에서 경도가 떨어진다. 그래서 고속절삭, 강력 절삭에는 부적합하다.
   ② 합금공구강은 탄소공구강의 결점을 보완한 것으로 강에 크롬, 텅스텐, 바나듐, 몰리브덴 등을 첨가한 것으로 담금질 효과가 크다.

3) 고속도강(SKH)

   📌 고속도강(SKH) : 가장 널리 사용, 하이스강(HSS)이라고도 불림

   고속도강은 500 ~ 600℃에서도 경도가 저하되지 않고 내마멸성도 커서 고속 절삭공구로 적당하다.

   ① 종류
      ㉠ 텅스텐 고속도강 : W(18%) - Cr(4%) - V(1%)으로 표준 고속도강이라 한다. 고속도강은 담금질 상태보다 550 ~ 580℃에서 뜨임하면 경도가 담금질했을 때보다 크게 되는데 이를 고속도강의 2차 경화라 한다.

      📌 W(18%) – Cr(4%) – V(1%)

   > **합격충전소**
   > ▮▮▮ 충전 30% /이론공부 + 중간정리/
   >
   > **고속도강의 뜨임 목적** : 경도 증가

4) 주조 경질 합금
   ① 주조상태의 것을 연마하여 사용. 열처리 하지 않아도 충분한 경도를 가지며 W - Co - Cr - C 주성분인 것을 **스텔라이트라 한다.**
   ② 금형에 주입하여 연마성형, 단조, 절삭이 불가능하며 고속도강보다 절삭속도는 빠르나 인성은 떨어지고 충격, 압력, 진동 등에 대한 내구력이 약하다.

5) 초경합금
   ① **금속 탄화물**의 분말형의 금속원소를 프레스로 성형한 다음 이것을 소결하여 만든 합금이다.
   ② 절삭공구, 다이, 내열, 내마멸성이 요구되는 부품에 많이 사용된다.
   ③ **탄화물의 종류** Wc, Tic, Tac이다.
   ④ 소결 경질 합금은 Wc, Tic, Tac 등의 분말에 **코발트 분말을 결합재로** 하여 혼합한 다음 금형에 넣고 가압·성형한 것을 800 ~ 1000℃에서 예비 소결 후 희망하는 모양으로 가공하고 이것을 수소 기류 중에서 1400 ~ 1500℃에서 소결시키는 **분말 야금법으로 제조**한다.

6) 세라믹 공구

   📌 세라믹 공구, 다이아몬드 공구 → 외울 것

   ① CERAMIC이란 '도기'라는 뜻으로 점토를 소결한 것이다. 알루미나(Al_2O_3) 주성분으로 거의 결합재를 사용하지 않고 소결한 공구로 고속도 및 고온 절삭에 사용된다.
   ② 열을 흡수하지 않아 과열의 염려가 없으며 철과 친화력이 없어 구성인선이 날 끝에 안 생기며 고속 정밀가공에 적합하다.
   ③ 내부식성과 내산화성이 있다. 비자성체, 비전도체이며 항절력이 초경합금에 비해 1/2배이다.

7) 다이아몬드 공구

   📌 다이아몬드 공구 : 취성이 크다는 것 꼭 기억

   경도가 커서 절삭공구로 사용되며 선반, 보링용으로 사용되며 **정밀절삭 및 비철금속 및 유리절삭 등에 사용**된다.

(3) 특수용도 특수강

1) 스테인리스강(STS)

   📌 STS의 조직 : 마텐자이트계, 페라이트계, 오스테나이트계

   철강은 값이 싸고 강도가 크나 부식이나 녹이 생기는 결점이 있다. 따라서 강 중에 니켈이나 크롬을 첨가해주면 내식성이 좋아지며 대기 중 수중, 산 등에 잘 견디는 성질을 가지게 되는 이를 스테인리스강이라 한다.

① 13형 스테인리스강(13% Cr)

▶ 13cr형 페라이트계 ⇒ 열처리 ⇒ 마텐라이트계

㉠ 페라이트계 스테인리스 강이라 한다.
㉡ 강인성 및 내식성이 있고 **열처리에 의해 경화할 수 있다.**

② 18-8형 스테인리스강(18% Cr - 8% Ni) ⇒ 열처리가 안됨

㉠ Cr, Ni이 많은 것은 내부식성이 크다. 이 강은 담금질에 의해 경화되지 않으며 1000~1100℃로 가열하여 급냉하면 더욱 연화되어 가공성 및 내식성이 증가한다. 이강은 화학공업용, 식기, 의료기구, 밸브, 자동차용, 파이프, 펌프 등에 널리 사용

2) 규소강

▶ 규소강 → 시험에 잘 나옴

규소강은 자기감응도가 크고 잔류 자기 및 항자력이 작아 변압기 철심, 교류기계 철심 등에 사용된다.

① Si 1% : **연속으로 운전하지 않은 발전기**, 전동기 철심
② Si 2% : 발전기의 회전자, 유도 전동기의 회전자
③ Si 2.5~3.5% : 유도 전동기 고정자용 철심, 전동기, 발전기
④ Si 4% : **변압기의 철심, 전화기 등**

3) 게이지강

▶ 게이지강 → 서브제로(sub-Zero) 기억할 것(심냉처리)

① 정밀기계, 기구, 게이지 등에 사용된다.
② 내마멸성, 내식성이 좋고 열처리에 의한 신축 및 담금질에 의한 균열이 적고 영구적인 치수 변화가 없어야 한다.
③ 치수변화 방지를 위해 시효처리하여 200℃ 이상의 온도에서 장기간 뜨임해서 사용

4) 고Ni강(불변강)

① **인바(invar)** : Ni 36% 첨가, 줄자, 정밀 기계부품으로 사용되며 **길이 불변**
② 슈퍼인바(super invar) : Ni 30~33%, Co 5% 이하 첨가, 인바보다 열팽창률이 작다.
③ **엘린바(elinvar)** : Ni 36%, Cr 13% 첨가, 시계부품, 정밀 계측기 부품으로 사용되며 **탄성 불변**
④ 코엘린바(coelinvar) : 엘린바에 Co 첨가, 공기나 물속에서 부식되지 않음
⑤ 플래티나이트(platinite) : Ni 42~46%, 열 팽창계수 $8~9.2 \times 10^{-6}$, 전구의 도입선, 유리와 금속의 봉착재료
⑥ 퍼멀로이(permalloy) : Ni 75~80%, C 0.5%, Co 0.5% 해저 전선의 장하코일

8 주철(CAST IRON)

(1) 주철의 성질

① 비중 : 7.1~7.3(탄소와 규소가 많을수록 작아지고 용융 온도가 낮아진다.)
② 열처리 : 담금질과 뜨임은 안되나, 주조 응력 제거 목적의 풀림 처리는 가능
③ 주철의 성장 : 주철을 A_1 변태점 이상 고온에서 장시간 방치 또는 가열을 반복하면 주철의 부피가 점차로 증가하는 현상
④ 자연시효(natural aging) : 주조 후 대기 중에서 장시간 방치하여 주조 응력을 없애는 것

1) 주철의 장·단점

▶ 주철의 장점 중요함.
주철의 가장 큰 단점 : 인장강도 부족

장점	단점
• 융점이 낮고, 유동성이 양호하다. • 마찰 저항이 좋다. • 절삭성이 우수하다. • 압축강도가 크다. • 가격이 싸다.	• 충격값이 작다. • 메짐이 크고, 소성변형이 어렵다. • 담금질, 뜨임이 불가능하다.

예제 4

주철에 대한 설명 중 틀린 것은?

① 강에 비하여 인장강도가 작다.
② 강에 비하여 연신율이 작고, 메짐이 있어서 충격에 약하다.
③ 상온에서 소성 변형이 잘된다.
④ 절삭가공이 가능하며 주조성이 우수하다.

 정답 ③

주철의 성질
- 주철의 탄소 함유량은 2.11% ~ 6.68%이다.
- 인장강도는 강에 비하여 많이 부족하다.
- 취성을 가지고 있어 소성 가공이 어렵다.
- 유동성이 좋아서 주조성이 뛰어나다.

2) 주철의 조직

종류	탄소의 형태	발생 원인	조직	용도
회주철 (경도 작다)	흑연상태	Si가 많을 때, 냉각 느릴 때, 주입온도 높을 때	펄라이트 +흑연	강력 펄라이트	보통·고급 주철, 구상 흑연 주철
			펄라이트 +페라이트 +흑연	보통 주철	
			페라이트 +흑연	연질 주철	칠드, 가단 주철
백주철 (경도 크다)	Fe_3C 상태	Mn이 많고, 냉각 빠를 때	펄라이트 +Fe_3C	극경질 주철	

3) 주철의 성장(growth of cast iron)

📍 주철의 성장 원인, 방지법 중요함
흑연화 → 반드시 외울 것

주물을 600℃ 이상의 온도에서 가열 및 냉각을 반복하면 체적이 증가하여 결국은 파열되는데, 이와 같은 현상을 주철의 성장이라 한다.

① 원인
  ㉠ 시멘타이트 중의 흑연화에 의한 성장
      ($Fe_3C \to 3FeC$)
  ㉡ 페라이트 중의 고용된 Si의 산화
      ($Si + O_2 \to SiO_2$)
  ㉢ A_1 변태점에서 체적 변화가 생기면서 가는 균열이 형성되어 생기는 팽창
  ㉣ 불균일한 가열로 생기는 균열에 의한 흡수된 가스의 팽창
  ㉤ 흡수된 가스에 의한 팽창
  ㉥ Si, Ni, Ti, Al 등의 원소에 의한 흑연화 현상 촉진

② 방지법
  ㉠ 조직을 치밀하게 한다.
  ㉡ 흑연을 미세화한다.
  ㉢ 흑연화 방지 원소를 첨가한다.(Cr, W, Mo, V)
  ㉣ 산화하기 쉬운 Si양을 줄인다.

합격충전소

■■■ 충전 50% / 이론공부 + 보충설명

흑연화란?
Fe_3C는 불안전하므로 분해되서 철과 흑연으로 된 것을 말함
- 흑연화 촉진제 : Si, Ni, Ti, Al
- 흑연화 방지제 : Mo, S, Cr, V, Mn

📍 티탄(Ti)은 소량 – 촉진, 대량 – 방지

예제 5

마우러 조직도에 대한 설명으로 옳은 것은?

① 탄소와 규소량에 따른 주철의 조직 관계를 표시한 것
② 탄소와 흑연량에 따른 주철의 조직 관계를 표시한 것
③ 규소와 망간량에 따른 주철의 조직 관계를 표시한 것
④ 규소와 Fe_3C양에 따른 주철의 조직 관계를 표시한 것

 정답 ①

마우러 조직도 : 탄소와 규소 및 냉각속도에 따른 주철의 조직도

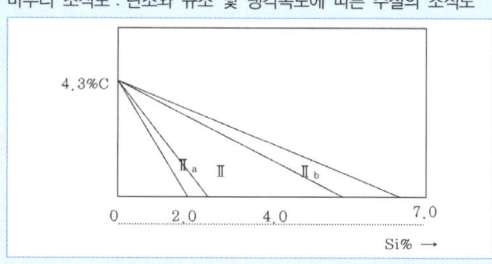

(2) 주철의 종류

1) 보통 주철(GC 100 ~ GC 200)
📌 보통주철, 고급주철의 기준점 : 최저 인장강도 25kg/mm²

보통 주철은 회주철의 대표적 주철로 인장강도가 10~20kg/mm² 정도로 기계가공성이 좋고 값이 싼 것이 특징이며 일반 기계, 부품 기계 구조물의 몸체 등의 재료로 사용된다.
GC200N/mm² = GC20kg_f/mm²

2) 고급 주철(GC 250 ~ GC 350)
편상 흑연 주철 중에서 인장강도가 25kg/mm² 이상의 주철로 조직이 펄라이트로 펄라이트 주철이라 한다. 고강도, 내마멸성을 요구하는 기계부품

3) 미하나이트 주철
📌 미하나이트 : 공작기계 주철 ⇒ 공작기계만 나오면 답은 미하나이트 주철임

접종을 이용해 만드는 주철로 바탕이 펄라이트이고 흑연이 미세하게 분포되어 있어 인장강도가 35~45kg/mm² 정도이며 **담금질이 가능해 내마멸성이 요구되는 공작기계의 안내면과 강도를 요하는 기관의 실린더에 사용**

4) 구상흑연 주철(GCD)
📌 구상흑연 주철 : 덕타일, 노듈러 주철이라 불림
   칼슘 - Ca, 세륨 - Ce, 마그네슘 - Mg

주철은 편상 흑연 때문에 연성이 나쁘고 메지다. 그리고 편상흑연은 열처리를 오래해야 하다는 결점이 있다. 이것에 대해 용융상태에서 흑연을 구상화로 석출시킨 것이 구상흑연 주철로 **칼슘, 세륨, 마그네슘**을 첨가하거나 그 밖의 특수한 용선처리를 해서 흑연을 구상화한다.

5) 칠드 주철
📌 칠드 주철 : 백주철

보통 주철에 비해 규소가 적은 용선에 적당량의 망간을 주입해서 **금형에 주입하면 금형에 접촉된 부분은 급냉**되어 백주철이 된다. 이를 칠드 주철 또는 냉경 주철이라 한다. 칠드된 부분은 시멘타이트로 되어 경도가 높아져 내마멸성과 압축강도가 크게 된다. 칠드 롤, 기차바퀴, 분쇄기 롤 등에 사용

6) 가단 주철
📌 가단 주철 : 백주철에 전·연성 부여

회주철은 주조성이 좋으나 취약하여 거의 연신율이 없는데 이 결점을 보충한 것이 가단 주철이다. 먼저 백주철의 주물을 만든 후 장시간 열처리하여 탈탄과 시멘타이트 흑연화에 의하여 연성을 가지게 한 것이다.

① 흑심 가단 주철(BMC) : 흑연화가 주목적
② 백심 가단 주철(WMC) : 탈탄이 주목적
   📌 흑심 가단 주철, 백심 가단 주철의 재료는 백주철

03 비철금속재료

1 구리와 구리 합금

구리(Cu)는 은(Ag) 다음으로 전기전도가 높고 전기적 특성이 우수하여 전기공업에서 가장 중요한 금속으로 내식성과 가공성이 좋아 판재, 봉재, 선재 및 파이프로 가공하여 널리 사용된다.

합격충전소

충전 30% /이론공부 + 중간정리/

Cu의 성질
- 비중 : 8.96
- 용융점 : 1083℃
- 전기 및 열전도율이 높다.
- 공기 중에는 내식성이 우수하다.
- 우연하고 절연성이 좋으므로 가공이 용이하다.
---

(1) 황동(Cu + Zn)
📌 Zn - 40% 강도 최고
   Zn - 30% 전연성 최고

Zn 30% 내외의 α 고용체의 것을 7·3 황동이라 하며, Zn 40% 내외의 α와 β 고용체의 것은 6·4 황동이다.

① 물리적 성질 : 전도율은 Zn 34%까지는 낮아지다가 그 이상이 되면 상승하여 Zn 50%에서 최대값이 된다.
② 기계적 성질 : 연신율은 Zn 30%에서 최대이고 인

장강도는 Zn 40% 정도에서 최대 50% 이상이면 취성이 커서 구조용으로 적합치 않다.
③ **자연균열** : **냉간 가공한 황동이 파이프, 봉제제품 등이 보관 중에 자연히 균열이 생기는 현상**
④ 탈 아연 현상 : 황동은 대기 중에 내식성이 강하나 바닷물 중에서는 침식된다.

예제 1

황동의 자연균열 방지책이 아닌 것은?
① 수은 ② 아연 도금
③ 도료 ④ 저온풀림

정답 ①

자연균열(season crack) : 냉간 가공한 봉, 관, 용기 등이 사용 중이거나 저장 중에 가공 때의 내부응력, 공기 중의 염류, 암모니아 가스 로인해 입간 부식을 일으켜 균열이 발생하는 현상
• 방지법
 - 200~300℃에서 저온 풀림하여 내부응력 제거한다.
 - 도금법 및 도색법

1) 7·3 황동

📌 7·3 황동, 6·4 황동, 톰 백 ⇒ 반드시 외울 것

상온에서 전성이 있어 압연 드로잉 등의 가공을 하여 쉽게 판재, 봉재, 관재로 만들 수 있고 연신율이 최대이다.(열간가공이 곤란하다.)

2) 6·4 황동

500~600℃로 가열하면 연성이 회복되어 열간가공이 적합하며 인장강도도 최대이다. Zn 40% 내외의 것을 **문쯔메탈**이라 한다.

예제 2

황동의 합금 원소는 무엇인가?
① Cu - Sn ② Cu - Zn
③ Cu - Al ④ Cu - Ni

정답 ②

• 황동 : Cu-Zn
• 청동 : Cu-Sn

3) 톰백

Zn 5~20%의 황동으로 강도는 낮으나 절연성이 좋고 색깔이 **금색에 가까우므로 모조금이나 장식용에 사용**된다.

4) Ni 황동

📌 Ni 황동 : 양은, 양백

7·3 황동에 Ni를 15~21% 첨가하여 기계적 성질 및 내식성이 우수하며 정밀 저항기 등에도 사용된다. **일명 양백 또는 양은**이라고도 함(탄성재료로 사용)

5) 연 황동

① 황동에 납을 넣으면 경도와 연신율이 감소하나 절삭성은 좋게 된다.
② 납 1.5~3.0% 함유한다.
③ **쾌삭황동, 납황동**이라 하며 대량생산 부품에 사용한다.
④ 강도가 필요 없는 곳에 사용된다.(시계 기어, 나사)

6) 주석 황동

📌 주석 황동 ⇒ 반드시 외울 것

황동의 내식성 개선을 위해 1% 주석을 첨가한 것이다.

① 7·3 황동 + 1% 주석 **에드미럴티 황동**
 → 콘덴서 튜브에 사용
② 6·4 황동 + 1% 주석 **네이벌 황동**
 → 내식성이 좋아 선박 기계에 사용

합격충전소

충전 30% /이론공부 + 중간정리/

주석 황동은 내해수성이 강해 선박재료에 사용된다.

7) 델타 메탈(철 황동)

📌 델타 메탈(철 황동) ⇒ 잘 나옴

6·4 황동에 철을 1~2% 첨가하여 강도가 크고 내식성이 좋아 광산기계, 선반용기계, 화학기계에 사용된다. Fe이 2% 이상되면 내식성이 커진다.

8) 강력 황동

6·4 황동에 Mn, Al, Fe, Ni, Sn 등을 첨가하여 주조와 가공성 향상, 열간 단련성, 강인성이 뛰어남

(2) 청동(Cu+Sn)

① 강도가 크고 내마멸성이 좋으며 주조성이 우수하여 주조용 합금으로 좋다.
② 강도는 주석을 많게 할수록 점점 커지고 경도도 증가, 주석 15% 이상에서 급격히 커진다.
③ 연신율은 주석 4%에서 최대, 그 이상에서 급격히 감소
④ 황동보다 주조성이 우수하여 주조용 합금으로 많이 쓰이며 내마모성이 우수하고 강도가 크다.

1) 포금(gun metal)

▶ 포금, 인청동, 베어링용 청동, 베릴륨 청동 ⇒ 외울 것

구리에 Sn 10%+Zn 2% 정도를 첨가한 청동으로, **청동 주물(BC)의 대표적인 것**이다. 단조성, 유연성, 내식, 내수압성이 좋아 **선박** 등에 널리 사용된다.

▶ Cu(88%) + Sn(10%) + Zn(2%) = 애드미럴티포금
Gu(90%) + Sn(10%) = 포금

2) 인청동

① 청동에 탈산제로 **미량의 인**을 첨가한 합금이다.
② 기계적 성질이 좋고 특히 내마멸성이 우수, 조성은 주석 9%, 인 0.35% 한도가 높고 기어, **베어링 등에 사용**된다.
③ 냉간 가공하면 인장강도나 탄성한계가 현저히 높아지므로 판재, 봉재, 선재로 가공되어 **스프링재료로 사용**된다.

3) 베어링용 청동

청동 속에 약 4~20% Pb을 함유한 것으로 윤활성이 좋으므로 고압용 베어링 재료에 적당하며 **Pb이 23~42% 첨가된 합금을 켈밋**(kelmet alloy)이라 한다.

4) 베릴륨 청동

① 2~3%의 베릴륨(Be)을 합금한 청동으로 **인장강도는 $133kg/mm^2$이다.**
② **뜨임 시효경화성이 있어** 내식성, 내열성, 내피로성이 좋다.
③ 베어링, 고급 스프링에 사용된다.

합격충전소

▌▌▌ 충전 50% /이론공부 + 보충설명/

오일리스 베어링
구리, 주석, 흑연분말을 가압 성형하여 700~750℃의 수소기류 중에서 소결하여 만든 소결합금이다. 기름에서 가열하면 무게로 20~30%의 기름이 흡수되어 기름 보급이 곤란한 곳에 사용한다. 너무 큰 하중이나 고속회전부는 부적합하다.
• Cu 분말 + Sn 8~12% + 흑연분말 4~5%

▶ 오일리스 베어링 ⇒ 반드시 외울 것

---

(3) 알루미늄과 그 합금

1) 알루미늄(Al)의 성질

① Al은 보크사이트(Al_2O_3, $2SiO_2$, $2H_2O$)로부터 제련하여 사용한다.
② 비중 : 2.7, 용융점 : 660℃
③ 주조가 쉽고 금속과 잘 합금되며 냉간 및 열간 가공이 쉽다.
④ 대기 중에서 내식력이 강하고 전기와 열의 좋은 양도체여서 송전선에 사용된다.
⑤ 판, 선, 박, 분말의 형태로 사용된다.
⑥ 가벼워서 자동차 공업에 많이 사용된다.
⑦ 압연 압출은 400~500℃에서 한다. 유동성이 작고, 수축률이 크며, 가스의 흡수와 발산이 많다. 그래서 주조가 곤란하다.
⑧ 주조성을 좋게 하기 위하여 구리, 아연 등의 합금으로 사용한다.
⑨ 공기나 깨끗한 물속에서는 거의 침식이 안 되며 염산이나 황산 등의 무기산에는 약하며 바닷물에는 심하게 침식된다.

2) 알루미늄 합금

알루미늄은 변태점이 없으나 특히 Al합금은 열처리에 따라 기계적 성질에 많은 변화를 일으킨다.
알루미늄 합금은 강과는 달리 시효경화나 석출경화에 이용된다.

합격충전소

충전 50% (이론공부 + 보충설명)

시효경화
시간의 경과와 함께 경도와 강도가 증가하는 현상

인공시효
담금질된 재료를 160℃ 정도의 온도에 가열하면 시효현상이 촉진되는 성질

자연시효
대기 중에서 진행되는 시효

① 주조용 알루미늄 합금
  ㉠ **실루민(Al+Si)** : **주조성은 좋으나 절삭성은 좋지 않고 약하다.** 개량처리로 성질 개선
     ▶ 실루민 : Al 합금 중 열팽창계수가 가장 적음
  ㉡ **라우탈(Al+Cu+Si)** : Si가 첨가되어 주조성이 우수한 합금에 **Cu로 첨가하여 절삭성도 우수하다.**
     ▶ 라우탈 : 실루민에 절삭성 개선을 위해 Cu 추가
  ㉢ **Y 합금(Al+Cu+Ni+Mg)** : 고온 강도가 크므로 **내연기관의 실린더, 피스톤, 실린더 헤드에 사용**된다.
     ▶ Y합금 : Al 합금 중 실린더, 엔진이란 말이 나오면 답은 무조건 Y-합금(대표적 내열합금). 성분도 기억할 것
  ㉣ 하이드로날륨(Al+Mg) : 내식용 Al 합금의 대표로 Mg이 많으면 인장강도가 증가하나 연신율은 감소한다.
  ㉤ 로엑스(Al+Si+Ni+Mg) : 고온강도가 크고 내마멸성이 우수하여 주로 피스톤 재료로 사용한다.

합격충전소

충전 50% (이론공부 + 보충설명)

개량처리(modification treatment)
Si의 결정을 미세화하기 위하여 주조 시 금속 나트륨(Na)을 첨가시켜 기계적 성질을 개선시키는 조작

② 가공용 Al 합금
  ▶ 두랄루민 ⇒ Al 합금 중 항공기, 자동차 및 가공이란 말이 나오면 두랄루민이 답임. 성분 기억할 것
  ㉠ **두랄루민(Al+Cu+Mg+Mn)** : 0.5% Mg이 첨가된 합금으로 시효경화성이 있고 비중이 강의 1/3이므로 항공기나 자동차 등에 사용된다.
  ㉡ **초두랄루민(Al+Cu+Mg+Mn)** : 1.5% Mg이 첨가되어 두랄루민보다 단조 가공성은 떨어지며 항공기의 구조재와 리벳 등에 사용된다.
  ㉢ 초강두랄루민(Al+Cu+Mg+Mn+Cr+Zn) : 두랄루민에 응력 부식 균열을 방지한 합금이다.
  ㉣ 알클래드 : 고강도 Al 합금 표면에 내식성 Al 합금을 접착시킨 것

③ 내식성 알루미늄 합금
  ㉠ Al-Mg계 : 하이드날륨으로 해수, 알칼리에 대한 내식성이 강하고 용접성, 주조성이 좋다.
  ㉡ Al-Mn계 : 알민으로 내식성이 우수하다.
  ㉢ Al-Mg-Si계 : 알드레이로 강인성이 없고 가공변형에도 잘 견딘다.

예제 3

다음 중 내식용 알루미늄 합금이 아닌 것은?

① 알민 ② 알드레이
③ 하이드로날륨 ④ 라우탈

 정답 ④

내식용 Al 합금

종류	특징 및 용도
하이드로 날륨 (Al-Mg계)	• 압출재 25%, 특수목적 10%의 Mg 첨가 • 해수, 알칼리성에 대한 내식성이 강하다. • 용접성 양호, 가공경화에 의해 경화 • 일반적으로 Mg 6% 이하로 첨가
알민 (Al-Mn 1~1.5%)	• 내식성 우수 • Alcoa 3S는 가공성, 용접성 우수하며, 저장 탱크, 기름 탱크에 사용
알드리 (Al-Mg-Si계)	• 강도와 인성이 있고 큰 가공 변형에도 견딤 • 담금질 온도 : 560℃ • 담금 후 120~200℃로 인공시효경화, 송전선에 사용
알클래드 (Alclad)	• 강력 Al 합금 표면에 순수 Al 또는 내식 Al 합금을 피복한 것 • 내식성과 강도 증가의 목적

예제 4

Al-Cu-Mg-Mn의 합금으로 시효경화 처리한 대표적인 알루미늄 합금은?

① 두랄루민 ② Y-합금
③ 코비탈륨 ④ 로우엑스 합금

정답 ①

- 두랄루민 : 시효경화성 Al 합금. Al + Cu 4% + Mn 0.5% + Mg 0.5% + Si 0.5%
- Y합금 : 내열합금. Al + Cu 4% + Ni 2% + Mg 1.5%(피스톤용)
- 코비탈륨 : 내열합금. Ti와 Cu를 0.2%씩 첨가(피스톤용)
- 로우엑스합금 : 피스톤용 합금. 팽창계수와 비중이 작고 내마멸성이 좋으며 고온강도가 크다.

(4) 마그네슘

📌 마그네슘 ⇒ 실용금속 중 비중이 가장 작다는 말이 나오면 Mg가 답임.

① 마그네사이트 등을 원료로 만든다.
② **비중 1.74로서 실용 금속 중 가장 가볍다.**(용융점 : 650℃)
③ 고온에서 발화하기 쉬우므로 분말이나 박으로 하여 플래시로도 사용한다.
④ 바닷물에는 대단히 약하다.

(5) 니켈과 그 합금

1) 니켈(Ni)의 성질
① 흰색의 금속, 상온에서 강자성체 360℃에서 자성을 잃는다.
② 재결정은 530℃에서 시작하면 풀림은 800℃에서 한다.
③ 열간가공은 1000 ~ 1200℃로 한다.
④ 내식성이 크고 공기 중에서 500 ~ 1000℃로 가열해도 열로 산화 안 됨. 질산에는 약하며 염산, 황산에서도 침식된다.

2) 니켈 합금
① Ni - Cu계 합금
  ㉠ 베네딕트 메탈(Benedict Metal) : Ni 15%를 함유한 합금으로 주로 탄피에 사용된다.
  ㉡ 큐프로 니켈(Cupro-Nickel) : Ni 10 ~ 30%를 함유한 합금으로 내해수성이 우수하여 화폐, 급수가열기 등에 관재로 사용된다.
  ㉢ **콘스탄탄**(Constantan) : Ni 40 ~ 45%를 함유한 합금으로 **전기 저항선이나 열전쌍의 재료**로 많이 사용된다.

  📌 콘스탄탄 ⇒ 저항선 기억

예제 5

구리에 니켈 40~50% 정도를 함유하는 합금으로서 통신기, 전열선 등의 전기저항 재료로 이용되는 것은?

① 인바 ② 엘린바
③ 콘스탄탄 ④ 모넬메탈

 정답 ③

- 콘스탄탄(constantan) : 온도에 따른 변화가 거의 없고, 백동이라고도 한다. 45%의 니켈과 55%의 구리로 이루어진 합금으로 전기저항률이 높아 저항기로 쓰거나, 철·구리와 짝지어 열전쌍으로 쓴다.

  ㉣ **모넬메탈**(Monel metal) : Ni 65 ~ 70%를 함유한 합금으로 내열성, 내식성이 우수하여 열기관 부품이나 **화학, 기계부품 등의 재료로 널리 사용**된다.

  📌 모넬메탈 ⇒ '화학공업단지에는 모델이 많다.'라고 기억할 것

예제 6

구리에 니켈 61~70 정도를 함유하는 합금으로서 내열성 내식성이 우수해서 화학기계부품 등의 재료로 사용되는 것은?

① 콘스탄탄 ② 모넬메탈
③ 엘린바 ④ 인바

 정답 ②

- Ni 65~70%를 함유한 합금으로 내열성, 내식성이 우수하여 열기관 부품이나 화학, 기계부품 등의 재료로 널리 사용

② Ni - Fe계 합금

▶ 인바(길이 불변), 엘린바(탄성불변), 플레티나이트, 퍼멀로이

㉠ 인바(Invar) : Ni 36%의 합금
㉡ 엘린바(Elinvar) : Ni 36%, Cr 12%의 합금
㉢ 플레티나이트(Platinite) : Ni 46% 합금으로 백금 대용이 될 수 있어 전구 도입선 등으로 사용된다.
㉣ 퍼멀로이(Permalloy) : Ni 75~85% 합금으로 장하코일로 이용

③ Ni - Cr계
㉠ 인코넬(Inconel) : Ni 78~80%, Cr 12~14% 합금으로 전열기 부품, 열전쌍 재료로 사용된다.
㉡ 알루멜(Alumel) : Al 3%의 합금으로 고온 측정용 열전쌍으로 사용된다.
㉢ 크로멜(Chromel) : Cr 10% 합금으로 고온 측정용 열전쌍으로 사용된다.

> **합격충전소**
> 충전 50% [이론공부 + 보충설명]
>
> **열전대선** - 최고 측정 온도
> - 백금 - 백금, 로듐 : 1600℃까지 측정
> - 크로멜 - 알루멜 : 최고 1200℃까지 측정
> - 철 - 콘스탄탄 : 800℃까지 측정
> - 구리 - 콘스탄탄 : 600℃까지 측정

(6) 그 밖의 비철 금속 재료

1) 티탄(Ti)

▶ 티탄 ⇒ 외울 것

비중은 4.5, 용융점은 1,736℃이며 순수한 Ti는 50kg/mm² 정도의 강도와 내식성이 좋으며 해수에 대해서는 18-8 스테인리스강보다 좋고 내열성도 500℃ 정도는 스테인리스강보다 좋다.

2) 아연(Zn)
① 비중 : 7.1, 용융점 : 419℃
② 칠판, 철강재, 철기 및 철선의 도금에 사용되며 Cu, Ni, Al 등과 합금된다.
③ 4%의 Al을 포함하는 Zamark(자마크)계 합금이 널리 사용된다.

3) 주석(Sn)
① 18℃ 이상은 백주석, 18℃ 이하는 회주석으로 변화하는 변태점이 있다.
② 백주석은 2~4kg/mm²의 강도이며, 연신율은 35~40% 정도이다.
③ 내식성이 커서 철에 도금하여 양철제작에 사용된다.

4) 납(pb)
① 전성이 크고 연하고 무거운 금속이며 공기 중에서는 거의 부식이 안 된다.
② **유독한 금속이나 수돗물로는 안전한 피막이 되므로 수도관으로 사용된다.**
③ 질산 및 진한 염산에는 침식이 되나 다른 산에는 저항이 커서 내산용 기구로 사용된다.
④ 방사선 차단효과가 크다.

5) 베어링용 합금
① **화이트 메탈** : 주석, 안티몬, 아연, 구리의 합금으로 저속기관의 베어링용
② **베빗 메탈** : 주석을 기지로한 화이트 메탈, 우수한 베어링 합금으로 연해서 연강, 청동을 얇게 붙여 사용된다.

6) 저용융점 합금
① 주석보다 용융점(231.9℃)이 더 낮은 합금을 총칭한다.
② 비스무트 - 납 - 주석의 3원 합금이 사용된다.
③ 비스무트 - 납 - 주석 - 카드뮴의 4원 합금도 사용된다.

04 신소재

신소재는 기존 재료의 한계를 극복하거나 새로운 기능을 제공하는 재료로 다양한 산업 분야에서 사용

1 그래핀(Graphene)

그래핀은 일자형의 탄소 원자들이 이루는 2차원 물질로, 놀라운 강도와 전기 전도성, 열 전도성 등의 특성, 가볍고 투명한 특징 때문에 디스플레이, 배터

리, 반도체 등 다양한 분야에서 활용 가능성이 높은 소재

2 나노튜브(Carbon nanotubes)

나노튜브는 지름이 몇 나노미터에 불과한 초미세 관 형태의 탄소 소재. 그래핀과 마찬가지로 높은 강도와 전기 전도성, 열 전도성을 가지며, 고체와 가스를 분리하는 성능을 발휘, 전자부품, 에너지 저장 장치, 복합재료 등의 분야에서 활용

3 메타물질(Metamaterials)

메타물질은 인공적으로 만든 물질로서, 자연에서 발견되지 않는 독특한 물리적 성질은 구조적 특성에 의해 발생, 전자기파를 조절하거나 투과하는 데 활용. 광학, 통신, 의료 등의 분야에서 응용 가능성이 높은 소재로 연구

4 청정에너지 소재

태양전지, 연료전지, 에너지 저장 장치 등 청정에너지와 관련된 다양한 소재들이 개발, 환경 친화적이며, 지속 가능한 에너지 보급을 통해 미래 에너지 문제를 해결하는 데 기여. 태양전지에 사용되는 페로브스카이트, 고효율 리튬 이온 배터리용 전극 소재 등이 이에 해당

5 생체적합성 소재(Biocompatible materials)

생체적합성 소재란 인체와 친화성이 높은 소재로, 의료 기기나 인공기관에 사용되는 소재들은 생체 내에서 부작용이 적고, 기능성과 안전성이 뛰어남. 티탄(Ti), 척추 임플란트용 폴리에테르케톤(PEEK), 생분해성 고분자

6 스마트 소재(Smart materials)

스마트 소재는 자극에 따라 물리적, 화학적 특성이 변화하는 소재로서, 센서, 액추에이터 등 다양한 응용 분야에서 활용. 스마트 소재로는 기억합금, 액정

중합체, 전기 화학적 활성 소재 등이 있다.

05 3D 프린팅 재료

재료	주요 특성	응용 분야
PLA	생분해성, 사용 용이, 저비용	프로토타입, 교육 프로젝트
ABS	내구성, 내열성, 강도	기능성 프로토타입, 자동차 부품
PETG	유연성, 화학 저항성, 강도	용기, 기계 부품
Nylon	강인성, 유연성, 내마모성	기어, 힌지, 산업 응용
TPU	고유연성, 충격 저항성	웨어러블, 씰, 충격 흡수 부품
Carbon Fiber Composites	경량, 고강도	항공우주, 성능 부품
Metal-Filled	금속 마감, 내구성	장식품, 특수 도구

01 단원별 출제예상문제

SECTION

이쌤이 쾩! 찝어주는 **주요 예상문제** 풀어보기!

01 못을 뺄 때의 못의 작용하는 하중상태는 무슨 하중에 속하는가?

① 인장하중 ② 압축하중
③ 비틀림하중 ④ 전단하중

인장하중
못을 빼는 도구로 못을 뺄 때 작용하는 하중

02 재료의 물리적 성질로 볼 수 있는 것은?

① 연성 ② 취성
③ 자성 ④ 내마모성

재료의 물리적 성질
자성, 비열, 열전도, 비중

03 경금속과 중금속을 구분하는 방법은?

① 열전도율 ② 비열
③ 비중 ④ 용융점

경금속과 중금속을 구분하는 비중의 기준값 4.5(4.6)

04 다음 중 체심입방격자는?

① Mg ② W
③ Ni ④ Pb

체심 입방 격자(Body Centered Cubic lattice : BCC)는 입방체의 각 꼭짓점과 입방체의 중심에 1개의 원자가 배열된 결정구조이다.
Cr, Mo, Li, W, V, Na, K (강도가 크고 용융점이 높으나 전성, 연성이 떨어진다.

05 다음 중 금속재료와 재결정 온도의 관계를 가장 올바르게 설명한 것은?

① 가공도가 큰 것은 재결정 온도가 높아진다.
② 가공도가 큰 것은 재결정 온도가 낮아진다.
③ 재결정 온도가 낮은 금속은 가공도가 작다.
④ 가공도와 재결정 온도는 상관이 없다.

재결정
냉간 가공으로 소성 변형된 금속을 적당한 온도로 가열하면 가공으로 인해 일그러진 결정 속에 새로운 결정이 생겨나 이것이 확대되어 가공물 전체가 변형이 없는 본래의 결정으로 치환되는 과정
• 재결정 온도 : 재결정을 시작하는 온도
• 가열시간이 길수록 낮다
• 가공도가 클수록 낮다
• 가공전 결정입자의 크기가 미세할수록 낮다

06 재료의 내·외부에 열처리 효과에 차이가 생기는 현상을 무엇이라 하는가?

① 질량효과 ② 담금질성
③ 시효경화 ④ 열량 효과

질량효과
질량에 따라 얼마나 균일한 martensite를 얻을 수 있는지를 보는 척도라고 할 수 있습니다. martensite를 얻기 위해 처리를 하였을 때, 시편의 안쪽으로 들어 갈수록 martensite를 얻는 정도가 다른 것을 말합니다.

정답 01 ① 02 ③ 03 ③ 04 ② 05 ② 06 ①

07 강철의 담금질에 있어서 잔류 오스테나이트를 소멸시키기 위하여 0℃ 이하의 냉각제 다음 중에서 처리하는 담금질 작업은?

① 심냉처리 ② 염욕처리
③ 항온변태처리 ④ 오스템퍼

심냉처리(Sub Zero Treatment)
서브제로라 하며, 재료를 담금질 직후 초저온에서 과냉각을 시켜 조직을 미세화하고 변형을 주어 시효경화의 효과를 주는 처리 방법
잔류 오스테나이트를 없애는데 효과가 있다고 알려져 있다. 서브(sub)는 하(下), 제로(zero)는 0℃의 뜻이며 즉 0℃보다 낮은 온도로 처리하는 것을 서브제로 처리라고 한다. 영하 처리 심냉처리(深冷處理), 냉동 처리, 칠(chill) 처리는 모두 같은 뜻이다. 서브제로 처리는
• 담금질한 조직의 안정화(stabilization)
• 게이지강 등의 자연시효(seasoning)
• 공구강의 경도 증가와 성능 향상
• 수축 끼워맞춤(shrink fit)

08 표준 고속도강의 주성분으로 적합한 것은?

① 18(W)-7(Cr)-1(v)   ② 18(W)-4(Cr)-1(V)
③ 28(W)-7(Cr)-1(V)   ④ 28(W)-12(Cr)-1(V)

• W계 고속도강 : 고속도강의 표준형이며 18-4-1형이 대표적이다. 이 종류는 18% W, 4% Cr, 1% V의 첨가원소로 구성되어 있고 고온경도가 높아 연강을 가공할 때는 30 m/min 이상의 절삭속도가 가능하다.
• Mo계 고속도강 : 표준고속강의 텅스텐(W) 함유량을 줄이고 대신 몰리브덴(Mo)을 4 ~ 10% 추가 첨가한 종류로써 유럽에서는 표준고속도강의 대용품으로 널리 사용된다.
• CO계 고속도강 : 표준고속도강에 코발트를 5% ~ 10% 첨가한 것으로 내열성을 필요로 하는 공구에 사용된다.
다음은 고속도강의 종류 및 화학성분을 표시한다

09 W, Cr, V, Co 등의 원소를 함유하고 600℃까지 경도를 유지하며, 절삭속도는 같은 공구수명의 비하여 탄소공구강 보다 약 2배가 넘는 공구재료는?

① 합금공구강 ② 초경합금
③ 스텔라이트 ④ 고속도공구강

10 주철의 대한 설명으로 틀린 것은?

① 주조성이 양호하다.
② 내마모성이 우수하다.
③ 강보다 탄소함유량이 적다.
④ 인장강도보다 압축강도가 크다.

주철
1.7~6.7%의 탄소와 철과의 합금이다. 형상의 자유도가 큰 주철은 오래전부터 이용되었고, 그 재료는 용탕(溶湯)온도가 낮아도 탕 흐름이 좋은 것, 즉 주조성이 높은 것이 필요하다. 그 때문에, 탄소(1.7~6.7%)와 규소(0.5~7%)를 기본성분으로 하고, 그 밖에 망간, 인, 유황 등을 함유한다. 최근은 기계구조용 재료로서 강도에 대한 요구도 높아져 있고, 강도, 끈기 강도도 높은 주철이 넓게 사용되고 있다.

11 구리에 관한 다음사항 중 틀린 것은?

① 비중이 1.7이다.
② 용융점이 1083℃이다.
③ 비자성으로 내식성이 철강보다 우수하다.
④ 전기 및 열의 양도체이다.

구리
• 비중은 8.96
• 용융점은 약 1083℃이며, 변태점이 없다
• 원자량은 약 63.6 이고, 비자성체이며 전기 및 열의 양도체이다
• 자연성이 풍부하며, 가공 경화로 경도가 증가한다
• 황산, 염산에 용해되며, 습기, 탄산가스, 해수에 녹이 생긴다

12 주조용 알루미늄 합금이 아닌 것은?

① 실루민 ② 라우탈
③ 하이드로 날륨 ④ 두랄루민

• 주조용 알루미늄합금 : 실루민(알펙스) 알루미늄에 실리콘(Si)을 합금하여 주조용 합금으로 사용된다.
• 내열성 합금
  - Y합금 : 알루미늄(Al) + 구리(Cu) + 니켈(Ni) + 마그네슘(Mg) 피스톤, 실린더(내열기관)
  - Lo-Ex합금 : Y합금 + 실리콘(Si)
  - 코비탈륨 : Y합금 + 티타늄(Ti)
  - 하이드로날륨 : 알루미늄(Al) + 마그네슘(Mg) - 내식용
• 가공용 알루미늄합금
  - 두랄루민 : 알루미늄(Al) + 구리(Cu) + 망간(Mn) + 마그네슘(Mg) 비행기 자동차에 사용

정답 07 ① 08 ② 09 ④ 10 ③ 11 ① 12 ④

13 다음 Ni 합금 중 80% Ni에 20% Cr이 함유된 합금으로 열전대 재료로 사용되는 것은?

① 인코넬　　② 크로멜
③ 알루멜　　④ 엘린바

- 인코넬 : NI 78~80%, Cr12~14 전열기, 열전쌍 재료로 사용
- 알루멜 : Al 3% 고온 측정용 열전쌍 – 1200℃까지 측정
- 크로멜 : Cr 10% 고온 측정용 열전쌍

14 다음 비철금속 중 비중이 가장 가벼운 금속은?

① Cu　　② NI
③ Al　　④ Mg

마그네슘은 1.74로 실용금속 중 가장 가볍다.

15 다음 중 스마트 소재(smart material)의 특징으로 가장 적절한 것은?

① 열에 의해 분해되어 사용이 제한된다.
② 외부 자극에 반응하여 물리적 성질이 변한다.
③ 고정된 기계적 성질을 가진다.
④ 화학 반응 없이 항상 일정한 상태를 유지한다.

스마트 소재는 외부 자극(열, 압력, 전기, 자기장 등)에 반응하여 물리적 성질(형상, 색상, 강도 등)이 변하는 특성을 지닌다. 예: 형상기억합금, 압전소자, 광반응성 소재 등

16 그래핀(Graphene)의 주요 특성으로 올바르지 않은 것은?

① 매우 높은 전기 전도성을 가진다.
② 탄소 원자 한 층으로 구성된 2차원 구조이다.
③ 금속보다 무겁고 단단하다.
④ 높은 열전도성을 가진다.

그래핀은 탄소 원자 한 층이 육각형 구조로 배열된 2차원 소재로, 금속보다 훨씬 가볍고 강도는 매우 뛰어나다. 전기 및 열 전도성이 우수하여 다양한 전자소자 및 복합재료에 활용되고 있다.

17 다음 중 FDM 방식의 3D 프린터에서 일반적으로 사용되는 재료가 아닌 것은?

① PLA　　② ABS
③ SLA　　④ PETG

- FDM(Fused deposition Modeling) 방식은 열가소성 플라스틱을 녹여 적층하는 방식으로, PLA, ABS, PETG 등이 주로 사용된다.
- SLA는 FDM 방식이 아니라 광경화성 수지를 사용하는 광조형(Stereolithography) 방식의 재료이다.

18 3D 프린터용 금속 재료의 특징으로 가장 적절한 설명은?

① 열에 약하며 일반적으로 재활용이 불가능하다.
② 정밀도가 낮고 미세한 구조 구현이 어렵다.
③ 고온에서도 강도가 유지되어 항공우주 분야에 사용된다.
④ 주로 가정용 프린터에서 사용된다.

금속 3D 프린팅 재료(예: 티타늄, 알루미늄, 인코넬 등)는 고온에서 우수한 기계적 성질을 유지하기 때문에 항공우주, 자동차, 의료 산업 등 고정밀 부품 제작에 활용된다. 고가의 장비가 필요하여 일반 가정용에는 적합하지 않다.

19 탄소나노튜브(Carbon Nanotube, CNT)의 응용 분야로 적절하지 않은 것은?

① 초강력 섬유
② 디스플레이용 전극
③ 방사능 차폐 소재
④ 전자소자의 도전재료

탄소나노튜브는 뛰어난 기계적 강도, 전기전도성, 열전도성으로 인해 고강도 섬유, 투명 전극, 반도체 소자 등에 널리 사용된다. 하지만 방사능 차폐 기능은 미약하여 주된 응용 분야가 아니다.

정답　13 ①　14 ④　15 ②　16 ③　17 ③　18 ③　19 ③

20 형상기억합금(Shape Memory Alloy)의 대표적인 예로 가장 적절한 것은?

① 티타늄 - 니켈 합금(NiTi)
② 철 - 탄소 합금(Fe-C)
③ 알루미늄 - 구리 합금(Al-Cu)
④ 아연 - 주석 합금(Zn-Sn)

> 형상기억합금은 특정 온도 이상에서 원래 형태로 복원되는 성질의 금속. 니켈-티타늄 합금(NiTi)으로, 의료기기(스텐트, 교정용 와이어 등)에 자주 사용

21 다음 중 세라믹 소재의 일반적인 특성이 아닌 것은?

① 높은 열 저항성
② 우수한 절연 특성
③ 유연한 변형 가능성
④ 높은 경도

> 세라믹은 일반적으로 높은 경도, 열과 전기의 절연성, 내열성 등을 가지며, 매우 단단한 대신 취성(brittle)이 강함.

22 다음 중 자기장을 가했을 때 성질이 변하는 신소재로 가장 적절한 것은?

① 압전 세라믹
② 전도성 고분자
③ 자성 유체(Magnetorheological fluid)
④ 초전도체

> 자성 유체(Magnetorheological fluid)는 자기장을 가하면 점성이 크게 증가하여 반고체 상태로 변하는 특성을 활용해 차량의 서스펜션이나 진동 제어 장치 등에 사용

23 초전도체(Superconductor)의 대표적인 특징으로 올바른 것은?

① 상온에서 높은 전기 저항을 가진다.
② 임계온도 이하에서 전기 저항이 0이 된다.
③ 매우 가볍고 투명한 특성을 가진다.
④ 금속에 비해 전기 전도성이 낮다.

> 초전도체는 특정 온도(임계온도) 이하로 냉각되면 전기 저항이 0이 되는 특수한 소재로, 자기 부상 열차나 MRI 장비 등에 사용, 전류가 손실 없이 흐를 수 있다.

24 다음 중 바이오 소재(Biomaterial)에 대한 설명으로 가장 적절한 것은?

① 항상 무기물로 구성되어야 한다.
② 생체와 접촉 시 화학 반응을 피하기 위해 불활성이어야 한다.
③ 인체 내에서 분해되지 않아야 한다.
④ 생체 적합성과 생분해성을 모두 고려해야 한다.

> 바이오 소재는 인체에 삽입되거나 접촉되는 소재로, 생체 적합성(인체에 해를 주지 않음)과 생분해성(사용 후 분해되어 체외로 배출 또는 흡수됨)을 고려. 생분해성을 의도적으로 설계하여, 임시적인 역할만 함. (예: 생분해성 봉합사)

25 열가소성 수지가 아닌 재료는?

① 멜라민 수지
② 초산비닐 수지
③ 폴리에틸렌 수지
④ 폴리염화비닐 수지

> - **열경화성 플라스틱** : 페놀수지, 요소수지, 멜라민수지, 규소수지, 폴리에스테르수지
> - **열가소성 플라스틱** : 스틸렌수지, 염화비닐, 폴리에틸렌, 초산비닐, 아크릴수지

26 공구재료의 필요조건이 아닌 것은?

① 열처리가 쉬울 것
③ 강인성이 클 것
② 내마멸성이 작을 것
④ 고온 경도가 클 것

> - 가공 재료보다 경도가 클 것
> - 고온에서도 경도가 감소되지 않아야 함
> - 인장강도와 내마모성이 클 것
> - 쉽게 원하는 모양으로 만들 수 있을 것
> - 사용상 취급이 편리하고 가격이 싸며 경제적이어야 함
> - 내산화성 및 내 확산성 등 화학적으로 안정성이 클 것

정답 20 ① 21 ③ 22 ③ 23 ② 24 ④ 25 ① 26 ②

27 주철의 성질을 가장 올바르게 설명한 것은?

① 탄소의 함유량이 2.0% 이하이다.
② 인장강도가 강에 비하여 크다.
③ 소성변형이 잘 된다.
④ 주조성이 우수하다.

> 주철은 탄소를 2.11에서 6.67% 함유하여 주물을 만들기 쉽고 내마멸성이 우수한 기계재료이다.
> - 융점이 낮고, 유동성이 양호
> - 마찰저항이 좋다.
> - 절삭성이 우수
> - 압축강도가 크다.
> - 가격이 싸다.
> - 충격값이 작다.
> - 메짐이 크고, 소성변형이 어렵다.

28 킬드강에는 어떤 결함이 주로 생기는가?

① 편석 증가
② 내부에 기포
③ 외부에 기포
④ 상부 중앙에 수축공

> **킬드강**
> 제강 과정 중 주석이나 알루미늄 등 강력 탈산제를 사용해서 가스 잔류량을 충분히 줄인 강재. 비교적 균질이나 상부 중심에 수축공이 생기는 결함이 나타난다. 품질은 림드강보다 좋으며 용접이 쉽고 고급강재의 기초로 사용된다.

29 내식용 Al 합금이 아닌 것은?

① 알민(Almin)
② 알드레이(Aldrey)
③ 하이드로날륨(hydronalium)
④ 코비날륨(cobitalium)

> **내식용 알루미늄 합금**
> - 하이드로날륨 : Al-Mg, 알민(Al-Mn)알드리(Al-Mg-Si)
> - 내열용 알루미늄 합금 : Y 합금 :
>   Al-Cu(4%)-Ni(2%)-Mg(1.5%),
>   Lo-Ex : Al-Si-Cu-Mg-Ni 라우탈(lautal) : Al-Cu-Si

정답 27 ④ 28 ④ 29 ④

DO IT
YOURSELF

기계공작

#SECTION 02
#키워드
#수기가공 #기계공작일반 #선반 #밀링 # 드릴링 보링 외

SECTION 02 기계공작

01 수기가공 및 정밀측정

1 손 다듬질(수기가공)

손 다듬질 설비 및 공구를 이용하여 소정의 모양으로 가공하는 것을 손 다듬질(수기가공)이라 한다.

(1) 손 다듬질 설비

① 작업대 : 두께 70mm 정도의 목판으로 만들며 크기는 가로×세로×높이로 표시한다.
② 바이스(Vise) : 일감(공작물)을 고정할 때 사용하는 것으로 **크기는 조(Jow)의 최대 폭으로 나타낸다.**
③ 정반(Surface plate) : 주철이나 석재로 만들며 금긋기와 평면가공시의 기준면이 된다. 크기는 가로×세로×높이로 표시한다.
④ 클램프(clamp) : 공작물을 고정하는 장치

(2) 금긋기 작업

1) 금긋기용 공구
① 금긋기 바늘 : 직선이나 형판에 따라 금긋기할 때 사용
② 펀치와 해머 : 교점 표시와 드릴 구멍을 뚫기 전 펀치마크를 찍을 때 사용(선단 각도 : 60~90°)
③ 서피스 게이지 : 높이 금긋기나 환봉의 중심내기에 사용
④ V 블록 : 원통형 공작물의 진원도 측정 및 평행대 등을 고정하여 금긋기 할 때, 기계 가공할 때 사용
⑤ 스크루 잭(Screw jack) : 복잡한 공작물 지지 및 높이조절
⑥ 트럼 멜 : 큰 원을 그릴 때 사용

(3) 톱 작업

1) 쇠톱
프레임에 톱날을 끼워 절단하는 것으로, 크기는 양단 구멍의 중심거리로 나타낸다.
잇수의 크기는 1°(inch) 내의 산수로 나타낸다.

(4) 정 작업

① 공구 종류 : 정, 바이스, 해머
② 정의 재질 : 0.8~1.2% 탄소를 함유한 공구강을 날끝 약 10mm 가량 열처리하고 뜨임하여 사용한다.

(5) 줄 작업 – FF

> 📌 줄 작업기호 외울 것 – FF

일감의 평면이나 곡면을 다듬는 데 쓰인다.

1) 줄의 종류
① 단면 모양

(a) 평줄 (b) 반원줄 (c) 사각줄 (d) 삼각줄 (e) 둥근줄 등
5종이 있다.

② 줄날 모양
  ㉠ 홑줄날(단목) : Pb, Sn, Al 등의 연금속이나 얇은 판의 가장자리 다듬질용
  ㉡ 겹줄날(복목) : 다듬실용
  ㉢ 라스프줄날(귀목) : 나무, 가죽 등 비금속
  ㉣ 곡선줄날
③ 줄눈의 거칠기 : 황목, 중목, 세목, 유목

2) 줄작업의 종류

📌 줄작업의 종류 : 직진법, 사진법, 횡진법(병진법) ⇒ 가끔 시험에 출제

① 직진법 : 좁은 곳의 최종 다듬질
② 사진법 : 거친 다듬질에 이용(황삭, 모파기)
③ 횡진법(병진법) : 강재의 흑피제거 및 다듬질

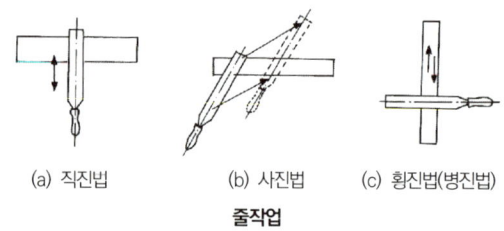

(a) 직진법　　(b) 사진법　　(c) 횡진법(병진법)

줄작업

(6) 스크레퍼 작업(Scraping) - FS

📌 FF, FS, FR ⇒ 시험에 자주 출제(기호 외울 것)

스크레핑은 셰이퍼나 플레이너 등으로 절삭 가공한 평면이나 다듬질한 내면을 더욱 정밀하게 다듬질하는 작업이다.

(7) 리머 작업(Reaming) - FR

드릴로 뚫은 구멍의 내면을 더욱 정밀하게 다듬질하는 작업을 리밍이라 한다.

(8) 탭 및 다이스 작업

탭은 암나사를 내는 공구이며, 다이스는 수나사 작업을 한다.

1) 탭(Tap)

탭은 나사부와 자루부로 되어 있으며 암나사를 만드는 공구이다. 손 다듬질용 탭은 3개가 1조로 되어 있으며 1번 탭은 55%, 2번 탭은 25%, **3번 탭은 20%의 작업으로 최종 다듬질을 한다.**

📌 3번 탭은 20%의 작업으로 최종 다듬질을 한다.
⇒ 이 말이 시험에 나온 적이 있음

합격충전소

▮▮▮ 충전 30% /이론공부 + 중간정리/

탭 작업 시 드릴로 뚫을 구멍지름 d는 약식으로 다음과 같이 구한다.

$$d = D - p$$

- d : 드릴 지름[mm]
- D : 나사의 호칭 지름[mm]
- P : 나사의 피치[mm]

📌 $d = D - p$ ⇒ 계산식 외울 것
　 M10에 피치가 1mm라면 드릴의 지름은? 10 - 1 = 9mm

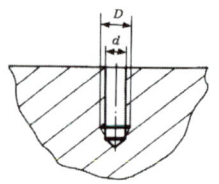

2) 탭 작업 시 탭이 부러지는 원인

📌 탭 작업 시 탭이 부러지는 원인 ⇒ 시험에 자주 출제가 됨

① 구멍이 너무 작거나 구부러진 경우
② 탭이 경사지게 들어간 경우
③ 탭의 지름에 적합한 핸들을 사용하지 않는 경우
④ 너무 무리하게 힘을 가하거나 빨리 절삭할 경우
⑤ 막힌 구멍의 밑바닥에 탭의 선단이 닿았을 경우

예제 1

탭(tab) 작업 시 탭이 부러지는 원인이 아닌 것은?

① 핸들에 무리한 힘을 가할 때
② 구멍이 클 때
③ 탭이 구멍 바닥에 부딪혔을 때
④ 탭이 경사지게 들어갔을 때

 정답 ②

탭 작업시 탭이 부러지는 원인
- 구멍이 너무 작거나 구부러진 경우
- 탭이 경사지게 들어간 경우
- 탭의 지름에 적합한 핸들을 사용하지 않는 경우
- 너무 무리하게 힘을 가하거나 빨리 절삭할 경우
- 막힌 구멍의 밑바닥에 탭의 선단이 닿았을 경우

---

3) 다이스(Dies) 작업

📌 다이스(Dies) 작업 ⇒ 외워둘 것

다이스는 **수나사를 깎는 공구**로서 수나사를 깎는 작업을 다이스 작업이라 한다.

2 정밀 측정

(1) 측정기의 종류

1) 실장 측정기(직접측정)

스케일(Scale), 버니어 캘리퍼스, 마이크로미터, 측장기 등의 측정기로 **측정기에 새겨진 눈금을 읽어 직접 그 크기를 확인**할 수 있는 측정기를 실장 측정기라 한다.

2) 비교 측정기(Comparator)

다이얼 게이지, 공기 마이크로미터, 미니미터, 옵티미터 등과 같은 측정기로 표준치수로 만들어진 기준 게이지와 비교하여 그 차이로 제품의 길이 및 합격, 불합격 여부를 판정하는 것으로, 이 측정법을 비교측정이라 한다.

3) 기준 게이지

블록게이지와 같이 치수의 기준이 되는 것 또는 제품 형상의 검사나 판별에 쓰이는 것이다.

4) 한계 게이지

제품에 허용된 치수차에서 최대·최소의 양 한계치수를 정해 그 범위 내로 제품의 치수가 다듬질되었나를 판별하는 측정기이다.

(2) 측정 오차

📌 오차의 종류 기억할 것

제품이 가진 실제 치수와 측정값과의 차이를 측정오차라 한다.

① 온도의 영향
② 측정기 자체의 오차
③ 측정압에 의한 오차
④ 시차
⑤ 굽힘에 의한 오차
⑥ 우연의 오차

(3) 실장 측정기

1) 버니어 캘리퍼스(Vernier Calipers)

자와 캘리퍼스를 조합한 것으로 바깥지름, 안지름, 깊이 등을 측정하는데 사용한다.

① 종류 : M형(1/20mm), CB형(1/50mm), CM(1/50mm)

② 측정법 : 어미자의 mm 단위를 아들자의 0점이 만나기 전 지점을 읽는다.(15mm) 이하의 소수자리는 아들자의 눈금이 어미자와 만나는 지점 ★을 찾는다. ★ 지점이 0.1이므로 이 측정값은 15.1이 된다.

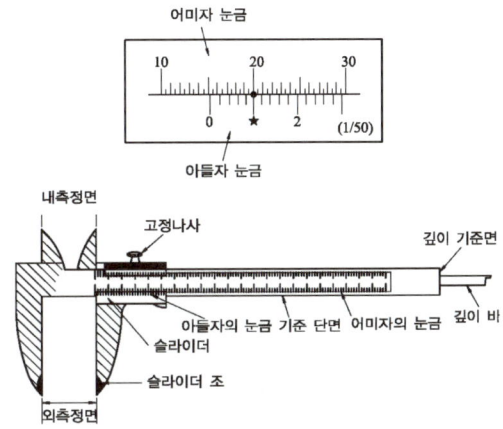

2) 마이크로미터(Micrometer)

① 마이크로미터의 원리(삼각나사를 이용) : 표준 마이크로미터는 나사의 피치가 0.5mm, 딤블의 원주는 50등분하여 1/100mm의 정밀도로 측정할 수 있다.

> **합격충전소**
>
> ▮▮▮ 충전 50% (이론공부 + 보충설명)
>
> 마이크로미터는 0~25mm, 25~50mm, 50~75mm, 25mm 단위로 되어 있는데, 그 이유는 스핀들 길이가 길어지면 부정확해지기 때문이다.

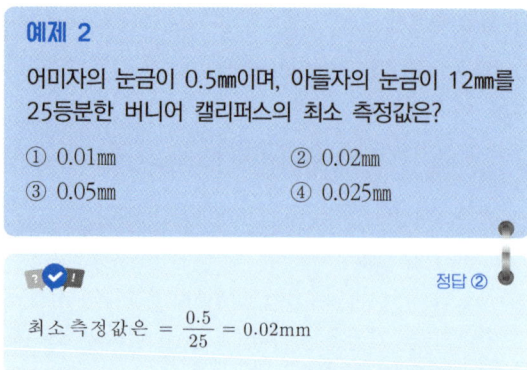

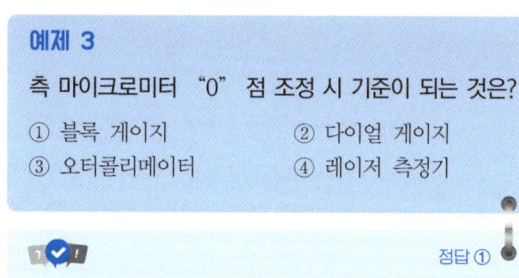

② 아베의 원리(Abbe's Principle) : "표준자와 피측정물은 같은 축선상에 있어야 한다."는 원리로 같은 축선상에 있지 않을 경우에는 측정오차가 생긴다. **아베의 원리에 어긋나는 측정기는 버니어 캘리퍼스, 캘리퍼스형 내측 마이크로미터** 등이 있다.

📑 아베의 원리 ⇒ 반드시 외울 것

3) 하이트 게이지

하이트 게이지는 대형부품, 복잡한 모양의 부품 등을 정반 위에 올려놓고 높이를 측정하거나 금 긋기하는 데 사용한다.
기본 구조는 스케일과 베이스 및 서피스 게이지를 한데 묶은 것이다.

4) 측장기

측장기는 내부에 표준자를 가지고 있어 피측정물의 치수와 길이를 직접 구할 수 있는 길이 측정기로, 비교적 큰 치수의 것을 높은 정밀도(1/1,000mm)로 측정하는 장치로 되어 있다.

(4) 다이얼 게이지

비교 측정기의 대표적인 것으로 평면도나 진원도 등을 검사하는 데 사용

1) 용도

평면이나 원통형의 평면도, 원통의 진원도, 축의 흔들림 정도 등의 검사나 측정에 사용

> **예제 4**
> 측정자의 직선 또는 원호 운동을 기계적으로 확대하여 그 움직임을 지침의 회전 변위로 변환시켜 눈금을 읽을 수 있는 측정기는?
> ① 다이얼 게이지   ② 마이크로미터
> ③ 만능 투영기   ④ 3차원 측정기

 정답 ①

비교측정기
- 다이얼 게이지
- 공기 마이크로미터 : 공기의 흐름을 확대기구로 하여 길이를 측정하는 방법으로 노즐 부분을 교환함으로써 바깥지름, 안지름, 직각도, 진원도, 평면도, 테이퍼, 타원 등을 측정할 수 있다.
- 전기 마이크로미터 : 보통 측정자의 기계적 변위를 전기량으로 변환하여 지시계의 지침이 흔들리는 것으로 표시하는 측미기로 측정한다.
- 옵티미터 : 광학적으로 길이의 미소 범위를 확대하여 측정한다.
- 미니미터 : 컴퍼레이터의 일종으로 제품의 치수와 표준 게이지와의 치수를 측정하는 측미지시계로 레버확대지시장치가 있다. 측정 범위는 ±0.1mm 정도이다.

(5) 블록 게이지

블록 게이지는 기준 게이지의 대표적인 것으로 양측 정면은 평면이고 건식 래핑가공을 한다.

등급	용도	검사주기	25mm에 대한 오차
AA(00)	연구용(참조용)	3년	0.00005mm
A(0)	표준용	2년	0.0001mm
B(1)	검사용	1년	0.0002mm
C(2)	공작용	6개월	0.0003mm

📑 AA(00) : 연구용(참조용) ⇒ 이 등급은 반드시 기억 : 시험에 나온 적 있음

(6) 한계 게이지

제품을 가공할 때 치수대로 가공하기 어려우므로 허용한계를 두게 되며, 허용한계를 쉽게 측정하는 게이지가 한계 게이지이다.

1) 종류

① 구멍용 한계 게이지
- ㉠ 플러그 게이지 : 비교적 작은 구멍(1 ~ 100mm) 검사에 사용
- ㉡ 평게이지 : 50 ~ 250mm 검사에 사용
- ㉢ 봉게이지 : 250mm를 초과하는 구멍검사에 사용

② 축용 한계 게이지
- ㉠ 링게이지 : 지름이 작거나 얇은 두께의 공작물 검사
- ㉡ 스냅게이지 : 축의 지름 검사 등에 사용

(7) 각도 측정기

1) 만능 각도 측정기

▶ 만능 각도 측정기, 컴비네이션 세트, N. P. L 식 각도 게이지, 사인 바(Sine bar) ⇒ 시험에 잘 나옴

2) 컴비네이션 세트

강철자, 직각자, 분도기 및 수준기를 조합해 각도 측정에 사용

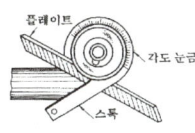
만능 각도 측정기

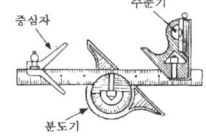
컴비네이션 세트

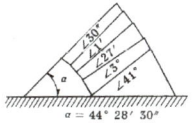
NPL식 각도 게이지

예제 5

N.P.L식 각도 게이지에 대한 설명과 관계가 없는 것은?
① 쐐기형의 열처리된 블록이다.
② 12개의 게이지를 한조로 한다.
③ 조합 후 정밀도는 2~3초 정도이다.
④ 2개의 각도 게이지를 조합할 때에는 홀더가 필요하다.

정답 ④

- N.P.L식 각도 게이지 : 쐐기형의 열처리된 블록으로 6′, 18′, 30′, 1″, 3″, 9″, 27″, 1°, 3°, 9°, 27°, 41°의 각도를 가진 12개의 게이지를 한 조로 한다.

3) N. P. L식 각도 게이지

다른 각도를 가진 12개를 1조로 한 각도 블록을 쌓아 올려 각도를 만든다.

4) 사인 바(Sine bar)

직각 삼각형의 2변의 길이로 삼각함수에 의해 각도를 구하는 것이다. 사인 바의 크기는 100mm, 200mm로 만든다.

각도 α는 다음 식으로 구한다.

$$\sin\alpha = \frac{H}{L}$$

- L : 사인바의 크기(길이)   ・ H : 블록 게이지의 높이

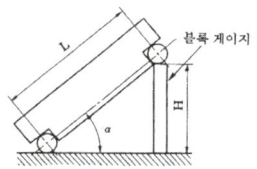

【주】측정각(α)이 45° 이상이 되면 측정 오차가 생기게 된다.

(8) 면의 측정

1) 광선 정반(Optical flat)

비교적 작은 부분의 평면도를 측정, 간섭무늬 개수가 적을수록 평면도가 좋다.

2) 평행 광선 정반(Optical parallel)

평행도 검사에 쓰인다.

3) 수준기(Level)

수직, 수평 측정에 쓰이며 기포관 속에는 에테르가 들어간다.

4) 오토 콜리미터(Autocolimeter)

수준기와 망원경을 조합한 것으로 미소각도를 측정하는 광학적 측정기로서 직각도, 평행도, 진직도, 작은 각도 및 흔들림 등의 측정에 사용한다.

5) 나이프 에지(Knife edge)

진직도나 평면도를 측정

(9) 나사의 유효지름 측정

▶ 측정법 : 공구 현미경, 나사 마이크로미터, 삼침법 ⇒ 반드시 기억할 것

① 공구 현미경
② 나사 마이크로미터
③ 삼침법

(10) 기타 측정기

① 테이퍼 게이지 : 모스 테이퍼(1/20), 브라운 샤프 테이퍼(1/24), 내셔널 테이퍼(7/24)를 측정한다.
② 피치 게이지 : 나사의 피치를 측정한다.
③ 반지름(Radian) 게이지 : 주물 제품 등의 라운드를 측정한다.
④ 시그네스 게이지(틈새 게이지) : **부품 사이의 틈새나 좁은 홈 등을 측정하는 데 쓰인다.**
⑤ 드릴 게이지 : 드릴의 지름을 판정
⑥ 와이어 게이지 : 철강선(와이어)의 굵기 및 얇은 강판의 두께 측정에 쓰인다.
⑦ 센터 게이지 : 선반 작업 시 나사깎기 바이트의 각도를 검사하는 데 사용

02 기계 공작 일반

1 공작기계의 분류

(1) 범용 공작 기계(General Purpose Machine Tool)

일반적으로 널리 사용되고 있는 공작기계로 드릴링 머신, 선반, 밀링 머신, 셰이퍼, 플레이너, 슬로터 등이 있다.

(2) 전용 공작 기계(Special Purpose Machine Tool)

같은 종류의 제품을 대량생산하기 위한 공작 기계로서, 절삭속도와 이송 속도가 일정하게 제한되어 있다. 또, 기계의 크기도 일감에 따라 알맞게 하고, 구조가 간단하며 조작하기 쉽도록 되어 있다.

(3) 단능 공작 기계(Single Purpose Machine Tool)

한 공정의 가공만을 할 수 있는 구조로, 같은 종류를 대량 생산하는 데 적합하지만, 다른 것을 가공하는 데에는 융통성이 없다.

(4) 만능 공작 기계(Universal Machine Tool)

선반, 드릴링 머신, 밀링 머신 등의 기능을 조합하여 한 대의 기계로 제작한 것이다. 이와 같은 기계는 **대량 생산 체제에는 적합하지 않으나, 소규모의 공장이나 보수를 목적으로 하는 공작실, 금형 공장 등에서 사용된다.** 최근에는 기계공작의 생산성과 정밀도를 높이기 위하여 수치 제어 공작 기계와 로봇 등이 사용되고 있다.

2 공작기계의 기본운동

▶ 공작기계의 3대 운동 : 절삭, 이송, 조정

(1) 절삭 운동

절삭공구와 일감이 접촉하여 칩을 내기 위한 운동으로 회전운동 또는 직선운동이 있다.

> **합격충전소**
>
> ▮▮▮▮ 충전 50% /이론공부 + 보충설명/
>
> **절삭운동에 의한 분류**
> - 공구는 고정하고 가공물에 절삭운동을 주는 기계 : 선반, 플레이너
> - 가공물을 고정하고 공구에 절삭운동을 주는 기계 : 밀링, 드릴링 머신, 브로칭 머신
> - 가공물과 공구를 동시에 절삭운동을 주는 기계 : 연삭기, 호빙 머신, 래핑 머신
>
> 📒 절삭운동에 의한 분류 ⇒ 외울 것

(2) 이송 운동
절삭 위치를 바꾸는 운동으로 절삭공구나 일감을 이동시킨다.

(3) 조정 운동
공구의 고정, 일감의 설치, 제거, 절삭 깊이를 조정하는 것으로 절삭 작업 중에는 하지 않는다.

3 절삭 가공

기계를 제작할 때 주조품이나 단조품을 필요한 치수와 모양으로 가공하기 위해 절삭공구를 사용하여 칩(Chip)을 내면서 깎는 가공을 절삭가공이라 한다.

(1) 칩의 종류와 형태
📒 칩의 종류와 형태 : 유동형 칩, 전단형 칩, 열단형 칩, 균열형 칩 ⇒ 반드시 외울 것

1) 유동형 칩
📒 유동형 칩 ⇒ 구성인선 방지책과 동일함

공구가 진행함에 따라 일감이 미세한 간격으로 계속적으로 미끄럼 변형을 하여 칩이 생기며 연속적으로 공구 윗면을 흘러나가는 모양의 칩이며 다음과 같은 경우에 발생한다.

① 가공재료가 연하고 인성이 클 때
② 윗면 경사각이 클 때
③ 절삭 깊이가 작을 때
④ 절삭속도가 클 때

2) 전단형 칩
유동형 칩이 생기는 것과 같은 재료를 작은 윗면 경사각으로 깎을 때 생기며, 일정 간격으로 전단되어 나오는 형태의 칩이다. 가공면은 그다지 좋지 못하다.

3) 열단형 칩
칩이 경사면에 점착하여 흘러나가지 못하고 공구의 전진에 따라 압축되어 균열이 일어나면서 절삭되는 형태로 다듬면이 거칠어 좋지 않다. 열단형 칩이 생기는 경우는 다음과 같다.

① 일감이 점성이 있고 공구에 점착하기 쉬울 때
② 공구 윗면 경사각이 작을 때
③ 절삭 깊이가 클 때 생기며 밭갈형이라고도 한다.

4) 균열형 칩
주철과 같은 메진 재료를 저속으로 절삭할 때 순간적으로 균열이 발생하여 공작물에서 분리되는 형태로 다듬면은 거칠며 좋지 않다.

(2) 구성인선(Built up edge)
📒 구성인선의 개념을 암기해야 함

절삭영역에서 국부적인 고온·고압에 의하여 공구의 절삭날 n분에 일감의 미소한 입자가 공구와의 친화력에 의해 조금씩 응착하여 대단히 단단해진다. 이것이 실제 절삭날의 역할을 하면서 절삭하게 되는데 이를 구성인선이라 하며 **발생, 성장, 분열, 탈락**을 1/10 ~ 1/200초 간격으로 반복한다.

> **합격충전소**
>
> ▮▮▮▮ 충전 100% /필수암기/
>
> **방지법**
> - 절삭 깊이를 작게 할 것
> - 경사각을 크게 할 것
> - 절삭속도를 크게 할 것
> - 윤활성 있는 절삭유를 사용할 것
>
> 📒 구성인선 방지법 ⇒ 외울 것(유동형이랑 같음)

예제 1

연삭가공의 특징을 설명한 내용으로 올바르지 않은 것은?

① 단단한 재료는 가공이 곤란하다.
② 정밀도가 높고 표면 거칠기가 우수하다
③ 연삭 압력 및 연삭 저항이 적어 마그네틱 척으로도 가공물을 고정할 수 있다.
④ 연삭점의 온도가 높다.

 정답 ①

고경도의 광물입자인 미세한 연삭입자를 결합재로 결합한 숫돌로 가공하는 연삭가공의 특징
- 입자는 불규칙적인 형상과 분포를 한다.
  절삭공구의 형상은 알 수 있지만, 연삭에서 각각의 입자 형상은 알 수 없으며 숫돌 표면의 입자 분포도 불규칙하다. 따라서 연삭작용을 해석할 때 통계 및 확률의 해석이 필요하다.
- 한개 입자의 절삭 두께가 미소하다.
  절삭가공의 최소 절삭 두께가 거의 0.05mm 정도이지만 연삭의 경우 수 미크론이다. 이와 같은 미소 두께에 의해 고정도, 좋은 다듬질면이 얻어지고 치수효과에 의한 비절삭저항이 크게 된다.
- 연삭속도가 매우 크다.
  초경공구의 절삭속도는 200rpm 이하, 세라믹공구는 400rpm 이하가 보통이지만 연삭숫돌의 주속은 2000~3000rpm으로 약 10배이다. 이와 같이 연삭속도가 빠르기 때문에 연삭온도, 연삭유제 등에 대한 문제를 고려 가공하여야 한다.
- 입자의 자생작용(self sharpening)이 있다.
  절삭공구는 사용함에 따라 마모, 손상이 생겨 절삭이 불가능하게 되어 공구를 연삭하여 사용하게 된다. 연삭의 경우에는 입자가 탈락하면 하층의 새로운 입자가 노출된다. 이와 같은 작용을 자생작용이라고 하며 숫돌, 가공조건을 잘 선정하면 항상 예리한 입자로 연삭이 가능하다.

예제 2

바이트의 날끝 반지름이 1.2mm인 바이트로 이송을 0.05mm/rev로 깎을 때 이론상의 최대 높이 거칠기는 몇 μm인가?

① 0.57   ② 0.45
③ 0.33   ④ 0.26

 정답 ④

가공면 굴곡 최대높이
$H = \dfrac{S^2}{8r} = \dfrac{0.05^2}{8 \times 12} = 0.0002\text{mm}$
(S : 이송, r : 바이트 날끝 반지름)
1mm는 1000μm이므로 0.00026×1000 = 0.26μm

4 절삭 공구 재료

(1) 공구 재료 구비 조건

① 피절삭재보다 굳고 인성이 있을 것
② 내마멸성이 높을 것
③ 값이 쌀 것
④ 절삭가공 중 온도상승에 따른 경도저하가 적을 것
⑤ 쉽게 원하는 모양으로 만들 수 있을 것

(2) 공구재료

📌 공구재료의 기호 외울 것
- STC – 300℃까지 사용
- STS – 400℃까지 사용
- SKH(HSS) – 대표적 공구강(가장 널리 사용)

예제 3

절삭공구 재료의 구비 조건으로 틀린 것은?

① 일감보다 단단하고 강인성이 필요하다.
② 절삭할 때 마찰계수가 커야 한다.
③ 형상을 만들기가 쉽고 가격이 저렴해야 한다.
④ 높은 온도에서도 경도가 필요하다.

 정답 ②

절삭할 때 마찰계수가 작아야 한다.

예제 4

절삭공구 인선의 마모에 해당되지 않는 것은?

① 크레이터(crater) ② 플랭크(flank)
③ 치핑(chipping) ④ 드레싱(dressing)

 정답 ④

- 물리, 화학적 마모
  - 화학 반응 : WC는 600도 이상에서는 산화물이 된다. 강의 절삭 시 온도는 900도 이상까지 올라가므로 칩의 배출을 원활히 하고 (칩에 의해 가공 시 발생하는 온도를 배출), 절삭유등으로 절인을 식혀 주어야 한다. 건식에 비해 절삭유를 첨가하면 대체로 수명을 연장하나 유화물이나 염화물에서는 극압 첨가제를 함유하지 않은 혼성유와 건식보다 첨가재의 화학반응에 의해 수명이 짧아짐을 나타낸다.
  - 열확산 : WC의 W와 C가 분해되어 C가 STEEL로 확산하거나 고탄소강의 경우 반대로 STEEL의 탄소가 공구에 침투한다.
  - 용착, 압착 : 피삭재가 압착 분리될 때 접합면에서 분리되면서 공구 상면내부에서 떨어지는 것으로 전이형 마모를 일으킨다.
  - 전기화학적 마모 : 초경공구와 강재 사이에 100℃당 1mV 정도의 기전력이 발생한다. (열전류)열전류의 일부는 이온을 매개로 하여 전기화학적으로 작용하며, 화학변화 혹은 물질의 이동을 일으키며 마모가 발생한다.
- 크레이터(CRATER)마모 : 상면 마모
  공구의 상면에 나타나는 열적 마모
- 플랭크(FLANK)마모 : 측면 마모

1) 탄소공구강(STC)

탄소를 0.6 ~ 1.5% 함유한 것으로 줄이나 펀치, 정 등에 쓰인다.

2) 합금공구강(STS)

탄소강에, W, Cr, V, Mo 등의 원소를 첨가하여 담금질효과 및 고온경도 등을 개선한 것으로 바이트, 다이스, 탭, 띠톱 등에 쓰인다.

3) 고속도강(SKH, 일명 HSS[하이스강]라 불림)

W(18) ~ Cr(4) ~ V(1)이 대표적으로 쓰이며 600℃ 부근에서 경도저하가 생긴다. 바이트나 밀링커터, 드릴 등에 사용된다.

4) 주조 경질합금(스텔라이트)

Co - Cr - W - C를 주성분으로 열처리가 필요 없다.

예제 5

스텔라이트계 주조경질합금에 대한 설명으로 틀린 것은?

① 주성분이 Co이다.
② 단조품이 많이 쓰인다.
③ 800℃까지의 고온에서도 경도가 유지된다.
④ 열처리가 불필요하다.

 정답 ②

- 주조경질합금 : 주조 상태의 것을 연마하여 사용. 열처리를 하지 않아도 충분한 경도를 가지며 W-Co-Cr-C 주성분인 것을 스텔라이트라 한다. 금형에 주입하여 연마성형, 단조, 절삭 불가능하며 고속도강보다 절삭속도는 빠르나 인성은 떨어지고 충격, 압력, 진동 등에 대한 내구력이 약하다.

5) 초경합금(소결합금)

금속탄화물(WC, TIC, TaC)을 프레스로 성형 소결시킨 합금으로 최근 고속절삭에 널리 쓰인다.

예제 6

절삭공구류에서 초경 합금의 특성이 아닌 것은?

① 경도가 높다. ② 마모성이 좋다.
③ 압축 강도가 높다. ④ 고온경도가 양호하다.

 정답 ②

초경합금의 특성
- 초경합금은 경도가 높고 내마모성이 높으며, 강의 2.5배~3배나 높은 영률을 가지고 있다.
- 열전도율에 있어서는 강의 2배, 열팽창계수는 강의 1/2배, 압축강도는 약 400~600kg/mm^{2}로 높다. 무게도 마찬가지로 강보다 2배 정도 무겁다.

6) 세라믹(주성분 Al$_2$O$_3$)

무기질의 비금속 재료를 고온에서 성형한 것으로 다음과 같은 특징이 있다.

① 경도는 1,200℃까지 거의 변화가 없다.
② 철과 친화력이 없어 구성인선이 생기지 않는다.
③ 내마모성은 높으나 내열 충격에 약하다.

7) 다이아몬드 공구

📌 다이아몬드 공구의 개념 반드시 외울 것

주로 비철금속의 정밀선삭에 사용, 취성이 크다. 경도가 가장 높고, 내마멸성도 크며 또 절삭속도가 가장 크고 능률적이다.

5 절삭유

(1) 절삭유의 작용

📌 절삭유의 작용 : 냉각작용, 세척작용, 윤활작용 ⇒ 반드시 외울 것

① 냉각작용 : 공구와 공작물의 온도 상승 방지
② 세척작용 : 칩을 씻어버리는 작용
③ 윤활작용 : 공구 윗면과 칩 사이의 마찰 감소

(2) 절삭유의 구비 조건

① 칩과 분리가 용이하며 회수가 쉬워야 한다.
② 화학적으로 안정되어야 한다.
③ 냉각작용이 우수해야 한다.
④ 인화점, 발화점이 높아야 한다.
⑤ 가격이 저렴하고 구하기 쉬워야 한다.

03 선반

📌 선반의 개념 반드시 외울 것

선반은 공작물을 주축에 고정시켜 회전시키고 공구대에 설치된 바이트에 절삭깊이와 이송을 주어 일감을 절삭하는 공작기계이다.

1 선반의 구조

주축대, 심압대, 왕복대, 베드

(1) 주축

공작물을 지지, 회전 및 동력전달을 하는 부분으로 주축(Spindle)은 중공으로 되어 있으며 주축 앞쪽엔 척이나 면판 등을 고정할 수 있게 되어 있고 모스 테이퍼로 되어 있다.

(2) 심압대

심압대는 주축대의 반대쪽 베드 위에 있으며 작업내용에 따라 다음과 같이 사용된다.

① 축에 정지센터를 끼워 긴 공작물을 고정할 수 있다.
② 심압대를 편위시켜 테이퍼 절삭이 된다.
③ 심압축을 베드 위에서 움직일 수 있다.
④ 구멍뚫기 작업 시는 드릴이나 리머를 설치한다.
⑤ 심압대축은 모스테이퍼로 되어 있다.

(3) 왕복대

📌 왕복대 : 에이프런(Apron), 새들(Saddle), 복식 공구대(Tool post) ⇒ 왕복대 용어 암기

왕복대는 베드 위에서 공구를 가로 및 세로방향으로 이송시키는 부분이다. 왕복대는 에이프런과 새들 복식공구대로 나눈다.

1) 에이프런(Apron)

자동이송장치, 나사깎기 장치 등이 내장되어 있으며 왕복대의 전면 즉 새들의 앞쪽에 있다.

2) 새들(Saddle)

H자로 되어 있으며 베드면과 미끄럼 접촉을 한다.

3) 복식 공구대(Tool post)

공구를 고정하는 부분으로 회전시켜 테이퍼 절삭을 할 수 있다.

(4) 베드

베드는 주로 40~60%의 강철파쇠를 넣어 만든 강인주철로 제작하며 왕복대, 심압대의 이동에 안내가 된다. 종류에는 영식(평형)과 미식(산형)이 있으며 특징은 다음과 같다.

📌 영식과 미식의 차이점을 반드시 외워야 함

1) 영식 베드

안내면은 평면이고 수압면적이 커서 강력절삭을 요하는 대형선반에 쓰인다.

2) 미식 베드

안내면이 산형이고 운동정밀도가 좋고 정밀절삭, 중·소형 선반에 쓰인다.

2 선반 크기의 표시

📌 선반 크기의 표시 : 베드 위의 스윙, 왕복대 위의 스윙, 양 센터 사이의 최대 길이 ⇒ 시험에 가끔 나옴

① **베드 위의 스윙** : 베드에 닿지 않게 주축에 설치할 수 있는 공작물의 최대 지름
② **왕복대 위의 스윙** : 왕복대에 닿지 않게 주축에 설치할 수 있는 공작물의 최대 지름
③ **양 센터 사이의 최대 길이** : 양 센터에 설치할 수 있는 공작물의 최대 길이

3 선반용 부속품

(1) 센터(Center)

주축과 심압대축에 삽입되어 공작물을 지지하는 것으로 선단각은 다음과 같다.

> **합격충전소**
> ▌▌ 충전 30% /이론공부 + 중간정리/
>
> **보통 일감** : 60°
> **중량물 지지** : 75°, 90°

1) 회전 센터(Live Center)
주축에 삽입되어 회전하는 센터로 재질은 연강을 쓴다.

2) 정지 센터(Dead Center)
심압대에 끼워져 회전하지 않는 센터로 윤활유를 주입해야 한다.

3) 베어링 센터(Bearing Center)
심압대에 끼워 사용하며 일감과 함께 회전하므로 고속회전에 쓰인다.

4) 하프 센터(Half Center)
끝면(단면) 절삭에 쓰이는 센터

(2) 척(Chuck)

공작물을 지지하고 회전시키는 부품으로 주축에 설치한다.

1) 단동 척(Independent Chuck)
4개의 조가 각각 단독으로 움직일 수 있으므로 불규칙한 모양의 일감을 고정하는 데 편리하며 강한 체결력을 가진다.
그러나 센터를 정확하게 맞추는 데는 오랜 시간과 숙련이 필요하다.

2) 연동 척(Universal Chuck) 또는 스크롤 척(Scroll Chuck)
조는 3개이며 동시에 움직이므로 원형, 정삼각형의 일감을 고정하는 데 편리하다.

📌 단동 척 : 조(4개), 연동 척 : 조(3개)

3) 복동 척(Combination Chuck), 양용척
연동 척 + 단동 척, 조가 동시에 움직이기도 하고 개별적으로 움직일 수도 있다.

4) 마그네틱 척, 전자 척(Magnetic Chuck)
두께가 얇은 일감을 변형시키지 않고 고정시킬 수 있다.

5) 콜릿 척(Collet Chuck)
가는 지름 또는 환봉재의 고정에 편리하다.

> **합격충전소**
> ▌▌ 충전 30% /이론공부 + 중간정리/
>
> **척의 크기 표시**
> • 척의 바깥지름 : 단동 척, 연동 척, 복동 척, 마그네틱 척, 압축공기 척
> • 물릴 수 있는 공작물의 지름 : 콜릿 척, 벨 척

(3) 면판(Face Plate)

📌 면판, 돌림판과 돌리개 ⇒ 외울 깃

척 작업이 곤란한 큰 공작물이나 복잡한 형상의 공작물을 볼트나 앵글 플레이트로 면판에 고정한다.

(4) 돌림판(Driving Plate)과 돌리개(dog)

양 센터 작업 시 돌리개로 공작물을 지지하고 돌림판에 돌리개를 걸어 돌림판(회전판)의 회전이 돌리개를 거쳐 공작물에 회전을 준다.

(5) 맨드릴(Mandrel), 심봉

 맨드릴(Mandrel), 심봉, 방진구(Work rest) ⇒ 반드시 외울 것

내면이 다듬질된 **중공의 공작물의 외면을 가공할 때** 구멍에 끼워 사용하는 것을 맨드릴 또는 심봉이라 하며 내면과 외면이 동심원이 되도록 가공하는 것이 주목적이다.

예제 1

선반가공에서 내경이 큰 파이프의 바깥 원통면을 절삭할 때 사용되는 가장 적합한 맨드릴은?

① 팽창식 맨드릴　　② 조립식 맨드릴
③ 표준 맨드릴　　　④ 테이퍼 맨드릴

정답 ②

맨드릴
내면을 다듬질한 중공의 공작물 외면을 가공할 때 그 구멍에 맨드릴을 끼워 맨드릴의 센터 구멍으로 지지한다.
- 표준 맨드릴 : 테이퍼값이 1/100, 1/1000 정도이고 가공물을 지지하는 데 사용한다.
- 팽창식 맨드릴 : 바깥지름을 다소 조절하여 가공물을 지지하는 데 사용한다.
- 조립식 맨드릴 : 지름이 큰 파이프 가공에 주로 사용된다.
- 너트 맨드릴 : 기어, 와셔, 칼라와 같은 가공물을 여러 개 설치하는 것으로 갱 맨드릴이라고도 한다.
- 나사 맨드릴 : 너트의 측면을 가공하거나 암나사를 가공한 가공물을 맞추어 외형을 가공하는 데 사용한다.
- 테이퍼 맨드릴 : 공작기계 주축구멍에 맞는 테이퍼 자루를 가공할 때 사용된다.

(6) 방진구(Work rest)

지름에 비해 길이가 긴 재료를 가공할 때 자중에 의해 휘거나 절삭력에 의해 휘는 것을 방지하는데 쓰인다.

1) 고정 방진구
베드 위에 고정하며 절삭 범위에 제한을 받는다.
(조 3개 120° 간격)

2) 이동 방진구
왕복대의 새들에 고정되며 절삭범위에 제한 없이 가공할 수 있다.
(조 2개)

4 선반의 종류

(1) 보통 선반(Engine Lathe)

가장 일반적으로 사용하는 것으로 단차식과 기어식이 있다. 다품종 소량생산과 수리에 사용한다.

(2) 탁상 선반(Bench Lathe)

작업대 위에 고정시켜 사용하는 모형 보통선반이다. 시계, 정밀소형 계기 등의 부품가공에 적당하다.

(3) 모방 선반(Copying Lathe)

형판(모형)에 따라 공구대가 자동적으로 절삭깊이 및 이송운동을 하는 것으로 형판과 같은 윤곽을 깎아내는 선반. 형판 대신에 모형, 또는 실물을 사용할 수도 있다.

(4) 터릿 선반(Turret Lathe)

볼트 작은 나사 및 핀과 같이 **작은 일감을 대량 생산하거나 능률적으로 가공할 때는 터릿선반(Thrret Lateh)을 사용한다.** 반자동 선반이며 심압대 대신에 터릿(6~8개의 절삭공구)을 사용하여 1행정이 끝날 때마다 터릿을 돌리고 다음 절삭공구를 절삭 위치에 오게 한다.

(5) 자동 선반(Automatic Lathe)

자동 선반은 선반의 조작을 캠이나 유압기구를 이용해 자동화한 것으로 대량생산에 적합하다. 용도는 주로 핀, 볼트 등에서부터 시계 및 자동차 부품까지 대량 생산할 수 있다.

(6) 공구 선반(Tool Room Lathe)

공구 선반은 보통 선반과 같으나 정밀한 형식으로 되어 있으며 **테이퍼 깎기 장치, 릴리이빙 장치가 부속되어 있고, 공구선반은 고정밀도의 가공을 목적으로 각종 공구 종류나 테이퍼 게이지, 나사 게이지 등을 만들기 위한 선반**이다.

(7) 정면 선반(Face Lathe)

정면 선반은 **짧고 지름이 큰 일감을 절삭하는 데 쓰**이는 것으로 주축대에 지름이 큰 면판을 구비하고 있

으며 왕복대는 주축 중심선과 수직으로 왕복하는 베드 위에 놓여 있다.

(8) 수직 선반(Vertical Lathe)
공구의 길이 방향 이송이 수직방향으로 되어 있고 대형이고 중량물을 깎는 데 쓰인다. 일감 교정이 쉽고 안정된 중절삭을 할 수 있으므로 정밀도가 매우 높다.

(9) NC 선반(Numerical Control Lathe)
절삭에 필요한 모든 정보를 수치적인 부호의 모양으로 기록하며, 이 정보의 명령에 따라 절삭공구와 새들의 운동으로 제어하도록 만든 선반이다.

(10) 다인 선반(Multi Cut Lathe)
공구대에 여러 개의 바이트가 부착되어 이 바이트의 전부 또는 일부가 동시에 절삭가공을 하는 선반

5 선반 작업

(1) 절삭 저항
> 절삭 저항 : 주분력, 배분력, 이송 분력(횡분력) ⇒ 외울 것
> 특히 절삭저항의 3분력 크기가 중요함

절삭가공은 절삭의 세 가지 운동에 의하여 이루어지는데, 절삭할 때 날 끝에 가해지는 힘을 절삭저항이라 한다.

1) 주분력
절삭 방향의 분력으로 3분력 중 가장 큰 분력이며 단순히 절삭저항이라고도 한다.

2) 배분력
절삭 깊이 방향의 분력으로 가공 정밀도에 영향을 준다.

3) 이송 분력(횡분력)
바이트 이송방향의 분력

합격충전소
충전 50% /이론공부 + 보충설명/

절삭저항의 3분력 크기
주분력 > 배분력 > 횡분력(이송분력)

예제 2

선반의 이송단위 중에서 1회전당 이송량의 단위는?
① mm/rev   ② mm/min
③ mm/stroke   ④ mm/s

정답 ①

- 회전운동시 : mm/rev
- 왕복운동시 : mm/stroke

(2) 절삭 속도
> $v = \dfrac{\pi dn}{1,000} \Rightarrow n = \dfrac{1,000v}{\pi d}$ → 이 식이 더 중요함
> ⇒ 공식 반드시 외울 것
> d = 선반 - 공작물의 지름
>   = 밀링 - 커터의 지름
>   = 보링(드릴링) - 드릴의 지름

절삭 시 공구에 대한 공작물의 상대속도를 절삭속도라 한다.

$$v = \dfrac{\pi dn}{1,000}, \quad n = \dfrac{1,000v}{\pi d}$$

- v : 절삭 속도[m/min]   • d : 공작물 지름[mm]
- n : 분당 회전수[RPM]

예제 3

지름이 100mm인 연강을 회전수 300r/min(= rpm), 이송 0.3mm/rev, 길이 50mm를 1회 가공할 때 소요되는 시간은 약 몇 초인가?
① 약 20초   ② 약 33초
③ 약 40초   ④ 약 56초

 정답 ②

- 가공시간
  $T = \dfrac{l}{N \cdot S} = \dfrac{50}{300 \times 0.3} = 0.55$분 = 33초
  (N : 회전수[rev/min], S : 이송속도[mm/rev], l : 길이[mm])

- 복잡하게 계산해보면
  회전속도 $V = \dfrac{\pi DN}{1000} = \dfrac{3.14 \times 100 \times 300}{1000} = 94.2$m/min
  ∴ 소요시간 $T = \dfrac{\pi DL}{1000 VS} = 0.55 \times 60 = 33$초

(3) 공구 수명 및 마멸

1) 공구 수명
절삭을 시작하여 공구를 재연삭할 필요가 생기기까지의 유효절삭 시간을 공구수명이라 한다.

> **합격충전소**
>
> 충전 50% /이론공부 + 보충설명/
>
> **절삭공구 수명 판정법**
> - 완성가공면에 광택이 있는 색조 또는 반점이 생길 때
> - 공구 날끝의 마모가 일정량에 달하였을 때
> - 완성 가공된 제품의 치수변화가 일정량에 달하였을 때
> - 절삭 저항의 주분력에는 변화가 없어도 배분력 또는 이송분력이 급격히 변하는 경우
>
> 📌 절삭공구 수명 판정법 ⇒ 가끔 출제됨

2) 공구 마멸
① 크레이터(Crater) 현상 : 공작물 가공 시 변형에 의하여 경화된 칩이 공구면에 작용하여 마멸되거나, 고온·고압으로 인하여 공구에 융착현상이 생겨 공구의 표면층의 일부가 움푹하게 파여지는 현상

② 플랭크 마멸(Flank wear) 현상 : 공구의 플랭크 면이 공작물과 평행하게 마멸되는 현상

③ 치핑(Chipping) : 결손이라고도 하며 밀링, 셰이퍼 등과 같이 절삭날 끝에 충격이 작용하는 경우나 경질 합금과 같은 공구재료를 사용할 경우 발생하는 현상으로 날끝의 일부가 충격에 의해 파괴되어 탈락하는 것이다.

(4) 테이퍼 작업

1) 심압대를 편위시키는 방법
📌 공식 반드시 외울 것(계산문제로도 출제가 되고 있음)

테이퍼 길이가 길고, 테이퍼량이 작을 경우에 사용하는 방법으로 심압대 편위량 x는 다음과 같이 구한다.

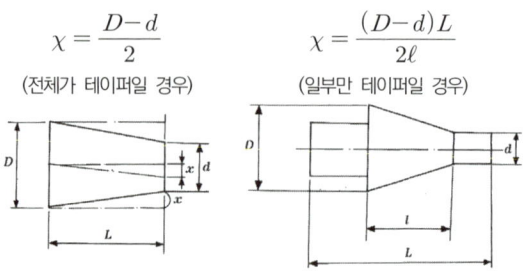

$$\chi = \frac{D-d}{2}$$
(전체가 테이퍼일 경우)

$$\chi = \frac{(D-d)L}{2\ell}$$
(일부만 테이퍼일 경우)

> **예제 4**
>
> 다음 [그림]과 같은 테이퍼를 선반에서 가공하려고 한다. 심압대를 편위시켜 가공하려면 심압대를 몇 mm 이동시켜야 하는가?
>
>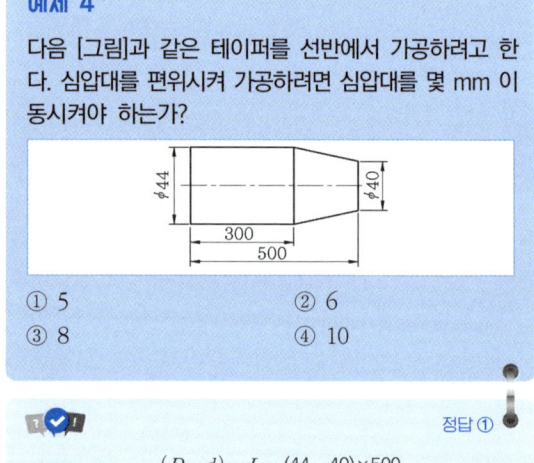
>
> ① 5 ② 6
> ③ 8 ④ 10
>
> 정답 ①
>
> 심압대 편위 $x = \dfrac{(D-d) \cdot L}{2 \times l} = \dfrac{(44-40) \times 500}{2 \times 200} = 5$

2) 복식 공구대 선회시키는 방법

테이퍼 길이가 짧고, 테이퍼양이 클 경우에 사용하는 방법으로 선회각 θ는 다음 식으로 구한다.

$$\tan\theta = \frac{D-d}{2L}$$

예제 5

그림과 같은 환봉의 테이퍼를 선반에서 복식공구대를 회전시켜 가공하려 할 때 공구대를 회전시켜야 할 각도는? (단, 각도는 아래 표를 참고한다.)

$\tan\theta$	0.052	0.104	0.208	0.416
각도	3°	5°1′	11°45′	23°35′

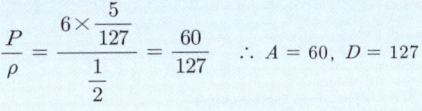

① 3°
② 5°5′
③ 11°45′
④ 23°35′

 정답 ③

$\tan\theta = \dfrac{D-d}{2L} = \dfrac{45-25}{2\times 48} = 0.2083$

3) 테이퍼 절삭장치(어태치먼트)에 의한 방법

(5) 나사 절삭 작업

주축과 리드 스크루(lead screw)를 기어로 연결시켜 주축에 회전을 주면 리드 스크루도 회전한다. 이때 리드 스크루에 연결된 바이트가 이송하며 나사를 깎게 된다.

합격충전소

||||| 충전 30% /이론공부 + 중간정리/

공작물이 1회전 하는 동안에 리드 스크루는 깎아야 할 나사의 1피치만큼 이송하여 나사를 깎는다.

1) 변환기어 계산법

$$\frac{\text{공작물의 피치}}{\text{리드 스크루 피치(어미나사 피치)}}$$
$$= \frac{\text{주축에 끼워야 할 기어 잇수}(A)}{\text{리드 스크루에 끼워야 할 기어 잇수}(D)} \text{ (2단걸기)}$$

회전비가 : 1 : 6보다 적을 때는 위와 같이 단식(2단걸기)법을 쓰고 1 : 6보다 클 때는 복식(4단 걸기)법을 쓴다.

$$\frac{P}{\rho} = \frac{A}{B} \times \frac{C}{D}$$

합격충전소

||||| 충전 50% /이론공부 + 보충설명/

리드 스크루나 공작물 둘 중에 하나가 인치식인 경우에는 단위환산을 위해서 잇수가 127인 기어는 꼭 들어가야 한다 (1/25.4에 5씩 곱하면 5/127가 되므로).

예제 6

리드 스크루 피치가 2(산/in)인 선반에서 피치 6mm의 나사를 깎을 때 변환 기어를 구하라.

$\dfrac{P}{\rho} = \dfrac{6\times\dfrac{5}{127}}{\dfrac{1}{2}} = \dfrac{60}{127}$ ∴ $A = 60, D = 127$

04 드릴링, 보링

드릴링이란 구멍을 뚫는 작업을 말하며 보링은 이미 뚫린 구멍을 더욱 크게 넓히는 작업을 말한다.

1 드릴링 머신

(1) 드릴링 머신의 가공 종류

1) 드릴링(drilling)
D : 드릴로 구멍을 뚫는 작업

2) 보링(boring)
B : 뚫린 구멍이나 주조한 **구멍을 넓히는 작업**

3) 리밍(reaming)
FR : **뚫린 구멍을 리머로 정밀하게 다듬는 작업**
📌 보링과 리밍의 차이점 암기

4) 태핑(tapping)
탭을 사용하여 암나사를 가공하는 작업

5) 스폿 페이싱(spot facing)
DS : 너트가 닿는 부분을 절삭하여 평평하게 자리를 만드는 작업

6) 카운터 보링(counter boring)
DCB : 작은 나사나 둥근머리 볼트의 머리가 묻히게 깊은 자리를 파는 작업

7) 카운터 싱킹(counter sinking)
DCS(접시머리 볼트의 머리가 묻히도록 원뿔자리를 파는 작업)

(2) 드릴링 머신의 종류

1) 직립 드릴링 머신(Upright drilling machine)
지름 50mm 정도까지의 드릴가공을 할 수 있고 구동과 변속은 단차 또는 기어를 사용한다.

2) 탁상 드릴링 머신(Bench drilling machine)
작업대 위에 설치하여 사용하는 소형 드릴링 머신으로 비교적 작은 **공작물에 13mm 이하의 구멍을 뚫는 데** 편리하다.

3) 레이디얼 드릴링 머신(Radial drilling machine)
컬럼을 중심으로 암이 360°선회하며 **암에는 드릴헤드가 붙어 있어 대형 일감을 움직이지 않고 드릴헤드를 움직여 구멍을 뚫을 수 있다.**

4) 다축 드릴링 머신(Multihead drilling machine)
1대의 기계의 여러 개의 스핀들이 있어 같은 평면안에 **다수의 구멍을 동시에 드릴 가공할 수 있다.**

5) 다두 드릴링 머신(Multihead drilling machine)
1대의 기계에 여러 개의 스핀들이 나란히 있어 각 스핀들에 여러 가지 공구를 꽂아 **드릴링, 리밍, 태핑 등을 순서에 따라 연속작업 할 수 있다.**

6) 심공 드릴링 머신(deep hole drilling machine)
오일 구멍과 같이 지름에 비해서 비교적 깊은 구멍을 능률적으로 정확히 가공한다.

(3) 드릴 각부 명칭 및 종류

1) 드릴 각부 명칭
📌 드릴 끝, 날끝 각, 비틀림 각, 웨브, 마아진 ⇒ 용어 정도 암기

① 드릴 끝(Chisel point : 치즐 포인트) : 드릴 끝점으로 두 날이 만나는 정점(직선)

② 날끝 각 : 양쪽 날이 이루는 각도로, 일반적으로 연강에서는 118°이다.

③ 비틀림 각 : 드릴축과 비틀림홈이 이루는 각으로 약 20~32°가 된다.

④ 웨브(web) : 홈과 홈 사이의 벽두께를 말하며 자루쪽으로 갈수록 두꺼워진다.

⑤ 마진(margin) : 예비적인 날의 역할과 날의 강도를 보강하며, 드릴의 크기를 정하고 드릴의 위치를 잡아준다.

예제 1

드릴가공의 불량 또는 파손원인이 아닌 것은?

① 구멍에서 절삭 칩이 배출되지 못하고 가득 차 있을 때
② 이송이 너무 커서 절삭저항이 증가할 때
③ 시닝(thinning)이 너무 커서 드릴이 약해졌을 때
④ 드릴의 날 끝 각도가 표준으로 되어 있을 때

정답 ④

드릴에는 3가지 여유각이 있는데, 이것이 적당하지 못하면 공작물과 드릴사이에 마찰이 커져서 절삭이 곤란해지거나 드릴이 파손되는 결과를 초래한다.

예제 2

드릴날을 연삭하여 사용할 경우 드릴 웨브(web)의 두께가 두꺼워져 절삭성이 저하된다. 절삭성을 좋게하기 위하여 웨브의 두께를 얇게 연삭해 주는 작업은?

① 그라인딩(Grinding)   ② 드레싱(Dressing)
③ 시닝(Thinning)   ④ 트루잉(Truing)

정답 ③

• 시닝(thinning) : 드릴은 웨브가 클수록 절삭성이 나빠진다. 따라서 사용하여 점점 마모된 드릴은 웨브 부분을 연삭하는데 이를 시닝이라 한다. 시닝하면 칩의 배출이 좋고, 누르는 힘도 적어 드릴의 수명이 길어진다.

2) 드릴의 종류

📌 13mm ⇒ 이 숫자를 암기할 것

① 곧은 자루 : 지름 13mm 이하의 드릴
② 테이퍼 자루 : 지름 13mm 이상의 드릴이 모스테이퍼(1/20)로 되어 있다.

(4) 드릴 작업

1) 절삭속도와 이송

📌 절삭속도와 이송 ⇒ 가끔 출제되고 있음

① 절삭속도

$$v = \frac{\pi d n}{1,000}, \quad n = \frac{1,000 \cdot v}{\pi d}$$

• v : 절삭 속도[m/min]
• d : 드릴 지름[mm]
• n : 드릴의 회전수[rpm]

② 이송

$$T = \frac{t+h}{n \cdot s} \text{에서} \quad n = \frac{1,000 \cdot v}{\pi d} \text{이므로}$$

• T : 구멍을 뚫는 데 요하는 시간[min]
• t : 구멍 깊이[mm]
• h : 원뿔 높이[mm]
• s : 1회전당 이송량[mm]

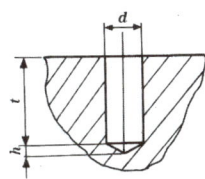

예제 3

두께 30mm의 탄소강판에 절삭속도 20m/min, 드릴의 지름 10mm, 이송 0.2mm/rev로 구멍을 뚫을 때 절삭 소요시간은 약 몇 분인가? (단, 드릴의 원추 높이는 5.8mm, 구멍은 관통하는 것으로 한다.)

① 0.11   ② 0.28
③ 0.75   ④ 1.11

정답 ②

$$T = \frac{t+h}{nf} = \frac{\pi D(t+h)}{1000 \, Vf}, \quad n = \frac{1000 \, V}{\pi D}$$

(t : 드릴의 깊이[mm], h : 드릴의 원뿔 높이[mm]
n : 드릴의 회전수[rpm], D : 드릴의 지름[mm],
f : 드릴의 이송속도[mm/rev])

$$T = \frac{3.14 \times 10(30 + 5.8)}{1000 \times 20 \times 0.2} = 0.28 \text{min}$$

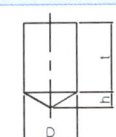

05 셰이퍼, 슬로터, 플레이너, 브로치

1 셰이퍼(형삭기) – SH

셰이퍼는 **바이트를 램에 고정하고 왕복운동을 시켜** 테이블에 고정한 공작물을 가공하는 공작기계이다.

(1) 셰이퍼의 구조 및 가공법

1) 구조 및 크기 표시

셰이퍼의 크기는 램의 최대행정(왕복거리)으로 나타내며, 테이블의 크기와 이송거리로 나타낼 때도 있다.

2) 가공분야

주로 평면을 절삭하며 수직, 측면이나 홈절삭, 곡면 절삭 등도 할 수 있다.

3) 가공 방법

램에 고정된 바이트가 전진하면서 절삭을 행하고 귀환행정 시에는 바이트를 위로 올려 공작물과 마찰하지 않도록 한다.

(2) 셰이퍼 작업

1) 절삭속도

$$v = \frac{Ln}{1{,}000k} \,[\text{m/min}]$$

$$n = \frac{1{,}000kv}{L} \,[\text{stroke/min}]$$

- v : 절삭속도[m/min]
- L : 행정[mm]
- n : 분당 왕복 횟수[stroke/min]
- k : 바이트 절삭 행정시간과 1회 왕복하는 시간(보통 : 0.6)

> **합격충전소**
>
> ▐▐▐▐ 충전 50% /이론공부 + 보충설명/
>
> 셰이퍼, 슬로터, 플레이너는 급속 귀환운동을 하면서 공작물을 가공하는 공작기계이다.
>
> 셰이퍼, 슬로터, 플레이너는 급속 귀환운동을 하면서 공작물을 가공하는 공작기계이다.
> ⇒ 이 말이 중요함. 반드시 외울 것

2 슬로터 및 플레이너

(1) 슬로터

슬로터는 셰이퍼를 직립형으로 한 공작기계로 바이트는 램에 고정되어 수직왕복운동을 한다.

1) 가공 분야

키홈이나 평면, 각구멍, 곡면 및 특수형상 가공에 쓰이며 원형테이블의 설치로 분할 작업도 가능하다.

> **합격충전소**
>
> ▐▐▐▐ 충전 30% /이론공부 + 중간정리/
>
> **슬로터의 크기 표시**
> 램의 최대 행정, 테이블의 크기 및 이동거리, 원형테이블의 직경
>
> 슬로터의 크기 표시 ⇒ 기억할 것

(2) 플레이너(평삭기) – P

플레이너는 공작물을 테이블에 설치하여 왕복시키고, 바이트를 이송시켜 공작물을 가공하는 공작기계로 가공분야는 셰이퍼와 비슷하며 **셰이퍼에서 할 수 없는 대형 공작물 가공에 사용**된다.

> **합격충전소**
>
> ▐▐▐▐ 충전 30% /이론공부 + 중간정리/
>
> **플레이너의 크기**
> 테이블의 최대 행정, 가공할 수 있는 공작물의 최대 폭 및 높이
>
> 플레이너의 크기 ⇒ 외울 것

1) 종류

① 쌍주식 플레이너 : 테이블 사이로 2개의 컬럼이 있어 공작물의 폭에 제한을 받는다.

   쌍주식 플레이너, 단주식 플레이너 ⇒ 외울 것

② 단주식 플레이너 : 폭이 넓은 공작물을 깎을 수 있도록 컬럼이 1개인 것이다.

(3) 셰이퍼, 슬로터, 플레이너의 비교

특징＼종류	셰이퍼	슬로터	플레이너
급속 귀환운동 (왕복운동)	공구(램)	공구(램)	공작물(테이블)
크기 표시	램의 최대 행정	램의 최대 행정	테이블의 최대 행정

3 브로칭 가공 – BR

(1) 브로칭 작업

▶ 브로우치라는 공구를 일감의 내면이나 외면을 1회 통과시켜 가공 ⇒ 꼭 기억할 것. 공구는 회전 없이 직선운동만이 주어짐.

브로치라는 공구를 일감의 내면이나 외면을 1회 통과시켜 가공하는 공작기계로 대량 생산에 적합하다.

1) 구조
자루부, 절삭부, 평행부, 후단부로 크게 나누며 구조는 다음 그림과 같다.

2) 가공 분야
각구멍이나 키홈, 스플라인, 세레이션 가공에 쓰이며 특수한 모양의 면 등 가공에도 응용된다.

06 밀링

많은 날을 가진 **절삭공구에 회전을 주고 공작물에 이송을 주어** 평면이나 곡면형상을 깎는 공작기계이다.

1 밀링 머신(Milling M/C)의 종류

(1) 니형 밀링 머신(Knee type milling M/C)

컬럼의 앞면에 미끄럼면이 있으며 컬럼을 따라 상하로 니(Knee)가 이동하며, 니를 새들과 테이블이 서로 직각방향으로 이동할 수 있는 구조로 **수평형, 수직형은 만능형 밀링 머신**이 있다.

1) 수평 밀링 머신(Horizontal Milling Machine)
주축이 수평으로 되어 있으며 이곳에 아버를 끼우고 아버에 커터를 장치하여 평면 가공, 홈 가공 등을 하며 작은 부품 가공에 적합하다.

2) 수직 밀링 머신(Veritical Milling Machine)
주축이 수직으로 되어 있으며 정면 밀링 커터나 앤드밀을 사용하여 평면, 홈, 단면, 측면 등을 가공하기에 편리한 것이다.

3) 만능 밀링 머신(Universal Milling Machine)
수평 밀링 머신과 거의 비슷하나 **테이블이 상하, 좌우로 움직일 수 있으며 테이블을 45° 정도 회전시킬 수 있다.**

(2) 플레이너형 밀링 머신

플레너 밀러라고도 하며 외관은 플레이너와 같고 다만 공구대 대신에 밀링헤드가 장치된 것이다.
이외에 생산 밀링 머신, 특수 밀링 머신 등이 있다.

2 밀링 머신의 구조 및 가공분야

(1) 구조

① 컬럼(Column) : 기계의 본체로 베드와 일체로 되어 있고 내부에 주전동기 및 주축 속도변환 장치가 들어있다.
② 니(Knee) : 컬럼 전방에 설치되어 상하로 움직임
　새들(Saddle) : 니 위에 있으며 전후로 움직임
　테이블(Table) : 새들 위에 있으며 좌우로 움직임
③ 오버 아암(Over arm) : 아버의 굽힘을 적게 하기 위해 컬럼 상부에 설치된 암
④ 아버(Arbor) : 스핀들 앞에 있는 것으로 절삭공구를 고정한다.
⑤ 스핀들(주축 : Spindle) : 주동력이 전달되는 축으로, 여러 가지 절삭공구나 아아버를 끼워서 사용하며, 중공축으로 앞쪽은 내셔널 테이퍼로 구성

3 밀링 머신의 크기 표시

(1) 수평 밀링 머신

① 수평 밀링 머신의 크기를 간단히 테이블의 전후 이동거리로 나타내며, 전후이동 거리가 200(mm)인 것을 No.1이라 하고, 50(mm)씩 증가함에 따라 변한다.

② 주축의 중심선에서 테이블면까지의 최대 거리
③ 테이블의 최대 이동(좌우×전후×상하) 거리

(2) 수직 밀링 머신

① 주축대의 최대 이동거리 : 테이블의 전후 이동 거리를 간단하게 번호로 나타낸다.
② 주축단에서 테이블면까지의 최대 거리
③ 테이블의 최대 이동(좌우×전후×상하) 거리

4 밀링 가공

(1) 절삭 방향

📌 절삭 방향 : 상향 절삭(올려깎기), 하향 절삭(내려깎기) ⇒ 반드시 외울 것

상향절삭(올려깎기)	하향절삭(내려깎기)
① 칩이 잘 빠져나와 절삭을 방해하지 않는다.	① 절삭된 칩이 절삭을 방해한다.
② 백래시가 자연히 제거된다.	② 백래시 제거장치가 필요하다.
③ 공작물이 날에 의하여 끌려 올라오므로 확실히 고정해야 한다.	③ 커터가 공작물을 누르므로 공작물 고정에 신경 쓸 필요가 없다.
④ 커터의 수명이 짧다.	④ 커터의 마모가 적고 수명이 길다.
⑤ 동력 소비가 크다.	⑤ 동력 소비가 적다.
⑥ 가공면이 거칠다.	⑥ 가공면이 깨끗하다.

1) 상향 절삭

공작물의 이송방향과 공구의 회전방향이 반대인 절삭(b)

2) 하향 절삭

공작물의 이송방향과 공구의 회전 방향이 같은 절삭(백래시 제거장치가 필요하다.) (a)

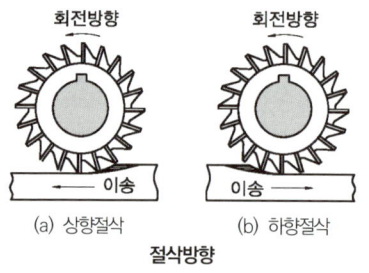

(a) 상향절삭 (b) 하향절삭
절삭방향

(2) 절삭 조건

1) 절삭속도

절삭속도는 밀링 커터 날끝의 원주속도를 나타낸다.

$$v = \frac{\pi d n}{1,000}, \quad n = \frac{1,000 v}{\pi d}$$

- v : 절삭 속도[m/min]
- n : 회전수[rpm]
- d : 밀링커터의 지름[mm]

2) 이송

절삭운동을 연속적으로 밀링 커터에 일으키기 위해 공작물을 이동시키는 속도를 이송이라 한다.

$$f = f_z \cdot z \cdot n = \frac{f_z \cdot z \cdot 1000 \cdot v}{\pi d}$$

- f : 1분간의 이송량[mm]
- f_z : 1날당의 이송량[mm]
- z : 밀링커터의 날 수
- n : 밀링커터의 회전수[rpm]

5 분할법

(1) 분할대의 구조

분할대는 일감의 원주나 직선을 같은 간격으로 등분하는 장치로 테이블에 고정되고, 스핀들과 심압대에 일감이 고정된다.
분할대의 주축엔 잇수 40개 웜 휠이 고정되고 웜 축에는 1줄의 웜이 있어 인덱스 크랭크를 1회전시키면 스핀들은 1/40회전하게 된다.

(2) 분할 방법

1) 직접 분할법

📌 직접 분할법 – 24인수만 가능

직접 분할대를 써서 분할하는 방법으로 분할판에는 24구멍이 있어, **24의 인자인 2, 3, 4, 6, 8, 12, 24의 7종 분할만 가능**하다.

2) 단식 분할법

직접 분할로 분할할 수 없는 수를 분할한다.

$$n = \frac{40}{N}$$

- n : 분할 크랭크의 회전수
- N : 분할수

예제 4
브라운 샤프형 21 구멍판을 써서 원주를 7등분하라.

$n = \dfrac{40}{n} = \dfrac{40}{7} = 5\dfrac{5}{7}$ 에서 분모를 구멍판 구멍열과 맞춘다.

$5\dfrac{5 \times 3}{7 \times 3} = 5\dfrac{15}{21}$

브라운 샤프형 21 구멍판을 인덱스 크랭크를 5회전과 15구멍을 가면 원주를 7등분할 수 있다.

각도 분할에서는 분할 크랭크가 1회전하면 스핀들 $360°/40 = 9°$ 회전한다. 분할각을 도로 표시할 때는 다음과 같다.

$n = \dfrac{D°}{9} = \dfrac{D'}{540}$

$1° = 60'$, $1' = 60''$

예제 5
20°를 분할하라.

$n = \dfrac{20}{9} = 2\dfrac{2}{9}$ 에서 분모를 분할판 구멍수에 맞춘다.

$2\dfrac{2 \times 2}{9 \times 2} = 2\dfrac{4}{18}$

브라운 샤프분할대의 18구멍을 써서 2회전과 4구멍씩 가면 원주를 20°로 분할할 수 있다.

※ 단식분할법으로 분할할 수 있는 수는 2~60까지의 모든 수, 60~120까지는 2와 5의 배수, 120 이상은 N으로 하였을 때 40N에서 분모가 분할판의 구멍수가 되는 수 등이다.

07 연삭 및 기어가공

1 연삭기

연삭기는 많은 입자로 된 숫돌을 고속으로 회전시켜 공작기계로 가공이 어려운 초경합금 등의 연삭에 쓰이는 기계로, 연삭기 또는 그라인딩 머신(Grinding M/C)이라 한다.

(1) 연삭기의 종류와 특징

1) 원통 연삭기

외경 연삭기, 내경 연삭기, 센터리스 연삭기가 있다. 원통의 바깥면 테이퍼 끝면을 연삭하는 기계로 주축대로 심압대, 숫돌대로 되어 있다.(단, 센터리스 연삭기는 제외)

2) 만능 연삭기

원통 연삭기와 유사하나 공작물 주축대와 숫돌대가 회전하고, 테이블 자체의 선회각도가 크며 내면 연삭장치를 구비하고 있다.

3) 평면 연삭기

테이블 왕복형과 테이블 회전형이 있으며 주로 공작물의 평면 작업에 쓰인다.

4) 센터리스 연삭기(Centerless Grinding)

▶ 센터리스 연삭기의 장점과 단점 반드시 외울 것

센터나 척을 사용하지 않고 공작물의 바깥지름을 연삭하는 기계로 가늘고 긴 일감을 센터로 지지하지 않고 연삭한다.

① 장점
  ㉠ 센터를 필요로 하지 않으므로 센터 구멍을 뚫을 필요가 없고, 중공의 원통을 연삭하는데 편리하다.
  ㉡ 연속 작업을 할 수 있어 대량 생산에 적합하다.
  ㉢ 가늘고 긴 가공물 연삭에 알맞다.
  ㉣ 연삭 여유가 적어도 된다.
  ㉤ 연삭 숫돌 바퀴의 나비가 크므로 지름의 마멸이 적고 수명이 길다.
  ㉥ 일단 기계의 조정이 끝나면 가공이 쉽고, **작업자의 숙련이 필요 없다.**

예제 1

센터리스 연삭에서 조정숫돌의 역할로 옳은 것은?

① 연삭숫돌의 이송과 회전
② 일감의 고정기능
③ 일감의 탈착기능
④ 일감의 회전과 이송

  정답 ④

- 센터리스 연삭기 : 센터나 척을 이용하지 않고 가늘고 긴 일감의 원통연삭
- 조정숫돌바퀴의 역할 : 일감의 회전 및 이송

② 단점
  ㉠ 긴 홈이 있는 일감은 연삭할 수 없다.
  ㉡ **대형 중량물은 연삭할 수 없다.**
  ㉢ 연삭 숫돌 바퀴의 나비보다 긴 일감은 전후 이송법으로 연삭할 수 없다.

예제 2

그림과 같이 일감은 제자리에서 회전하고 숫돌에 회전과 전후이송을 주어 원통의 외경을 연삭하는 방식은?

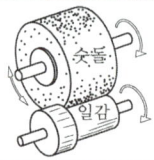

① 연삭 숫돌대 방식   ② 플랜지 컷 방식
③ 센터리스 방식   ④ 테이블 왕복식

  정답 ②

- 플런지 컷(plunged cut) 방식 : 숫돌 절입방식으로 공작물과 숫돌에 이송을 주지 않고 전후(가로)이송으로 연삭하는 방식이다.
- 트레버스 컷(Treverse cut) 방식 : 공작물 회전과 숫돌이송을 동시에 좌우로 운동하여 연삭
- 플래너터리(Planetary : 유성형) 방식 : 공작물은 정지 숫돌이 회전 연삭운동과 동시에 공전운동을 하는 방식

예제 3

내면 연삭 작업 시 가공물은 고정시키고 연삭숫돌이 회전운동 및 공전운동을 동시에 진행하는 연삭방식은?

① 유성형   ② 보통형
③ 센터리스형   ④ 만능형

  정답 ①

내면연삭 작업방법
- 공작물 고정형 (유성형) : 공작물을 고정하고 숫돌에 유성운동을 주어 내면연삭하는 것
- 센터리스형 : 숫돌과 공작물을 고정시키지 않고 연삭
- 공작물 회전형 : 숫돌 바퀴가 좌우 이동을 하는 방법 대형 연삭기는 거의 이 방식

조정 숫돌바퀴가 1회전하여 일감을 이송하는 길이를 f라 하면

$$f = \pi \cdot d \cdot \sin a$$

- d : 조정숫돌 바퀴의 지름[mm]
- a : 조정숫돌 바퀴의 경사각도[2~5°]

또, 1분 동안의 공작물 이송 속도 v(m/min)는

$$v = \frac{\pi \cdot d \cdot n \cdot \sin a}{1,000}$$

- n : 조정 숫돌의 회전수[mm]
- a : 조정 숫돌 경사각도

5) 공구 연삭기

절삭 공구를 정확히 연삭하여 사용할 목적으로 공구 제작실 또는 공구공장에서는 공구 연삭기를 설치하여 사용한다.

(2) 연삭 숫돌

1) 연삭 숫돌의 3요소

숫돌 입자, 기공, 결합제

2) 연삭 숫돌의 5요소

숫돌의 입자, 입도, 결합도, 조직, 결합제

① 숫돌의 입자
  ㉠ Al_2O_3(산화알루미늄제)
    ⓐ A : 일반 강제 다듬질에 사용하며 갈색이다.
    ⓑ WA : 담금질강 다듬질에 사용하며 백색이다.

ⓒ SiC(탄화규소제)
  ⓐ C : 주철, 자석 등 비철금속의 다듬질에 쓰이며 흑색 또는 암자색이다.
  ⓑ GC : 초경합금, 유리 등의 연삭에 쓰이며 녹색이다.
ⓒ 산화 알루미늄(Al_2O_3)계나 탄화규소(SiC)계는 인조산이고 천연산으로는 다이아몬드(D)가 많이 사용된다.
  경도순으로 따지면 GC - C - WA - A 순이다.
② **숫돌의 입도** : **숫돌 입자의 크기**를 입도라 하는데 번호(메시)로 표시하며 번호가 클수록 곱다.
  ▶ 숫돌의 입도, 결합도, 조직 ⇒ 기억할 것
③ **결합도** : **결합도는 숫돌 입자의 결합 상태**를 나타내는 것으로 단순히 숫돌의 경도를 뜻하기도 한다.
④ **조직** : 조직은 **숫돌의 단위용적당 입자의 양** 즉, 입자의 조밀 상태를 나타내는 용어이다.
⑤ 결합제 : 숫돌 입자를 결합하여 숫돌을 형성하는 재료를 결합제(Bond)라 한다.
  ㉠ 무기질 결합제 : **비트리 파이드(V)**, 실리 게이트(S)
  ㉡ 유기질 결합제 : **셀락(E)**, 고무(R), **레지노이드(베이크라이트)(B)**, 폴리 비닐 알코올(PVA)
  ㉢ 금속 결합제 : **메탈(M)**
  ▶ 무기질 결합제, 유기질 결합제, 금속 결합제 ⇒ 가끔 나옴(기호 찾기)

3) 연삭 숫돌 표시법

WA	36	K	M	V	1호	A	200	× 2	× 23	4,000m/min	1,500~2,000m/min
숫돌의 입자	입도	결합도	조직	결합체	모양	연삭면	외경	두께	구멍지름	회전시험 주속도	사용 원주속도 범위

예제 4
연삭 숫돌의 단위 체적당 연삭 입자의 수, 즉 입자의 조밀정도를 무엇이라 하는가?
① 입도　　　② 결합도
③ 조직　　　④ 입자

　　　정답 ③

연삭 숫돌 바퀴의 3요소 및 5가지 인자

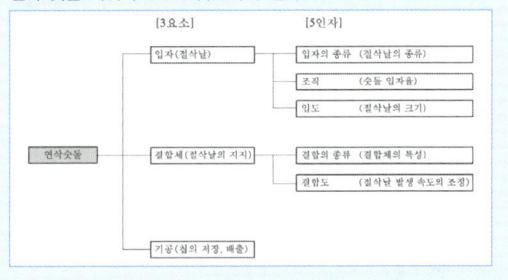

예제 5
연삭가공에서 결합제의 기호 중 틀린 것은?
① 비트리파이드 - V　　② 금속결합제 - M
③ 셀락 - E　　　　　　④ 레지노이드 - R

　　　정답 ④

결합제
숫돌 입자를 결합하여 숫돌을 형성하는 재료를 결합제(Bond)라 한다.
• 무기질 결합제 : 실리게이트(S), 비트리 파이드(V)
• 유기질 결합제 : 셀락(E), 고무(R), 레지 노이드(베이크라이트)(B), 폴리 비닐 아코올(PVA)
• 금속 결합제 : 메탈(M)

예제 6
연삭에서 결합도에 따른 경도의 선정기준 중 결합도가 높은 숫돌(단단한 숫돌)을 사용해야 할 때는?
① 연삭 깊이가 클 때
② 접촉 면적이 작을 때
③ 경도가 큰 가공물을 연삭할 때
④ 숫돌차의 원주 속도가 빠를 때

　　　정답 ②

(3) 연삭 작업

1) 숫돌의 결합

> 글레이징(Glazing : 무딤), 로우딩(Loading : 눈메움), 드레싱(Dressing), 트루잉(Truing) ⇒ 외워야 함

합격충전소

■■ 충전 50% /이론공부 + 보충설명/

자생작용
연삭 숫돌은 바이트나 커터와 같이 갈지 않아도 항상 새로운 입자가 나오게 되는데 이를 자생작용이라 한다.

> 자생작용 ⇒ 반드시 기억할 것

① **글레이징(Glazing) : 무딤**
  자생작용이 안 되어 입자가 납작해지는 현상으로 이 현상이 생기면 연삭열과 균열이 생긴다.
  ㉠ 원인
    ⓐ 숫돌의 결합도가 클 때
    ⓑ 원주속도가 빠를 때
    ⓒ 공작물과 숫돌의 재질이 맞지 않을 때

② **로딩(Loading) : 눈메움**
  숫돌의 표면이나 기공에 칩이 끼어 연삭성이 나빠지는 현상
  ㉠ 원인
    ⓐ 조직이 치밀할 때
    ⓑ 숫돌의 원주속도가 너무 느린 경우

③ **드레싱(Dressing)** : 글레이징이나 로딩이 생겼을 경우 드레서로 **새로운 입자가 나오도록 갈아주는 작업**을 드레싱이라 한다.

④ **트루잉(Truing)** : 숫돌의 모양을 수정할 필요가 있을 때 **드레서(다이아몬드)로 성형시켜 주는 작업을 트루잉이라 한다.**

예제 7

연삭숫돌에 눈메움이나 무딤 현상이 발생하였을 때 숫돌을 수정하는 작업은?
① 래핑   ② 드레싱
③ 글레이징   ④ 덮개 설치

  정답 ②

---

2 기어 가공

(1) 기어 가공 방식

1) 성형법

① 총형 커터에 의한 방법 : 밀링에서 인벌류트 커터를 이용하여 깎는 방법
② 형판에 의한 방법 : 형판을 사용해서 치형을 깎는 방법

2) 창성법

> 창성법 ⇒ 외울 것

인벌류트 곡선을 그리는 성질을 응용하여 기어를 깎는 방법

① **래크커터(Rack Cutter)**
② **피니언 커터(Pinion Cutter)**
③ **호브(Hob)** 등의 커터가 있다.

(2) 기어 절삭기

1) 호빙 머신

래크 커터를 변형시킨 호브를 사용하여 창성법의 원리로 기어를 절삭하는 가공기로 스퍼어 기어, 헬리컬 기어, 워엄 휠 스프로킷, 스플라인 축 등을 가공할 수 있다.

2) 기어 셰이퍼

① 피니언 커터에 의한 창성법
② 래크 커터에 의한 창성법

3) 베벨기어 절삭기

대표적으로 그리이슨 베벨기어 절삭기가 있다.(직선 베벨기어)

4) 기어 셰이빙 머신(Gear Tooh M/C)

기어를 열처리하기 전에 이의 모양이나 피치를 수정하여 한층 더 정밀도가 높은 것으로 완성가공하는 공작기계이다.

08 정밀입자 및 특수가공

1 정밀 입자 가공

(1) 호닝(GH)

> 호닝(GH), 수퍼 피니싱, 래핑(FL) ⇒ 외울 것
> 혼은 직선왕복과 회전운동을 같이 함.

막대 모양의 가는 입자 숫돌을 방사형으로 배치한 혼(hone)을 **회전시킴과 동시에 왕복운동**을 주어 보링, 리이밍, 연삭가공을 끝낸 원통의 내면을 정밀하게 다듬질하는 방법이다.

(2) 수퍼 피니싱

입도가 작고 결합도가 작은 숫돌을 공작물에 가볍게 누르고 매분 500~2,000회 정도의 진동수로 **진동을 주면서 왕복운동**을 시킴과 동시에 공작물에도 회전을 주어 가공면을 단시간에 매우 평활한 면으로 다듬는 가공방법이다.

(3) 래핑(FL)

공작물보다 경도가 낮은 주철, 구리, 목재로 만든 랩(lap)이라는 공구와 공작물의 다듬질할 면 사이에 적당한 연삭 입자를 넣고, 공작물과 적당한 압력으로 닿게 하고 상대운동을 시킴으로써 입자 가공작물의 표면에서 아주 적은 양을 깎아내어, 표면을 매끈하게 다듬는 가공이다.

1) 종류
① 습식법 : 다듬질면은 광택이 적으므로 거친 래핑에 적당하다.
② 건식법 : 광택 있는 아름다운 다듬질면을 얻을 수 있다.

2) 랩 재료의 종류
주철, 구리, 연강 등을 쓰며 주로 주철을 사용하며 **공작물의 재료보다 경도가 낮은 것을 사용한다.**

2 특수가공

> 특수가공 ⇒ 개념들만 알아둘 것

(1) 입자 벨트 가공(GB)

벨트에 연삭입자를 접착시켜 여기에 일감을 눌러 연마하는 가공법을 입자 벨트가공이라 한다.
숫돌 입자는 주철에서는 A, 강철에는 WA, 비금속에는 C, 초경합금에는 GC가 사용된다.

(2) 버핑(FB)

헝겊과 같이 부드러운 재료로 된 원판에 미세한 입자를 부착시키고, 이것을 고속 회전시켜 여기에 공작물을 눌러대고 그 표면을 매끈하게 다듬는 것이다. 이것은 치수 정밀도 향상을 목적으로 하는 것이 아니고, 단지 면의 광택내기가 주목적이다.

(3) 텀블링(배럴연마)

배럴 속에 가공물과 미디어(media), 컴파운드 공작액을 넣고, 이것에 회전 또는 진동을 주어 공작물과 미디어가 충돌이 반복되는 사이에 그 표면에 있는 요철이 떨어져 매끈한 다듬면이 얻어지는 가공법이다.

(4) 버니싱

원통 내면을 다듬질하는 경우로 내경보다 약간 지름이 큰 버니시를 압입하여 내면에 소성 변형을 주어 정밀도가 높은 면을 얻는 가공법이다.

(5) 롤 다듬질

회전하는 원통형의 일감에 롤을 눌러 표면을 매끈하게 하는 동시에 표면 경화시키는 가공법을 롤 다듬질(Suface Rolling)이라 하며, 주로 선반가공 뒤에 이 다듬질을 한다.

(6) 숏 피닝(Shot Peening)

다수의 작은 철, 강의 볼(지름 0.7~0.9mm) 또는 망간 주철구, 칠드 주철구를 고속도(10~50m/sec)로 가공품의 표면에 분사시켜, 가공품을 연마하는 동시에 가공품의 강도, 특히 피로에 대한 강도를 증대시키는 가공법으로 주로 스프링류, 축, 기어, 레일 등에 행한다.

(7) 방전 가공

방전가공은 불꽃 방전에 의하여 재료를 미소량씩 용해시켜 금속의 절단, 구멍뚫기, 연마를 하는 가공법으로 금속 이외에 다이아몬드, 루비, 사파이어 등에 가공도 쉽고 경제적으로 할 수 있다.

1) 방전 가공의 특징

① **경도가 높은 재료를 쉽게 경제적으로 가공**한다.
② 가공 변질층이 적고 내마멸성이 높은 표면을 얻을 수 있다.
③ 복잡한 가공을 할 수 있다.
④ 작은 구멍, 좁고 깊은 홈 등을 가공할 수 있다.

(8) 초음파 가공

가청범위 이외의 음파(16 ~ 30kHz) 이상의 음파를 사용하여 기계적으로 진동하는 공구와 일감 사이에 연삭입자와 물 또는 경유의 혼합액을 주입하여 표면을 다듬는 방법이다.

1) 초음파 가공의 특징

① **초경질이며, 메짐성이 큰 재료를 가공**한다.
② 절단, 구멍뚫기, 평면가공, 표면가공 등을 할 수 있다.
③ **전기적으로 불량도체일지라도 가공이 가능**하다.
④ 가공변질층 및 변형이 적다.

(9) 전해 연마

전해액(황산, 인산) 중에 공작물을 넣고 직류 전류를 보내어 양극의 용출을 이용하여 표면을 매끈하게 다듬질하는 방법이다.

1) 전해 연마의 특징

① 가는 선이나 박 등의 표면 가공(주사침, 미싱바늘, 메리야스 바늘)
② 스케일 제거와 표면 처리
③ 반사경, 식기, 장식품 등의 광택과 내식성 증가
④ 가공면에 방향성이 없다.

(10) NC 공작기계

1) NC의 정의

NC(수치제어)란 수치와 부호로서 구성되는 수치정보를 이용하여 기계의 조작을 자동으로 제어하는 장치

2) 공작기계 제어방식

① 위치 결정 제어 : 드릴링이나 보링에 응용
② 위치 결정 직선 절삭제어 : 선반
③ 윤곽 절삭 제어 : 밀링

3) NC 기계의 정보 흐름

부품도면 → 가공계획 → 수동 프로그래밍·자동 프로그래밍 → NC 테이프 → 서보기구 → NC 기계 → NC가공

예제 1

CNC 공작기계의 서보기구 중 서보모터에서 위치와 속도를 검출하여 피드백 시키는 방식으로 일반적인 CNC 공작기계에 가장 많이 사용되는 방식은?

① 개방회로 방식   ② 반폐쇄회로 방식
③ 폐쇄회로 방식   ④ 복합회로 서보 방식

 정답 ②

- 개방회로 방식(open loop system)
  - 되먹임(feed back)이 없는 오픈 루프 방식
  - 간단하여 값이 저렴, 소형, 경량, 정밀도가 낮아 NC에서는 거의 쓰이지 않는다.
- 폐쇄회로 방식(closed loop system) : 기계의 테이블 등에 직선자(linear scale)를 부착해 위치를 검출하여 되먹임하는 방식이다. 이 방식은 높은 정밀도를 요구하는 공작기계나 대형의 기계에 많이 이용된다.
- 반폐쇄회로 방식(semi-closed loop system) : 위치와 속도의 검출을 서보 모터의 축이나 볼 나사의 회전 각도로 검출하는 방식이다. 최근에는 고정밀도의 볼 나사 생산과 뒤틈 보정 및 피치 오차 보정이 가능하게 되어 대부분의 NC 공작기계에 이 방식이 사용된다.
- 하이브리드 서보 방식(hybrid servo system) : 반폐쇄회로 방식과 폐쇄회로 방식을 절충한 것으로 높은 정밀도가 요구되며, 공작기계의 중량이 커서 기계의 강성을 높이기 어려운 경우와 안정된 제어가 어려운 경우에 많이 이용된다.

09 안전관리

1 일반 안전

(1) 안전 표시
📌 안전표시 ⇒ 외워둘 것
① 적색 : 방화, 금지, 방향 표시
② 오렌지색 : 위험 표시
③ 황색 : 주의 표시
④ 녹색 : 안전지도, 위생 표시
⑤ 청색 : 주의 수리중, 송전중 표시
⑥ 진한 보라색 : 방사능 위험 표시
⑦ 백색 : 주의 표시
⑧ 흑색 : 방향 표시

(2) 작업 환경
① 보건 관리인 : 100인 이상의 근로자를 사용하는 사업장의 사용자는 보건관리인 1인을 두어야 한다.
② 조명
  📌 조명 ⇒ 가끔 나옴
  ㉠ 초정밀 작업 : 600Lux 이상
  ㉡ 정밀 작업 : 300Lux 이상
  ㉢ 보통 작업 : 150Lux 이상
  ㉣ 거친 작업 : 60Lux 이상
③ 습도 : 작업하기가 가장 적당한 습도는 50~60이다.
④ 작업 온도 : 17~20℃(외부와의 기온차 7℃ 이내)
⑤ 작업 환경의 측정단위
  ㉠ 조명 : Lux(럭스)
  ㉡ 오염도 : ppm(피피엠)
  ㉢ 소음 : Db, Phone(데시벨, 폰)
  ㉣ 분진 : mg/m^2(밀리그램)

(3) 수공구 안전 수칙
📌 해머 작업, 줄 작업, 바이스 작업 ⇒ 외울 것
① 해머 작업
  ㉠ 해머를 휘두르기 전에 반드시 주위를 살핀다.
  ㉡ 미끄러지기 쉬우므로 **장갑을 끼면 안 된다.**
  ㉢ 보호안경을 써야 한다.
  ㉣ 재료를 자르는 정면에 서지 않도록 한다.

② 줄 작업
  ㉠ 땜질한 줄은 사용하지 않는다.
  ㉡ **줄질에서 생긴 쇳밥은 입으로 불지 않고 와이어 브러시로 털어낸다.**
  ㉢ 공작물이나 줄에 기름이 묻지 않도록 한다.
③ 바이스 작업
  ㉠ 바이스 대에 재료나 공구를 두지 않는다.
  ㉡ 바이스에 물리는 조가 완전한지 확인한다.
  ㉢ 둥근 봉이나 얇은 판은 알루미늄판, 구리판으로 확실히 고정시킨다.
  ㉣ 바이스 사용 후는 기름걸레로 닦고 조는 가볍게 조여 둔다.

예제 1

해머작업을 할 때의 안전사항 중 틀린 것은?

① 손을 보호하기 위하여 장갑을 낀다.
② 파편이 튀지 않도록 칸막이를 한다.
③ 보호안경을 착용한다.
④ 해머의 끝부분이 빠지지 않도록 쐐기를 한다.

 정답 ①

해머 작업 시에는 손이 미끄러지지 않도록 장갑을 사용하지 않는다.

---

2 기계 안전

(1) 기계 안전 일반
① 기계 위에 공구나 재료를 올려놓지 않는다.
② 이송을 걸어 놓은 채 기계를 정지시키지 않는다.
③ 기계의 회전을 손이나 공구로 멈추지 않는다.
④ 가공물, 절삭공구의 설치를 확실히 한다.
⑤ 절삭공구는 짧게 설치하고 절삭성이 나쁘면 공구를 교체한다.
⑥ 칩이 비산할 때는 보안경을 사용한다.
⑦ 칩을 제거할 때는 브러시나 칩 클리너를 사용하고 맨손으로 하지 않는다.
⑧ 절삭 중 절삭면에 손이 닿아서는 안 된다.
⑨ 절삭 중이나 회전 중에는 공작물을 측정하지 않는다.

(2) 선반 가공

① 가공물의 설치는 전원을 내리고 바이트를 충분히 뺀 다음 설치한다.
② 돌리개는 적당한 크기의 것을 선택하고 심압대 스핀들이 지나치게 나오지 않도록 한다.
③ 공작물의 설치가 끝나면 척, 렌치류는 곧 떼어 놓는다.
④ 편심된 가공물의 설치는 균형추를 부착시킨다.(면판 작업 시)
⑤ 바이트는 기계를 정지시킨 다음에 설치한다.
⑥ 줄작업이나 사포로 연마할 때는 자세와 손동작에 유의한다.

(3) 드릴 가공

① 회전하고 있는 주축 또는 드릴에 손이나 걸레를 대거나 머리를 가까이 해서는 안 된다.
② 드릴은 양호한 것을 사용하고, 자루(Shank)에 상처나 균열이 있는 것을 사용해서는 안 된다.
③ 가동 중에 드릴의 절삭성이 나빠지면 꼭 드릴을 재연삭하여 사용한다.
④ 드릴을 고정하거나 풀 때는 주축이 완전히 멈춘 후에 한다.
⑤ 작은 물건을 바이스나 고정구로 고정하고 직접 손으로 잡지 말아야 한다.
⑥ 얇은 물건을 드릴 작업할 때는 밑에 나무 등을 놓고 구멍을 뚫어야 한다.
⑦ 드릴 끝이 가공물의 맨 밑에 나올 때 가공물이 회전하기 쉬우므로 이때는 이송을 늦춘다.
⑧ 가공 중 드릴이 가공물에 박히면 기계를 정지시키고 손으로 돌려서 드릴을 뽑아야 한다.
⑨ 드릴이나 소켓 등을 뽑을 때는 드릴 뽑개를 사용하며 해머 등으로 두들겨 뽑지 않도록 한다.
⑩ 드릴 및 척을 뽑을 때는 주축과 테이블의 간격을 좁히고 테이블 위에 나무조각을 놓고 받는다.

(4) 밀링 가공

① 절삭공구 설치 시 이동 레버와 접촉하지 않도록 한다.
② 공작물 설치 시 절삭공구의 회전을 정지시킨다.
③ 상하 이송용 핸들은 사용 후 반드시 벗겨 놓는다.
④ 가공 중에는 얼굴을 기계에 가까이 대지 않도록 한다.
⑤ 절삭공구에 절삭유를 줄 때는 커터 위에서부터 주유한다.
⑥ 칩이 비산하는 재료는 커터 부분에 커버를 하든가 보안경을 착용한다.

예제 2

보호구의 구비 조건으로 틀린 것은?

① 착용 및 작업하기가 쉬워야 한다.
② 자기 몸에 맞아야 한다.
③ 전기가 잘 통해야 한다.
④ 유해 위험물에 대하여 완전한 방호가 되어야 한다.

 정답 ③

보호구란, 재해방지나 건강장해방지의 목적에서 작업자가 직접 몸에 걸치고 작업하는 것이며, 재해방지를 목적으로 하는 것을 안전 보호구라 하며, 건강장해방지를 목적으로 사용하는 것을 보건 보호구라 칭하며, 직접 생산을 위해 사용하는 것은 아니다.
종류에는 안전모, 안전대, 안전화, 보안경, 안전장갑, 보안면, 방진 마스크, 방독 마스크, 방음 보호구, 방열복, 등이 있다.

02 단원별 출제예상문제

SECTION

이쌤이 콕! 찝어주는 주요 예상문제 풀어보기!

01 바이스의 크기를 표시하는 것은?

① 조(Jow)의 폭
② 바이스의 높이
③ 공작물이 물릴 수 있는 길이
④ 바이스의 전체 중량

바이스
일감을 고정할 때 사용하는 것으로 크기는 조오의 최대 폭으로 나타낸다.

02 다음 중 선반의 주요 부품 명칭이 아닌 것은?

① 심압대   ② 베드
③ 왕복대   ④ 램

선반의 구조
• 주축대
• 왕복대 : 새들과 에이프런으로 구성
• 심압대 : 배드 위에서 일감의 길이에 따라 임의의 위치에서 고정할 수 있으며 드릴, 리머 등을 끼워 가공할 수 있는 선반의 주요 부분
• 베드

03 선반 크기 표시로 틀린 것은?

① 베드 위에 스윙
② 왕복대 위에 스윙
③ 테이블의 최대 이동 거리
④ 양 센터 간의 최대 거리

선반의 크기는 베드 위의 스윙(베드에 닿지 않고 회전할 수 있는 공작물의 최대지름), 베드의 길이 등을 사용해서 표시한다.

04 창성법의 원리를 이용하여 기어를 가공하는 가공기는?

① 선반   ② 호빙머신
③ 밀링   ④ 셰이퍼

창성법
공구와 공작물이 상대 운동을 하는 방법으로 공작물을 치형이 생기게 하는 방법
• 창성법(generating system) : 호브절삭, 피니온커터, 랙커터절삭

05 창성법을 이용한 기어 가공법이 아닌 것은?

① 형판   ② 호브
③ 피니언커터   ④ 래크커터

• 형판법 – 형판을 이용한 방법 세이퍼의 테이블에 가공 소재를 미리 소정의 이 형상으로 거친 절삭을 한 후에 1개 씩 분할기로 가공
• 창성법 – 가공소재와 절삭공구가 서로 물려 돌아가면서 회전운동 을 할 때 서로 접촉하는 상대운동으로 절삭하는 방법
 – 기어호빙(Gear Hobbing) 호브 사용, 기어 세이핑(Gear Shaping) 래크, 피니언 커터 사용

06 창성법의 원리로 기어를 절삭하는 가공기로 스퍼어기어, 헬리컬기어, 웜엄 휠 스트로킷, 스플라인 축 등을 가공할 수 있는 것은?

① 호빙머신   ② 기어 셰이퍼
③ 베벨기어 절삭기 ④ 기어 셰이빙

호빙머신

정답 01 ① 02 ④ 03 ③ 04 ② 05 ① 06 ①

07 호닝머신에서 혼은 어떤 운동을 하는가?

① 직선 왕복운동
② 회전운동
③ 상하운동
④ 회전 및 직선왕복운동

> 기름숫돌을 사용하여 연마다듬질을 하고 정밀한 치수와 평탄한 다듬질 면을 얻는 방법을 총괄하여 호닝(honing)이라 한다.
> • 수개의 기름숫돌을 호운(hone)을 방사상으로 배치하고 가공물과의 사이에 회전과 왕복운동을 시켜 숫돌에 압력을 가해 절삭액을 주입 가공하는 방법

08 래핑작업에서 사용하는 랩제의 종류가 아닌 것은?

① 탄화규소
② 산화철
③ 산화크롬
④ 흑연가루

> **랩제**
> 탄화규소, 산화철, 산화크롬

09 가공 후 가장 높은 정밀도를 얻을 수 있는 것은?

① 호닝
② 슈퍼피니싱
③ 랩핑
④ 버핑

> **랩핑(Lapping)**
> • 경질 입자와 랩핑유를 혼합한 랩제(Lapping Compound)를 랩과 공작물 사이에 넣고, 랩을 누른 상태에서 왕복 운동시켜 공작물 표면을 다듬질하는 방법이다.
> • 주로 블록 게이지나 길이 측정기의 측정면 다듬질 등, 칫수 정도보다는 다듬질 면의 거칠기 개선에 사용된다.
> • 입도가 고운 A 또는 C 입자, 산화 크롬, 산화철, 다이아몬드 등이 사용된다.
> • 일반적으로 입도 #240~#1000 정도의 고운 입자가 사용된다.
> • 산화 크롬이나 산화철의 경우는 예리한 모서리가 있는 결정형의 입자가 주로 사용되며, 입자 크기는 더욱 작게 할 수 있으며, 산화철 0.3~1μm, 산화 크롬 1~1.5μm 수준도 가능하다.

10 전기적 양도체 또는 부도체 여부에 관계없이 초음파 발전기를 이용하여 보통 금속과 동일하게 가공할 수 있는 장점을 가지고 있는 것은?

① 초음파 가공
② 전해 연삭가공
③ 래핑 가공
④ 와이어컷 가공

> 초음파진동 공구와 공작물 사이에 입자와 가공액과 혼합된 것을 주입하고 공작물에 공구를 밀어붙임, 공구의 충격에 의해 입자가공작물을 미세하게 분쇄하는 가공법이다.
> • 가공하기 어려운 단단한 재료 또는 무른 재료, 유리, 수정, 반도체 재료, 세라믹, 보석 등

11 초음파 가공에 주로 사용되는 연삭 입자의 재질은?

① 탄화붕소
② 셀락
③ 폴리에스터
④ 구리합금

> 산화알루미늄, 탄화규소, CBN, 탄화 붕소(Boron Carbide), 다이아몬드 분말 등

12 방전가공에 쓰이는 가공전극의 요구조건이 아닌 것은?

① 가격이 저렴해야 된다.
② 전극 소모가 적어야 한다.
③ 전기저항이 커야 한다.
④ 기계가공이 용이해야 한다.

> **구비조건**
> • 피가공 재료에 대해서 안정된 가공을 할 수 있는 것
> • 가공에 따른 전극의 소모가 적을 것
> • 기계적 강도가 어느 정도 있을 것
> • 기계가공성이 좋을 것
> • 가격이 싸고 쉽게 구할 수 있는 것
>
> **종류**
> 일반적으로 황동, 흑연이 주로 사용되며 이 밖에도 은-텅스텐, 구리-텅스텐, 동-텅스텐, 철, 구리, 아연, 인청동, 알루미늄 등

정답 07 ④ 08 ④ 09 ③ 10 ① 11 ① 12 ③

13 구멍의 내면보다 큰 공구를 넣어 내면을 다듬질하는 방법은?

① 버니싱 ② 숏 피닝
③ 샌드 블라스트 ④ 버핑

버니싱 버니싱
가공 형상을 가진 공구를 높은 압력으로 구멍으로 밀어 넣어 소성가공을 일으켜 정밀도 높은 면을 얻기 위한 가공방법

14 전해 연마의 특징으로 잘못된 것은?

① 가공면에 방향성이 있다.
② 광택과 내식성이 증가한다.
③ 가는 선이나 박판가공이 가능하다.
④ 전해액은 황산이나 인산을 사용한다.

전해가공의 특징
- 부동태 피막이 형성됨으로 내부식성 향상
- 산화피막처리 : 금속 성분이 녹아 드는 양을 줄이는 처리
- 광택 뛰어나고(Buffing에 비해 더 평활, 광택가짐), 이물질 이 제거됨
- 세정과 박리성 향상: 이물질이 잘 붙지 않고 세정이 용이
- 잔류응력이 전혀 없음
- 형상이 복잡한 부품의 다듬질 적당함

15. 일반적으로 드릴링 머신에서 할 수 없는 작업은?

① 리밍 ② 카운터싱킹
③ 태핑 ④ 릴리빙

드릴링 머신에서 할 수 있는 작업
- 리밍 : 리밍바를 사용하여 뚫어진 구멍을 다듬는 작업
- 보링 : 보링바를 사용하여 이미 뚫어진 구멍을 넓히는 작업
- 카운터 보링 : 깊은 홈 볼트 자리파기
- 카운터싱킹 : 접시머리 자리파기
- 스폿페이싱 : 얕은 자리파기
- 탭핑 : 암나사 가공

릴리빙
절삭 공구인 밀링 커터, 기어 커팅용 호브, 탭 등의 절삭날 앞 여유면을 깎아 내는 것. 일반적으로 캠 기구를 가진 릴리빙 장 치를 사용한다.

정답 13 ① 14 ① 15 ④

DO IT
YOURSELF

기계제도

03

#SECTION 03
#키워드
#제도법 #투상법 #단면법 #치수기입 #거칠기 #끼워맞춤공차 #기하공차 외

SECTION 03 기계제도

📌 31~32문제 출제

01 제도법

1 제도 통칙

KS A 0005

2 기계제도 통칙

KS B 0001

3 KS의 분류 기호

분류기호	A	B	C	D	E	F
부분	기본	기계	전기	금속	광산	토건

4 기계제도의 일반사항

투명한 재료로 만들어지는 대상물 또는 부분은 투상도에서는 전부 불투명한 것으로 하고 그린다.

5 도면의 크기

① 도면의 크기는 A열 사이즈를 사용하여 $A_0 \sim A_4$로 구분한다.
② 제도용지의 폭과 길이의 비는 $1 : \sqrt{2}$로 한다.

용지크기의 호칭	A0	A1	A2	A3	A4
a×b	841 ×1189	594 ×841	420 ×594	297 ×420	210 ×297
c(최소)	20	20	20	10	10
d (최소) 철하지 않을 때	20	20	20	10	10
d (최소) 철할 때	25	25	25	25	25

[비고] 'd'의 부분은 도면을 접었을 때 표제란의 좌측이 되는 쪽에 설치한다.

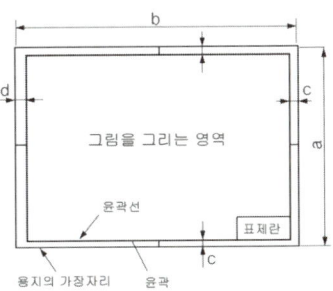

③ 도면은 **긴 쪽을 좌우 방향으로 놓고서 사용한다.** 다만, A4는 짧은 쪽을 좌우 방향으로 놓고서 사용하여도 좋다.
④ 도면을 접을 때는 그 크기는 원칙적으로 210× 297mm(A4의 크기)로 하며 **표제란이 최상단 우측 하단**에 나오게 한다.

> **합격충전소**
>
> ▮▮▮ 충전 50% /이론공부 + 보충설명/
>
> 원도는 접지 않는 것이 보통이다. 원도를 말아서 보관하는 경우에는 그 안지름은 φ40mm 이상으로 하는 것이 좋다.
> 📌 시험에서 '모든 도면은 A4를 기준으로 접는다.'는 틀린 것이다. 원도는 접지 않는다.

6 도면의 양식

(1) 도면에 반드시 마련하는 사항

① **윤곽(테두리선)** : 도면의 윤곽에 사용하는 윤곽선은 굵기 0.5mm 이상의 실선으로 한다.
② **표제란** : 도면의 오른쪽 아래 구석에 표제란을 그리고 원칙적으로 도면번호, 도명, 기업(단체명), 책임자 서명(도장), 도면 작성년월일, 척도 및 투상법을 기입한다.

예제 1

표제란에 기입할 사항으로 거리가 먼 것은?

① 도면 번호   ② 도면 명칭
③ 부품 기호   ④ 투상법

 정답 ③

도면번호, 도면명칭, 기업(단체)명, 책임자의 서명, 도면작성 연월일, 척도, 투상법 등 기입

③ **중심마크** : 도면의 마이크로필름 촬영, 복사 등의 편의를 위하여 도면에 0.5mm 굵기의 직선으로 긋는다.

예제 2

도면에 마련하는 양식 중에서 마이크로 필름 등으로 촬영하거나 복사 및 철할 때의 편의를 위하여 마련하는 것은?

① 윤곽선   ② 표제란
③ 중심마크   ④ 비교눈금

 정답 ③

도면에 반드시 설정해야 하는 사항
- 윤곽(테두리선) : 도면의 윤곽에 사용하는 굵기 0.5mm 이상의 실선으로 한다.
- 표제란 : 도면의 오른쪽 아래 구석에 표제란을 그리고 원칙적으로 도면번호, 도명, 기업(단체)명, 책임자 서명(도장), 도면작성 연월일, 척도 및 투상법을 기입한다.

예제 3

도면 관리에서 다른 도면과 구별하고 도면 내용을 직접 보지 않고도 제품의 종류 및 형식 등의 도면 내용을 알 수 있도록 하기 위해 기입하는 것은?

① 도면 번호   ② 도면 척도
③ 도면 양식   ④ 부품 번호

 정답 ①

- 도면 번호 : 다른 도면과 구별하고 도면 내용을 직접 보지 않고 제품의 종류 및 형식 등의 도면 내용을 알 수 있도록 기입하는 것이다.

(2) 도면에 마련하는 것이 바람직한 사항

① **비교 눈금** : 도면의 축소 또는 확대 복사의 작업 및 이들의 복사도면을 취급할 때의 편의를 위하여 작성
② **도면의 구역** : 도면 중의 특정부분의 위치를 지시하는 편의를 위하여 도면의 구역을 표시하는 것이 좋다.
③ **재단 마크** : 복사한 도면을 재단하는 경우의 편의를 위하여 원도에 재단 마크를 마련하는 것이 바람직하다.
④ **부품란** : 품명, 수량, 재질, 공정, 무게 등을 표기한다. 부품가격은 표시하지 않는다.

7 도면의 척도

▶ 척도의 종류 : 배척 ≒ 2 : 1, 현척 ≒ 1 : 1, 축척 ≒ 1 : 2, N.S = Non scale

도면에 사용하는 척도는 다음에 따른다. 척도는 A : B로 표시한다.

여기에서 A : 도면에 그린 도형의 길이
        B : 대상물의 실제 길이

예제 4

KS규격에서 정한 척도 중 우선적으로 사용되지 않는 축척은?

① 1 : 2   ② 1 : 3
③ 1 : 5   ④ 1 : 10

 정답 ②

척도
- 1란 : 1:2, 1:5, 1:10, 1:20, 1:50, 1:100, 1:200
- 2란 : 1:$\sqrt{2}$, 1:2.5, 1:2$\sqrt{2}$, 1:3, 1:4, 1:5$\sqrt{2}$, 1:25, 1:250

예제 5

기계제도 도면에 사용되는 척도의 설명이 틀린 것은?

① 한 도면에서 공통적으로 사용되는 척도는 표제란에 기입한다.
② 도면에 그려지는 길이와 대상물의 실제 길이와의 비율로 나타낸다.
③ 척도의 표시는 잘못 볼 염려가 없다고 하여도 반드시 기입하여야 한다.
④ 같은 도면에서 다른 척도를 사용할 때에는 필요에 따라 그림 부근에 기입한다.

정답 ③

• NS(Non scale) : 비례척인 아닌 도면

8 도면의 문자

문자의 크기는 높이 2.24, 3.15, 4.5, 6.3, 9(mm)의 **5종류**로 함을 원칙으로 한다.

단, **문자의 높이**는 KS A0107에서는 **7종**을 원칙으로 한다.

크기	한자	3.15, 4.5, 6.3, 9, 12.5, 18mm
	한글자, 숫자, 영자	2.24, 3.15, 4.5, 6.3, 9, 12.5, 18mm
굵기	한자	1/12.5
	한글자	1/9

9 선의 종류 및 용도

(1) 선의 종류

① 모양에 다른 선의 종류 : 실선, 파선, 1점 쇄선, 2점 쇄선
② 선의 굵기의 비율

선 굵기의 비율에 따른 분류	제도 시	CAD
가는 선	1	1
굵은 선	2	2.5
아주 굵은 선	4	5

③ 선의 굵기의 기준은 0.18mm, 0.25mm, 0.35mm, 0.5mm, 0.7mm 및 1mm로 한다.

④ 겹치는 선의 우선순위
  ㉠ 외형선
  ㉡ 숨은선
  ㉢ 절단선
  ㉣ 중심선
  ㉤ 무게 중심선
  ㉥ 치수 보조선

⑤ 선의 종류에 의한 용도

용도에 의한 명칭	선의 종류		선의 용도
외형선	굵은 실선	———	대상물의 보이는 부분의 모양을 표시하는 데 쓰인다.
치수선	가는 실선	———	치수를 기입하기 위하여 쓰인다.
치수 보조선			치수를 기입하기 위하여 도형으로부터 끌어내는 데 쓰인다.
지시선			기술, 기호 등을 표시하기 위하여 끌어내는 데 쓰인다.
회전 단면선			도형 내에 그 부분의 끊은 곳을 90° 회전하여 표시하는 데 쓰인다.
중심선			도형의 중심선을 간략하게 표시하는 데 쓰인다.
수준면선			수면, 유면 등의 위치를 표시하는 데 쓰인다.
숨은선	가는 파선 또는 굵은 파선	---------	대상물의 보이지 않는 부분의 모양을 표시하는 데 쓰인다.
중심선	가는 1점 쇄선	——·——	① 도형의 중심을 표시하는 데 쓰인다. ② 중심이 이동한 중심 궤적을 표시하는 데 쓰인다.
기준선			특히 위치 결정의 근거가 된다는 것을 명시할 때 쓰인다.
피치선			되풀이하는 도형의 피치를 취하는 기준을 표시하는 데 쓰인다.
특수 지정선	굵은 1점 쇄선	——·——	특수한 가공을 하는 부분 등 특별한 요구사항을 적용할 수 있는 범위 표시
가상선	가는 2점 쇄선	——··——	① 인접부분을 참고로 표시하는 데 쓰인다. ② 공구, 지그 등의 위치를 참고로 나타내는 데 사용한다. ③ 가동부분을 이동 중의 특정한 위치 또는 이동한계의 위치 표시 ④ 가공 전 또는 가공 후의 모양을 표시하는데 사용한다. ⑤ 되풀이하는 것을 나타내는 데 사용한다. ⑥ 도시된 단면의 앞쪽에 있는 부분을 표시하는데 사용한다.
무게 중심선			단면의 무게 중심을 연결한 선을 표시하는 데 사용한다.

용도에 의한 명칭	선의 종류		선의 용도
파단선	불규칙한 파형의 가는 실선 또는 지그재그선	～	대상물의 일부를 파단한 경계 또는 일부를 떼어낸 경계를 표시
절단선	가는 1점 쇄선으로 끝부분 및 방향이 변하는 부분을 굵게 한 것	⌐┘	단면도를 그리는 경우, 그 절단 위치를 대응하는 그림 표시에 사용
해칭	가는 실선으로 규칙적으로 줄을 늘어놓은 것	▨	단면도의 절단된 부분을 나타낸다.
특수한 용도의 선	가는 실선	——	① 외형선 및 숨은 선의 연장을 표시하는 데 사용한다. ② 평면이란 것을 나타내는 데 사용한다. ③ 위치를 명시하는 데 사용한다.
	아주 굵은 실선	━━	얇은 부분의 단선 도시를 명시하는 데 사용한다.

예제 6

축에서 도형 내의 특정 부분이 평면 또는 구멍의 일부가 평면임을 나타낼 때의 도시방법은?

① "평면"이라고 표시한다.
② 가는 파선을 사각형으로 나타낸다.
③ 굵은 실선을 대각선으로 나타낸다.
④ 가는 실선을 대각선으로 나타낸다.

 정답 ④

축의 도시
- 단축도시 : 축이 긴 경우 중간 절단
- 평면부분 및 모떼기 기호 : 평면부분에서는 가는 실선을 대각선으로 표시하고, 모떼기 45°일 때에는 기호 C를 이용
- 키홈의 제도 : 축에 가공되어 있는 키홈은 부분단면도와 국부 투상도를 이용하여 도시

예제 7

반복도형의 피치를 잡는 기준이 되는 선은?

① 가는 실선   ② 가는 파선
③ 가는 1점 쇄선   ④ 가는 2점 쇄선

 정답 ③

숨은선	가는 파선 또는 굵은 파선	-----	대상물의 보이지 않는 부분의 모양을 표시하는 데 쓰인다.
중심선	가는 1점 쇄선	—·—·—	(1) 도형의 중심을 표시하는 데 쓰인다. (2) 중심이 이동한 중심궤적을 표시하는 데 쓰인다.
기준선			특히 위치 결정의 근거가 된다는 것을 명시할 때 쓰인다.
피치선			되풀이하는 도형의 피치를 취하는 기준을 표시하는 데 쓰인다.
특수지정선	굵은 1점 쇄선	—·—·—	특수한 가공을 하는 부분 등 특별한 요구사항을 적용할 수 있는 범위를 표시하는 데 사용한다.

예제 8

특수한 가공을 하는 부분 등 특별한 요구사항을 적용할 수 있는 범위를 표시하는 데 사용하는 선은?

① 굵은 1점 쇄선   ② 가는 2점 쇄선
③ 가는 실선   ④ 굵은 실선

 정답 ①

- 굵은 실선 : 특수한 가공 하는 부분, 특별한 요구사항 적용 범위를 표시하는 데 쓰인다.

02 투상도 및 단면법

1 투상법의 종류

투상법의 종류	특징	주된 사용
정투상	모양을 엄밀, 정확하게 표시할 수 있다.	일반도면
등각투상	하나의 그림으로 정육면체의 세 면을 같은 정도로 표시할 수 있다.	설명용 도면
사투상	하나의 그림으로 정육면체의 세 면 중의 한 면을 중점적으로 엄밀·정확하게 표시할 수 있다.	

2 정투상도

투상법은 제3각법에 따르는 것을 원칙으로 하고 다만 필요한 경우(토목, 선박제도)에는 제1각법을 쓴다.

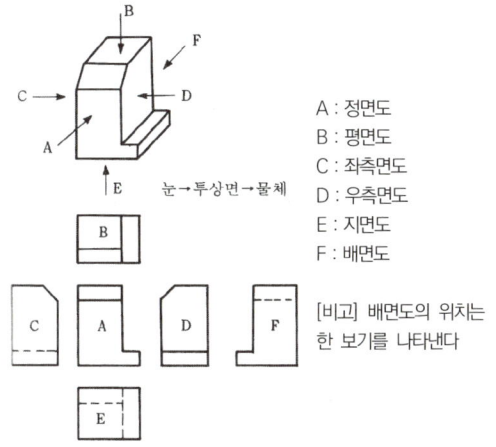

제3각법

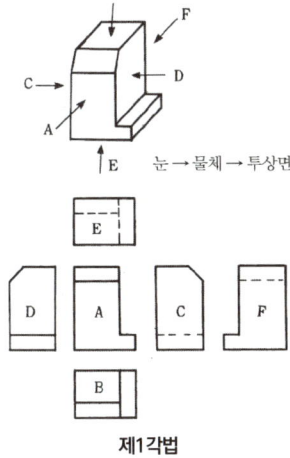

제1각법

3 투상법의 기호는 표제란 또는 그 근처에 나타낸다.

제3각법의 기호

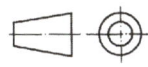
제1각법의 기호

각법은 표제란에 반드시 표기하여야 한다.

4 투상도의 선택

① **주 투상도에는 대상물의 모양, 기능을 가장 명확하게 표시하는 면을 그린다.**
  ㉠ 조립도 등 주로 기능을 표시하는 도면에서는 대상물을 사용하는 상태
  ㉡ 부품도 등 가공하기 위한 도면에서는 가공에 있어서 도면을 가장 **많이 이용하는 공정에서 대상물을 놓은 상태**(a)
  ㉢ 특별한 이유가 없는 경우, **대상물을 가로길이로 놓은 상태**(b)

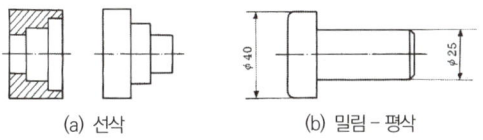

(a) 선삭   (b) 밀링 - 평삭

② 주 투상도를 보충하는 다른 투상도는 되도록 적게 하여 그린다.

③ 서로 관련되는 그림의 배치는 되도록 숨은선을 쓰지 않도록 한다. 다만, 비교 대조하기 불편할 경우에는 예외로 한다.

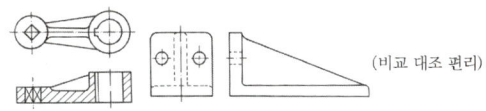

(비교 대조 편리)

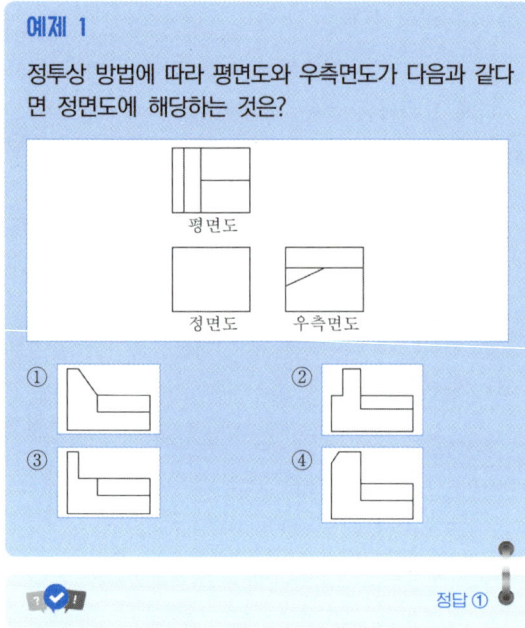

예제 1

정투상 방법에 따라 평면도와 우측면도가 다음과 같다면 정면도에 해당하는 것은?

정답 ①

예제 2

제3각법으로 표시된 다음 정면도와 우측면도에 가장 적합한 평면도는?

정답 ①

예제 3

투상도의 올바른 선택방법으로 틀린 것은?

① 대상 물체의 모양이나 기능을 가장 잘 나타낼 수 있는 면을 주투상도로 한다.
② 조립도와 같이 주로 물체의 기능을 표시하는 도면에서는 대상물을 사용하는 상태로 그린다.
③ 부품도는 조립도와 같은 방향으로만 그려야 한다.
④ 길이가 긴 물체는 특별한 사유가 없는 한 안정감 있게 옆으로 누워서 그린다.

정답 ③

부품도를 투상하는 방법
• 정면도에서는 대상물의 모양이나 기능을 가장 뚜렷하게 나타내는 면을 그린다.
  - 계획도, 실시계획도, 조립도 등 주로 기능을 나타내는 도면에서는 대상물을 사용하는 상태로 놓고 표시한다.
  - 부품을 가공하기 위한 도면에서는 가공할 때 가장 많이 이용하는 공정에서 대상물을 놓은 상태로 그린다.
  - 특별한 이유가 없는 경우에는 대상물을 옆으로 길게 놓은 상태에서 그린다.
• 정면도를 보충하는 다른 투상도는 되도록 적게 하고, 정면도만으로 나타내기에 충분한 경우에는 다른 투상도를 그리지 않는다.
• 서로 관련되는 그림의 배치는 되도록 숨은 선을 사용하지 않도록 한다. 다만, 비교 대조하기가 불편한 경우에는 이에 따르지 않아도 좋다.

5 그 밖의 투상도

(1) 보조 투상도

경사면의 실형을 표시할 필요가 있는 경우에는 보조 투상도로 표시한다.

① 대상물 경사면의 실형을 도시할 필요가 있을 경우에는 그 경사면과 맞서는 위치에 보조 투상도로서 표시한다.
② 지면의 관계 등으로 보조투상도로 경사면에 맞서는 위치에 배치할 수 없는 경우에는 그 뜻을 화살표와 영자의 대문자로 나타낸다. 다만, 그림에 나타낸 것과 같이 구부린 중심선에서 연결하여 투상관계를 나타내도 좋다.
③ 보조투상도의 배치 관계가 분명치 않을 경우에는 표시 글자의 각각에 상대방 위치의 도면 구역의 구분기호를 부기한다.

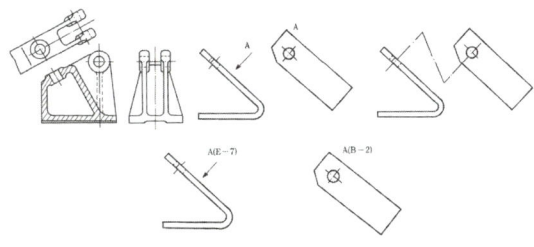

(2) 회전투상도

투상면이 어느 각도를 가지고 있기 때문에 그 실형을 표시하지 못할 때에는 그 부분을 회전해서 그 실형을 도시할 수 있다. 또한 잘못 볼 염려가 있을 경우에는 작도에 사용한 선을 남긴다.

(3) 부분 투상도

그림의 일부를 도시하는 것으로 충분한 경우에는 그 필요 부분만을 부분 투상도로서 표시한다. 이 경우에는 생략한 부분과의 경계를 파단선으로 나타낸다. 다만, 명확한 경우에는 파단선을 생략하여도 좋다.

(4) 국부 투상도

대상물의 구멍, 홈 등 한 국부만의 모양을 도시하는 것으로 충분한 경우에는 그 필요 부분을 국부투상도로서 나타낸다. 투상 관계를 나타내기 위하여 **원칙으로 주된 그림에 중심선, 기준선, 치수 보조선 등으로 연결**한다.

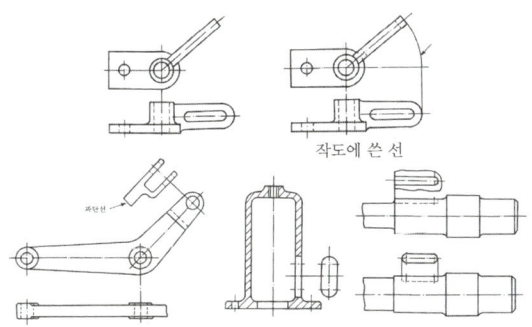

예제 4

그림의 일부를 도시하는 것으로도 충분한 경우 필요한 부분만을 투상하여 그리는 그림과 같은 투상도는?

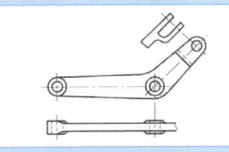

① 특수 투상도　　② 부분 투상도
③ 회전 투상도　　④ 국부 투상도

정답 ②

그림의 일부를 도시하는 것으로 충분한 경우에는 그 필요 부분만을 부분 투상도로서 표시한다. 이 경우에는 생략한 부분과의 경계를 파단선으로 나타낸다. 다만, 명확한 경우에는 파단선을 생략하여도 좋다.

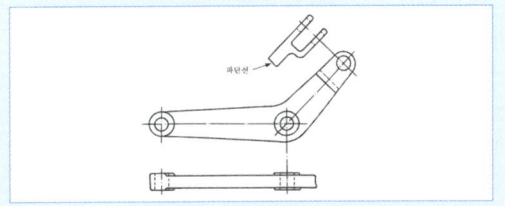

예제 5

그림과 같이 축의 홈이나 구멍 등과 같이 부분적인 모양을 도시하는 것으로 충분한 경우의 투상도는?

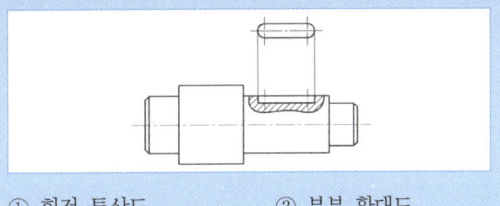

① 회전 투상도　　② 부분 확대도
③ 국부 투상도　　④ 보조 투상도

정답 ③

(5) 부분 확대도

특정 부분의 도형이 작은 까닭으로 그 부분에 상세한 도시나 치수 기입을 할 수 없을 때는 그 부분을 가는 실선으로 에워싸고, 영자의 대문자로 표시함과 동시에 그 해당 부분을 다른 장소에 확대하여 그리고, 표시하는 글자 및 척도를 부기한다. 다만, **확대한 그림의 척도를 나타낼 필요가 없는 경우에는 척도 대신 '확대도'라고 부기하여도 좋다.**

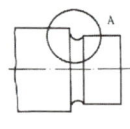 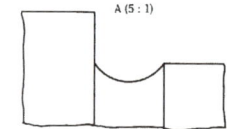

6 단면법의 종류

(1) 온단면도(전단면도)

📌 온단면도 → $\frac{1}{2}$ 절단

원칙적으로 대상물의 기본적인 모양을 가장 좋게 표시할 수 있도록 물체의 중심에 절단면을 정하여 그린다. 이 경우에는 절단선은 기입하지 않는다. 또한, 특정부분의 모양을 잘 표시할 수 있도록 절단면을 정하여 그리는 것이 좋다. 이 경우에는 절단선으로 절단 위치를 표시한다.

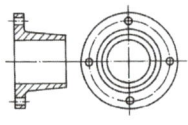 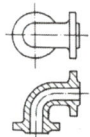

전단면도

(2) 한쪽 단면도(반단면도)

대칭형의 대상물은 외형도의 절반과 온단면도의 절반을 조합하여 표시할 수 있다.
반 단면도는 물체를 1/4 절단하여 표시하므로 **물체의 내·외부가 동시에 표현이 되어 형상을 파악하는 데 도움이 된다.**

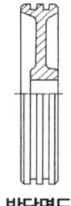 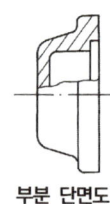

반단면도   부분 단면도

예제 6

다음 도면에서 표현된 단면도로 모두 맞는 것은?

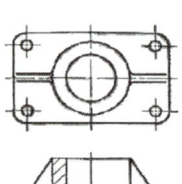

① 전단면도, 한쪽 단면도, 부분 단면도
② 한쪽 단면도, 부분 단면도, 회전도시 단면도
③ 부분 단면도, 회전도시 단면도, 계단 단면도
④ 전단면도, 한쪽 단면도, 회전도시 단면도

정답 ②

예제 7

단면의 표시와 단면도의 해칭에 관한 설명 중 틀린 것은?

① 일반적으로 단면부의 해칭은 생략하여 도시하고 특별한 경우는 예외로 한다.
② 인접한 부품의 단면은 해칭의 각도 또는 간격을 달리하여 구별할 수 있다.
③ 해칭하는 부분에 글자 등을 기입하는 경우, 해칭을 중단할 수 있다.
④ 해칭선의 각도는 일반적으로 주된 중심선에 대하여 45°로 하여 가는 실선으로 등간격으로 그린다.

 정답 ①

단면도의 해칭
- 보통 사용하는 해칭은 주된 중심선에 대하여 45°로, 가는 실선으로 등간격으로 표시한다.
- 해칭의 간격은 해칭을 하는 단면도의 절단 자리의 크기에 따라 선택한다.
- 해칭 대신에 스머징(smudging)을 할 경우에는 원칙적으로 연필 또는 규정된 색연필(흑)로 칠하는 것이 좋다.
- 같은 절단면 위에 나타나는 같은 부품의 절단 자리는 동일한 해칭(또는 스머징)을 한다. 다만, 계단 모양 절단면의 각 단에 나타나는 부품을 구별할 필요가 있는 경우에는 해칭을 어긋나게 할 수 있다.
- 인접하는 절단 자리의 해칭은 선의 방향 또는 각도를 바꾸거나, 그 간격을 바꾸어서 구별한다.
- 절단 자리의 면적이 넓을 경우에는 그 외형선을 따라 적절한 범위에 해칭(또는 스머징)을 한다.
- 해칭(또는 스머징)을 하는 부분 속에 문자, 기호 등을 기입하기 위해 필요할 경우에 해칭(또는 스머징)을 중단한다.
- 단면도에 재료 등을 표시하기 위하여 특수한 해칭(또는 스머징)을 해도 좋다. 이러한 경우에는, 그 뜻을 도면 중에 명확히 지시하거나 해당 규정을 인용하여 표시한다.

(3) 부분 단면도

외형도에 있어서 **필요로 하는 요소의 일부만을 부분 단면도로 표시할 수 있다.** 이 경우, 파단선에 의하여 그 경계를 나타낸다.

합격충전소

▍▍▍ 충전 50% /이론공부 + 보충설명/

파단선은 가는 실선으로 사용한다.

예제 8

그림과 같이 V벨트 풀리의 일부분을 잘라내고 필요한 내부 모양을 나타내기 위한 단면도는?

① 온 단면도   ② 한쪽 단면도
③ 부분 단면도   ④ 회전도시 단면도

 정답 ③

(4) 회전 단면도

핸들이나 바퀴 등의 암 및 링, 리브, 훅, 축, 구조물의 부재 등의 절단면을 따라 90° 회전하여 표시하여도 좋다.

① 절단할 곳의 전후를 끊어서 그 사이에 그린다.
② 절단선의 연장선 위에 그린다.
③ 도형 내의 절단한 곳에 겹쳐서 가는 실선을 사용하여 그린다.

합격충전소

▍▍▍ 충전 50% /이론공부 + 보충설명/

회전 단면 시 도면 내에 표현할 때는 가는 실선, 도형 밖에 표현할 때는 굵은 실선을 사용한다.

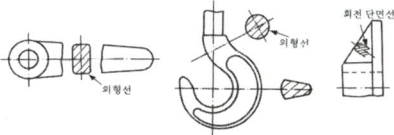

(5) 두께가 얇은 부분의 단면도

개스킷, 박판, 형강 등에서 절단면이 얇은 경우에는 그림과 같이 절단면을 검게 칠한다. 실제 치수와 관계없이 한 개의 굵은 실선으로 표시한다.

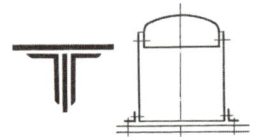

(6) 단면도의 해칭

단면도의 절단면에 해칭(또는 스머징)을 할 필요가 있을 경우에는 다음에 따른다.

① 해칭은 주된 **중심선에 대하여 45°로** 하는 것이 좋다.
② 같은 절단면상에 나타나는 **같은 부품의 단면에는 같은 해칭**(또는 스머징)을 한다.
③ 계단 모양의 절단면에 나타나는 부분을 구분할 필요가 있을 경우에는 해칭을 같은 방향으로 중복되지 않게 한다.
④ **인접한 단면의 해칭은 선의 방향 또는 각도를 변경하든지 그 간격을 변경하여 구별한다.**
⑤ 단면 면적이 넓은 경우에는 그 외형선에 따라서 적절한 범위에 해칭(또는 스머징)을 한다.
⑥ 해칭(또는 스머징)을 하는 부분 안에 **글자, 기호 등을 기입하기 위하여 필요한 경우에는 해칭을 중단한다.**

7 단면으로 표시하지 않는 부품

단면하기 때문에 이해를 방해하는 것 또는 절단하여도 의미가 없는 것은 원칙적으로 긴 쪽 방향으로는 절단하지 않는다.

> **합격충전소**
>
> 충전 30% /이론공부 + 중간정리/
>
> 리브, 바퀴의 암, 기어의 이, 축, 핀, 볼트, 너트, 와셔, 작은 나사, 리벳 키, 강구, 원통 롤러

8 도형의 생략

(1) 대칭 도형의 생략

도형이 대칭 형식인 경우에는 다음 중 어느 한 방법에 따라 대칭 중심선의 한쪽을 생략할 수 있다.

① 대칭 중심선의 한쪽 도형만을 그리고, 그 대칭 중심선의 양끝 부분에 짧은 2개의 나란한 가는 선을 그린다.(대칭 도시기호 표시)
② 대칭 중심선의 한쪽의 도형을 대칭 중심선을 조금 넘은 부분까지 그린다. 이때에는 대칭 도시기호를 생략할 수 있다.

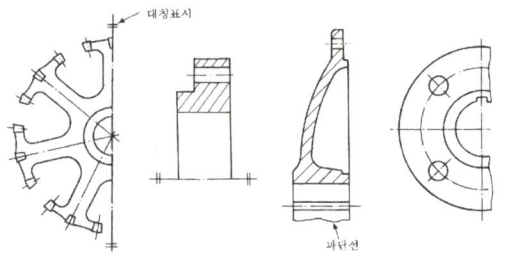

9 2개 면의 교차부분의 표시

2개 면의 교차부분을 표시하는 선은 다음에 따른다.

① 교차 부분에 둥글기가 있는 경우에는 대응하는 그림에 이 둥글기의 부분을 표시할 필요가 있을 때는 그림과 같이 교차부분에 둥글기가 없는 경우의 교차선의 위치에 굵은 실선으로 표시한다.
② 리브 등을 표시하는 선의 끝부분을 직선 그대로 멈추게 한다. 또한, 관련 있는 둥글기의 반지름이 현저하게 다를 경우에는 끝부분을 안쪽 또는 바깥쪽으로 구부려서 멈추게 해도 좋다.
③ 곡면 상호 또는 곡면과 평면이 교차하는 부분의 선(상관선)은 직선으로 표시하든가 올바른 투상에 가깝게 원호로 표시한다.

📘 리브 표시 ⇒ 시험에 잘 나옴

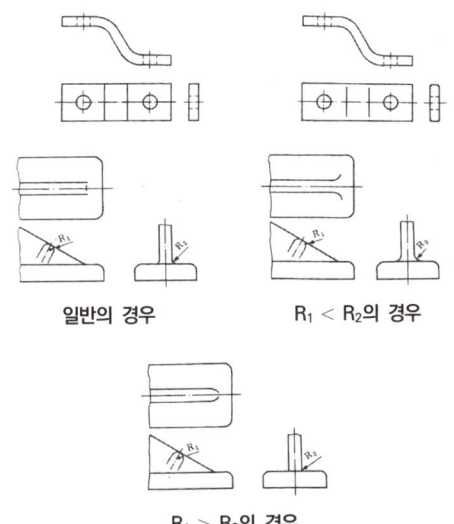

예제 9
다음의 두 투상도에 사용된 단면도의 종류는?

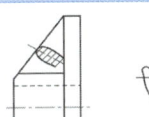

① 부분 단면도 ② 한쪽 단면도
③ 온 단면도   ④ 회전도시 단면도

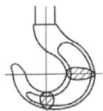 정답 ④

회전도시 단면도
핸들이나 바퀴 등의 암 및 림, 리브, 훅, 축, 구조물의 부재 등의 절단면을 다음에 따라 90°회전하여 표시하여도 좋다.
• 절단할 곳의 전후를 끊어서 그 사이에 그린다.(A)
• 절단선의 연장선 위에 그린다.(B)
• 도형내의 절단한 곳에 겹쳐서 가는 실선을 사용하여 그린다.(C)

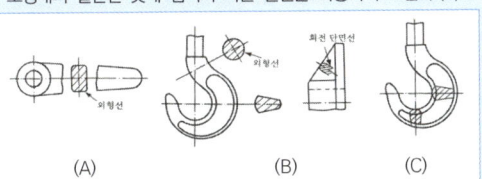

예제 10
회전도시 단면도에 대한 설명으로 틀린 것은?

① 회전도시 단면도는 핸들, 벨트 풀리, 기어 등과 같은 바퀴의 암, 림, 리브 등의 절단한 단면의 모양을 90°로 회전하여 표시한 것이다.
② 회전도시 단면도는 투상도의 안이나 밖에 그릴 수 있다.
③ 회전도시 단면도를 투상의 절단한 곳과 겹쳐서 그릴 때에는 가는 2점 쇄선으로 그린다.
④ 회전도시 단면도를 절단할 곳의 전후를 파단하여 그 사이에 그릴 경우에는 굵은 실선으로 그린다.

 정답 ③

회전도시 단면도
핸들이나 바퀴 등의 암 및 림, 리브, 훅, 축, 구조물의 부재 등의 절단면을 다음에 따라 90° 회전하여 표시하여도 좋다.
• 절단한 곳의 전후를 끊어서 그 사이에 그린다.
• 절단선의 연장선 위에 그린다.
• 도형 내의 절단한 곳에 겹쳐서 가는 실선을 사용하여 그린다.

03 치수기입법과 재료표시

1 치수 기입의 원칙

① 대상물의 기능, 제작, 조립 등을 고려하여, **필요하다고 생각되는 치수를 명료하게 도면에 지시한다.**
② 치수는 대상물의 크기, 자세 및 위치를 가장 명확하게 표시하는데 **필요하고 충분한 것을 기입한다.**
③ 도면에 나타내는 치수는 특별히 명시하지 않는 한, 그 도면에 도시한 **대상물의 다듬질 치수를 표시한다.**
④ 치수에는 기능상 필요한 경우 **치수의 허용한계를 지시한다.** 다만, **이론적으로 정확한 치수를 제외한다.**
⑤ 치수는 되도록 **주 투상도에 집중한다.**
⑥ 치수는 **중복 기입을 피한다.**
⑦ 치수는 되도록 **계산해서 구할 필요가 없도록 기입한다.**
⑧ 치수는 필요에 따라 기준으로 하는 점, 선 또는 면을 기준으로 하여 기입한다.

⑨ 관련되는 치수는 되도록 **한 곳에 모아서** 기입한다.
⑩ 치수는 되도록 **공정마다 배열을 분리하여** 기입한다.

(40) = 참고치수, 40 = 이론적인 치수

⑪ 치수 중 **참고 치수**에 대하여는 치수 수치에 괄호를 붙인다.

예제 1

치수 기입의 원칙과 방법에 관한 설명으로 적합하지 않은 것은?

① 치수는 중복기입을 피한다.
② 치수는 되도록 공정마다 배열을 분리하여 기입한다.
③ 치수는 되도록 계산하여 구할 필요가 없도록 기입한다.
④ 치수는 되도록 정면도, 평면도, 측면도 등에 분산시켜 기입한다.

 정답 ④

치수기입의 원칙
도면의 치수기입은 중요한 것 중의 하나이다. 작도자가 도면에 기입한 치수는 작업자가 가공 완성할 치수이다. 치수기입의 원칙은 다음과 같다.
- 대상물은 기능, 제작, 조립 등을 고려하여, 필요하다고 생각되는 치수를 명료하게 도면에 기입한다.
- 치수는 되도록 정면도에 집중하여 기입한다.
- 치수는 중복 기입을 피한다.
- 치수는 선에 겹치게 기입해서는 안 된다.
- 치수는 되도록 계산하여 구할 필요가 없도록 기입한다.
- 치수는 되도록 공정마다 배열을 분리하여 기입한다.
- 관련된 치수는 되도록 한곳에 모아서 기입한다.
- 치수는 치수선이 서로 만나는 곳에 기입하면 안 된다.

예제 2

치수는 물체의 모양을 잘 알아볼 수 있는 곳에 기입하고 그 곳에 나타낼 수 없는 것만 다른 투상도에 기입하여야 하는데 주로 치수를 기입하여야 하는 치수 기입 장소는?

① 우측면도   ② 평면도
③ 좌측면도   ④ 정면도

 정답 ④

치수는 되도록 주 투상도에 집중한다.

2 치수 수치의 표시방법

① 길이의 치수 수치는 원칙으로 mm의 단위로 기입하고, 단위 기호는 붙이지 않는다.
② 각도의 치수 수치는 일반적으로 도의 단위로 기입하고, 필요한 경우에는 분 및 초를 병용 할 수 있다. 도, 분, 초를 표시하는 데에는 숫자의 오른쪽 어깨에 각각 °, ', "를 기입한다.

예 90° 22.5° 6° 21' 5"
 (또는 6° 21' 05") (또는 8° 00' 12") 3' 21"

또, 각도의 치수 수치를 라디안의 단위로 기입하는 경우에는 그 단위 기호 rad를 기입한다.

예 0.52 rad $\frac{\pi}{3}$ rad

예제 3

치수보조기호의 S∅는 무엇을 나타내는가?

① 표면   ② 구의 반지름
③ 피치   ④ 구의 지름

 정답 ④

치수보조기호(KS A 0113)

구분	기호	읽기	사용법	예
지름	φ	파이	치수보조기호는 치수 수치 앞에 붙이고, 치수 수치와 같은 크기로 쓴다.	φ5
반지름	R	아르		R10
구의 지름	Sφ	에스파이		S∅5
구의 반지름	SR	에스아르		SR10
정사각형의 변	□	사각		□10
판의 두께	t	티		t2
45°의 모떼기	C	시		C2
실제의 반지름	실R	실아르		실R30
전개상의 반지름	전개R	전개아르		전개R10
원호의 길이	⌒	원호	치수 수치 위에 붙인다.	⌒30
이론적으로 정확한 치수	□	테두리	치수 수치를 둘러싼다.	30
참고치수	( )	괄호	치수 수치의 치수보조기호를 둘러싼다.	(30)

③ 치수 수치의 소수점은 아래쪽의 점으로 하고 숫자 사이를 적당히 떼어서 그 중간에 약간 크게 쓴다. 또, 치수 수치의 자리수가 많은 경우, 3자리마다 숫자의 사이를 적당히 띄우고 **콤마는 찍지 않는다**.

예 123.25   12.00   22 320

3 치수 기입 방법

(1) 치수선

① 치수선은 0.3mm 이하의 가는 실선으로 외형선에 평행하게 긋고 선의 양끝에는 끝부분 기호를 붙인다.
② 치수선의 간격은 외형선으로부터 약 10~15mm 떼어서 긋고, 다음 치수선을 그을 때는 같은 간격으로 긋는다.
③ 치수선은 원칙으로 치수 보조선을 사용하여 기입한다. 다만, 치수 보조선을 빼내면 그림을 혼동하기 쉬울 때는 이것에 따르지 않아도 좋다.

(2) 치수 보조선

① 치수 보조선은 지시하는 치수의 끝에 닿는 도형상의 점 또는 선의 중심을 통과하고 치수선에 직각되게 그어서 치수선을 약간(2mm 정도) 지날 때까지 연장한다. 다만, 치수 보조선과 도형 사이를 약간 떼어놓아도 좋다.
② 치수를 지시하는 점 또는 선을 명확히 하기 위하여 특히 필요한 경우에는 치수선에 대하여 적당한 각도를 가진 서로 평행한 치수 보조선을 그을 수 있다. 이 각도는 되도록 60°로 한다.

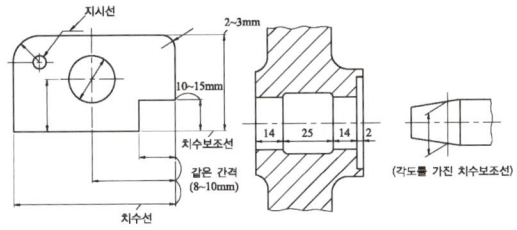

(3) 지시선

가공 구멍의 치수 또는 가공방법, 부품번호 등을 기입하기 위한 선으로 수평선에 대하여 60°의 직선으로 긋고 지시되는 쪽에 화살표를 그리고 반대쪽 끝을 수평으로 그은 다음 그 위에 지시사항이나 치수를 기입한다.

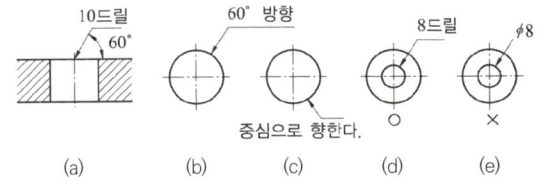

(4) 화살표

치수선이나 지시선 끝에 붙여 사용되며 길이와 폭의 비율이 약 3 : 1이 되고 2.5~3mm 길이로 한다.

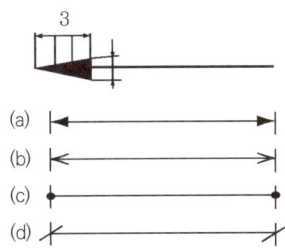

4 치수의 배치

(1) 직렬치수 기입법

직렬로 나란히 연결된 개개의 치수에 주어진 치수 공차가 누적되어도 좋은 경우에 사용한다.

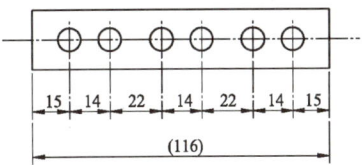

(2) 병렬치수 기입법

이 방법에 따르면 병렬로 기입하는 **개개의 치수 공차는 다른 치수의 공차에는 영향을 주지 않는다.** 이 경우, 공통 쪽의 치수 보조선의 위치는 기능, 가공 등의 조건을 고려하여 적절히 선택한다.

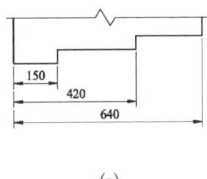

(a)

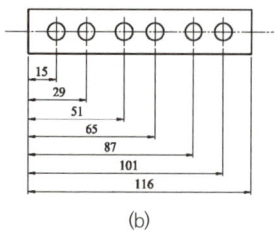
(b)

(3) 누진치수 기입법

이 방법에 따르면 치수 공차에 관하여 병렬 치수 기입법과 완전히 동등한 의미를 가지면서, 한 개의 연속된 치수선으로 간편하게 표시된다. 이 경우, **치수의 기점의 위치는 기점 기호(O)로 나타내고**, 치수선의 다른 끝은 화살표로 나타낸다. 치수 수치는 치수 보조선에 나란히 기입하든지 화살표 가까운 곳에 치수선의 위쪽에 이에 연하여 쓴다. 또한, 2개의 형체 사이의 치수선에도 준용할 수 있다.

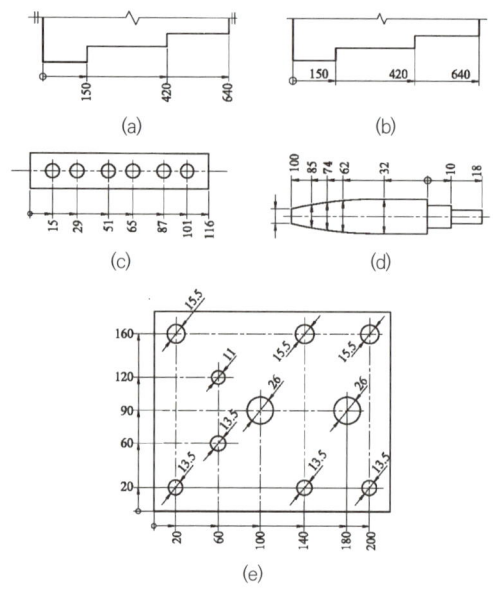

> **예제 4**
> 아래 그림과 같은 치수 기입 방법은?
>
>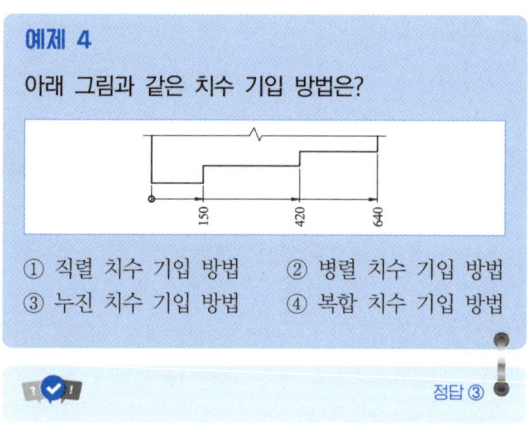
>
> ① 직렬 치수 기입 방법 ② 병렬 치수 기입 방법
> ③ 누진 치수 기입 방법 ④ 복합 치수 기입 방법
>
> 정답 ③

5 치수문자기입

① 치수 수치는 수평방향의 치수선에 대하여 위쪽에 수직방향의 치수선에 대하여 왼쪽에 기입하고 치수선에 약간 띄워서 거의 중앙에 쓰는 것이 좋다.

▶ 그림에서 틀린 치수 기입법을 찾는 것이 잘 나옴

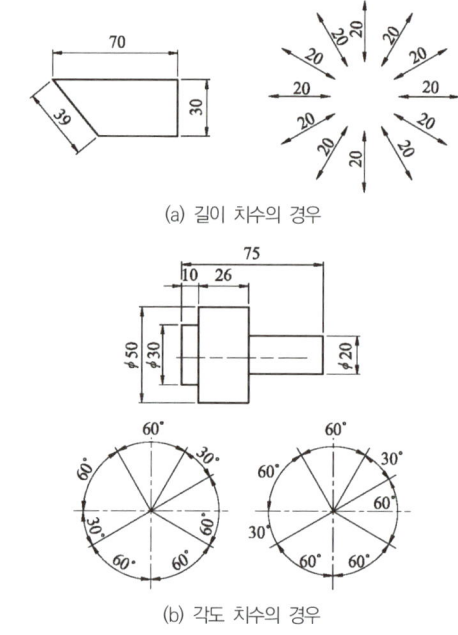

(a) 길이 치수의 경우

(b) 각도 치수의 경우

② 수직선에 대하여 좌상(左上)에서 우하(右下)로 향하여 약 30° 이하의 각도를 이루는 방향에는 치수선의 기입을 피한다. 다만, 도형의 관계로 기입하지 않으면 안 될 경우에는, 그 장소에 따라 혼동하지 않도록 기입한다.

③ 치수 수치 대신 글자 기호를 써도 좋다. 이 경우, 그 수치를 별도로 표시한다.

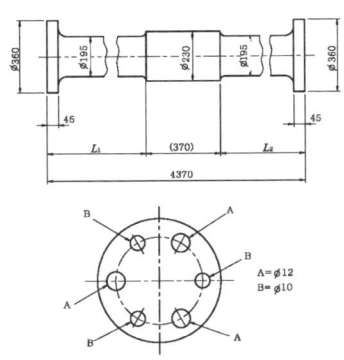

기호 \ 품번	1	2	3
L1	1915	2500	3115
L2	2085	1500	885

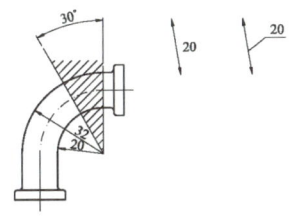

④ 도형이 치수 **비례대로 그려져 있지 않을 때는 치수 밑에 밑줄을 친다.**
예) <u>40</u>

6 치수 표시 기호

치수 표시 기호는 다음 표와 같으며 치수 숫자 앞에 쓰는 것이 원칙이고 숫자와 같은 크기로 기입한다.

기호	구분	기호	구분
ϕ	지름	□	정사각형
R	반지름	C	45° 모따기
$S\phi$	구의 지름	t	두께
SR	구의 반지름	P	피치

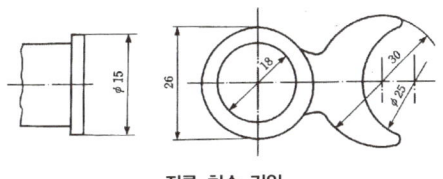

지름 치수 기입

- 두께 t가 잘 나옴 예) t 40
- 숫자와 병기할 수 없는 것은 평면도시기호이다.
  예)

합격충전소
충전 50% /이론공부 + 보충설명/

원형의 그림에 지름의 치수를 기입할 때는, 치수 수치의 앞에 ϕ는 기입하지 않는다. 다만 원형의 일부를 그리지 않은 도형에서 치수선의 끝부분 기호가 한쪽인 경우는 반지름의 치수와 혼동되지 않도록 지름의 치수 수치 앞에 ϕ를 기입한다.

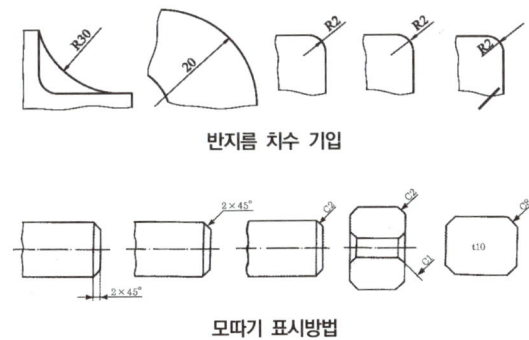

반지름 치수 기입

모따기 표시방법

7 치수 기입

(1) 좁은 부분 치수기입

- 지시선을 끌어내는 쪽 끝에는 아무것도 붙이지 않는다. ⇒ 이 말이 시험에 잘 나옴

치수 기입에 있어서 간격이 좁고 기입이 연속될 때에는 치수선의 위쪽과 아래쪽에 번갈아 치수를 기입하거나 지시선을 써서 치수를 기입한다. 지시선을 사용하여 치수 수치를 기입하는 경우 **지시선을 끌어내는 쪽 끝에는 아무것도 붙이지 않는다.**

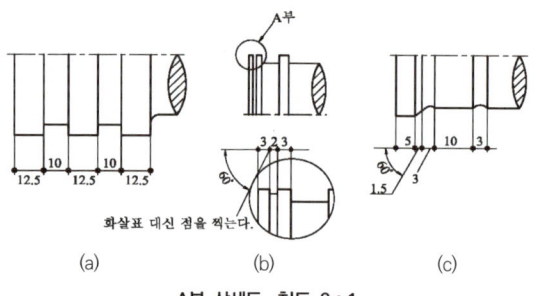

(a)　　　　　　(b)　　　　　　(c)

A부 상세도, 척도 2 : 1

(2) 구멍의 표시 방법

드릴 구멍, 리머 구멍, 펀칭 구멍, 코어 구멍 등의 구별을 표시할 필요가 있을 때에는 치수 숫자에 그 명칭을 기입한다.

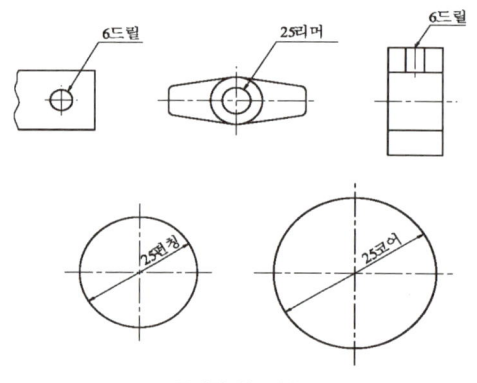

구멍의 치수기입

(3) 현·호의 치수 기입

▶ 현의 치수, 원호의 치수, 각도 ⇒ 시험에 그림이 잘 나옴(그림 반드시 외울 것)

① 현의 길이 표시 방법 : 현의 길이는 원칙으로 현에 직각으로 치수 보조선을 긋고, 평행한 치수선을 사용하여 표시한다.

② 원호의 길이 표시 방법 : 현의 경우와 같은 치수 보조선을 긋고 그 원호와 동심의 원호를 치수선으로 하고, 치수 수치의 위에 원호의 길이의 기호를 붙인다.

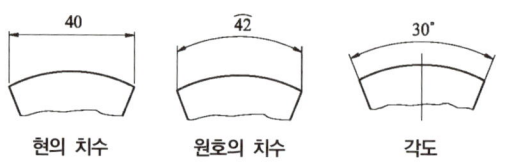

현의 치수　　　원호의 치수　　　각도

(4) 테이퍼와 기울기의 치수 기입

그림과 같이 **테이퍼는 중심선에 따라 치수를 기입하고 기울기는 변에 따라 기입하는 것이 원칙이다.** 다만 (그림(c))와 같이 테이퍼 또는 기울기의 비율과 방향을 뚜렷이 표시할 필요가 있는 경우에는 별도로 표시하며 (그림(d))와 같이 특별한 경우에는 경사면에서 지시선을 끌어내어 치수를 표시할 수 있다.

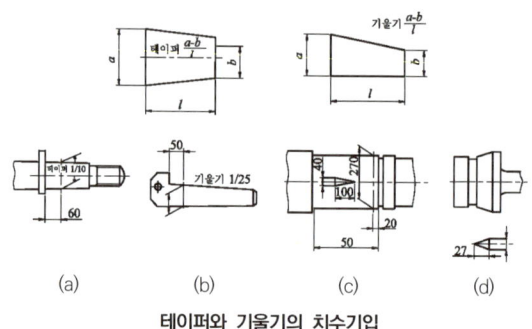

(a)　　　(b)　　　(c)　　　(d)

테이퍼와 기울기의 치수기입

(5) 같은 간격의 구멍 치수 기입

같은 치수의 볼트 구멍, 작은 나사 구멍, 핀 구멍, 리벳 구멍 등의 치수는 구멍으로부터 지시선을 끌어내어 그 총수를 표시하는 숫자 다음에 짧은 선을 넣어서 기입한다.

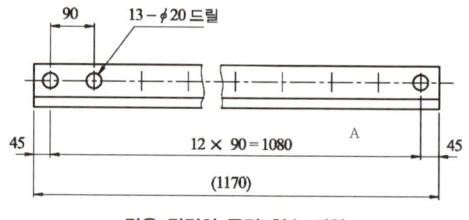

같은 간격의 구멍 치수 기입

▶ A 부분 치수 기입이 잘 나옴.
계산식은 (총구멍수 − 1)×등간격이다.

(6) 평강 및 형강의 치수 기입

평강의 단면 치수는 나비×두께로서 표시한다.

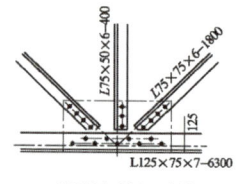

형강의 치수 기입

8 재료 표시법

(1) 재료의 기호

KS 규격에는 같은 명칭의 재료에는 첨가 원소의 함유량, 최저 인장 강도 등에 따라 여러 종류로 세분되어있다.

① 제1위 문자 : 재질을 표시하는 기호로서 영어의 머리 문자나 원소 기호를 표시한다.
② 제2위 문자 : 규격명과 제품명을 표시하는 기호로서 판, 봉, 광, 선, 주조품 등 제품의 형상별 종류 등과 용도를 표시
③ 제3위 문자 : 금속 종별의 기호로서 최저 인장 강도 또는 재질, 종류, 기호를 숫자 다음에 기입한다.
④ 제4위 문자 : 제조법을 표시한다.
⑤ 제5위 문자 : 제품 형상 기호를 표시한다.

> 예 일반 구조용 압연 강재 2종을 표시할 때는 SB41로 기입한다.

S	S	400
강재 (Steel)	일반구조용 압연제 (General Structural Purposes)	최저인장강도 (400N/mm²)

㉠ SF 34 : 탄소강 단조품
  S(강), F(단조품), 34(최저 인장 강도)
㉡ SC 37 : 탄소강 주강품
  S(강), C(주조품), 37(최저 인장 강도)
㉢ S 1 : 초경합금 1종
  S(초경합금), 1(1호)
㉣ SHPI : 열간 압연 연강판 1종
  (S(강),H(열간 가공품), P(강판), 1(1종)
㉤ SM 20C : 기계 구조용 탄소강 강제
  SM(기계 구조용), 20C(탄소 함유량 0.15 ~ 0.25%의 중간값)

> ▶ SM 20 C : SM(기계 구조용), 20C (단소 함유량 0.15 ~ 0.25%의 중간값) ⇒ 시험 단골 메뉴

㉥ PW 1 : 피아노선 1종
  PW(피아노선), 1(1호)

04 표면 거칠기와 끼워맞춤

1 표면 거칠기(Surface Roughness)

기계제도에서 표면 거칠기(Surface Roughness)를 KS B 0161:2021(표면 거칠기의 표시 방법) 및 국제 규격 ISO 1302:2002 기준으로 구성하였다.

(1) 표면 거칠기 개념

표면 거칠기(Surface Roughness)란 가공 후 표면에 나타나는 미세한 요철의 상태를 수치화한 것으로, 가공 방법, 공구, 재질 등에 따라 결정되는 표면 상태의 정량적 지표로 가공 표면의 매끄러움 정도(표면 상태)를 나타내기 위한 것이다. 도면에 표기함으로써 가공 정밀도, 공정비용, 기능적 성능(마찰, 마모, 윤활 등)을 제어한다.

(2) 거칠기의 주요 파라미터 (측정값)

기호	명칭	정의	비고 (단위 μm)
Ra	산술 평균 거칠기	표면 프로파일의 절대값 평균	가장 일반적
Rz	10점 평균 거칠기	최대 높이 5개와 최소 깊이 5개의 평균	한국·일본에서 자주 사용
Ry (Rmax)	최대 높이 거칠기	단면에서 가장 높은 점과 낮은 점의 차	과거규격
Rt	전체 거칠기 높이	측정 길이 내 최고점과 최저점의 차	ISO 사용(최대 편차)
Rq (RMS)	제곱 평균 제곱근 거칠기	제곱 평균의 제곱근	전자·광학 분야 사용

(3) 거칠기 지정 시 주의사항

① 필요 이상으로 작은 거칠기 요구 금지 → 가공비 증가 및 생산성 저하
② 기능상 필요한 부분에만 지정 → 접촉면, 미끄럼면, 씰링면 등
③ 측정 위치와 기준 길이 명확히 지정
④ 표면 처리(도금, 도장 등) 전/후 상태 구분 명기

(4) 거칠기 기호

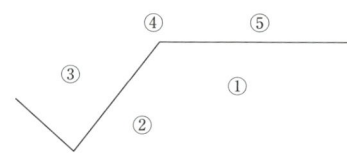

① 사양 문자열은 루트 기호 아래에 배치
② 텍스처 레이의 방향은 삼각형의 오른쪽 하단에 표시
③ 재료 제거에 관한 제약 조건은 삼각형 위에 표시
④ 여기에 배치된 기호는 투영 평면 주변의 모든 서피스에 대한 사양을 확장
⑤ 가공 또는 재료에 대한 보완 정보는 수평 막대 위에 배치할 수 있다.

[1번 부분에 적용 가능한 표시내용]

U	X	0.008-0.25	/	Rz	8	max	3.2
ㄱ	ㄴ	ㄷ	ㄹ	ㅁ	ㅂ	ㅇ	ㅈ

㉠ 공차유형 – 한계 값은 최대 값입니까 아니면 최소 값입니까? 생략하면 상한 공차(기호 U)임을 의미
   공차가 낮은 경우 L로 표시
㉡ 필터 유형을 지정 – 대부분의 매개변수에 대해 가우스 필터(G), 가장 일반적인 것은 Robust Gaussian의 경우 RG이고 스플라인의 경우 S
㉢ 미세 거칠기 컷오프 λs와 거칠기 및 물결 모양 매개변수에 대한 주 컷오프 λc와 함께 필터 대역폭을 지정, 기본값은 λs의 경우 2.5μm, λc의 경우 0.8mm (ISO4288)
㉣ 구분 막대
㉤ 매개변수 이름 – 기본 프로파일 – P
                거칠기 프로파일 – R
                물결 프로파일 – W
㉥ 값
㉦ 결정 규칙 – 기본적으로 (ISO 4288) 16% 규칙(한계가 해석되는 방식) – Max 규칙 표시
㉧ 단위 없이 공차 한계 – 높이 매개변수의 경우 μm, RSm의 경우 mm, Rmr의 경우 %

1) 도면에서의 거칠기 표시 방법 (KS / ISO 공통)

① 재료의 가공여부기호
① 열린 삼각형은 가공에 대한 구속력이 없음
② 닫힌 삼각형은 가공 중에 재료를 제거
③ 제거 가공을 금지

2) 주변의 모든 표면적용의 예

사양이 공작물 주변의 모든 표면에 적용되는 경우, 단일 표시가 여러 표면에 적용(도면에 표기 단순화)

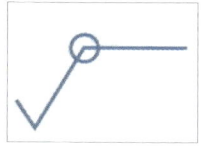

3) 보완메모적용의 예

재료 또는 가공에 대한 제약 조건을 표현하기 위해 수평 막대 위에 추가 정보

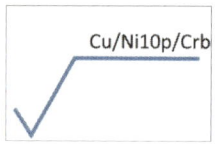

4) 도면에서 예

삼각형의 끝이 표면과 접촉하여 배치, 리드선에 배치할 수도 있음.

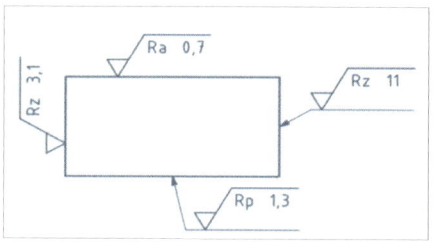

① $\sqrt{R_a 0.7}$

최소 표시는 매개변수의 이름과 한계값

② $\sqrt{0.008-2.5/R_a 0.7}$

대역폭은 λs의 경우 8μm의 컷오프와 λc의 경우 2.5mm의 컷오프로 정의

5) 단위, 표기 표면거칠기 등급별 수치표

등급	Ra (μm)	적용 예	가공 방법
N1	0.025	광택 연마, 정밀 연삭	광택, 초정밀연삭
N2	0.05	고정밀 베어링면	초정밀 연삭
N3	0.1	기어 치면, 유면 접촉부	정밀 연삭
N4	0.2	축 베어링면	정밀 절삭
N5	0.4	피스톤, 밸브면	절삭 후 연마
N6	0.8	일반 축, 슬라이드면	절삭, 선삭
N7	1.6	일반 가공면	선삭, 밀링
N8	3.2	일반 가공품	밀링, 드릴링
N9	6.3	거친 절삭면	거친 선삭
N10	12.5	주조, 단조 후 가공면	절단, 주조면
N11	25	조가공면	주조, 용접면
N12	50	비가공면	단조, 주물 상태

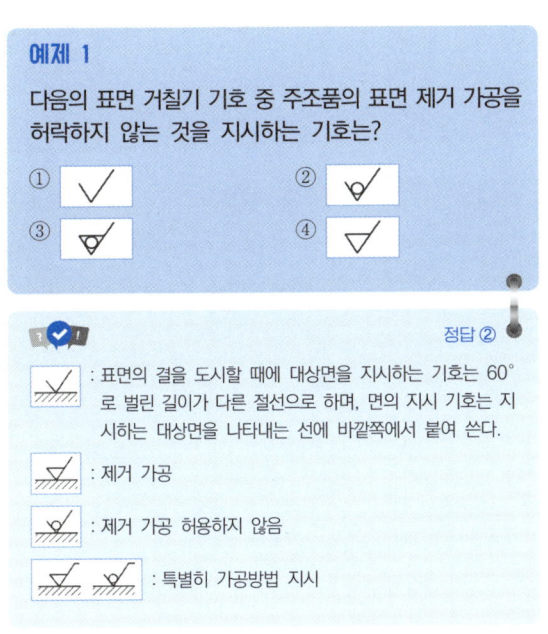

예제 1

다음의 표면 거칠기 기호 중 주조품의 표면 제거 가공을 허락하지 않는 것을 지시하는 기호는?

정답 ②

- : 표면의 결을 도시할 때에 대상면을 지시하는 기호는 60°로 벌린 길이가 다른 절선으로 하며, 면의 지시 기호는 지시하는 대상면을 나타내는 선에 바깥쪽에서 붙여 쓴다.
- : 제거 가공
- : 제거 가공 허용하지 않음
- : 특별히 가공방법 지시

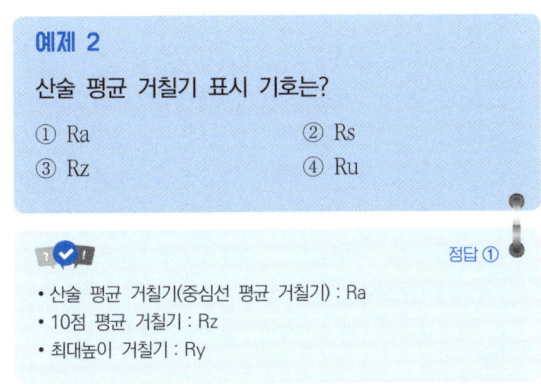

예제 2

산술 평균 거칠기 표시 기호는?

① Ra   ② Rs
③ Rz   ④ Ru

정답 ①

- 산술 평균 거칠기(중심선 평균 거칠기) : Ra
- 10점 평균 거칠기 : Rz
- 최대높이 거칠기 : Ry

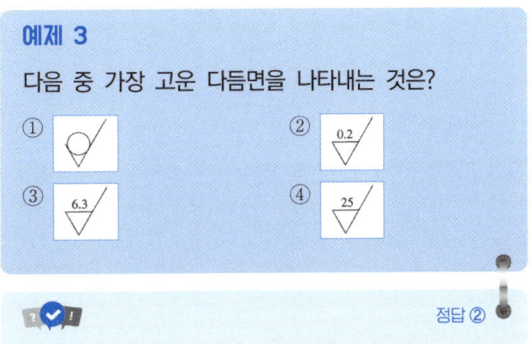

예제 3

다음 중 가장 고운 다듬면을 나타내는 것은?

정답 ②

2 치수 공차

(1) 치수 공차의 용어

📌 공차 용어가 종종 시험에 나옴

① **허용 한계 치수(limits of size)** : 미리 정한 치수에 대해 사용 목적에 따라 적당한 대소 두 한계 사이로 다듬질하는 것을 허용했을 때 이 두 한계를 표시하는 치수를 말한다.
② **실치수(actual size)** : 어떤 부품에 대하여 실제로 측정한 치수이다.
③ **최대 허용 치수(maximum limits of size)** : 기준치수에 대해 허용되는 최대 치수
④ **최소 허용 치수(minimum limits of size)** : 기준치수에 대해 허용되는 최소 치수
⑤ **기준 치수(basic size)** : 허용 한계 치수의 기준이 되며 호칭 치수라고도 한다.
⑥ **치수 허용차(deviation)** : 허용 한계 치수에서 기준 치수를 뺀 값으로서 허용차라고도 한다.
⑦ **위 치수 허용차(upper deviation)** : 최대 허용 치수에서 기준 치수를 뺀 값을 위 치수 허용차라

고 한다.

⑧ **아래 치수 허용차(lower deviation)** : 최소 허용치수에서 기준 치수를 뺀 값을 아래 치수 허용차라 한다.

⑨ **기준선(zero line)** : 허용 한계 치수와 끼워 맞춤을 도시할 때 치수 허용차의 기준이 되는 선으로 기준 치수를 나타낸다.

⑩ **치수공차(tolerance)** : 최대 허용 치수와 최소 허용 치수와의 차를 말하며, 공차라고도 한다.

예) 구멍 T = A - B = 50.025 - 50.000 = 0.025mm
축 T = a - b = 49.975 - 49.950 = 0.025mm

예제 6

치수 공차 및 끼워 맞춤에 관한 용어의 설명으로 옳지 않은 것은?

① 허용한계치수 : 형체의 실 치수가 그 사이에 들어가도록 정한, 허용할 수 있는 대소 2개의 극한의 치수
② 기준치수 : 위 치수허용차 및 아래 치수허용차를 적용하는 데 따라 허용한계치수가 주어지는 기준이 되는 치수
③ 치수허용차 : 실제치수와 이에 대응하는 지준치수와의 대수차
④ 기준선 : 허용한계치수 또는 끼워맞춤을 도시할 때 치수허용차의 기준이 되는 직선

 정답 ③

치수 허용차 = 최대 허용 한계치수 - 최소허용한계치수
= 위 치수 허용차 - 아래 치수 허용차

예제 7

길이 치수의 치수 공차 표시 방법으로 틀린 것은?

① $50^{-0.05}_{0}$
② $50^{+0.05}_{0}$
③ $50^{+0.05}_{+0.02}$
④ 50 ± 0.05

 정답 ①

예제 8

$\phi 35^{0}_{-0.016}$ 에서 위치수허용차가 0일 때, 최대허용 한계 치수값은? (단, 공차는 0.016이다.)

① $\phi 34.084$
② $\phi 35.000$
③ $\phi 35.016$
④ $\phi 35.084$

 정답 ②

$\phi 35^{0}_{-0.016}$
- 치수공차 0.016
- 아래치수허용차 −0.016
- 최대허용한계치수 $\phi 35.000$
- 최소허용한계치수 $\phi 34.984$

예제 9

최대 허용 한계치수와 최소 허용 한계치수와의 차이값을 무엇이라고 하는가?

① 공차
② 기준치수
③ 최대 틈새
④ 위치수허용차

 정답 ①

- 치수공차(tolerance) : 최대 허용 치수와 최소 허용 치수와의 차를 말하며, 공차라고도 한다.

구멍(내측 형체)　　축(외측 형체)

(2) 끼워 맞춤의 종류

① **헐거운 끼워맞춤**(clearance fit) : 구멍은 축 사이에 **항상 틈새가 있는 끼워맞춤**으로 축 허용 구역은 완전히 구멍의 허용 구역보다 아래이다.
② **억지 끼워맞춤**(interference fit) : 축과 구멍 사이에 **항상 죔새가 있는 끼워맞춤**으로 축의 허용 구역이 완전히 구멍의 허용 구역보다 위이다.
③ **중간 끼워맞춤**(transition fit) : 축·구멍을 각각 허용 한계 치수 내에서 다듬질을 하여 그들을 끼워 맞출 때 그 실제 치수에 따라 **틈새가 있거나 죔새가 있을 때의 끼워맞춤**이다.

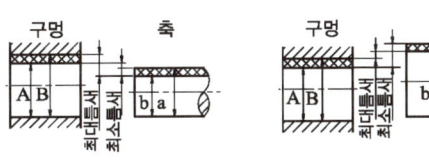

(a) 헐거운 끼워맞춤   (b) 억지 끼워맞춤

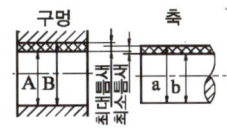

(c) 중간 끼워맞춤

끼워 맞춤의 종류

(3) 끼워 맞춤의 용어

▶ 최소 틈새, 최대 틈새, 최소 죔새, 최대 죔새 ⇒ 반드시 계산을 할 줄 알아야 함

① 최소 틈새
   = (구멍의 최소 허용 치수) - (축의 최대 허용 치수)
② 최대 틈새
   = (구멍의 최대 허용 치수) - (축의 최소 허용 치수)
③ 최소 죔새
   = (축의 최소 허용 치수) - (구멍의 최대 허용 치수)
④ 최대 죔새
   = (축의 최대 허용 치수) - (구멍의 최소 허용 치수)

예제 10

다음 그림은 15H7-m6의 구멍과 축에 중간 끼워 맞춤을 나타낸 것으로 최대 죔새를 A, 최대 틈새를 B라 할 때 옳은 것은?

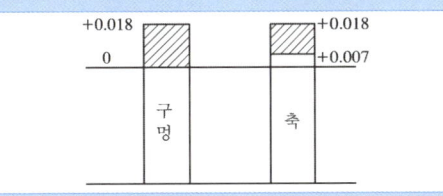

① A = 0.018, B = 0.011
② A = 0.011, B = 0.018
③ A = 0.018, B = 0.025
④ A = 0.011, B = 0.025

정답 ①

구멍 H, 축 h
• 최대 죔새 = 축의 최대 허용치수 - 구멍의 최소 허용치수
   = 15.018 - 15 = 0.018
• 최대 틈새 = 구멍의 최대 허용치수 - 축의 최소 허용치수
   = 15.018 - 15.007 = 0.011

예제 11

치수 공차 및 끼워 맞춤에 관한 용어의 설명으로 옳지 않은 것은?

① 허용한계치수 : 형체의 실 치수가 그 사이에 들어가도록 정한, 허용할 수 있는 대소 2개의 극한의 치수
② 기준치수 : 위 치수허용차 및 아래 치수 허용차를 적용하는데 따라 허용한계치수가 주어지는 기준이 되는 치수
③ 치수허용차 : 실제치수와 이에 대응하는 기준치수와의 대수차
④ 기준선 : 허용한계치수 또는 끼워맞춤을 도시할 때 치수허용차의 기준이 되는 직선

정답 ③

치수 허용차 = 최대 허용 한계치수 - 최소허용한계치수
        = 위 치수 허용차 - 아래 치수 허용차

예제 12

다음 중 억지 끼워맞춤에 속하는 것은?

① H8/e8　　　② H7/t6
③ H8/f8　　　④ H6/k6

정답 ②

예제 13

축용 게이지 제작에 사용되는 IT 기본 공차의 등급은?

㉮ IT 01 ~ IT 4　　　㉯ IT 5 ~ IT 8
㉰ IT 8 ~ IT 12　　　㉱ IT 11 ~ IT 18

정답 ②

	게이지 제작공차	끼워 맞춤 공차	끼워 맞춤 이외공차
구멍	IT 01 ~ IT 5	IT 6 ~ IT 10	IT 11 ~ IT 18
축	IT 01 ~ IT 4	IT 5 ~ IT 9	IT 10 ~ IT 18

(4) 끼워 맞춤과 방식

구멍 기준식과 축 기준식 2가지가 있는데 구멍 기준식(basic hole system)은 구멍을 일정의 치수 공차로 가공하여 이 구멍에 끼울 축의 지름을 치수 공차를 가감하여 틈새 또는 죔새를 주는 것을 말하며 이것에 대해 축을 기준으로 하여 여기에 적당한 구멍을 골라 필요한 틈새나 죔새를 얻는 끼워맞춤을 축 기준식(basic shaft system)이라 한다.

① 구멍 기준식 끼워 맞춤 : 아래 치수 허용차가 0인 H 기호 구멍을 기준 구멍으로 하고 이에 필요한 죔새나 틈새를 얻는 끼워 맞춤으로 H6 ~ H10의 다섯 가지를 기준 구멍으로 사용한다.

② 축 기준식 끼워 맞춤 : h축을 기준으로 하고 이에 적당한 구멍을 선정하여 필요한 죔새나 틈새를 얻는 끼워맞춤으로 h5 ~ h9의 5가지를 기준 축으로 사용한다.

(5) 기본 공차(ISO tolerance)

ISO 공차 방식에 따른 기본 공차를 IT 기본 공차라 하며 IT 01, IT 0 … IT 18급의 **20등급**으로 구분하여 규정되어 있으며 적용은 아래 표 1과 같다.

▶ 20등급 ⇒ 등급수가 시험에 잘 나옴

[기본 공차의 적용]

용도	게이지 제작공차	끼워 맞춤 공차	끼워맞춤 이외 공차
구멍	IT 01 ~ IT 5	IT 6 ~ IT 10	IT 11 ~ IT 18
축	IT 01 ~ IT 4	IT 5 ~ IT 9	IT 10 ~ IT 18

▶ 표 외울 것(축은 공차보다 한 단계 아래이다.)

3 기하 공차

(1) 기하 공차 도시 방법의 일반사항

▶ 기하 공차 도시 방법의 일반사항 ⇒ 내용이 시험에 잘 나옴. 반드시 암기할 것

① 도면에 지정하는 **대상물의 모양, 자세 위치의 편차 및 흔들림의 허용 값에 대해서는 원칙적으로 기하공차에 의하여 도시한다.**

② 형체에 지정한 치수의 허용한계는 **특별히 지시가 없는 한 기하공차를 규제하지 않는다.**

③ 기하공차는 기능상의 요구, 호환성 등에 의거하여 **불가결한 곳에만 지정한다.**

④ 기하공차의 지시는 **생산방식, 측정방법 또는 검사 방법을 특정한 것에 한정하지 않는다.**

(2) 기하 공차의 종류와 기호

▶ 공차 기호는 외워야 함. 시험에 꼭 나옴

[기하 공차의 종류와 그 기호]

(KS B 0608 ~ 1987)

적용하는 형체		공차의 종류	기호
단독 형체	모양공차	진직도 공차	—
		평면도 공차	▱
		진원도 공차	○
		원통도 공차	⌭
단독 형체 또는 관련 형체		선의 윤곽도 공차	⌒
		면의 윤곽도 공차	⌒

적용하는 형체		공차의 종류	기호
관련 형체	자세공차	평행도 공차	//
		직각도 공차	⊥
		경사도 공차	∠
	위치공차	위치도 공차	⊕
		동축도 공차 또는 동심도 공차	◎
		대칭도 공차	=
	흔들림 공차	원주 흔들림 공차	↗
		온 흔들림 공차	↗↗

(3) 공차의 표시 방법

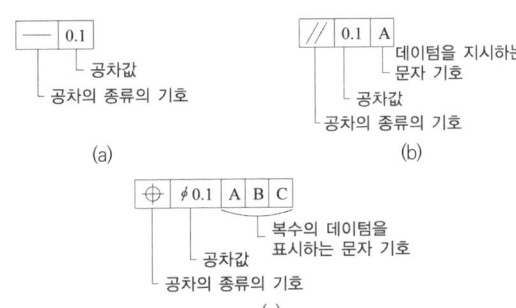

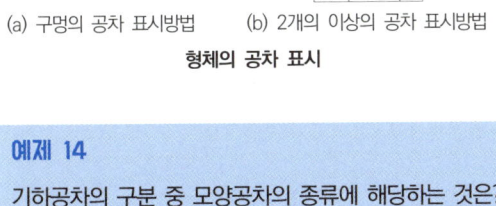

공차의 종류를 나타내는 기호와 공차값

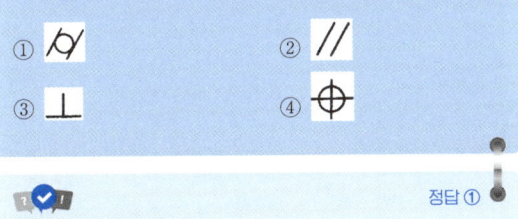

(a) 구멍의 공차 표시방법   (b) 2개의 이상의 공차 표시방법

형체의 공차 표시

예제 14
기하공차의 구분 중 모양공차의 종류에 해당하는 것은?

① ⌀ (원통도)
② //
③ ⊥
④ ⊕

정답 ①

• 원통도 – 모양공차

예제 15
기하공차의 종류를 나타낸 것 중 틀린 것은?

① 진직도(—)   ② 진원도(○)
③ 평면도(□)   ④ 원주 흔들림(↗)

정답 ③

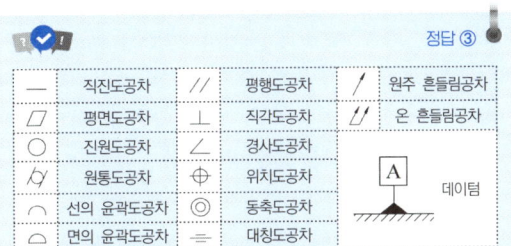

예제 16
도면에 기입된 공차도시에 관한 설명으로 틀린 것은?

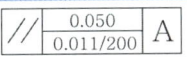

//	0.050	A
	0.011/200	

① 전체 길이는 200mm이다.
② 공차의 종류는 평행도를 나타낸다.
③ 지정 길이에 대한 허용값은 0.011이다.
④ 전체 길이에 대한 허용값은 0.050이다.

정답 ①

예제 17
그림의 "C" 부분에 들어갈 기하공차 기호로 가장 알맞은 것은?

① ◎
② ○
③ ⊕
④ ⌒

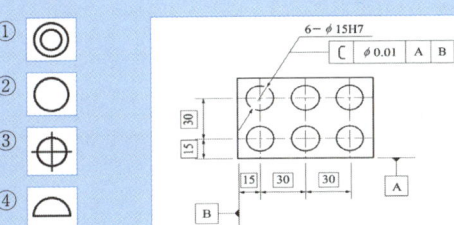

정답 ②

05 스케치 및 전개도

1 스케치(Sketch)

스케치란 이미 만들어진 기계를 참고로 하여 같은 기계를 다시 제작하거나 파손 부분을 제작, 수리 또는 개조할 때, 그 기계 전체 또는 일부분을 제도하기 위하여 실물의 모양을 프리핸드(free hand)로 그려 여기에 치수, 재질, 가공방법, 끼워 맞춤 등의 필요한 사항을 기입한 도면을 말한다.

> **예제 1**
> 스케치도를 작성할 필요가 없는 경우는?
> ① 제품 제작을 위해 도면을 복사할 경우
> ② 도면이 없는 부품을 제작하고자 할 경우
> ③ 도면이 없는 부품이 파손되어 수리 제작할 경우
> ④ 현품을 기준으로 개선된 부품을 고안하려 할 경우
>
> 정답 ①

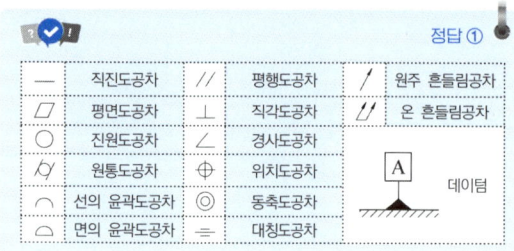

2 도형의 스케치 방법

(1) 프린트법

물체의 표면에 기름이나 광명단을 얇게 칠하고, 그 위에 종이를 대고 눌러서 실제의 모양을 뜨는 방법이다.

▶ 프린트법 ⇒ 설퍼 프린트법과 구분해야 함.(설퍼 프린트법은 재료검사 시 황의 함량을 검출하는 데 사용됨)

(2) 모양 뜨기 방법

종이 위에 물체를 놓고 그 둘레를 연필로 모양을 뜨는 직접 모양뜨기 방법과 부품의 곡면에 따라 납선을 대고 그것을 연필로 모양을 뜨는 간접 모양 뜨기 방법이 있다.

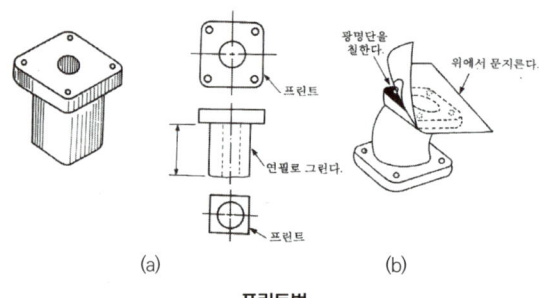

(a) (b)

프린트법

(a) 직접 모양 뜨기 (b) 간접 모양 뜨기

모양뜨기의 종류

(3) 프리 핸드법

프리 핸드로 스케치할 때에는 정투상도, 등각 투상도, 캐비닛도(사투상도), 투시도로 그린다.

(4) 사진법

복잡한 기계의 조립 상태는 미리 사진을 찍어 둔다.

> **예제 2**
> 스케치할 물체의 표면에 광명단 또는 스탬프 잉크를 칠한 다음 용지에 찍어 실형을 뜨는 스케치법은?
> ① 사진 촬영법 ② 프린트법
> ③ 프리핸드법 ④ 본뜨기법
>
> 정답 ②
>
> 도형의 스케치 방법
> • 프린트법 : 스케치할 물체의 표면에 기름이나 광명단을 얇게 칠하고, 그 위에 종이를 대고 눌러서 실제의 모양을 뜨는 방법이다.
> • 모양 뜨기 방법 : 종이 위에 물체를 놓고 그 둘레를 연필로 모양을 뜨는 직접 모양 뜨기 방법과 부품의 곡면에 따라 납선을 대고 그것을 연필로 모양을 뜨는 간접 모양 뜨기 방법이 있다.
> • 프리 핸드법 : 프리 핸드로 스케치할 때에는 정투상도, 등각 투상도, 캐비닛도(사투상도), 투시도로 그린다.
> • 사진법 : 복잡한 기계의 조립 상태는 미리 사진을 찍어 둔다.

3 전개도 작성법

전개도(development drawing)는 대상물을 구성하는 면을 평면 위에 전개한 그림을 말한다.

(1) 전개도법의 종류

① 평행선법을 이용한 전개 : 원기둥, 각기둥과 같이 중심축의 나란한 직선을 표면에 그을 수 있는 물체를 평행체라 하고 이 평행체의 전개도를 그릴 때 주로 사용하는 방법이다.

② 방사선을 이용한 전개도법 : 원뿔이나 각뿔의 전개에 이용되는 것으로, 꼭짓점을 중심으로 하여 방사형으로 전개시키는 방법을 말한다.

> 방사선을 이용한 전개도법 ⇒ 꼭짓점이 가까울 때

③ 삼각형을 이용한 전개도 : 원뿔의 꼭지점이 도형에서 멀리 떨어져 있을 때에 입체의 표면을 몇 개의 삼각형으로 나누어 전개도를 그릴 때는 삼각형법을 이용한다.

> 삼각형을 이용한 전개도 ⇒ 꼭짓점이 멀 때 사용

06 기계요소제도

1 나사(Screw)

(1) 나사의 제도법

> 외우는 법은 '나사 제도법 틀리면 골로 간다.'
> 골, 골밑선만 가는 실선, 나머지는 다 굵은 실선을 사용한다.

① 수나사의 **바깥지름과 암나사의 안지름을 나타내는 선은 굵은 실선**으로 그린다.
② 수나사와 암나사의 **골을 표시하는 선은 가는 실선**으로 그린다.
③ 완전 나사부와 불완전 나사부의 **경계선은 굵은 실선**으로 그린다. 단, 보이지 않을 때는 굵은 파선으로 그린다.
④ 불완전 나사부의 골밑을 나타내는 선은 **축선에 대하여 30°의 가는 실선**으로 한다.
⑤ 암나사 탭구멍의 **드릴 자리는 120°의 굵은 실선**으로 그린다.(실제 날 끝 각도는 118°이다.)
⑥ 보이지 않는 나사부의 산봉우리와 골을 나타내는 선은 굵은 파선으로 서로 어긋나게 그린다.
⑦ 수나사와 암나사가 끼어져 있음을 나타내는 단면은 수나사 쪽을 주로 하여 그린다.
⑧ 수나사와 암나사의 측면도시에서 각각의 골지름은 가는 실선으로 약 3/4 원으로 그린다.

(2) 나사의 표시법

> 암나사 등급 / 수나사 등급 ⇒ 반드시 순서 외울 것

나사의 표시법은 감긴 방향, 나사의 줄 수, 나사의 호칭, 나사의 등급에 대하여 수나사의 산마루 또는 암나사의 골밑을 나타내는 선에서 지시선을 긋고, 그 끝에 수평선을 그어 나타낸다.

예제 1

나사 제도 시 수나사와 암나사의 골지름을 표시하는 선은?

① 굵은 실선   ② 가는 1점 쇄선
③ 가는 실선   ④ 가는 2점 쇄선

 정답 ③

• 수나사와 암나사의 골지름 : 가는 실선으로 표시

예제 2

나사를 제도하는 방법을 설명한 것 중 틀린 것은?

① 수나사의 바깥지름과 암나사의 안지름은 굵은 실선으로 그린다.
② 수나사와 암나사의 골을 표시하는 선은 가는 실선으로 그린다.
③ 완전나사부와 불완전 나사부와의 경계를 나타내는 선은 가는 실선으로 그린다.
④ 불완전 나사부의 골밑을 나타내는 선은 축선에 대하여 30°의 경사진 가는 실선으로 그린다.

정답 ③

- 수나사의 바깥지름과 암나사의 안지름을 나타내는 선은 굵은 실선으로 그린다.
- 수나사와 암나사의 골을 표시하는 선은 가는 실선으로 그린다.
- 완전나사부와 불완전 나사부의 경계선은 굵은 실선으로 그린다.
- 불완전 나사부의 골밑을 나타내는 선은 축선에 대하여 30°의 가는 실선으로 그린다.
- 암나사의 탭구멍의 드릴자리는 120의 굵은 실선으로 그린다.
- 수나사와 암나사가 끼워져 있음을 나타내는 단면은 수나사 쪽을 주로 하여 그린다.
- 수나사와 암나사의 측면도에서 각각의 골지름은 가는 실선으로 약 4/3 원으로 그린다.

예제 3

다음 표기는 무엇을 나타낸 것인가?

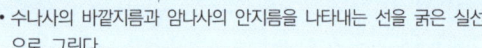

① 사다리꼴나사   ② 스플라인
③ 사각나사   ④ 세레이션

정답 ②

- 스플라인 : 축에 여러 줄의 Key를 절삭 가공하여 축과 boss가 슬립 운동을 할 수 있도록 제작된 것
※ 원통형 축의 각형 스플라인 호칭 치수에서 각형 스플라인 호칭이 축 또는 허브의 경우
  6×23×26이라면 스플라인 홈수 N이 6개, 작은 지름 d가 23mm, 큰 지름 D가 26mm이다.

예제 4

나사의 도시에서 완전 나사부와 불완전 나사부의 경계선을 나타내는 선의 종류는?

① 굵은 실선   ② 가는 실선
③ 가는 1점 쇄선   ④ 가는 2점 쇄선

정답 ①

나사 도시방법
- 굵은 실선
  - 완전 나사부와 불완전 나사부의 경계선
  - 수나사의 바깥지름과 암나사의 안지름을 표시하는 선
- 가는 실선 : 수나사와 암나사의 골을 표시하는 선
- 가는 파선 : 보이지 않는 나사부의 산마루

| 나사산의 감긴 방향 | 나사산 줄의 수 | 나사의 호칭 | 나사의 등급 |

예 나사의 표시법

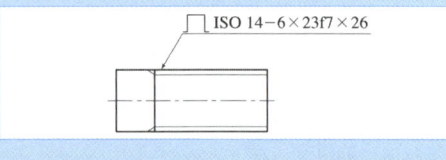

① 나사산의 감김 방향 : 나사산의 감김 방향은 **왼나사의 경우에는 '왼'의 글자로 표시하고, 오른나사의 경우에는 표시하지 않는다.** 또, '왼' 대신에 'L'을 사용할 수도 있다.
② 나사산의 줄 수 : **한 줄 나사의 경우에는 표시하지 않고**, 여러 줄 나사의 경우에는 '2줄', '3줄' 등과 같이 표시한다. 또, '줄' 대신에 'N'을 사용할 수 있다.
③ 나사의 호칭법

| 나사의 종류를 표시하는 기호 | 나사의 호칭 지름을 표시하는 숫자 | × | 피치 |

예 M   8   ×   1

④ 나사의 등급 : **나사의 등급이 필요 없을 때에는 생략하여도 좋다.** 암나사와 수나사의 등급을 동시에 나타낼 때에는, 암나사와 수나사의 등급을 표시하는 숫자, 또는 숫자와 기호의 조합을 순서대로 나열하여 양자 사이에 '/'를 넣는다.

> 나사의 등급을 표시할 때는 암나사 등급 / 수나사 등급 ⇒ 의 순서를 지켜야 한다.

(3) 볼트, 너트의 도시법

볼트, 너트의 호칭, 나사의 유효 길이 등을 조립도 등에 표시하는 경우에는 모따기선을 생략하고, 끝을 평평하게 나타내며, 불완전 나사부의 표시를 생략한다. 그림 (a)는 제작도용 약도를 나타낸 것이며, 그림 (b)는 간략도를 나타낸 것이다.

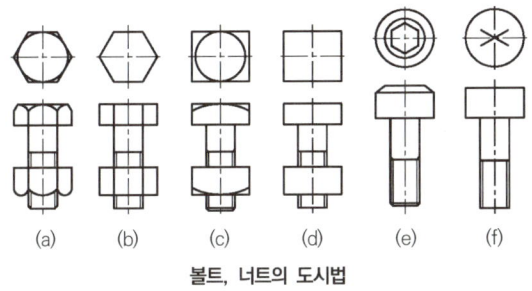

볼트, 너트의 도시법

(4) 특수나사의 도시법

머리홈을 평면도로 도시할 때는 중심선에 대해서 45° 방향의 굵은 실선으로 긋는다.

2 핀, 키이

(1) 핀

> 핀의 기울기 1/50 ⇒ 기억할 것, 키의 기울기 1/100
> 그림 (b) ⇒ 외울 것

① 핀의 도시법 : 핀은 규격품이므로 부품도를 그리지 않는다.

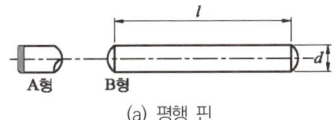

(a) 평행 핀

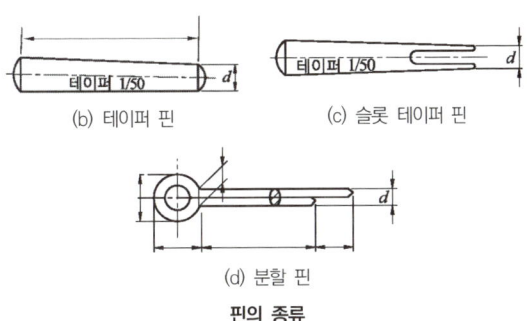

(b) 테이퍼 핀   (c) 슬롯 테이퍼 핀

(d) 분할 핀

핀의 종류

② 핀의 호칭법

명칭	호칭	보기
평행핀	명칭, 종류, 형식 d×l, 재료	평행 핀 h7×50 SM 45C
테이퍼 핀	명칭, 등급, d×l, 재료	테이퍼 핀 2급 6×7 SM20C
슬롯 테이퍼 핀	명칭, d×l, 재료, 지정사항	슬롯 테이퍼 핀 6×70 SM35C 판갈라짐의 깊이 10
분할핀	명칭, d×l, 재료, 지정사항	분할 핀 2×30 SWRM 3 뾰족끝

예제 5

핀(pin)의 종류에 대한 설명으로 틀린 것은?

① 테이퍼 핀은 보통 1/50 정도의 테이퍼를 가지며, 축에 보스를 고정시킬 때 사용할 수 있다.
② 평행핀은 분해·조립하는 부품의 맞춤면의 관계 위치를 일정하게 할 필요가 있을 때 주로 사용된다.
③ 분할핀은 한쪽 끝이 2가닥으로 갈라진 핀으로 축에 끼워진 부품이 빠지는 것을 막는 데 사용할 수 있다.
④ 스프링 핀은 2개의 봉을 연결하기 위해 구멍에 수직으로 핀을 끼워 2개의 봉이 상대각운동을 할 수 있도록 연결한 것이다.

정답 ④

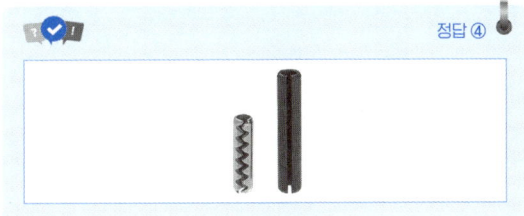

예제 6
주어진 테이퍼 판의 호칭지름으로 맞는 부위는?

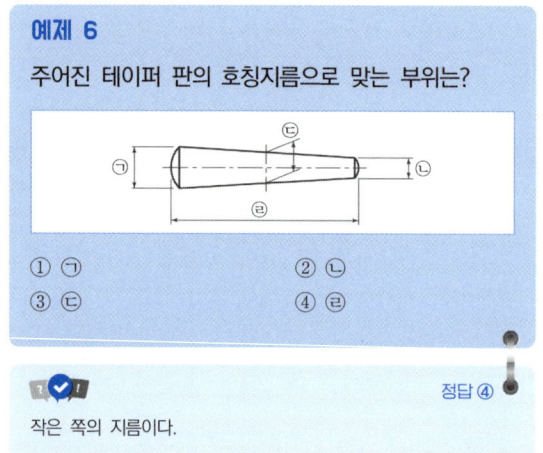

① ㉠ ② ㉡
③ ㉢ ④ ㉣

정답 ④

작은 쪽의 지름이다.

합격충전소
충전 50% (이론공부 + 보충설명)

테이퍼 핀의 호칭
작은 쪽의 지름 (d)로 표시
분할 핀의 호칭
체결되는 핀구멍의 지름으로 표시
📌 테이퍼 핀의 호칭, 분할 핀의 호칭
 ⇒ 시험에 단골 메뉴, 표도 중요함

(2) 키(Key)

① 키 홈의 도시와 치수 기입법 : 키 홈은 가능한 한 위쪽에 도시하고 치수 기입은 다음과 같이 한다.

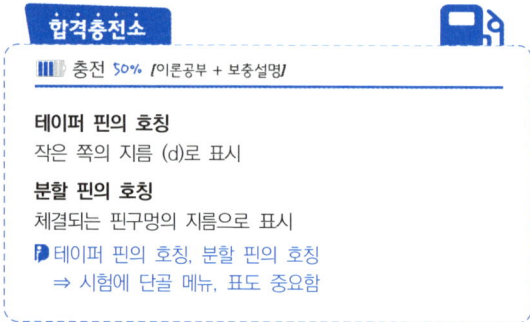
(a) 묻힘 키 홈   (b) 미끄럼 키 홈

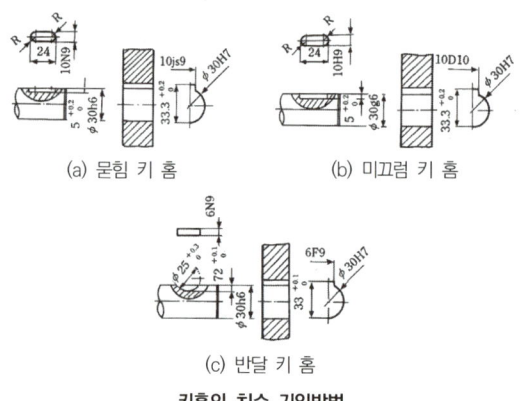
(c) 반달 키 홈
키홈의 치수 기입방법

예제 7
키의 호칭이 다음과 같이 나타날 때 설명으로 틀린 것은?

KS B 1311 PS-B 25×14×90

① 키에 관련한 규격은 KS B 1311에 따른다.
② 평행키로서 나사용 구멍이 있다.
③ 키의 끝부가 양쪽 둥근형이다.
④ 키의 높이는 14mm이다.

정답 ③

• A : 양쪽 둥근형
• PS-B : 양쪽 모서리형

예제 8
나사용 구멍이 없는 평행키의 기호는?

① P   ② Z
③ T   ④ TG

정답 ①

키의 종류 및 기호
• P : 평행키 나사용 구멍 없음
• PS : 나사용 구멍 있음
• T : 경사키 머리 없음
• TG : 머리 있음
• WA : 반달키 둥근바닥
• WB : 납작바닥

예제 9
일반적으로 가장 널리 사용되며 축과 보스에 모두 홈을 가공하여 사용하는 키는?

① 접선 키   ② 안장 키
③ 묻힘 키   ④ 원뿔 키

정답 ③

예제 10

평행키 끝부분의 형식에 대한 설명으로 틀린 것은?

① 끝부분 형식에 대한 지정이 없는 경우는 양쪽 네모형으로 본다.
② 양쪽 둥근형은 기호 A를 사용한다.
③ 양쪽 네모형은 기호 S를 사용한다.
④ 한쪽 둥근형은 기호 C를 사용한다.

 정답 ③

- 양쪽 둥근형 : A
- 한쪽 둥근형 : C
- 양쪽 네모형 : 끝부분 형식에 대한 지정이 없는 경우

예제 11

축에 키 홈을 파지 않고 축과 키 사이의 마찰력만으로 회전력을 전달하는 키는?

① 새들 키　　② 성크 키
③ 반달 키　　④ 둥근 키

 정답 ①

- 성크키 : 축과 보스 양쪽에 키홈이 있는 키
- 반달키 : 키홈을 축에 반달모양으로 판 것
- 둥근키 : 회전력이 극히 적은 곳에 사용. 핀키라고도 함.

3 리벳 및 용접

(1) 리벳

📌 그림 ⇒ 외울 것

① 리벳 이음의 종류 : 리벳 이음은 접합하는 판재의 배치에 따라 겹치기 이음(lap joint)과 맞대기 이음(butt joint)으로 나누고, 리벳의 배치에 따라 1줄, 2줄 또는 3줄 등으로 나눈다.

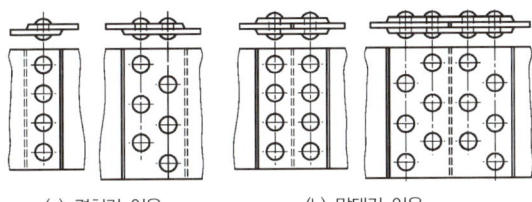

(a) 겹치기 이음　　(b) 맞대기 이음

리벳 이음의 종류

② 리벳 이음과 도시법
　㉠ 리벳을 크게 도시할 필요가 없을 때에는 리벳 구멍을 약도로 도시한다.(그림 (a))
　㉡ 리벳의 체결 위치만 표시할 경우에는 중심선만을 그린다.(그림 (b))
　㉢ 같은 간격으로 연속하는 같은 종류의 구멍 표시 방법은 간단히 기입한다.

(a) 리벳의 위치

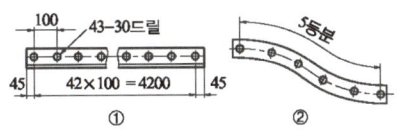

(b) 동일 간격의 구멍 배치

리벳의 표시

　㉣ 여러 장의 얇은 판의 단면 도시에서 각 판의 파단선은 서로 어긋나게 긋는다.
　㉤ **리벳은 길이 방향으로 절단하여 도시하지 않는다.**
　㉥ 얇은 판, 형강 등의 단면은 굵은 실선으로 도시한다.
　㉦ 형강의 치수 기입은 형강 도면 위쪽에 기입한다.

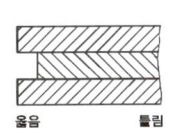

(a) 여러 장의 얇은 판의 단면 도시

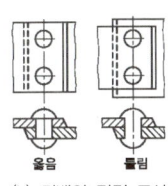

(b) 리벳의 단면 도시

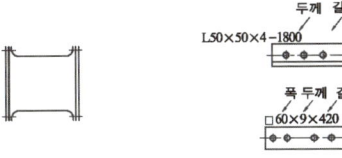

(c) 얇은 판의 단면 도시　　(d) 형강의 치수기입

판의 단면도시 및 형강의 치수기입

예제 12
주로 강도만을 필요로 하는 리벳이음으로서 철교, 선박, 차량 등에 사용하는 리벳은?
① 용기용 리벳　　② 보일러용 리벳
③ 코킹　　　　　④ 구조용 리벳

정답 ④

사용목적
- 구조용 리벳 : 강도만 요구(선박, 차량, 구조물 등)
- 저압용 리벳 : 기밀, 수밀을 요구(저압용탱크)
- 보일러용 리벳 : 강도 및 기밀요구

예제 13
리벳이음의 도시방법에 대한 설명 중 옳은 것은?
① 리벳은 길이 방향으로 절단하여 도시한다.
② 구조물에 쓰이는 리벳은 약도로 표시할 수 있다.
③ 얇은 판, 형강 등의 단면은 가는 실선으로 도시한다.
④ 리벳의 위치만을 표시할 때는 굵은 실선으로 그린다.

정답 ②

- 리벳을 크게 도시함. 필요가 없을 때에는 리벳 구멍을 약도로 도시.
- 리벳은 길이방향으로 절단하여 도시하지 않는다.
- 얇은 판, 형강 등의 단면은 굵은 실선

◎ 구조물에 쓰이는 리벳은 기호로거 표시한다.

리벳의 호칭길이
접시머리 리벳만 머리부를 포함한 전체의 길이로 호칭되고 그 외의 리벳은 머리부를 제외한 길이로 호칭한다.

(2) 용접부의 도시법
용접부는 다음과 같은 방법으로 기재한다.

① 설명선은 기선, 화살표, 꼬리로 구성되고 꼬리부분은 용접 방법 등 특별히 지정할 필요가 있는 사항을 기재한다.(필요가 없을 시 생략해도 좋다.)
①번 항이 시험에 잘 나옴. '꼬리는 생략할 수 있다.' 꼭 기억해야 함.

② 기본 기호 및 치수는 **용접할 쪽이 화살표쪽 또는 앞쪽일 때에는 기선의 아래쪽에, 화살표 반대쪽 또는 건너쪽일 때에는 기선의 위쪽에 기입한다.**
②번 항도 종종 나옴. 기억해야 함.(그림으로 나올 수 있음)

③ 현장 용접, 전둘레 용접, 전둘레 현장용접의 기호는 기선과 지시선의 교점에 기입한다.

[보조기호]

구분		보조기호	비고
용접부의 표면모양	평탄	—	
	볼록	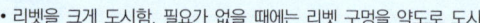	기선의 바깥쪽을 향하여 볼록하다.
	오목		기선의 바깥쪽을 향하여 오목하다.
용접부의 다듬질 방법	치핑	C	
	연삭	G	그라인더 다듬질일 경우
	절삭	M	기계 다듬질일 경우
	지정하지 않음	F	다듬질 방법을 지정하지 않을 경우
현장 용접		▶	
전둘레 용접		○	전둘레 용접이 분명할 때는 생략하여도 좋다.
전둘레 현장 용접			

예제 14
다음 그림과 같은 점용접을 용접기로로 바르게 나타낸 것은?

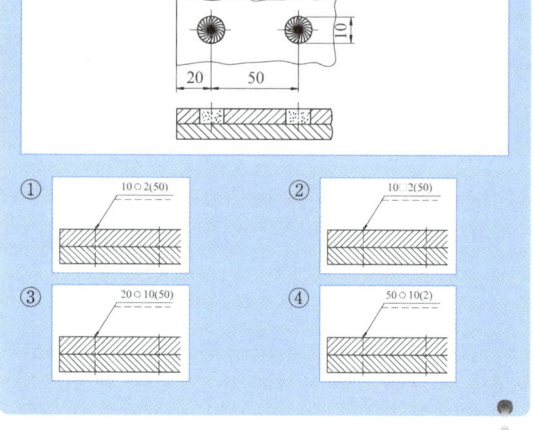

정답 ①

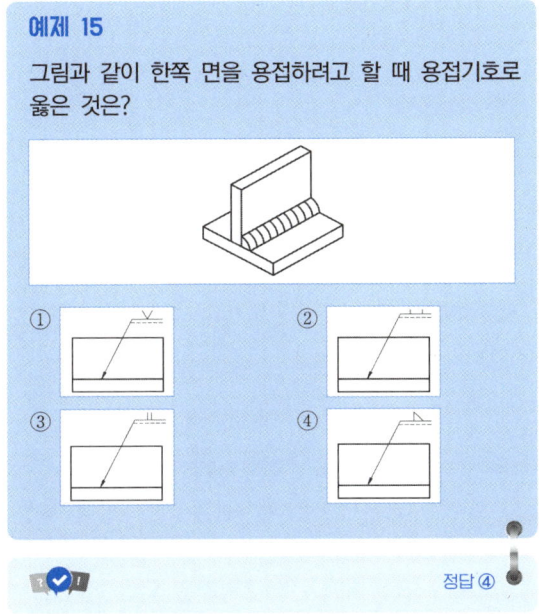

② 긴 축은 중간을 파단하여 짧게 그리며, 치수는 실제 길이를 기입한다.
③ 축에 있는 널링(knurling)의 도시는 빗줄인 경우에 축선에 대하여 30°로 서로 엇갈리게 그린다.
 → 가는 실선 사용
④ 축의 모따기 및 평면부 표시는 치수기입법에 따른다.
⑤ 축의 단을 주는 부분의 치수와 가공하기 위한 센터의 도시를 나타낸다.

예제 17
축의 제도에 대한 설명으로 옳은 것은?
① 축은 가공 방향에 관계없이 도시할 수 있다.
② 축은 길이 방향으로 절단하여 전단면도로 그린다.
③ 긴 축이라도 중간 부분을 절단해서 그릴 수 없다.
④ 축에 빗줄 널링을 표시할 경우에는 축선에 대하여 30°로 엇갈리게 표현한다.

정답 ④

축의 도시법
• 축은 길이 방향으로 단면도시를 하지 않으나 부분 단면은 가능하다.
• 긴 축은 중간을 파단하여 짧게 그리며, 치수는 실제 길이를 기입한다.
• 축에 있는 널링(knurling)의 도시는 빗줄인 경우에 축선에 대하여 30°로 서로 엇갈리게 그린다.
• 축의 모따기 및 평면부 표시는 치수 기입법에 따른다.
• 축의 단을 주는 부분의 치수와 가공하기 위한 센터의 도시를 나타낸다.

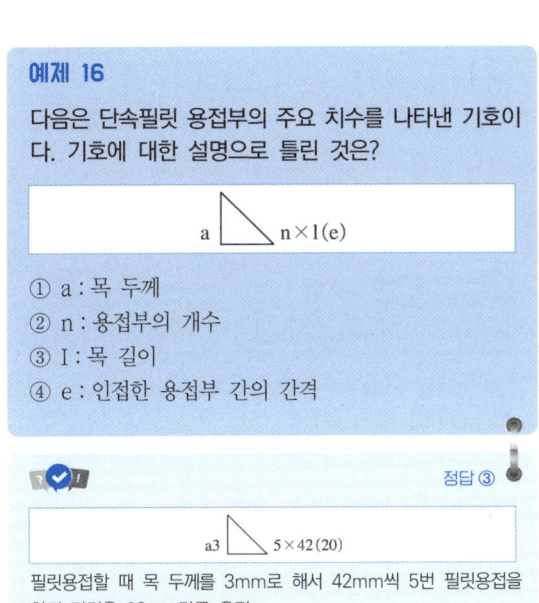

5 전동용 기계요소의 제도

(1) 평벨트 풀리의 도시법
① 벨트 풀리는 **축 직각 방향의 투상을 정면도**로 한다.
② 벨트 풀리와 같이 **대칭형인 것은 그 일부분만을** 도시한다.
③ 암과 같은 방사형의 것은 수직 중심선 또는 수평 중심선까지 회전하여 투상한다.
④ 암은 길이 방향으로 절단하여 단면 도시를 하지 않는다.
⑤ 암의 단면형은 도형의 안이나 밖에 회전 단면을 도시한다. 도형 안에 도시할 때에는 가는 실선으로, 도형 밖에 도시할 때에는 굵은 실선으로 그린다.

⑥ 암의 테이퍼 부분의 치수를 기입할 때 치수보조선은 경사선으로 긋는다.(수평과 60° 또는 30°)

예제 18
평벨트 풀리의 구조에서 벨트와 직접 접촉하여 동력을 전달하는 부분은?
① 림 ② 암
③ 보스 ④ 리브

정답 ①

예제 19
평 벨트 풀리의 도시방법으로 틀린 것은?
① 벨트 풀리는 축직각 방향의 투상을 주투상도로 할 수 있다.
② 암은 길이 방향으로 절단하여 단면을 도시하지 않는다.
③ 대칭형인 벨트 풀리는 생략하지 않고 되도록 전체를 그려야 한다.
④ 암의 테이퍼 부분 치수를 기입할 때 치수 보조선은 경사선으로 그어서 치수를 나타낼 수 있다.

정답 ③

평벨트 풀리는 대칭형이므로 생략이 가능한 투상도로 도시할 수 있다.

(2) 스프로킷의 도시법
스프로킷의 도시법 ⇒ 기어랑 같음

스프로킷의 부품도에는 그림 및 요목표를 병행한다.

① 이끝원은 굵은 실선, 피치원은 가는 일점 쇄선, 이뿌리원은 가는 실선으로 그리며 이뿌리원은 생략하여도 좋다.
② 정면도를 단면으로 도시할 때에는 이뿌리선은 굵은 실선으로 도시한다.

예제 20
스프로킷 휠의 도시방법에서 바깥지름은 어떤 선으로 표시하는가?
① 가는 실선 ② 굵은 실선
③ 가는 1점 쇄선 ④ 굵은 1점 쇄선

정답 ②

• 스프로킷 휠의 도시법 : 이끝원(바깥지름)은 굵은 실선, 피치원은 가는 일점쇄선, 이뿌리원은 가는 실선으로 그린다.

(3) 기어의 도시법
기어의 도시법 ⇒ 반드시 외울 것. 거의 매번 나옴.

① 이끝원은 **굵은 실선**, 피치원은 **가는 일점 쇄선**, 이뿌리원은 **가는 실선**으로 그리며 **정면도를 단면으로 도시할 때에는 이뿌리원은 굵은 실선으로 도시한다.**
② **이뿌리원은 생략하여도 되며 베벨기어 및 웜 휠의 측면도에서는 원칙적으로 생략한다.**
③ 헬리컬 기어와 웜 기어 잇줄 방향은 **보통 3개의 가는 실선**으로 그리며 스파이럴 베벨기어 및 하이포드 기어에서는 **1개의 굵은 실선**으로 그린다.

> **합격충전소**
> 충전 50% /이론공부 + 보충설명/
> 내접 헬리컬 기어의 단면으로 도시할 때에는 잇줄 방향은 3개의 가는 이점쇄선

④ **헬리컬 기어의 정면도를 단면으로 도시할 때에는 지면보다 앞의 이의 잇줄 방향을 3개의 가는 이점 쇄선으로 그린다.**

> **합격충전소**
> 충전 100% /필수암기/
> 수평과 30°로 표시하고 치수기입은 실제의 비틀림 각도를 기입한다.

⑤ 맞물리는 한 쌍의 기어에서 측면도의 양쪽 이끝원은 굵은 실선으로 그리고 정면도의 단면에서는 한쪽의 이끝원은 파선, 다른 한쪽 이끝원은 굵은 실선으로 그린다.

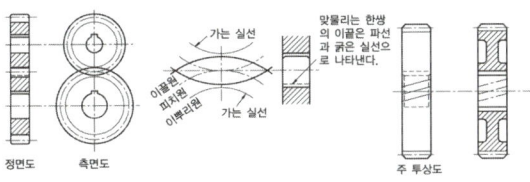

(a) 스피어 기어의 도시   (b) 헬리컬 기어의 도시

기어의 도시법

예제 21

기어의 제도방법 중 틀린 것은?

① 축 방향에서 본 이끝원은 굵은 실선으로 표시한다.
② 축 방향에서 본 피치원은 가는 1점 쇄선으로 표시한다.
③ 서로 물려 있는 한 쌍의 기어에서 맞물림부의 이끝원은 가는 실선으로 표시한다.
④ 베벨 기어 및 웜 휠의 축 방향에서 본 그림에서 이뿌리원은 생략하는 것이 보통이다.

정답 ③

- 은실선 : 맞물리는 한 쌍의 기어의 도시에서 맞물림부의 이끝원
- 가는 파선 또는 굵은 파선 : 주 투상도를 단면으로 도시할 때는 맞물림부의 한쪽 이끝원 표시

예제 22

기어의 도시 방법을 나타낸 것 중 틀린 것은?

① 이끝원은 굵은 실선으로 그린다.
② 피치원은 가는 1점 쇄선으로 그린다.
③ 단면으로 표시할 때 이뿌리원은 가는 실선으로 그린다.
④ 잇줄 방향은 보통 3개의 가는 실선으로 그린다.

정답 ③

- 이끝원은 굵은 실선으로 그린다.
- 피치원은 가는 1점 쇄선으로 그린다.
- 단면으로 표시할 때 이뿌리원은 굵은 실선으로 그린다.
- 잇줄 방향은 보통 3개의 가는 실선으로 그린다.

예제 23

스퍼기어 도시법에서 잇봉우리원을 나타내는 선의 종류는?

① 가는 실선   ② 굵은 실선
③ 가는 1점 쇄선   ④ 가는 2점 쇄선

정답 ②

6 스프링 제도법

📌 겹판스프링은 하중 상태로 도시함

① 스프링은 원칙적으로 무하중인 상태로 그리나 만약 하중이 걸린 상태로 그릴 경우 그 때의 치수와 하중을 기입한다.
② 하중과 높이 또는 처짐과의 관계를 표시할 경우가 있을 경우에는 선도로 표시하며 사용상 지장이 없을 경우에는 직선으로 표시한다.
③ 스프링은 표기가 없는 한 모두 오른쪽으로 감는 것을 나타낸다. **왼쪽으로 감는 경우에는 '감김 방향 왼쪽'이라고 표시한다.**
④ 그림 안에 기입하기가 힘든 사항은 요목표에 기입한다.
⑤ 코일 스프링의 중간부분을 생략할 때에는 생략한 부분에는 가는 이점쇄선으로 표시한다.

📌 코일스프링의 중간부분을 생략할 때에는 생략한 부분에는 가는 이점 쇄선으로 표시한다. ⇒ 가는 일점 쇄선도 가능함

⑥ 스프링의 종류 및 모양만을 도시할 때에는 스프링 재료의 중심선을 굵은 실선으로 그린다.
⑦ 조립도, 설명도 등에서 코일 스프링은 그 단면만으로 표시하여도 좋다.

예제 24

스프링 제도에 대한 설명으로 맞는 것은?

① 오른쪽 감기로 도시할 때는 "감긴 방향 오른쪽"이라고 반드시 명시해야 한다.
② 하중이 걸린 상태에서 그리는 것을 원칙으로 한다.
③ 하중과 높이 및 처짐과의 관계는 선도 또는 요목표에 나타낸다.
④ 스프링의 종류와 모양만을 도시할 때에는 재료의 중심선만을 가는 실선으로 그린다.

정답 ③

스프링의 제도
- 스프링은 원칙적으로 부하중인 상태로 그린다. 만약 하중이 걸린 상태에서 그릴 때에는 선도 또는 그 때의 치수와 하중을 기입한다.
- 하중과 높이(또는 길이) 또는 처짐과의 관계를 표시할 필요가 있을 때에는 선도 또는 항목표에 나타낸다.
- 특별한 단서가 없는 한 모두 오른쪽 감기로 도시하고, 왼쪽 감기로 도시할 때에는 '감긴 방향 왼쪽'이라고 표시한다.
- 코일 부분의 중간 부분을 생략할 때에는 생략한 부분을 가는 1점 쇄선으로 표시하거나 또는 가는 2점 쇄선으로 표시해도 좋다.
- 스프링의 종류와 모양만을 도시할 때에는 재료의 중심선만을 굵은 실선으로 그린다.
- 조립도나 설명도 등에서 코일 스프링은 그 단면만으로 표시하여도 좋다.

7 관계 기계요소의 제도법

(1) 파이프의 도시 및 호칭법

① 파이프의 도시법
  ㉠ 파이프는 **하나의 실선으로 도시하고 동일도면 내에서 같은 굵기의 실선으로 도시**한다.
  ㉡ 파이프에 흐르는 유체는 글자나 기호를 나타내고, 유동방향은 화살표로 표기한다.
  ㉢ 파이프의 굵기 및 종류를 나타낼 때에는 실선 위쪽이나 지시선을 사용하여 기입한다.

[유체의 종류 기회]

유체의 종류	글자 기호
공기	A
가스	G
유류	O
수증기	S
물	W

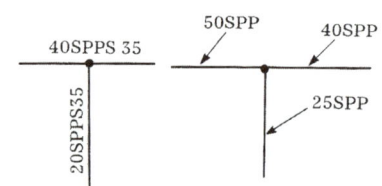

▶ 물의 글자기호 : W ⇒ 수증기(스팀)와 헷갈리지 말 것

㉣ 계기의 종류를 나타낼 때에는 다음과 같이 나타낸다.

명칭	계기 일반	압력계	온도계
도시기호	○	Ⓟ	Ⓣ

▶ 압력계의 도시기호 ⇒ 가끔 시험에 나옴

㉤ 관의 접속 및 접속굽음 관계를 도시할 때에는 다음과 같이 나타낸다.

접속상태	실제모양	도시기호
접속하고 있을 때		+
분기하고 있을 때		┼
접속하지 않고 교차하고 있을 때		┼
파이프 A가 도면에 직각으로 앞으로 구부러져 있을 때		A ─⊙
파이프 A가 뒤쪽으로 수직하게 구부러져 있을 때		A ─○
파이프 A가 앞쪽에서 뒤쪽으로 90° 구부러져 B관에 접속할 때		A ─○─ B

② 파이프의 호칭법
  • 파이프의 크기(호칭지름)
    - 주철관, 강관 : 안지름
    - 구리관, 황동관 : 바깥지름

명칭	호칭지름	×	두께	재질
예 압력배관용 강관	A50	×	5.5	STPG 35
이음매 없는 구리관	14	×	1.2	CUT2 - 1/2H

(2) 배관도 및 밸브의 도시

① 배관도
  ㉠ 배관도는 정투상법, 등각투상법, 사투상법으로 표시할 수 있다.

ⓛ 단선 표시법은 1개의 굵은 실선으로 표시하고 지름을 부기한다.

합격충전소

충전 100% / 필수암기

단선 표시법에 의한 등각투상법, 사투상법의 배관도는 N.S로 그린다.

ⓒ 복선 표시법은 보통 제도법으로 비례척으로 그린다.

[밸브의 도시기호]

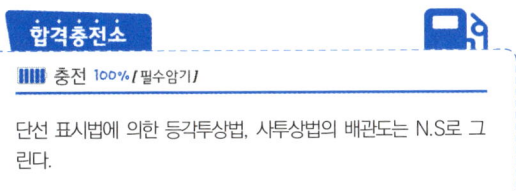

▶ 앵글 밸브, 체크 밸브, 안전 밸브, 클로브 밸브의 나사이음 도시기호는 꼭 외울 것. 특히 체크 밸브가 잘 나옴.

③ 배관 이음의 표시
  ㉠ 나사 이음 : ─┼─
  ㉡ 플랜 이음 : ─╫─
  ㉢ 유니언 이음 : ─┼╫┼─
  ㉣ 용접 이음 : ─✕─
  ㉤ 턱걸이 이음 : ─⊂─
  ㉥ 납땜 이음 : ─○─

예제 25

다음 관 이음의 그림 기호 중 플랜지식 이음은?

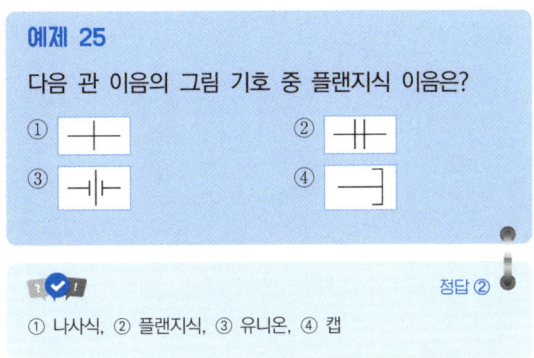

정답 ②

① 나사식, ② 플랜지식, ③ 유니온, ④ 캡

예제 26

배관기호에서 온도계의 표시방법으로 바른 것은?

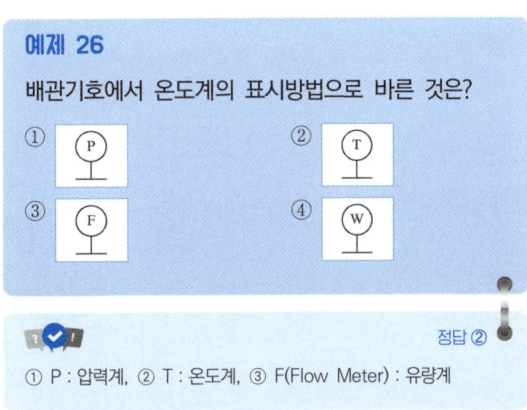

정답 ②

① P : 압력계, ② T : 온도계, ③ F(Flow Meter) : 유량계

예제 27

다음과 같은 배관설비 도면에서 유니온 접속을 나타내는 기호는?

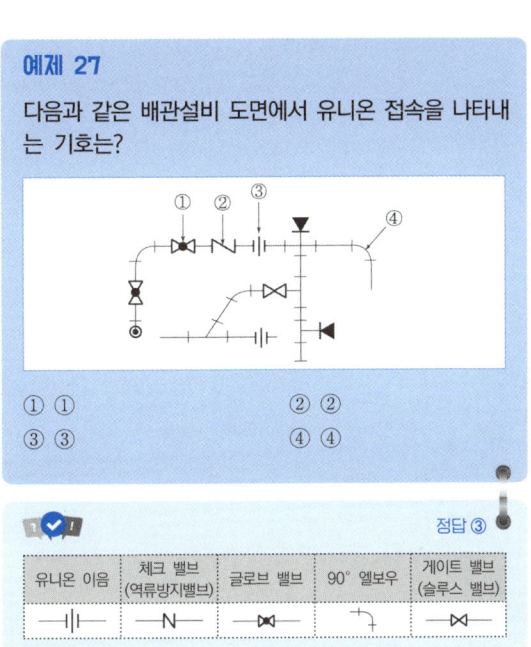

① ① ② ②
③ ③ ④ ④

정답 ③

유니온 이음	체크 밸브 (역류방지밸브)	글로브 밸브	90° 엘보우	게이트 밸브 (슬루스 밸브)
─┤├─	─N─	─⋈─	┘	─⋈─

예제 28

그림과 같은 단선도시법이 나타내는 것으로 맞는 것은?

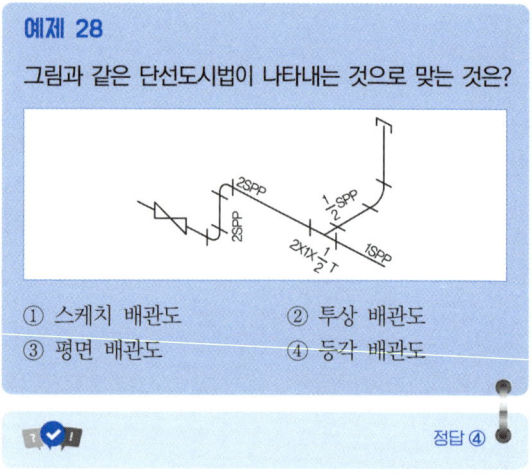

① 스케치 배관도　② 투상 배관도
③ 평면 배관도　④ 등각 배관도

정답 ④

예제 29

배관도의 치수기입 요령으로 틀린 것은?

① 치수는 관, 관 이음, 밸브의 입구 중심에서 중심까지의 길이로 표시한다.
② 관이나 밸브 등의 호칭 지름은 관선 밖으로 지시선을 끌어내어 표시한다.
③ 설치 이유가 중요한 장치에서는 단선 도시 방법을 이용한다.
④ 관의 끝부분에 왼나사를 필요로 할 때에는 지시선으로 나타내어 표시한다.

정답 ③

예제 30

배관제도에서 관의 끝부분이 용접식 캡의 경우를 나타내는 그림 기호는?

① 　②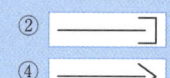
③ 　④

정답 ③
① 플랜지 캡, ② 나사 캡

8 시스템 일반

(1) 중앙 처리 장치(CPU : center processitng unit)

> 중앙 처리 장치 → 제어 · 연산 · 기억

전자 계산기 전체를 제어하고 관리하며, 데이터의 사칙 연산과 논리 연산을 실행하는 기능이다. 즉 제어장치와 연산장치

① 제어 장치(controller, control unit) : 입력장치, 기억장치, 연산장치, 출력장치에게 동작을 지시하고 감독하며 통제하는 역할
② 연산 장치(ALU : arithmetic logic unit) : 제어 장치의 지시에 사칙 연산과 논리 연산을 실행, 가산기(adder), 누산기(accumulator), 레지스터(register), 카운터(counter)
③ 주기억 장치(main memory unit) : 중앙 처리 장치의 내부에서 연산 장치를 직접 이용할 수 있는 장치

(2) 입출력장치

컴퓨터 내 · 외부에 직접 데이터를 전송할 수 있는 장치

① 입력 장치
　카드 판독기, 종이 테이프 판독기, 광학 문자 판독기(OCR), 광학 마크 판독기(OMR), 자기 잉크 문자 판독기(MICR), 마우스, 스캐너, 키보드, 디지타이저, 라이트펜 등
② 출력 장치
　프린터, 플로터, 문자 표시 장치(CRT, LCD, LED 모니터) COM 장치, 영상 음성 출력 장치

9 3D 형상 모델링 출력 및 데이터 관리

(1) Computer 활용

① CAD(Computer Aided Design) : 컴퓨터를 이용한 설계작업을 하거나 제도작업을 하는 것
② CAM(Computer Aided Manufacturing) : 생산 계획, 제품의 생산 등 컴퓨터를 통하여 직접 · 간접으로 제어하는 것

③ CAE(Computer Aided Engineering) : 컴퓨터를 활용해 기본설계, 상세설계 및 이에 대한 해석, 시뮬레이션 등을 하는 것
④ CAP(Computer Aided Planning) : NC 가공에 필요한 정보, 생산 및 검사를 위한 계획 등의 목록을 작성하는 것
⑤ CIM(Computer Integrated Manufacturing) : 설계에서부터 제조 공정, 공급에 이르기까지 기능을 컴퓨터를 통해 통합화하는 System
⑥ FMS(Flexible Manufacturing System) : 다품종 소량 생산을 실현하는 컴퓨터 이용의 자동생산 시스템에 대한 것
⑦ FA(Factory Automation) : 생산 시스템과 로봇, 운송기기, 자동창고 등을 컴퓨터에 의해 관리하는 공장 전체의 자동화 및 무인화 System

(2) 3D CAD 데이터 파일 형식

파일 형식은 특정한 목적과 특징을 가지고 있어, 소프트웨어 간의 원활한 연동을 위해 파일 변환이 필요 (DWG, DXF, STEP, IGES 등)

- DXF : CAD 데이터 교환 표준
- STEP : 3D 모델링 표준 파일
- IGES : 범용 3D 교환 파일
- STL : 3D 프린팅 및 적층 제조에 최적화
- OBJ : 그래픽 디자인에서 중립 교환 파일 형식으로 사용
- AMF : 3D 인쇄 파일 형식은 STL의 업데이트된 버전
- 3MF : 대부분 오류없이 바로 인쇄할 수 있는 것으로 3D 인쇄에서 매우 높이 평가

03 단원별 출제예상문제

SECTION

이쌤이 **콕! 찝어주는 주요 예상문제** 풀어보기!

01 다음 중 도면에 반드시 마련해야 하는 사항은?
① 비교눈금
② 도면의 구역
③ 표제란
④ 제단마크

도면을 구성하는 필수 사항
윤곽선, 표제란, 중심마크

02 도면관리에서 다른 도면과 구별하고 도면내용을 직접 보지 않고도 제품의 종류 및 형식 등의 도면내용을 알 수 있도록 하기 위해 기입하는 것은?
① 도면번호
② 도면척도
③ 도면양식
④ 부품번호

도면번호는 도면 식별을 위해서 설계 기관에 의해 특정 도면에 할당된 번호를 부여한다.

03 기계제도 도면에서 사용되는 척도의 설명이 틀린 것은?
① 도면에 그려지는 길이와 대상물의 실제 길이와의 비율로 나타낸다.
② 한 도면에서 공통적으로 사용되는 척도는 표제란에 기입한다.
③ 같은 도면에서 다른 척도를 사용할 때에는 필요에 따라 그림 부근에 기입한다.
④ 배척은 대상물보다 크게 그리는 것으로 2 : 1, 3 : 1, 4 : 1, 10 : 1 등 제도자가 임의로 비율을 만들어 사용한다.

배척을 적용하는 경우 작성하는 자가 임의의 척도를 적용하지 않고 규격에 정한 비율을 사용한다.

04 다음 중 물체를 입체적으로 나타낸 도면이 아닌 것은?
① 투시도
② 등각도
③ 캐비닛도
④ 정투상도

정투상도
투상도를 투상면에 평면으로 도시하는 방법을 말한다.

05 다음 중 물체의 특징이 가장 잘 나타나는 투상면은?
① 평면도
② 정면도
③ 측면도
④ 배면도

정면도는 물체의 특징을 잘 나타낸 부분으로 표현한다.

06 회전도시 단면도에 대한 설명으로 틀린 것은?
① 핸들, 림, 리브 등의 절단면은 45° 회전하여 표시한다.
② 절단한 곳의 전후를 끊어서 그 사이에 그릴 수 있다.
③ 절단선의 연장선 위에 그린다.
④ 도형 내의 절단한 곳에 겹쳐서 가는 실선으로 그린다.

회전도시 단면도
핸들이나 바퀴 등의 암 및 림, 훅, 축 등에 수직인 면으로 절단하여 90° 회전하여 그린 단면도이다. 내부에 도시할 경우에는 가는 실선으로 그리고, 외부에 도시할 경우에는 외형선을 굵은 실선으로 그린다.

정답 01 ③ 02 ① 03 ④ 04 ④ 05 ② 06 ①

07 단면도의 해칭 방법에서 틀린 것은?

① 조립도에서 인접하는 부품의 해칭선은 선의 방향 또는 각도를 바꾸어 구별한다.
② 절단 면적이 넓을 경우에는 외형선을 따라 적절히 해칭을 한다.
③ 해칭면의 문자, 기호 등을 기입할 경우 해칭을 중단해서는 안 된다.
④ KS규격에 제시된 재료의 단면 표시기호를 사용할 수 있다.

> 단면에 해칭(hatching)을 할 때에는 다음과 같이 한다.
> • 해칭선은 가는 실선으로 그린다.
> • 해칭선의 각도는 45°를 원칙으로 한다.
> • 같은 간격으로 그리되 단면의 크기에 따라 간격을 적절히 조절한다.
> • 같은 부품의 단면은 같은 방법으로 해칭한다.
> • 서로 다른 부품의 단면이 인접해 있을 때는 해칭선의 각도를 반대로 하거나 간격을 다르게 한다.
> • 해칭 부분에 문자, 기호 등을 기입할 때에는 그 부분의 해칭선을 중단한다.

08 기계요소 중에서 길이 방향으로 절단하여 단면을 표시할 수 있는 것은?

① 기어의 이, 바퀴의 암
② 베어링, 부시
③ 볼트, 작은 나사
④ 리벳, 키

> 다음 부품과 부분은 길이 방향으로 절단하지 않는 것을 원칙으로 한다.
> • 절단하면 오히려 이해하는 데 지장을 초래하는 부분 : 리브, 암, 기어의 이(tooth) 등
> • 외형이나 단면도의 모양이 같아서 절단하여도 의미가 없는 부품 : 멈춤 나사(set screw), 키(key) 핀(pin), 너트(nut), 축(shaft), 작은 나사(screw), 리벳(rivet), 베어링의 볼(bearing ball) 등

09 다음 치수기입에 관한 설명 중 옳은 것은?

① 도형의 외형선이나 중심선을 치수선으로 대응하여 사용할 수 있다.
② 치수는 되도록 정면도에 집중하여 기입한다.
③ 치수는 되도록 계산해서 구할 필요가 있도록 한다.
④ 치수는 자리숫자가 많은 경우 매 3자리마다 콤마를 붙인다.

> **치수기입시 주의사항**
> • 규격에 맞고 명료하게 기입한다.
> • 주로 주투상도에 기입하며, 치수의 중복 기입을 피한다.
> • 관련되는 치수는 한 곳에 모아 기입하며, 치수는 계산하여 구할 필요가 없도록 한다.
> • 치수 기입 요소 : 치수선, 치수 보조선, 지시선, 화살표, 치수 숫자 등
> • 도면에 기입되는 치수 : 완성된 물체의 치수를 기입
> • 치수 단위 : 길이는 mm를 사용하되 단위는 기입하지 않으며, 각도는 도(°), 분('), 초(")를 사용
> • 치수는 자리숫자가 많은 경우 자리마다 콤마를 붙이지 않는다.

10 다음 중 치수기입 요소가 아닌 것은?

① 치수선　　② 치수 보조선
③ 화살표　　④ 치수 경계선

> **치수 기입 요소**
> 치수선, 치수 보조선, 지시선, 화살표, 치수 숫자 등

11 치수기입시 숫자를 □속에 기입하는 이유는?

① 이론적으로 정확한 치수를 표시
② 주조의 가공을 위한 치수를 표시
③ 정정이 가능하도록 임의로 치수를 표시
④ 가공 여유를 주기 위하여 치수를 표시

> 가장 정밀도가 높은 측정기로 측정이 완료된 치수 값

정답 07 ③　08 ②　09 ④　10 ④　11 ①

12 다음은 치수 보조기호에 대한 설명이다. 틀린 것은?

① C : 45도 모따기 기호
② SR : 구의 반지름 기호
③ ( ) : 직접적으로 필요하지 않으나 참고로 나타낼 때 사용하는 참고 치수기호
④ t : 리벳이음 등에서 피치를 나타낼 때 사용하는 피치기호

내용	기호	내용	기호
지름	Φ	정사각형의 변	□
반지름	R	판의 두께	t
구의 반지름	SR	45° 모따기	C

13 SS330로 표시된 기계재료에서 330은 무엇을 나타내는가?

① 최저 인장강도 ② 최고 인장강도
③ 탄소함유량   ④ 종류

- SS330 – 최저 인장강도
- SM45C – 탄소함유량

14 제품의 표면 거칠기를 나타내는 방법이 아닌 것은?

① 산술 평균 거칠기(Ra)
② 최대높이 거칠기(Ry)
③ 10점 평균 거칠기(Rz)
④ 평균 면적 거칠기(Rs)

산술 평균 거칠기(중심선 평균거칠기)(Ra)
- 최대 높이 거칠기(Ry)
- 10점 평균 거칠기(Rz)

15 도면에서 표면상태를 줄무늬 방향의 기호로 표시하였다. R은 무엇을 뜻하는가?

① 가공에 의한 커터의 줄무늬 방향이 투상면에 평행
② 가공에 의한 커터의 줄무늬 방향이 레이디얼 모양
③ 가공에 의한 커터의 줄무늬 방향이 동심원 모양
④ 가공에 의한 줄무늬 방향이 경사지고 두 방향으로 교차

- R : 레이디얼, 방사상
- ⊥ : 수직
- = : 평행

16 다음 중 구멍 50에 대한 구멍 기준식 끼워 맞춤 공차 기호 기입방법으로 옳은 것은?

① Φ50H7   ② Φ50h7
③ S50h7   ④ s50H7

- Φ50H7 – 구멍 기준식
- Φ50h6 – 축 기준식

17 다음 끼워 맞춤공차 중 틈새가 가장 큰 것은?

① H7/f6   ② H7/m6
③ H7/h6   ④ H7/t6

- H7/m6 – 구멍 기준식 중간 끼워맞춤
- H7/h6 – 구멍 기준식 헐거운 끼워맞춤
- H7/t6 – 구멍 기준식 억지 끼워맞춤

정답 12 ④ 13 ① 14 ④ 15 ② 16 ① 17 ①

18 다음은 나사의 제도법에 대한 설명이다. 틀린 것은?

① 암나사의 골을 표시하는 선은 굵은 실선으로 그린다.
② 수나사의 바깥지름은 굵은 실선으로 그린다.
③ 수나사의 측면도시에서 골지름은 가는 실선으로 그린다.
④ 완전 나사부와 불완전 나사부의 경계선은 굵은 실선으로 그린다.

> **나사의 투상도를 간단하게 그릴 때에는 다음과 같이 한다.**
> - 정면도에서 수나사의 바깥지름과 암나사의 골지름은 굵은 실선으로 그린다.
> - 정면도에서 수나사의 골지름과 암나사의 바깥지름은 가는 실선으로 그린다.
> - 측면도에서 수나사의 바깥지름과 암나사의 골지름은 굵은 실선의 원으로 그린다.
> - 측면도에서 수나사의 골지름과 암나사의 바깥지름은 가는 실선을 사용하여 3/4원으로 그린다.
> - 정면도에서 완전나사부(complete thread)와 불완전나사부의 경계선은 굵은 실선으로 그린다.
> - 정면도에서 나사가 끝나는 부분의 불완전나사부는 가는 실선을 사용하여 축선(axis)에 대하여 30°로 그린다. 바깥지름이 6mm 이하인 나사에서는 불완전나사부를 그리지 않아도 된다.
> - 측면도에서 모떼기부를 나타내는 원은 그리지 않는다. 바깥지름이 6mm 이하인 나사는 정면도에서 모떼기부를 생략해도 된다.
> - 바깥지름과 골지름 사이의 간격, 즉 나사산 높이는 나사의 접촉 높이, 굵은 선 굵기의 2배, 0.7mm 중 가장 큰 값으로 한다. 예를 들어, 나사의 접촉 높이가 0.812mm이고 도면에서 굵은 선의 굵기를 0.5mm로 하였다면, 나사산의 높이는 0.7mm, 0.812mm, 1mm 중 가장 큰 값인 1mm로 그린다. 그러나 바깥지름이 6mm 이하인 나사에서는 이 규정에 구애됨이 없이 적당하게 그리는 것이 좋다.
> - 암나사의 멈춤 구멍 깊이(drill depth)는 특별히 지정하지 않을 때에는 나사 길이(thread depth)의 1.25배 정도로 그린다.
> - 수나사와 암나사가 결합된 상태에서는 수나사를 우선으로 그린다.

19 CAD 시스템에서 점을 정의하기 위해 사용하는 좌표계가 아닌 것은?

① 직교 좌표계
② 타원 좌표계
③ 극 좌표계
④ 구면 좌표계

> 사용되는 좌표계는 직교 좌표계(Cartecian Coordinate system), 극좌표계(Polar Coordinate System), 원통 좌표계(Cylindrical Coordinate system), 구면 좌표계(Spherical Coordinate System)이 있다.

20 다음 솔리드 모델(solid model)의 특징 중 틀린 것은?

① 형상을 절단한 단면도 작성이 용이하다.
② 물리적 성질 등의 계산이 가능하다.
③ 컴퓨터의 메모리량이 많고 데이터 처리가 많아진다.
④ 이동, 회전 등을 통한 정확한 형상 파악이 곤란하다.

> **Solid Model**
> 명확하고 오류 없이 물체를 이해할 수 있도록 물체를 solid 형태로 display하는 기법 · 물리적 성질의 계산이 가능
> - 간섭체크(interference)가 용이
> - boolean 연산을 통한 복잡한 형상 표현이 가능
> - 단면도 작성이 용이
> - 정확한 형체의 표현이 가능
> - 메모리 및 데이터의 처리가 크다.

21 중앙처리장치(CPU)와 주기억장치 사이에서 원활한 정보의 교환을 위하여 주기억장치의 정보를 일시적으로 저장하는 고속기억장치는?

① floppy disk
② CD-ROM
③ cache Memory
④ coprocessor

> cache memory는 중앙처리 장치와 주기억장치 사이의 속도 차이를 극복

정답 18 ① 19 ② 20 ④ 21 ③

22 컴퓨터에서 중앙처리 장치의 구성이라 볼 수 없는 것은?

① 제어장치 ② 주기억장치
③ 연산장치 ④ 입출력장치

> **중앙 처리 장치**(CPU : center processing unit)
> 전자 계산기 전체를 제어하고 관리하며, 데이터의 사칙 연산과 논리 연산을 실행하는 장치, 기능면으로 보면 제어장치와 연산장치, 기억장치가 있다.

23 3차원 형상을 솔리드 모델링하기 위한 기본요소를 프리미티브라고 한다. 이 프리미티브가 아닌 것은?

① 박스(box) ② 실린더(cylinder)
③ 원뿔(cone) ④ 퓨전(fusion)

> **프리미티브(primitive)** : 단위형상 - 박스, 실린더, 웨지, 원뿔 등

24 일반적으로 스퍼 기어의 요목표에 기입하는 사항이 아닌 것은?

① 치형 ② 잇수
③ 피치원 지름 ④ 비틀림 각

> 공구(치형, 모듈, 압력각), 잇수, 피치원 지름, 다듬질 방법

25 평행키 끝부분의 형식에 대한 설명으로 틀린 것은?

① 끝부분 형식에 대한 지정이 없는 경우는 양쪽 네모형으로 본다.
② 양쪽 둥근형은 기호 A를 사용한다.
③ 양쪽 네모형은 기호 S를 사용한다.
④ 한쪽 둥근형은 기호 C를 사용한다.

> • 양쪽 둥근형-A
> • 한쪽 둥근형-C
> • 양쪽 네모형-끝부분 형식에 대한 지정이 없는 경우

26 인치계 사다리꼴 나사의 나사산 각도는?

① 29° ③ 55°
② 30° ④ 60°

> • 인치계 - TW 29°
> • 미터계 - TM 30°

27 가상선의 용도에 대한 설명으로 틀린 것은?

① 인접 부분을 참고로 표시하는데 사용한다.
② 수면, 유면 등의 위치를 표시하는데 사용한다.
③ 가공 전, 가공 후의 모양을 표시하는데 사용한다.
④ 도시된 단면의 앞쪽에 있는 부분을 표시하는데 사용한다.

> **가상선**
> • 인접부분을 참고로 표시하는데 사용한다.
> • 공구의 윤곽 및 가공 전, 가공 후의 모양을 표시하는데 사용한다.
> • 도시된 단면의 앞쪽에 있는 부분을 표시하는데 사용한다.

28 중간 끼워맞춤에서 구멍의 치수는, 축의 치수가 일 때, 최대 죔새는?

① 0.033 ③ 0.018
② 0.008 ④ 0.042

> **최대 죔새**
> = 축의 최대 허용한계치수 - 구멍의 최소 허용한계치수
> = 축의 위 치수 허용차 - 구멍의 아래 치수 허용차

정답 22 ④ 23 ④ 24 ④ 25 ③ 26 ① 27 ② 28 ④

29 베어링 호칭번호가 다음과 같을 때, 이에 대한 설명으로 틀린 것은?

> 7210CDTP5

① 베어링 계열 기호는 "72"이다.
② 안지름 번호는 "10"으로 호칭 베어링의 안지름이 50mm이다.
③ 접촉각 기호는 "C"이다.
④ 정밀도 등급은 "DT"이다.

- 72 : 베어링 계열기호
- 10 : 안지름 번호 10×5 = 50mm
- C : 접촉각 기호
- DT : 병렬 조합
- P5 : 정밀도 등급

30 나사에 대한 설명으로 틀린 것은?

① 나사선의 모양에 따라 삼각, 사각, 둥근 것 등으로 분류한다.
② 체결용 나사는 기계 부품의 접합 또는 위치 조정에 사용된다.
③ 나사를 1회전하여 축 방향으로 이동한 거리를 "리드"라 한다.
④ 힘을 전달하거나 물체를 움직이게 할 목적으로 사용하는 나사는 주로 삼각나사이다.

삼각나사
주로 체결용으로 많이 사용된다.

정답 29 ④ 30 ④

DO IT
YOURSELF

기계요소

04

#SECTION 04
#키워드
#기계요소 #나사 종류 #스프링 #브레이크 외

SECTION 04 기계요소

7~8문제 출제

01 재료역학

1 응력과 변형률

(1) 하중

1) 하중의 작용하는 방향에 따른 분류

   ▶ 인장 하중, 압축 하중, 전단 하중, 휨 하중, 비틀림 하중 ⇒ 하중의 종류 외울 것

   ① **인장 하중**(Tensile load) : 재료를 하중이 작용하는 방향으로 늘어나게 하려는 하중

   ▶ 인장 하중 ⇒ 못을 뽑을 때 작용

   ② **압축 하중**(Compressive load) : 재료를 하중이 작용하는 방향으로 누르는 하중

   ③ **전단 하중**(shearing load) : 재료를 **가위로 자르려는 것**과 같이 작용하는 하중

   ④ **휨 하중**(Bending load) : 재료를 구부리려는 하중

   ⑤ **비틀림 하중**(torsion load) : 재료를 비틀려고 하는 하중

2) 하중이 걸리는 속도에 의한 분류

   ① 정하중 : 가해지는 속도가 매우 느리고 크기와 방향이 일정한 하중이며, 가해진 상태에서 정지하고 있는 하중

   ② 동하중 : 하중의 크기와 방향이 시간에 따라 변화하는 하중

   ▶ 동하중(교번 하중, 충격 하중, 반복 하중) ⇒ 종류와 뜻을 반드시 외울 것

   ㉠ **교번 하중** : 하중의 **크기와 방향이 주기적으로 변하는** 하중

   ㉡ **충격 하중** : 순간적으로 **격렬하게** 작용하는 하중

   ㉢ **반복 하중** : 동일한 방향으로 **반복하여 작용하는** 하중

예제 1

가로로 물체를 자르거나 전단기로 철판을 절단할 때 생기는 가장 큰 응력은?

① 인장 응력   ② 압축 응력
③ 전단 응력   ④ 집중 응력

정답 ③

하중의 작용하는 방향에 따른 분류
- 인장 하중(Tensile load) : 재료를 하중이 작용하는 방향으로 늘어나게 하려는 하중
- 압축 하중(Compressive load) : 재료를 하중이 작용하는 방향으로 누르는 하중
- 전단 하중(shearing load) : 재료를 가로로 자르려는 것과 같이 작용하는 하중
- 휨 하중(Bending load) : 재료를 구부리려는 하중
- 비틀림 하중(Rorsion load) : 재료를 비틀려고 하는 하중

3) 하중의 분포상태에 따른 분류

   ① 집중 하중 : 재료의 한 점에 집중하여 작용하는 하중

   ② 분포 하중 : 재료의 어느 범위 내에 분포되어 작용하는 하중으로 균일분포하중과 불균일분포하중이 있다.

(2) 응력(Stress)

▶ 응력의 개념은 반드시 외울 것

물체에 하중을 작용시키면 물체 내부에 저항력이 생기며 이때 생긴 단위 면적당의 저항력을 응력(Stress)이라 한다.

1) 수직응력(Normal stress)

▶ 수직응력의 개념은 반드시 외울 것

단면에 수직 방향으로 작용하는 응력

① 인장응력(tensile stress) : 인장하중 $W(N)$, 단면적은 $A(\text{mm}^2)$라 하면 인장응력 σ_t는

$$\sigma_t = \frac{W}{A} [\text{N/mm}^2]$$

📌 $\sigma_t = \frac{W}{A} [\text{N/mm}^2]$ ⇒ 공식 외울 것

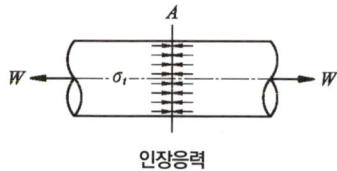

인장응력

② 압축응력(compression stress) : 압축하중 $W(\text{kg})$, 단면적을 $A(\text{cm}^2)$라 하면 인장응력 σ_c는

$$\sigma_c = \frac{W}{A} [\text{N/mm}^2]$$

📌 단면적 : 원 = πr^2 or $\frac{\pi d^2}{4}$, 사각 = 가로×세로

예제 2

하중 3000N이 작용할 때, 정사각형 단면에 응력 30N/cm²이 발생했다면 정사각형 단면 한 변의 길이는 몇 mm인가?

① 10　　　　② 22
③ 100　　　④ 200

정답 ③

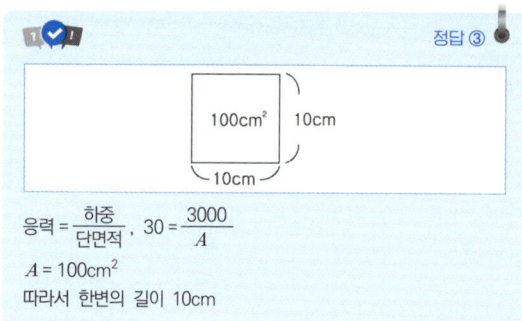

응력 = $\frac{하중}{단면적}$, $30 = \frac{3000}{A}$

$A = 100\text{cm}^2$
따라서 한변의 길이 10cm

2) 접선응력(Tangential stress)
단면에 평행하게 작용하는 응력

① 전단응력(shearing stress) : 전단하중 $W(\text{kg})$, 단면적은 $A(\text{cm}^2)$라 하면 전단응력 τ는

$$\tau = \frac{W}{A} [\text{N/mm}^2]$$

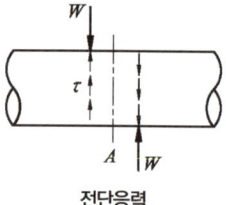

전단응력

(3) 변형률(Strain)

재료에 하중이 작용하면 재료 내부에는 저항력인 응력이 생기고, 외적으로는 변형이 일어나며 이 변형량과 원치수와의 비를 변형률(strain)이라 한다.

1) 세로 변형률(longitudinal strain)

재료의 길이가 l에서 l'로 변하여 변형량이 λ라면

$$\epsilon = \frac{l' - l}{l} = \frac{\lambda}{l} (\text{인장})$$

📌 $\epsilon = \frac{l' - l}{l} = \frac{\lambda}{l} (\text{인장})$ ⇒ 시험에 잘 나옴.

$\frac{\text{나중길이} - \text{처음길이}}{\text{처음길이}} \times 100\%$

2) 가로 변형률(lateral strain)

재료의 지름이 d에서 d'로 변하여 변형량이 δ라면

$$\epsilon' = \frac{d' - d}{d} = \frac{\delta}{d}$$

(4) 응력 – 변형률 선도

📌 응력 – 변형률 선도 ⇒ 각 포인트별 위치 반드시 외울 것

연강을 인장시험기에서 하중을 작용시켜 시험편이 파괴될 때까지의 하중과 변형량의 관계를 나타내면 다음 선도와 같다.

예제 3

시편의 표점거리가 40mm이고, 지름이 15mm일 때 최대하중 6kN에서 시편이 파단되었다면 연신율은 몇 %인가? (단, 연신된 길이는 10mm이다.)

① 10 ② 12.5
③ 25 ④ 30

 정답 ③

연신율(%) = $\dfrac{\ell' - \ell}{\ell} \times 100$ (ℓ' : 늘어난 길이, ℓ : 원래 길이)

∴ $\dfrac{10}{40} \times 100 = 25\%$

① **비례한도(A점)** : 응력이 변형률에 비례하여 증가하는 점
② **탄성한도(B점)** : 응력을 제거하면 **변형이 없어지는 한도점**
③ **항복점(C,D점)** : 응력이 증가하지 않아도 변형률이 갑자기 증가하는 점
④ **극한강도**(인장강도 E점) : **최대 응력점**
⑤ **파괴점(F점)**

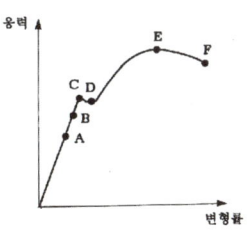

응력 - 변형률 선도

(5) 후크의 법칙(Hook's Law)

📌 후크의 법칙 ⇒ 비례한도에서 존재(시험 단골 메뉴)

비례한도 이내에서 응력과 변형률은 비례한다.

$$\dfrac{\text{응력}}{\text{변형률}} = \text{비례상수}$$

여기서, 비례상수를 탄성계수라고 하는데 재료에 따라 각각 일정한 값을 가진다.

1) 세로 탄성계수(영률 : Young's modulus)

$$E = \dfrac{\sigma}{\epsilon} = \dfrac{Wl}{A\lambda} \,[\text{N/mm}^2]$$

📌 $\sigma = E \cdot \epsilon \Rightarrow E = \dfrac{\sigma}{\epsilon}$ → 이 공식이 중요

$$\lambda = \dfrac{Wl}{AE} = \sigma \cdot \dfrac{l}{E}$$

2) 가로 탄성계수

$$G = \dfrac{\tau}{\gamma} \,[\text{N/mm}^2]$$

예제 4

다음 중 후크의 법칙에서 늘어난 길이를 구하는 공식은? (단, λ : 변형량, W: 인장하중, A : 단면적, E : 탄성계수, l : 길이)

① $\lambda = \dfrac{Wl}{AE}$ ② $\lambda = \dfrac{AE}{W}$
③ $\lambda = \dfrac{AE}{Wl}$ ④ $\lambda = \dfrac{WE}{Al}$

 정답 ①

$\lambda = \dfrac{Wl}{AE}$

예제 5

후크의 법칙(Hooke's law)은 어느 점 내에서 응력과 변형률이 비례하는가?

① 비례한도 ② 탄성한도
③ 항복점 ④ 극한점

 정답 ①

• 후크의 법칙(Hooke's law): 비례한도 내에서 응력과 변형률은 비례한다.
$\dfrac{\text{응력}}{\text{변형률}} = \text{비례상수}$ $E = \dfrac{\sigma}{\epsilon} = \dfrac{wl}{A\lambda}$
비례상수 = 탄성계수(재료는 일정한 탄성계수 가지고 있다.)

예제 6

국제단위계(SI)의 기본단위에 해당되지 않는 것은?
① 길이 : m   ② 질량 : kg
③ 광도 : mol   ④ 열역학 온도 : K

정답 ③

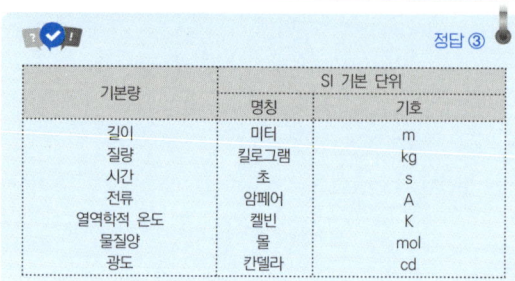

기본량	SI 기본 단위	
	명칭	기호
길이	미터	m
질량	킬로그램	kg
시간	초	s
전류	암페어	A
열역학적 온도	켈빈	K
물질양	몰	mol
광도	칸델라	cd

예제 7

다음 그림에서 W = 300N의 하중이 작용하고 있다. 스프링 상수가 K₁ = 5N/mm, K₂ = 10N/mm라면, 늘어난 길이는 몇 mm인가?

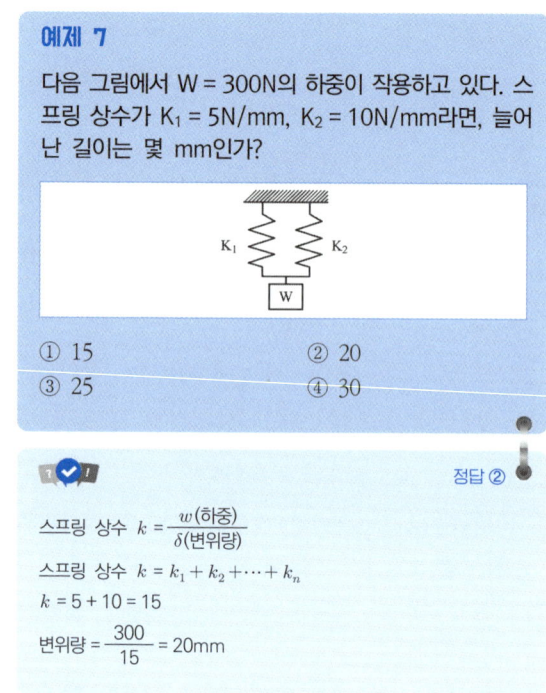

① 15   ② 20
③ 25   ④ 30

정답 ②

스프링 상수 $k = \dfrac{w(하중)}{\delta(변위량)}$

스프링 상수 $k = k_1 + k_2 + \cdots + k_n$

$k = 5 + 10 = 15$

변위량 $= \dfrac{300}{15} = 20mm$

(6) 푸와송의 비(Possion's ratio)

재료에 생기는 가로 변형률과 세로 변형률의 비는 탄성한도 이내에서 항상 일정한 값을 가진다.
이 비를 푸와송 비라 하며 1/m로 나타낸다.

$$\frac{1}{m} = \frac{가로\ 변형률}{세로\ 변형률} = \frac{\epsilon'}{\epsilon}$$

📌 푸와송의 수는 1/m임을 기억할 것

(7) 재료의 강도

1) 응력 집중(Stress concentration)
구멍, 노치(notch) 홈 때문에 국부적으로 큰 응력이 생기는 현상

2) 열응력(thermal stress)
온도의 변화에 따른 신축현상으로 재료 내부에 생기는 응력을 열응력이라 하며, 재료의 처음 온도를 t_1(℃), 나중 온도를 t_2(℃), 재료의 선팽창계수를 a라고 하면,

$$\sigma = E \cdot \epsilon = E \cdot \alpha(t_2 - t_1)$$

3) 피로한도
📌 피로한도, 크리프 현상 ⇒ 중요함

재료에 응력이 점차 감소하여, 어느 일정한 값에 도달하면 **아무리 반복횟수를 늘려도 재료는 파괴되지 않는 응력의 한도**

4) 크리프 현상
고온에서 하중이 일정하더라도 시간이 지남에 따라 변형률이 조금씩 증가하는 현상

5) 허용 응력과 안전율
기계나 구조물을 실제로 사용할 때 각 부분에 생기는 응력을 사용응력(working stress)이라 하며, 이에 대해 재료에 안전성을 고려하여 사용하는 재료에 허용되는 최대의 응력을 허용응력(Allowable stress)이라 한다.

$$극한\ 강도(\sigma_u) > 허용응력(\sigma_a) \geq 사용응력(\sigma_w)$$

$$안전율(S_f) = H_v = \frac{극한\ 강도(\sigma_u)}{허용응력(\sigma_a)}$$

📌 안전율은 반드시 1보다 커야 함

02 결합용 기계요소

1 나사

직각 삼각형을 원통에 감으면 빗변은 원통의 표면에 곡선을 만드는데, 이 곡선을 나사곡선(helix)이라 하며, 이 곡선을 따라 원통면에 홈을 깎은 것을 나사(screw)라 한다. 여기서, a = 나선각, l = 리드라고 할 때 나선각 a는 다음과 같다.

$$\tan \alpha = \frac{l}{\pi d}$$

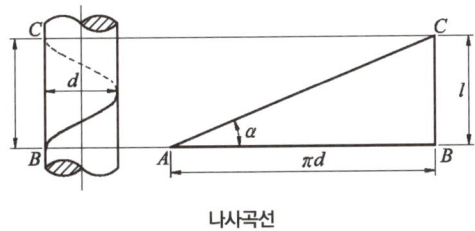

나사곡선

(1) 나사의 용어

1) 수나사와 암나사

원통 바깥표면에 나사산이 있는 것을 수나사(external thread), 원통 안쪽에 있는 것을 암나사(internal thread)라 한다.

2) 오른나사와 왼나사

축방향에서 볼 때. 시계방향으로 돌려서 앞으로 진행하는 나사를 오른나사(right hand thread), 반시계방향으로 돌려서 앞으로 진행하는 나사를 왼나사(left hand thread)라 한다.

예제 1

전단하중(W/N)를 받는 볼트에 생기는 전단응력 τ (N/mm²)를 구하는 식으로 옳은 것은? (단, 볼트 전단면적을 A mm² 이라고 한다.)

① $\tau = \dfrac{\pi A^2/4}{W}$ ② $\tau = \dfrac{A}{W}$

③ $\tau = \dfrac{W}{\pi A^2/4}$ ④ $\tau = \dfrac{W}{A}$

정답 ④

전단응력(shearing stress)
전단하중 W(N), 단면적은 A(mm²)라 하면 전단응력 $\tau = \dfrac{W}{A}$ 이다.

3) 한줄나사와 다줄나사

나사산이 한 줄인 것을 한줄나사, 두 줄 이상인 것을 다줄나사라 하며, **다줄나사는 회전수를 적게 하여 빨리 풀거나 빨리 죌 수 있으나, 풀리기 쉽다는 단점이 있다.**

4) 피치와 리드

서로 인접한 나사산과 나사산 사이의 거리를 피치(pitch)라 하며, **나사를 1회전시킬 때 축방향으로 이동한 거리를 리드라 한다.** 피치와 리드 사이에는 다음과 같은 관계가 있다.

$$\text{리드}(L) = \text{줄수}(n) \times \text{피치}(p)$$

▶ 리드의 개념과 공식 외울 것(시험에 자주 출제)

합격충전소

충전 30% /이론공부 + 중간정리/

한줄나사에서 리드는 피치와 같고 두 줄 이상 다줄나사에서 리드는 피치보다 크다는 것을 알 수 있다.

(2) 나사의 종류

나사는 기계부품을 결합시키거나, 위치의 조정 또는 힘의 전달 등에 사용되었는데 단면의 모양에 따라 삼각 나사, 사각 나사, 사다리꼴 나사, 톱니 나사, 둥근 나사, 볼 나사 등이 있다.

1) 삼각 나사(triangular thread)
채결용으로 가장 많이 사용하는 나사이며, 계측기 마이크로 미터에도 사용된다.

① **미터 나사(metric thread)** : 나사산의 각도가 60°이고, 수나사의 바깥지름과 피치를 mm로 나타낸 나사로 미터 보통나사와 미터 가는 나사가 있으며, **기호는 M으로 표시한다.**

② **유니파이 나사(unifide thread)** : 나사산의 각도가 60°이며, 수나사의 바깥지름을 인치, 피치를 1인치당 산의 수로 나타낸 나사로, 유니파이 보통 나사와 유니파이 가는 나사가 있으며 미국, 영국, 캐나다 등 세 나라의 협정규격 나사로서 ABC 나사라고도 한다.

$$p(피치) = \frac{25.4}{산수}$$

📌 $p(피치) = \frac{25.4}{산수}$ ⇒ 인치계 피치

> **합격충전소**
> ▮▮▮ 충전 30% /이론공부 + 중간정리/
> **가는 나사**
> 두께가 얇은 부분의 체결 시 강도 유지용

③ **관용 나사(pipe thread)** : 파이프 연결용 나사로 수밀, 기밀, 유밀을 유지할 수 있으며 나사산의 각도는 55°이고 관용 평행나사와 관용 테이퍼 나사가 있다.

📌 관용 테이퍼 나사의 기울기는 1/16이며 기밀유지를 위해 테이퍼를 줌

2) 사각 나사(square thread)
프레스나 나사잭과 같은 기계의 큰 힘을 전달하는 데 적합한 나사이며, 하중의 방향이 일정하지 않은 교번 하중을 받을 때도 효과적인 나사이다.

3) 사다리꼴 나사(trapezoidal thread = 애크미 나사, 재형나사)

📌 사다리꼴 나사(TM = 미터계, TW = 인치계) ⇒ 시험에 잘 나옴 ISO 규격에 있는 사다리꼴 나사 기호는 TR이다.

사각 나사보다 강력한 동력 전달용으로 공작기계 이송나사로 쓰이며 **나사산의 각도가 30°인 미터계열과 29°인 인치 계열이 있다.**

4) 톱니 나사(buttless thread)
축선의 한 방향으로만 하중이 작용할 때 사용되는 나사로 바이스나 압착기 등에 사용된다.

5) 둥근 나사(knuckle thread = 너클나사, 전구나사)
📌 둥근 나사 ⇒ 둥근 나사는 먼지가 많은 곳에 사용

전구나 소켓 등에 쓰이는 나사로서 먼지가 들어가기 쉬운 곳에서 **운동의 정확도가 요구되지 않는 곳에 사용**된다.

6) 볼 나사
📌 볼 나사 ⇒ 볼 나사는 수치제어에 사용되는 것을 기억할 것

나사축과 너트 사이에 강구를 넣어서 작동하는 나사로서, 마찰이 매우 작아 **공작기계의 수치제어에 의한 결정 등의 이송나사에 사용**된다. → 백래시가 없다.

> **예제 2**
> 축방향으로만 점하중을 받는 경우 50kN을 지탱할 수 있는 훅 나사부의 바깥지름은 약 몇 mm인가? (단, 허용응력은 50N/mm²이다.)
> ① 40mm ② 45mm
> ③ 50mm ④ 55mm

정답 ①

축방향으로만 점하중을 받는 경우
(d : 나사부의 바깥 지름, w : 나사에 작용하는 하중, σ_a : 허용 응력)

$$d = \sqrt{\frac{2w}{\sigma_q}} = \sqrt{\frac{2 \times 50000}{50}} = \sqrt{2000} = \sqrt{20} \times \sqrt{100}$$
$$= 10\sqrt{20} = 10 \times 4.472 ≒ 44.72mm$$

예제 3
나사를 기능상으로 분류했을 때 운동용 나사에 속하지 않는 것은?
① 볼나사　　　　② 관용나사
③ 둥근나사　　　④ 사다리꼴나사

정답 ②

- 운동용나사 : 사각나사, 사다리꼴나사, 너클나사, 톱니나사, 볼나사
- 기밀용나사(결합용) : 관용나사
- 죔용나사 : 미터나사, 유니파이나사
- 세밀나사 : 외경 1mm 미만의 나사, 광학기계, 계기류 나사용

예제 4
나사의 피치가 일정할 때 리드(lead)가 가장 큰 것은?
① 4줄 나사　　　② 3줄 나사
③ 2줄 나사　　　④ 1줄 나사

정답 ①

$l = np$ (l : 리이드[mm], n : 줄수, p : 피치[mm])

2 볼트와 너트(Bolt & Nut)

(1) 볼트의 종류

1) 일반용 볼트

① 관통 볼트(through bolt) : 고정할 부품을 관통시켜 볼트를 넣고 반대쪽에서 너트로 고정한다.
② 탭 볼트(tap bolt) : 고정할 부품에 직접 암나사를 내어 너트를 사용하지 않고 볼트로 고정한다.
③ **스터드 볼트**(stud bolt) : **자주 분해 결합 시 사용**되는 것으로 볼트 머리가 없고 양단에 수나사로 되어 있다.

 스터드 볼트 ⇒ 시험에 자주 출제

2) 특수용 볼트

① 스테이 볼트(stay bolt) : 기계 부품을 일정한 간격으로 유지하고, 구조 자체를 보강하는 데 사용한다.
② T홈 볼트(T - bolt) : 공작기계의 테이블 T홈에 볼트의 머리부분을 끼워서 적당한 위치에 공작물과 기계바이스를 고정할 때 사용한다.
③ **아이 볼트**(eye bolt) : **무거운 물체 등을 들어올릴 때** 로프(rope), 체인(chain) 또는 훅 등을 거는 데 사용한다.
④ 리머 볼트(remer bolt) : 리머로 다듬질한 구멍에 꼭 끼워 미끄럼을 방지하는 볼트이다.
⑤ 충격 볼트(shock bolt) : 생크 부분의 단면적을 작게 하여 늘어나기 쉽게 한 볼트
⑥ 기초 볼트(foundation bolt) : 기계 등을 콘크리트 바닥에 설치하는 데 사용한다.
⑦ **나비 볼트**(butterfly bolt) : **손으로 돌려 죌 수 있는 모양**으로 된 것이다.

3) 기타 나사

① **작은 나사**(machine screw) : **지름 8mm 이하의 작은 나사**로서, 힘을 많이 받지 않는 작은 부분과 얇은 판자 등을 붙이는데 사용되며, 머리 부분에는 드라이버로 죌 수 있도록 일자(-)홈 또는 십자(+)홈이 파여 있다.
② 멈춤 나사(set screw) : 보스와 축을 고정시키고, 축에 끼워맞춰진 기어와 풀리의 설치 위치의 조정 및 키의 대용으로 쓰인다. 끝의 마찰, 걸림 등에 의하여 정지 작용을 한다.
③ **태핑 나사**(tapping screw) : 태핑 나사는 끝을 침탄 담금질하여 단단하게 한 작은 나사의 일종으로서, 얇은 판이나 무른 재료에 **암나사를 만들면서 죄어진다.**

 태핑나사 ⇒ 스스로 암나사를 만들면서 체결이 된다는 것을 기억할 것

(2) 너트의 종류

1) 육각 너트
너트의 모양이 육각으로 되어 있으며, 가장 많이 사용한다.

2) 특수 너트

① **사각 너트**(square nut) : 너트의 모양이 사각인 너트로서 주로 목재에 쓰인다.
② **둥근 너트**(circular nut) : 자리가 좁아 육각 너트를 쓸 수 없을 경우 또는 너트의 높이를 작게 할 경우에 사용
③ **플랜지 너트**(flange nut) : 너트의 밑면에 육각의 대각선 거리보다 큰 지름의 와셔가 달린 너트로서, 볼트 구멍이 클 때, 접촉면이 거칠 때, 또 큰 면압을 피하려고 할 때 사용한다.
④ **홈붙이 너트**(castle nut) : 너트의 위쪽에 분할 핀을 끼워 너트가 풀리지 않도록 할 때 사용한다.
⑤ **캡 너트**(cap nut) : 유체가 나사의 접촉면 사이의 틈새나 볼트와 너트의 구멍 틈으로 흘러나오는 것을 방지할 필요가 있을 때 쓰인다.

　▶ 캡 너트 ⇒ 기밀유지에 사용

⑥ **아이 너트**(eye nut) : 아이 볼트와 같은 목적에 사용된다.
⑦ **나비 너트**(butterfly nut) : 손으로 돌려서 죌 수 있는 모양으로 된 것이다.
⑧ **T 너트** : T 볼트와 같은 목적에 사용된다.
⑨ **슬리브 너트**(sleeve nut) : 머리 밑에 슬리브가 있는 너트로서, 수나사 중심선의 편심을 방지하는 데 사용한다.

> **예제 5**
> 회전체의 균형을 좋게 하거나 너트를 외부에 돌출시키지 않으려고 할 때 주로 사용하는 너트는?
> ① 캡 너트　　② 둥근 너트
> ③ 육각 너트　　④ 와셔붙이 너트
>
> 정답 ②
> • 둥근 너트 : 회전체의 균형을 좋게 하거나 너트를 외부에 돌출시키지 않으려고 할 때 사용한다.(특수 스패너 사용)

⑩ **플레이트 너트**(plate nut) : 암나사를 깎을 수 없는 얇은 판에 리벳으로 설치하여 사용하는 너트이다.

⑪ **턴 버클**(turn buckle) : 양 끝에 오른나사 및 왼나사가 깎여 있어서, 이를 오른쪽으로 돌리면 양 끝의 수나사가 안으로 끌리므로, 막대와 로프 등을 죄는 데 사용하면 아주 편리하다.

(3) 와셔(Washer)

　▶ 와셔 ⇒ 중요함

와셔는 다음의 경우에 사용한다.

① 볼트 구멍이 볼트 지름보다 너무 클 때
② 볼트 접촉면이 거칠거나 요철일 때
③ 자리면이 기울어져 있을 때
④ 내압력이 작은 목재, 고무 등에 볼트를 사용할 때
⑤ 가스켓을 조일 때

(4) 너트의 풀림 방지법

　▶ 너트의 풀림 방지법 ⇒ 반드시 외울 것(시험에 자주 출제)

① 와셔를 사용하는 방법(스프링와셔, 이붙이 와셔)
② 로크너트(lock nut)에 의한 방법
③ 자동죔 너트(self-locking)에 의한 방법
④ 분할핀, 작은 나사, 멈춤나사 등에 의한 방법
⑤ 철사로 감아 메어서 풀림을 방지하는 방법

3 키, 핀, 코터

(1) 키

축에 풀리, 기어, 커플링 등의 회전체를 고정시켜서 축과 회전체를 일체로 하여 회전운동을 전단시키는 기계요소이다.

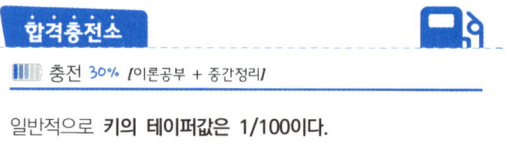

일반적으로 키의 테이퍼값은 1/100이다.

1) 키의 종류

① **성크키**(sunk key) : 축과 보스 양쪽에 키의 홈이 있는 것으로 가장 많이 사용된다.

　▶ 성크 키 ⇒ 묻힘 키라고 불림

② **반달키(Woodruff Key)** : 축의 홈이 깊게 되어, 축의 강도가 약하게 되기도 하나 가공이 쉽고 키가 자동적으로 축과 보스 사이에 자리를 잡을 수 있다는 장점이 있으므로, 자동차 공작기계 등에 널리 사용된다. 일반적으로 **60mm 이하의 작은 축에 사용**되고 특히 **테이퍼 축에 사용이 편리하다.**

> 반달키 ⇒ 우즈러프키라 불림(매우 중요함)

③ **접선키(Tangential Key)** : 큰 동력을 전달하는 데 적당한 키로 접선 방향으로 키 홈을 파서 서로 반대의 테이퍼를 가진 2개의 키를 조합하여 끼워 넣는다. 역전을 가능케 하기 위해 120° 각도로 두 곳에 키를 끼우며, 정사각형 단면의 키를 90°로 배치한 것을 케네디키(Kennedy Key)라 한다.

④ **원뿔키(Cone Key)** : 축과 보스의 양쪽에 키 홈을 파지 않고 보스구멍을 테이퍼로 하여 몇 곳이 갈라져 있는 원 뿔 홈을 끼워서 마찰면만으로 밀착시키는 키로서, 바퀴가 편심되지 않고 축의 어느 위치에나 설치할 수 있는 특징이 있다.

⑤ **미끄럼키(Sliding Key, 안내키)** : 페더키(Feather Key)라고도 하며 **회전력의 전달과 동시에 보스를 축 방향으로 이동시킬 필요가 있을 때 사용한다.**

합격충전소

충전 50% /이론공부 + 보충설명/

페더키는 테이퍼가 없다.

⑥ **스플라인(Spline)** : **축의 둘레에 4~20개의 턱을 만들어 큰 회전력을 전달할 경우에 쓰이며** 자동차, 공작기계, 항공기, 발전용 증기터빈 등에 널리 사용한다.

⑦ **세레이션(Serration)** : **축에 작은 삼각형의 작은 이**를 만들어 축과 보스를 고정시킨 것으로 같은 지름의 스플라인에 비해 많은 이가 있으므로 전동력이 크다.

⑧ **새들키(Saddle Key)** : **축은 그대로 두고 보스에만 키 홈을 파서 키를 박아 마찰에 의해 회전력을 전달하므로 큰 힘의 전달에는 부적합하다.**

> 새들키 ⇒ 안장키라 불림. 축가공이 없는 키임.

⑨ **평키(Flat Key)** : 키가 닿는 면만을 평평하게 깎는 것으로서 새들키보다도 큰 힘을 전달할 수 있다.

⑩ **둥근키(Round Key)** : 핀키(pin key)라고도 하며, 핸들과 같이 토크가 작은 것의 고정에 사용된다.

예제 6

보스와 축의 둘레에 여러 개의 같은 키(key)를 깎아 붙인 모양으로 큰 동력을 전달할 수 있고 내구력이 크며, 축과 보스의 중심을 정확하게 맞출 수 있는 특징을 가지는 것은?

① 반달키 ② 새들키
③ 원뿔키 ④ 스플라인

 정답 ④

- 스플라인 : 축의 둘레에 4~20개의 턱을 만들어 큰 회전력을 전달할 경우에 쓰이며, 자동차, 공작기계, 항공기, 발전기, 공기터빈 등에 널리 사용한다.

예제 7

축에 키 홈을 파지 않고 축과 키 사이의 마찰력만으로 회전력을 전달하는 키는?

① 새들키 ② 성크키
③ 반달키 ④ 둥근키

 정답 ①

- 성크키 : 축과 보스 양쪽에 키홈이 있는 키
- 반달키 : 키홈을 축에 반달모양으로 판 것
- 둥근키 : 회전력이 극히 적은 곳에 사용. 핀키라고도 함.

예제 8

키의 종류 중 페더키(feather key)라고도 하며, 회전력의 전달과 동시에 축 방향으로 보스를 이동시킬 필요가 있을 때 사용되는 것은?

① 미끄럼키   ② 반달키
③ 새들키   ④ 접선키

정답 ①

- 반달키 : 키 홈을 축에 반달 모양으로 판 것, 키를 끼운 후에 보스를 끼운다.
- 새들키 : 축은 그대로 두고 보스에만 키 홈을 파서 키를 박아 마찰에 의해 회전력을 전달
- 접선키 : 큰 동력을 전달. 접선 방향으로 키홈을 파서 서로 반대의 테이퍼를 가진 2개의 키를 조합하여 끼워 넣는다.

예제 9

가장 널리 쓰이는 키(key)로 축과 보스 양쪽에 모두 키 홈을 파서 동력을 전달하는 것은?

① 성크 키   ② 반달 키
③ 접선 키   ④ 원뿔 키

정답 ①

성크키 = 평행키

합격충전소

충전 50% *(이론공부 + 보충설명)*

큰 동력 전달 순서
세레이션 > 스플라인 > 접선키 > 성크키 > 반달키 > 평키 > 안장키

(2) 핀

1) 핀의 종류

핀은 풀리, 기어 등에 작용하는 하중이 작을 때 설치 방법이 간단하기 때문에 키 대용으로 널리 사용되며 사용 용도에 따라 다음과 같다.

📌 호칭 지름 방법 반드시 기억
- 테이퍼 핀 : 작은 쪽 지름
- 분할 핀 : 체결되는 핀 구멍의 지름

① 테이퍼 핀(tapered pin) : 축에 보스를 고정시킬 때 사용되는 것으로 테이퍼로 1/50이고 호칭지름은 작은 쪽의 지름으로 표시한다.
② 평행 핀(dowel pin) : 기계 부품의 조립 및 고정할 때 안내로서 위치를 결정하는 데 사용한다.
③ **분할 핀**(split pin) : 두 갈래로 갈라진 것으로 **너트의 풀림방지 등에 사용한다.** 호칭지름은 핀 구멍의 지름으로 한다.
④ 스프링 핀(spring pin) : 세로 방향으로 쪼개져 있어서 구멍의 크기가 일정하지 않더라도 해머로 때려 박을 수 있어 편리하다.

(3) 코터

코터는 축방향으로 인장력 또는 압축력이 작용하는 두 축을 연결하는 데 사용하는 것으로 구성에는 로드, 소켓, 코터이다.

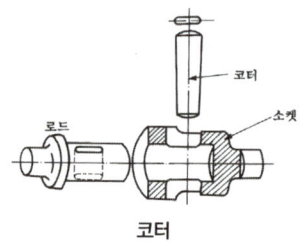

코터

① 코터의 기울기

📌 코터 ⇒ 기울기만 외울 것

㉠ 자주 분해할 때 : 1/5 ~ 1/10
㉡ **보통 : 1/20**
㉢ 반영구적인 경우 : 1/100

예제 10

코터이음에서 코터의 너비가 10mm, 평균 높이가 50mm인 코터의 허용전단응력이 20N/mm²일 때, 이 코터이음에 가할 수 있는 최대 하중(kN)은?

① 10   ② 20
③ 100 ④ 200

정답 ②

코터의 전단응력 : τ
$\tau = \dfrac{W}{2bh}$
∴ $W = 2bh\tau$ [kg]
∴ z = 20N, b = 10, h = 50이므로
  w = 20·10·50N = 20,000N = 20kN

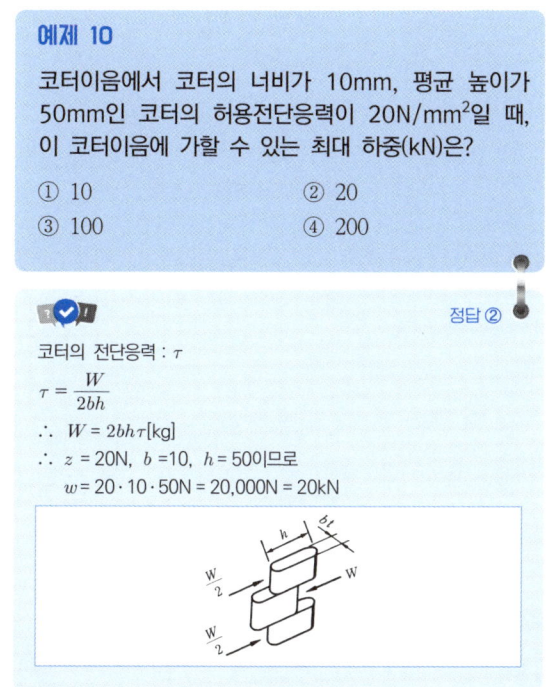

4 리벳 및 용접

(1) 리벳

탱크류, 보일러, 철교, 구조물 등과 같이 일단 조립하면 분해할 필요가 없는 경우에 리벳이음을 한다.

1) 리벳 이음의 특징

① 용접 이음과는 달리 초응력에 의한 잔류변형이 생기지 않으므로 취약파괴가 일어나지 않는다.
② 구조물 등에서 현장 조립할 때에는 용접이음보다 쉽다.
③ 경합금과 같이 용접이 곤란한 재료에도 신뢰성이 있다.
④ 강판의 두께에 한계가 있으며, 이음효율이 낮다.

2) 리벳의 종류

① 모양에 의한 분류

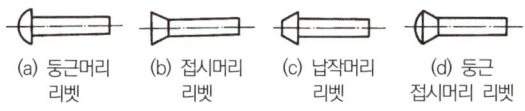

(a) 둥근머리 리벳 (b) 접시머리 리벳 (c) 납작머리 리벳 (d) 둥근 접시머리 리벳

 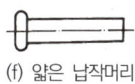 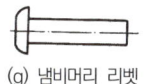

(e) 보일러용 둥근 머리 리벳   (f) 얇은 납작머리 리벳   (g) 냄비머리 리벳

리벳의 모양에 의한 종류

합격충전소

충전 50% (이론공부 + 보충설명)

리벳의 호칭길이
- 접시머리 리벳 : 머리까지 포함한 전체의 길이
- 둥근 접시머리 리벳 : 둥근 부분을 제외한 전체의 길이
  이외의 리벳의 호칭길이는 머리 부분을 제외한 전체의 길이로 표시한다.

📌 접시머리 리벳 : 머리까지 포함한 전체의 길이
  ⇒ 시험에 잘 나옴

② 사용 목적에 의한 분류

㉠ 보일러용 리벳 : 강도와 기밀을 필요로 하는 리벳 이음으로서 보일러, 고압탱크 등에 사용한다.

㉡ **저압용 리벳 : 주로 수밀을 필요로 하는 리벳**으로서 저압 탱크 등에 사용한다.

㉢ 구조용 리벳 : 주로 강도를 목적으로 하는 리벳 이음으로서 차량, 철교 구조물 등에 사용한다.

3) 리베팅(리벳작업)

📌 리벳 구멍은 리벳 지름보다 약간 크게 1 ~ 1.5mm 정도 ⇒ 이 말이 시험에 잘 나옴.(리벳보다 구멍이 커야 한다.)

① 리벳 이음을 할 구멍을 20mm까지 펀치로 구멍을 뚫고 정밀을 요할 시 드릴링을 한다.(**리벳 구멍은 리벳 지름보다 약간 크게 1 ~ 1.5mm 정도**)
② 뚫린 구멍은 리머로 정밀하게 다듬는다.
③ 구멍을 지나 빠져나온 리벳의 여유 길이는 지름의 (1.3 ~ 1.6d)배이다.
④ 지름이 8mm 이하는 상온에서, 10mm 이상의 것을 열간 리베팅한다.
⑤ 지름 25mm까지는 해머로 치고, 그 이상은 리벳 제조기를 쓴다.
⑥ 기밀을 필요로 할 때에는 코킹(caulking)이나 플러링(fallering)을 하며 이때의 판 끝은 75 ~ 85℃로 깎아 준다.

⑦ 코킹이나 플러링은 판재 두께 5mm 이상에서 작업하며 5mm 이하에서는 코킹효과가 없으므로 종이, 석면, 패킹 등을 강판 사이에 끼워 리베팅한다.

예제 11
리베팅이 끝난 뒤에 리벳머리의 주위 또는 강판의 가장자리를 정으로 때려 그 부분을 밀착시켜 틈을 없애는 작업은?
① 시밍   ② 코킹
③ 커플링   ④ 해머링

 정답 ②

- 코킹(caulking) : 리베팅 뒤에 리벳머리의 주위 또는 강판의 가장자리를 정으로 때려 가장자리를 밀착시켜 틈을 없애는 작업
- 시밍(seaming) : 접어서 굽히거나 말아 넣거나 하여 맞붙여 있는 이음 작업
- 커플링(coupling) : 축에서 다른 축으로 회전을 전달하기 위하여 사용되는 장치
- 해머링(hammering) : 망치 등으로 정 등을 내려쳐서 충격을 주는 작업

4) 리벳 이음의 종류
① 겹치기 이음(lap joint) : 강판을 겹쳐놓고 리벳으로 연결하는 방법
② 맞대기 이음(butt joint) : 강판을 맞대어 놓고 한 쪽 또는 양쪽에 덮개판을 붙이고 리벳으로 연결하는 방법

(2) 용접

1) 용접의 개요
용접은 2개의 금속을 용융 온도 이상으로 가열하여 영구적으로 접합하는 것으로 무게가 가벼워지며, 용접을 넓은 범위에 사용하므로, 구조가 간단하여 작업 공정이 적어지고 제작 속도가 빠르며 제작비가 싸다.

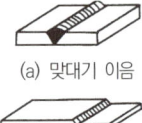

(a) 맞대기 이음   (b) 덮개판 이음
(c) 겹치기 이음   (d) 겹친 맞대기 이음

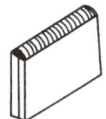 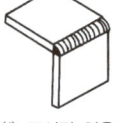 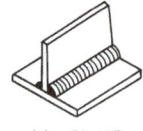

(e) 변두리 이음   (f) 모서리 이음   (g) T형 이음

용접 이음의 종류

📍 맞대기 이음 ⇒ 그림 외울 것

2) 용접 이음의 강도
① 맞대기 이음

$$\sigma_t = \frac{W}{tl}$$

📍 $\sigma_t = \frac{W}{tl}$ ⇒ 간혹 나옴

② 필릿 이음

$$\sigma_t = \frac{0.707\,W}{tl}$$

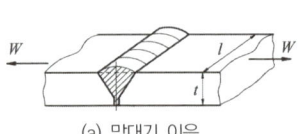 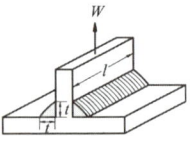

(a) 맞대기 이음   (b) 필릿 이음

용접 이음의 강도

03 축계 기계요소

1 축(Shaft)

축은 일반적으로 베어링(bearing)에 지지되어 강도, 휨 그 밖의 기계적 필요조건을 구비하여 회전 및 왕복 운동을 하는 기계요소를 말한다.

(1) 축의 종류

📍 작용 하중에 의한 분류 : 차축, 스핀들, 전동축
모양에 따른 분류 : 직선축, 크랭크 축, 플렉시블 축 ⇒ 섞어서 찾는 문제가 잘 나옴

1) 작용 하중에 의한 분류
① **차축(axle)** : 주로 **휨**을 받는 정지 또는 회전축을 말한다.

② **스핀들**(spindle) : 주로 **비틀림을 받으며** 모양이나 치수가 정밀하고 변형이 적어야 하므로 공작기계의 주축에 쓰인다.
③ **전동축** : 주로 **비틀림과 휨을 받으며 동력 전달이 주목적이다.** 이 전동축에는 **주축**(main shaft), **선축**(line shaft), **중간축**(counter shft)이 있다.

> 축의 순서가 중요 : 「주축 → 선축 → 중간축」 ⇒ 중간축이 끝임을 반드시 기억할 것

2) 모양에 따른 분류
① 직선축 : 보통 쓰이는 축이다.
② 크랭크 축(crank shaft) : 왕복운동 기관에 사용하는 축으로 직선 운동을 회전 운동으로 바꾸는데 사용한다.
③ 플렉시블 축(flexible shaft) : 가요축이라고도 하고, 축은 자유롭게 휠 수 있으며 강선을 2중, 3중으로 감아서 만든 축이다.

예제 1

비틀림 모멘트를 받는 회전축으로 치수가 정밀하고 변형량이 적어 주로 공작기계의 주축에 사용하는 축은?

① 차축　　　　　② 스핀들
③ 플랙시블축　　④ 크랭크축

정답 ②

- 스핀들 : 주로 비틀림 하중을 받는다.
- 플랙시블축 : 힘 및 충격, 진동이 심한 곳에 사용
- 차축 : 주로 굽힘 하중을 받는다.
- 크랭크축 : 왕복운동을 회전운동으로 전환운동

---

2 베어링과 저널

> 베어링과 접촉하는 축 부분을 저널이라 한다. ⇒ 이 말이 시험에 잘 나옴

회전축을 지지하여 주는 기계요소를 베어링(bearing)이라 하고 이 **베어링과 접촉하는 축 부분을 저널(journal)**이라 한다.

(1) 베어링의 종류

1) 접촉면에 따른 분류
> 미끄럼 베어링과 구름 베어링의 차이는 전동체의 유무이다.

① 미끄럼 베어링(sliding bearing) : 저널과 베어링면이 직접 접촉하여 미끄럼 운동을 하는 베어링
② 구름 베어링(rolling bearing) : 저널과 베어링면 사이에 전동체인 롤러나 볼을 넣어 구름 운동하는 베어링

2) 하중의 작용 방향에 따른 분류
> 레이디얼 베어링, 드러스트 베어링 ⇒ 개념 기억할 것

① **레이디얼 베어링**(radial bearing) : **축에 직각 방향의 하중**을 받는 베어링
② **트러스트 베어링**(thrust bearing) : **축방향의 하중**을 받는 베어링
③ **원뿔 베어링**(cone bearing) : **축의 직각 방향과 축방향의 하중을 동시에 받는 베어링**

(2) 저널의 종류

1) 가로 저널(레이디얼 저널)
하중이 축의 직각방향으로 작용하는 저널로 끝 저널(End journal)과 중간 저널이 있다.

2) 추력 저널(트러스트 저널)
하중이 축방향으로 작용하는 저널로 피벗 저널(pivot journal)과 칼라 저널이 있다.

3) 원뿔 저널(cone journal)
하중이 축의 직각방향과 축방향으로 동시에 작용하는 저널

예제 2

엔드 저널로서 지름이 50mm의 전동축을 받치고 허용 최대 베어링 압력을 6N/mm², 저널길이를 80mm라 할 때 최대 베어링 하중은 몇 kN인가?

① 3.64kN　　　② 6.4kN
③ 24kN　　　　④ 30kN

 정답 ③

압력$(P) = \dfrac{하중(W)}{투영면적(A)}$, 하중$(W)$ = 압력(P)×투영면적(A)
투영면적(A) = 지름×저널길이
하중(W) = 6×50×80 = 24000[N] = 24[kN]

(3) 미끄럼 베어링(sliding bearing)의 분류

1) 레이디얼 미끄럼 베어링

저널 베어링(journal bearing)이라고도 한다.

① 통쇠 베어링(solid bearing) : 주철제 한 덩어리로 구조가 매우 간단한 베어링이며 정하중의 저속 회전용에 쓰인다.
② 분할 베어링(split bearing) : 본체와 캡으로 구성된 베어링으로 중하중의 저속회전용에 쓰인다.

2) 트러스트 베어링(thrust bearing)

① **피벗 베어링(pivot bearing)** : 절구 베어링(foot step bearing)이라고도 하며 **축 끝이 원추형으로 그 끝이 약간 둥글게 되어 있다.**
② 컬러 트러스트 베어링(color thrust bearing) : 여러 단의 컬러가 배열되어 있으며 베어링의 길이가 비교적 길다.
③ 킹스버리 베어링(kingsbury bearing) : 미첼 베어링(michell bearing)이라고도 하며 가도편형의 베어링으로 큰 트러스트를 받는 베어링에 쓰인다.

3) 미끄럼 베어링의 재료

① 베어링 메탈의 구비조건

📌 베어링 메탈의 구비조건, 특징 ⇒ 기억할 것

   ㉠ 늘어붙지 않아야 한다.
   ㉡ 재료의 특성을 충분히 발휘할 수 있도록 성분이 고르게 분포되어야 한다.
   ㉢ 높은 내식성을 가져야 한다.
   ㉣ 높은 피로강도를 가져야 한다.
   ㉤ 마찰에 의한 마멸이 적어야 한다.

② 미끄럼 베어링의 특징

   ㉠ 구조가 간단하고 가격이 싸다.
   ㉡ 충격에 잘 견디고 힘이 크다.
   ㉢ 베어링의 수리가 용이하다.
   ㉣ 베어링에 작용하는 하중이 클 때 주로 사용한다.
   ㉤ 사용 시 마찰저항의 단점이 있다.
   ㉥ 윤활유를 넣을 때 주의해야 한다.

(4) 구름 베어링

1) 구름 베어링의 구조

구름 베어링은 내륜과 외륜 사이에 볼(ball) 또는 롤러(roller) 등의 전동체를 넣어 **전동체의 간격을 일정하게 유지하기 위하여 리테이너(retainer)를 가지고 있다.**

📌 전동체의 간격을 일정하게 유지하기 위하여 리테이너(retainer)를 가지고 있다. ⇒ 리테이너가 시험에 잘 나옴

① 볼 베어링(ball bearing) : 단열과 복열의 두 종류가 있으며 단열 깊은 홈형, 레이디얼 볼 베어링, 복열 자동조심형 레이디얼 볼 베이링, 단식 트러스트 볼 베어링 등이 있다.

구름 베어링의 구조

② 롤러 베어링(roller bearing)
   ㉠ 원통 롤러 베어링 : 레이디얼 부하용량이 매우 크고, 트러스트 하중을 전혀 받을 수 없다. 중하중용이며 충격에 강하다.
   ㉡ **니들 롤러 베어링 : 길이에 비하여 지름이 매우 작은 롤러**(지름 2 ~ 5mm)를 사용한 베어링으로 주로 리테이너가 없이 니들 롤러만으로 전동하므로 단위 면적에 대한 부하량이 커서 **좁은 장소에서 비교적 큰 하중을 받는 내연 기관의 피스톤 핀에 사용**된다.

📌 니들 롤러 베어링 : 길이에 비하여 지름이 매우 작은 롤러 ⇒ 가끔 나옴. 특징 외울 것

   ㉢ 원뿔 롤러 베어링 : 레이디얼 하중과 트러스트 하중을 동시에 받을 수 있으며, 주로 공작기계의 주축에 쓰인다.

2) 구름 베어링의 특징

📌 구름 베어링의 특징 ⇒ 외울 것

① 윤활이 용이하다.
② 과열될 위험성이 적고 고속회전에 적합하다.

③ 규격품이 많으므로 교환과 선택이 용이하다.
④ 설치하기가 힘들고 특수강을 사용하며 정밀가공 해야 한다.
⑤ 가격이 비싸고, 수명이 짧다.
⑥ 소음이 발생하기 쉽고, 충격에 약하다.
⑦ 조립이 어렵고 외경이 커지기 쉽다.

예제 3

다음 중 구름 베어링의 특성이 아닌 것은?

① 감쇠력이 작아 충격 흡수력이 작다.
② 축심의 변동이 작다.
③ 표준형 양산품으로 호환성이 높다.
④ 일반적으로 소음이 작다.

정답 ④

구름 베어링은 미끄럼 베어링과 비교하여 다음과 같은 특징을 갖고 있다.
• 기동마찰이 작고, 동마찰과의 차이도 더욱 작다.
• 국제적으로 표준화, 규격화가 이루어져 있으므로 호환성이 있고 교환 사용이 가능하다.
• 베어링의 주변 구조를 간략하게 할 수 있고 보수·점검이 용이하다.
• 일반적으로 경 방향 하중과 축 방향 하중을 동시에 받을 수가 있다.
• 고온도·저온도에서의 사용이 비교적 용이하다.
• 강성을 높이기 위해 부(負)의 클리어런스(예압 상태)로 해서도 사용할 수 있다.
• 소음은 비교적 있는 편이다.

3) 구름 베어링의 호칭법

 구름 베어링의 호칭법 ⇒ 기억할 것. 특히 안지름번호가 중요함.

| 형식번호 | 치수번호(나비와 지름기호) | 안지름번호 | 등급기호 |

① 호칭법에 쓰이는 숫자의 의미
  ㉠ 첫 번째 숫자 : 형식번호
    • 1 : 복렬 자동조심형
    • 2,3 : 복렬 자동조심형(큰나비)
    • 6 : 단열홈형
    • N : 원통 롤러형
    • 7 : 단열 앵귤러 콘택트형(경사 접촉형)
  ㉡ 두 번째 숫자 : 치수기호(폭 기호＋직경기호)
    • 0,1 : 특별 경하중형
    • 2 : 경하중형
    • 3 : 중간형

  ㉢ 세 번째 숫자와 네 번째 숫자 : 안지름 기호
     607 ⇒ 안지름은 7mm임
    60/25 ⇒ 안지름은 25mm임 ⇒ 기억할 것
    • 00 : 안지름 10(mm)
    • 01 : 안지름 12(mm)
    • 02 : 안지름 15(mm)
    • 03 : 안지름 17(mm)
    안지름 치수 9(mm) 이하의 한 자리 숫자는 그대로 표시하고 10(mm) 이상 500(mm) 까지는 그 1/5의 수 값(두 자리 숫자)으로 표시한다. 단, 위에 적은 10, 12, 17(mm)만은 예외이다. 500(mm) 이상의 것은 안지름 그대로를 써서 500(안지름 500nn), 630(안지름 630(mm)과 같이 표시한다.
  ㉣ 다섯 번째 이후의 기호 : 베어링의 등급기호
    • 무기호 : 보통급
    • H : 상급
    • P : 정밀등급
    • SP : 초정밀급
  ㉤ 사용보기

예제 4

볼 베어링의 KS 호칭번호가 6026 P6일 때 P6이 나타내는 것은?

① 등급 기호   ② 틈새 기호
③ 실드 기호   ④ 복합 표시 기호

정답 ①

베어링 계열	안지름 번호 (26 = 130mm)	틈새기호 (C2 틈새)	등급기호 (6급)
60	26	C2	P6

예제 5

지름 5mm 이하의 바늘 모양의 롤러를 사용하는 베어링은?

① 니들 롤러 베어링 ② 원통 롤러 베어링
③ 자동 조심형 롤러 베어링 ④ 테이퍼 롤러 베어링

정답 ①

- 니들 롤러 베어링 : 길이에 비하여 지름이 매우 작은 롤러(지름 5mm 이하)를 사용한 베어링으로 주로 리테이너가 없이 니들 롤러만으로 진동하므로 단위 면적에 대한 부하량이 커서 좁은 장소에서 비교적 큰 하중을 받는 내연기관의 피스톤 핀에 사용된다.

예제 6

구름 베어링의 호칭기호가 다음과 같이 나타날 때 이 베어링의 안지름은 몇 mm인가?

6026 P6

① 26 ② 60
③ 130 ④ 300

정답 ③

3 축 이음

(1) 커플링

1) 고정 커플링

연결할 두 축이 일직선상에 있을 때 사용하는 축 이음

① 원통 커플링(cylindrical coupling)
  ㉠ 머프 커플링(muff coupling) : 주철제 원통 속에 두 축을 맞대어 키로 고정하고 구조가 가장 간단한 커플링으로 인장력이 작용하는 축 이음에는 적합하지 않다.
  ㉡ 반 중첩 커플링(hard lap coupling) : 주철제 원통 속에 전달축보다 약간 크게 한 축에 기울기를 주어 중첩시킨 후 키로 고정한 커플링이다.

  ㉢ 클램프 커플링(clamp coupling) : 주철 또는 주강제 2개의 반원통을 보통 6개의 볼트로 체결하고 키로 연결한 분해 조립이 쉬운 커플링으로 축의 지름이 200mm 이하의 전동축의 축 이음에 쓰이고 분할 원통 커플링이라 한다.

예제 7

축의 설계 시 고려해야 할 사항으로 거리가 먼 것은?

① 강도 ② 제동장치
③ 부식 ④ 변형

정답 ②

축 설계시 고려사항
- 강도(Stength)
- 강성(Rigidity)
- 진동(Vibration)
- 열응력(Thernal stress) 및 열팽창
- 부식(Corrosion)

  ㉣ 셀러 커플링(seller's coupling) : 바깥통에 2개의 주철제 원뿔형을 양쪽에 끼워 3개의 볼트로 죄는 동시에 축을 고정시키는 것으로 테이퍼 슬리브 커플링이라고도 한다.
② 플랜지 커플링(flange coupling)
  두 축 끝에 플랜지를 끼워 키로 고정하고 리머볼트로 결합시키는 커플링으로 두 축을 정확하게 결합시킬 수 있고 확실하게 동력을 전달시킬 수 있어 지름이 200mm 이상의 축과 고속 정밀 회전축의 축이음에 많이 사용된다.
  📄 플랜지 커플링 ⇒ 가끔 나옴

2) 플렉시블 커플링(flexible coupling)
  📄 플렉시블 커플링, 올덤 커플링, 유니버설 조인트 ⇒ 가끔 나옴
두 축의 중심선을 일치시키기 어렵거나 또는 전달토크의 변동으로 충격을 받거나 고속회전으로 진동을 일으키는 경우 고무, 강선, 가죽, 스프링 등을 이용하여 충격과 진동을 완화시켜 주는데 사용한다.

예제 8

축이음 기계요소 중 플렉시블 커플링에 속하는 것은?

① 올덤 커플링 ② 셀러 커플링
③ 클램프 커플링 ④ 마찰 원통 커플링

정답 ①

- 플렉시블 커플링 종류 : 타이어플렉스 커플링, 로텍스 커플링, 토크리미터, 디스크 커플링, 플랜지 커플링, 그리드 커플링, 기어 커플링, 에스플렉스 커플링 등

3) 올덤 커플링(oldham coupling)

두 축이 평행하며 두 축 사이가 변화하는 경우에 사용되며, 진동이나 마찰 저항이 커서 고속회전에 적당하지 않다.

4) 유니버설 조인트(universal joint)

두 축이 만나고 각이 수시로 변화하는 경우에 사용되는 커플링으로 원동축은 등속회전, 종동축은 부등속회전을 하여 두 축이 만나는 각도를 30° 이내로 해야 한다.

예제 9

유니버설 조인트의 허용 축 각도는 몇 도(°C) 이내인가?

① 10° ② 20°
③ 30° ④ 60°

정답 ③

유니버설 조인트 허용 축 각도 30° 이내

(2) 클러치(Clutch)

원동축과 종동축의 결함을 단속하기 위하여 사용하는 축 이음.

1) 맞물림 클러치(claw clutch)

두 플랜지에 턱을 만들어서 한 플랜지는 원동축에 고정시키고, 또 다른 한 쪽의 플랜지는 종동축에서 미끄러질 수 있게 결합하여 필요할 때마다 두 플랜지를 결합하거나 분리할 수 있게 한 클러치를 맞물림 클러치라 한다.

2) 마찰 클러치

원동축과 종동축에 붙어 있어 접촉면을 서로 강하게 접속시켜서 마찰력에 의하여 동력을 전달하는 클러치로 한 쪽에는 금속을 다른 한 쪽에는 마찰재인 가죽, 고무, 목재, 직물, 석면 등을 붙여 사용한다.

04 전동용 기계요소

1 마찰차

직접 구름 접촉을 하고 원동차와 종동차와의 마찰력에 의한 전동을 마찰전동이라 하고, 이때 사용되는 바퀴를 마찰차라 한다.

(1) 마찰차의 응용 범위

마찰차의 응용 범위 ⇒ 가끔 나옴

① 전달되어야 할 힘이 크지 않으며, 정확한 속도비를 요구하지 않는 경우
② 속도비가 매우 커서 기어로 전동하기 어려운 경우
③ 두 축 사이를 자주 단속할 필요가 있을 경우
④ 무단 변속이 필요한 경우

(2) 마찰차의 종류

① 원통 마찰차 : 두 축이 평행한 경우
② 홈붙이 마찰차 : 두 축이 평행한 경우로 V자 홈을 표면에 파서 회전력을 크게 한 마찰차이다.
③ 원뿔 마찰차 : 두 축이 서로 교차하는 경우

(3) 원통 마찰차의 설계

원동차, 종동차의 지름을 D_1, D_2(mm), 회전수를 n_1, n_2(rpm)이라 하면

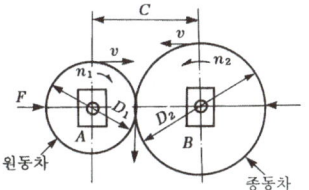

원통 마찰차의 동력전달

1) 원주 속도

$$V = \frac{\pi D_1 n_1}{60 \times 1,000} = \frac{\pi D_2 n_2}{60 \times 1,000} \text{ [m/sec]}$$

2) 속도비

$$i = \frac{n_2}{n_1} = \frac{D_1}{D_2}$$

3) 중심거리

$$C = \frac{D_2 \pm D_1}{2} \text{ (+는 외접, -는 내접)}$$

📌 속도비 : $i = \frac{n_2}{n_1} = \frac{D_1}{D_2}$

중심거리 : $C = \frac{D_2 \pm D_1}{2}$ ⇒ 반드시 외울 것

예제 1
회전하고 있는 원동 마찰차의 지름이 250mm이고 종동차의 지름이 400mm일 때 최대 토크는 몇 N·m인가? (단, 마찰차의 마찰계수는 0.2이고 서로 밀어 붙이는 힘은 2kN이다.)

① 20　　　② 40
③ 80　　　④ 160

정답 ③

$T = \mu \cdot p \dfrac{D_B}{2}$ [K·N]에 대입해서 풀면 된다.
(μ : 마찰계수, p : 마찰차를 미는 힘, D_B : 종동차 지름)
$T = 0.2 \cdot 2 \cdot \dfrac{400}{2}$ K·N $= 0.2 \cdot 400$K·N $= 80$K·N'

예제 2
사용 기능에 따라 분류한 기계요소에서 직접전동 기계요소는?

① 마찰차　　　② 로프
③ 체인　　　　④ 벨트

정답 ①

• 직접전동 : 기어전동, 마찰차 등
• 간접전동 : 체인전동, 벨트전동, 로프전동 등

2 기어

한 쌍의 원통과 원뿔에 이를 만들어 서로 맞물려 운동을 전달하는 기계요소를 기어(gear)라 하며, **한 쌍의 기어에서 잇수가 많은 쪽을 기어(gear), 잇수가 적은 쪽을 피니언(pinion)이라 한다.**

(1) 기어의 특징
① 큰 동력을 일정한 속도비로 전달할 수 있다.
② 전동 효율이 높고 감속비가 크다.
③ 충격에 약하고 소음, 진동이 발생한다.
④ 사용 범위가 넓다.
　예 시계, 항공기 등

(2) 기어의 각 부 명칭
① 피치원(pitch circle) : 기어의 중심과 피치점과의 거리를 반지름으로 한 두 기어가 구름접촉을 하는 가상의 원
② 이끝원(addendum circle) : 이끝 부분을 지나는 원
③ 이뿌리원(dedendum circle) : 이뿌리를 지나는 원
④ 원주 피치(circular pitch) : 피치원상에서의 한 이에서 다음 이까지의 원호의 길이
⑤ 이끝 높이(addendum) : 피치원에서 이끝까지의 거리($a = M$: 모듈 표준)
⑥ 이뿌리 높이(dedendum) : 피치원에서 이뿌리원까지의 거리($d = 1.25M$ 표준)
⑦ 유효 이 높이(working depth) : 맞물려 있는 한쌍의 기어에서 물리고 있는 이의 높이로서 한쌍의 기어의 이끝 높이(addendum)를 합한 길이

⑧ 총 이높이(whole depth) : 전체의 이높이로서 이끝높이와 이뿌리 높이의 합(H = 2.25M)
⑨ 이 나비(tooth width) : 축방향으로 측정한 이의 길이
⑩ 이 두께(tooth thickness) : 피치원상에서 측정한 이의 두께로 원주피치의 1/2이다.
⑪ 뒤틈(backlash) : 맞물려 있는 한 쌍의 기어에서 치면 사이의 간격
⑫ 이끝 틈새(클리어런스 : clearance) : 이뿌리원에서 상대편 기어의 이끝까지의 거리
⑬ 압력각(pressure angle) : 맞물려 있는 한 쌍의 기어의 피치점에서 반지름선과 치형의 접선이 이루는 각으로 14.5°와 20°가 많이 사용된다.

> **합격충전소**
> ▌▌▌ 충전 50% /이론공부 + 보충설명/
> 압력각이 클수록 잇수는 적고 이의 강도는 커지며, 압력각이 작을수록 잇수는 많고, 이의 강도는 작아진다.

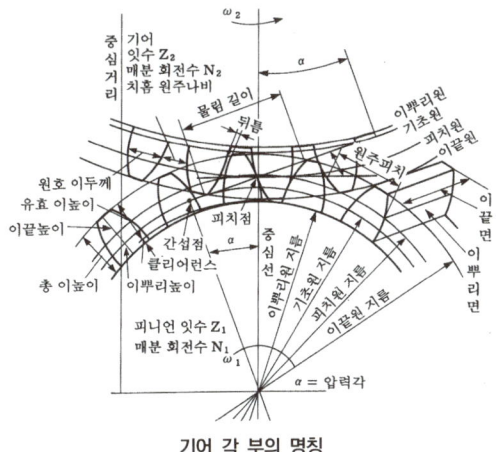

기어 각 부의 명칭

(3) 기어의 크기

기어에서 이의 크기를 표시하는데 다음의 3가지 기본 수식을 사용하고 있다.

1) 원주피치(circular pitch)
 원주피치, 모듈, 지름피치 ⇒ 반드시 나옴

피치원의 원주를 잇수로 나눈 값

$$\text{원주 피치 } P = \frac{\text{피치원의 둘레(mm)}}{\text{잇수}} = \frac{\pi D}{Z}$$
$$\therefore P = \pi M$$

여기서, **원주피치가 클수록 이는 커지고 잇수는 적어진다.**

2) 모듈(module)
피치원의 지름을 잇수로 나눈 값

$$\text{모듀율 } M = \frac{\text{피치원의 지름(mm)}}{\text{잇수}} = \frac{D}{Z}$$
$$\therefore D = M \cdot Z, \ Z = \frac{D}{Z}$$

여기서, **모듀율이 클수록 이는 커지고 잇수는 적어진다.**

3) 지름 피치(diametral pitch)
잇수를 피치원의 지름으로 나눈 값(인치식)

$$\text{지름 피치 } DP = \frac{\text{잇수}}{\text{피치원의 지름(IN)}}$$
$$= \frac{D}{Z} = \frac{25.4Z}{D}$$

여기서, **지름 피치가 클수록 이는 적어지고 잇수는 많아진다.**

 피치원($PCD = M \times Z$)과 바깥지름($D_0 = M(Z+2)$)을 반드시 기억

> **합격충전소**
> ▌▌▌ 충전 30% /이론공부 + 중간정리/
> **바깥지름**
> $De = D + 2M = M(Z+2)$

예제 3

스퍼 기어에서 모듈(m)이 4, 피치원 지름(D)이 72mm일 때 전체 이높이(H)는?

① 4.0mm ② 7.5mm
③ 9.0mm ④ 10.5mm

 정답 ③

전체 이높이(H) = 2.25 × 모듈(m)

예제 4

웜 기어의 특징으로 가장 거리가 먼 것은?

① 큰 감속비를 얻을 수 있다.
② 중심거리에 오차가 있을 때는 마찰이 심하다.
③ 소음이 작고 역회전 방지를 할 수 있다.
④ 웜 휠의 정밀측정이 쉽다.

 정답 ④

웜기어의 특징
- 웜기어는 수직방향으로 동력을 전달할 때 사용하며, 1/5~1/70 정도의 큰 기어 감속 비율을 얻을 수 있다.
- 베벨 기어나 헬리컬 기어를 사용하는 기계 장치에 비해 그 크기를 약 1/2로 줄일 수 있는 장점이 있다. 다른 기어에 비해 소음이나 진동이 매우 적은 편이다.
- 웜기어는 치면의 진행각이 적을 경우 웜휠로 웜을 회전할 수 없는 역전 방지가 가능하다.
- 웜기어는 치면의 마찰손실동력이 커서 동력 전달효율이 낮다. 예를 들어, 기어비율이 1/5이고 피니언의 회전수가 1800rpm인 경우, 이론적인 효율이 98%인데 비해 같은 중심거리에서 기어비율을 1/70으로 할 경우 효율은 약 60%로 떨어진다.
- 기어의 또 하나의 단점으로는 웜휠의 재질을 주로 동합금계열을 사용하기 때문에 일반기어를 치절하는 전용기로 가공할 수 없다는 것이다.
- 웜휠의 재질이 치면 수정이 불가능한 비철계열의 제품이므로 치형 수정은 주로 웜에 가해진다.
- 한 조의 웜과 웜휠을 가공하여 용한 경우 다른 웜기어와의 교환이 어렵다.

예제 5

웜 기어에서 웜이 3줄이고 웜휠의 잇수가 60개일 때의 속도비는?

① $\frac{1}{10}$ ② $\frac{1}{20}$
③ $\frac{1}{30}$ ④ $\frac{1}{60}$

 정답 ②

속도비 = $\frac{웜줄수}{웜기어잇수}$ = $\frac{3}{60}$ = $\frac{1}{20}$

예제 6

간헐운동(intermittent motion)을 제공하기 위해서 사용되는 기어는?

① 베벨 기어   ② 헬리컬 기어
③ 웜 기어   ④ 제네바 기어

 정답 ④

(4) 기어의 속도비

1) 기어의 속도비

원동차, 종동차의 회전수를 각각 n_A, n_B(rpm), 잇수를 Z_A, Z_B, 피치원의 지름을 D_A, D_B(mm)라고 하면,

$$속도비 : i = \frac{n_B}{n_A} = \frac{D_A}{D_B} = \frac{MZ_A}{MZ_B} = \frac{Z_A}{Z_B}$$

$$중심거리 : C = \frac{D_A + D_B}{2} = \frac{M(Z_A + Z_B)}{2}[\text{mm}]$$

단, M은 모듈이며 $D = MZ$가 된다.

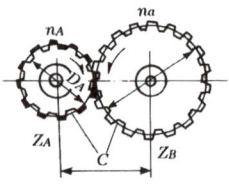

스퍼 기어

2) 기어 열(gear train)

기어의 속도비가 6 : 1 이상 되면 전동능력이 저하되므로 원동차와 피동차 사이에 1개 이상의 기어를 넣는다. 이와 같은 것을 기어 열이라 한다.

① 아이들 기어(idle gear) : 두 기어 사이에 있는 기어로 속도비에 관계없이 회전 방향만 변한다.
② 중간 기어 : 3개 이상의 기어 사이에 있는 기어로 회전방향과 속도비도 변한다.

$$\text{속도비 :}$$
$$i = \frac{n_c}{n_A} = \frac{\text{원동기어의 잇수의 곱}}{\text{피동기어의 잇수의 곱}} \left(= \frac{Z_A \times Z_C}{Z_B \times Z_D} \right)$$

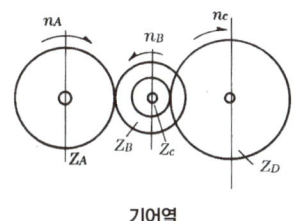

기어열

(5) 이의 간섭과 언더 컷

인벌류트 기어에서 잇수가 작은 경우나 잇수비가 큰 경우 이뿌리에 접촉하여 회전할 수 없는 경우가 발생한다. 이 현상을 간섭(interfrence of tooth)이라고 한다. 래크 공구 또는 호브로 기어를 절삭하면 잇수가 적을 경우, 이뿌리를 절삭하게 된다. 이것을 이의 **언더 컷**(Under Cut)이라고 한다. 언더컷을 방지하기 위해서는 이 전위기어를 사용한다.

📌 언더컷(Under Cut) ⇒ 개념 기억

① 이의 간섭을 막는 방법
  ㉠ 이의 높이를 줄인다.
  ㉡ 압력각을 증가시킨다.(20° 또는 그 이상 크게 한다.)
  ㉢ 치형의 이끝면을 깎아낸다.
  ㉣ 피니언의 반경 방향의 이뿌리면을 파낸다.
② 원인
  ㉠ 잇수가 적을 때
  ㉡ 압력각이 적을 때
  ㉢ 잇수비가 클 때

(6) 전위 기어

표준이의 래크 공구로 표준 절삭량보다 낮게 절삭하여 **기준 피치선의 피치원보다 다소 바깥쪽으로 절삭한 기어를 전위 기어**라 한다.

> **합격충전소**
>
> ▮▮▮▮ 충전 50% /이론공부 + 보충설명
>
> 전위량이 증가하면 언더컷을 방지하고 이뿌리의 두께를 크게 하여 이의 강도를 증대시킨다.

① 전위 기어의 용도
  📌 전위 기어의 용도 ⇒ 기억할 것
  ㉠ 중심거리를 자유로이 변화시키려고 할 때
  ㉡ 언더컷을 피하고 싶은 경우
  ㉢ 이의 강도를 개선하려고 하는 경우

3 벨트 전동

양축에 고정한 벨트 풀리(belt pully)에 벨트를 걸어서 마찰력에 의하여 동력을 전달하는 장치로 **축간거리가 10(m) 이하**이고, **속도비는 1 : 6 이하**, 속도는 10∼20m/sec, 평벨트와 V벨트가 있다.

① 벨트 전동의 특징
  ㉠ 정확한 속도비를 얻을 수 없다.
  ㉡ 효율이 비교적 좋다.(90∼98%)
  ㉢ 과하중 시 미끄러져 안전장치 역할을 한다.
  ㉣ 구조가 간단하다.

(1) 평벨트

1) 벨트 거는법

벨트가 원동차로 들어가는 쪽을 인장쪽(tension side), 원동차에서 풀려나오는 쪽을 이완쪽(loose side)이라 한다.

① 바로걸기(open belting) : 원동차와 피동차의 회전방향이 같다.(10m 이내)
② 엇걸기(cross belting) : 원동차와 피동차의 회전방향이 반대이다.(벨트 폭이 20배 이상)

③ 인장 풀리 사용 예
  ㉠ 접촉각을 크게 할 때
  ㉡ 축간거리가 짧을 때
  ㉢ 미끄럼을 작게 할 때

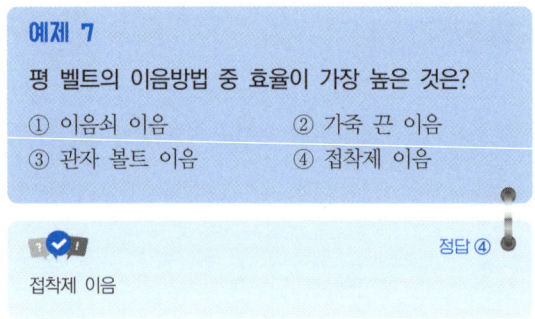

예제 7
평 벨트의 이음방법 중 효율이 가장 높은 것은?
① 이음쇠 이음   ② 가죽 끈 이음
③ 관자 볼트 이음 ④ 접착제 이음

정답 ④
접착제 이음

(2) V벨트

1) V벨트 전동
   📌 축간거리 5m 이하, 속도비 1 : 7 정도 보통이나 1 : 10 정도도 가능 ⇒ 평벨트에 비해 짧다.(시험에 잘 나옴)

단면이 사다리꼴인 고무벨트를 V 벨트 풀리에 끼워서 전동하는 것으로 **축간거리 5m 이하, 속도비 1 : 7 정도가 보통이나 1 : 10 정도도 가능**, 속도 10~15m/s가 보통이나 25m/s 정도도 가능하며 단면이 V형 이음매가 없다.

전동효율은 95~99% 정도이며, 홈 밑에 접촉하지 않게 되어 있으므로 홈의 빗변으로 벨트가 먹혀 들어가기 때문에 마찰력이 큰데 이것을 쐐기 작용이라 한다.(끊어지면 수정이 안 됨)

예제 8
평 벨트 전동과 비교한 V벨트 전동의 특징이 아닌 것은?
① 고속운전이 가능하다.
② 미끄럼이 적고 속도비가 크다.
③ 바로걸기와 엇걸기 모두 가능하다.
④ 접촉 면적이 넓으므로 큰 동력을 전달한다.

정답 ③
V벨트는 동력전달 보조 장치의 구동 수단으로 산업용 기계 구동 및 농기계용, 중공업, 경공업 등 모든 산업 분야에 널리 보급된 효율 높은 전동시스템이다.

2) V 벨트의 종류
   📌 M형이 제일 작고, E형이 가장 단면이 크다. ⇒ 반드시 기억할 것

단면의 크기에 따라서 M, A, B, C, D, E의 6가지가 있으며 **M형이 제일 작고 E형이 가장 단면이 크다.**

3) V 벨트의 호칭 번호

$$호칭번호 = \frac{벨트의\ 유효둘레(mm)}{25.4}$$

4) V 벨트의 특징
   📌 벨트각도 : 40°, 풀리각도 : 34°, 36°, 38° ⇒ 구분해서 반드시 외울 것

① 풀리의 **홈각도는 40°**보다 작게 한다.(34°, 36°, 38°의 3종류)
② 미끄럼이 작고 전동 속도비가 크다.
③ **축간거리가 평벨트보다 짧다.**(5m 이하)
④ 전동효율이 매우 크다.
⑤ 운전이 정숙하며 충격을 완화시킨다.
⑥ V 벨트가 끊어졌을 때에는 접합이 불가능하다.

(3) 체인(Chain)

스프로킷(sproket)은 체인을 사용하여 평행한 두 축 사이에 체인의 전동에 사용되는 기계요소이다. 체인 전동은 축간거리 4m 이하에 사용되며 체인 휠(chain wheel)에 체인이 몰려서 동력을 전달한다.

1) 체인의 종류
① **롤러 체인(roller chain)** : 2개의 강판으로 만든 링을 핀으로 연결한 것으로 핀에 부시 롤러를 끼운 것이다. 고속회전 시 소음이 난다.
   📌 로울러 체인, 사일런트 체인, 링크체인 ⇒ 기억할 것
② **사일런트 체인(silent chain)** : 링크의 바깥면이 스프로킷의 이에 접촉하여 물리며 다소 마모가 생겨도 체인과 바퀴 사이에 틈이 없어 **조용히 전동된다**.
③ **링크체인(link chain)** : 원형 단면을 가진 가는 **연강 봉으로 타원형으로 구부려 이어서 만든 것이다.**

2) 체인 전동의 특징
① 미끄럼 없이 일정한 속도를 얻을 수 있다.
② 큰 동력이 전달된다.(효율 95% 이상)
③ 속도비가 정확하다.
④ 수리 및 유지가 쉽다.
⑤ 내열, 내유, 내습성이 있다.
⑥ 체인의 탄성으로 어느 정도 충격이 흡수된다.
⑦ 진동, 소음이 생기기 쉽다.
⑧ 고속 회전에 부적당하다.

05 제동 및 완충용 기계요소

1 브레이크

📌 브레이크의 내용 기억할 것

기계 부분의 운동에너지를 열에너지나 전기에너지 등으로 바꾸어 흡수하고, 기계부분의 운동속도를 감소시키거나 정지시키는 장치로 마찰 브레이크(friction brake)가 널리 사용된다.

(1) 브레이크의 종류

1) 원주 브레이크
블록 브레이크(block brake), 밴드 브레이크(band brake)

2) 축압 브레이크
원판 브레이크(disc brake), 원추 브레이크(cone brake)

3) 자동하중 브레이크
원 브레이크(worm brake), 나사 브레이크(screw brake), 캠 브레이크(cam brake), 코일 브레이크(coil brake), 체인 브레이크(chain brake), 원심력 브레이크(centrifugal brake)

(2) 블록 브레이크(block brake)

브레이크 블록의 수에 따라 단식 블록 브레이크(single block brake), 복식 블록 브레이크(double brake)로 나눈다.

(3) 밴드 브레이크

브레이크 드럼 주위에 강철 밴드를 감아 놓고, 레버로 밴드를 잡아당겨, 밴드와 브레이크 드럼 사이에 마찰력을 발생시켜서 제동하는 장치로, 브레이크 밴드에 생기는 인장응력을 σ(N/mm²), 밴드 두께를 t(mm), 나비를 b(mm)라 하고 밴드의 인장 쪽의 장력을 F_1이라 하면

$$\sigma = \frac{F_1}{tb} \, [\text{N/mm}^2]$$

(4) 원판 브레이크

축과 함께 회전하는 원판을 고정 원판에 접촉시켜, 접촉면 사이의 마찰력에 의해 제동하는 것을 말한다.

예제 1

다음 제동장치 중 회전하는 브레이크 드럼을 브레이크 블록으로 누르게 한 것은?

① 밴드 브레이크　　② 원판 브레이크
③ 블록 브레이크　　④ 원추 브레이크

정답 ③

- 블록 브레이크 : 마찰 브레이크로 브레이크 드럼에서 브레이크 블록을 밀어 넣어 제동하는 장치
- 원판 브레이크 : 축과 함께 회전하는 원판을 고정 원판에서 접촉시켜 접촉면 사이의 마찰력에 의해 제동하는 장치
- 원추 브레이크 : 마찰면을 원추형으로 하여 제동하는 장치
- 밴드 브레이크 : 브레이크 드럼 주위에 강철 밴드를 감아 놓고 레버로 밴드를 잡아당겨 밴드와 브레이크 드럼 사이에 마찰력을 발생시켜서 제동하는 장치

예제 2

회전운동을 하는 드럼이 안쪽에 있고 바깥에서 양쪽 대칭으로 드럼을 밀어 붙여 마찰력이 발생하도록 한 브레이크는?

① 블록 브레이크 ② 밴드 브레이크
③ 드럼 브레이크 ④ 캘리퍼형 원판 브레이크

 정답 ③

- 블록 브레이크(자전거 앞바퀴 브레이크)
- 띠브 레이크(밴드 브레이크) : 자전거 뒷바퀴 브레이크
- 원판 브레이크 : 오토바이 앞바퀴 브레이크
  - 캘리퍼형 원판 브레이크 : 캘리퍼란 자동차 브레이크 부품으로 디스크 브레이크에 유압피스톤과 패드의 세트
  - 클러치형 원판 브레이크 : 축 방향 하중에 의해 발생하는 마찰력으로 제동하는 브레이크로 마찰면이 원판
- 드럼 브레이크 : 회전운동을 하는 드럼이 바깥쪽에 있고 두 개의 브레이크 블록이 드럼의 안쪽에서 대칭으로 드럼에 접촉하여 제동한다.

예제 3

평 벨트의 이음방법 중 효율이 가장 높은 것은?

① 이음쇠 이음   ② 가죽 끈 이음
③ 관자 볼트 이음 ④ 접착제 이음

 정답 ④

접착제 이음

예제 4

다음 중 자동하중 브레이크에 속하지 않는 것은?

① 원추 브레이크 ② 웜 브레이크
③ 캠 브레이크   ④ 원심 브레이크

 정답 ③

2 스프링

(1) 스프링의 종류

1) 재료에 의한 분류

> 📌 금속 스프링, 비금속 스프링, 유체 스프링 ⇒ 가끔 나옴

① 금속 스프링 : 강철, 구리합금, 니켈합금
② 비금속 스프링 : 고무, 합성수지 등
③ 유체 스프링 : 공기, 액체 등

2) 하중에 의한 분류

인장 스프링, 압축 스프링, 토션 바 스프링

3) 모양에 의한 분류

코일 스프링(coiled spring), 겹판 스프링(leaf spring), 스파이럴 스프링(spiral spring), 벌류트 스프링(volute spring), 토션 바 스프링(torsion bar spring)

4) 용도에 의한 분류

완충 스프링, 저압 스프링, 측정용 스프링, 동력 스프링

(2) 스프링의 용도

> 📌 스프링 용도 : 에너지흡수(충격완충), 에너지저장(태엽), 측정(저울)

① 충격에너지를 흡수하여 완충, 방진을 목적으로 하는 철도 차량용 현가 스프링, 자동차용 현가 스프링, 승강기의 완충 스프링 등이 있다.
② 탄성 변형한 스프링의 저축 에너지를 이용한 것은 계기용 스프링, 시계용 스프링, 완구용 스프링 등이 있다.
③ 스프링에 가해지는 하중과 신장의 관계로부터 하중을 측정하는 스프링 저울, 안전밸브용 스프링, 조속기(governer)용 스프링 등이 있다.

(3) 스프링의 설계

1) 스프링 지수

코일의 평균지름과 소선의 지름과의 비

$$C = \frac{코일의\ 평균지름}{소선의\ 지름} = \frac{D}{d}$$

2) 스프링의 종횡비

자유높이와 코일의 평균지름과의 비

$$\frac{\text{자유높이}}{\text{코일 평균지름}} = \frac{H}{D}$$

3) 스프링 상수

스프링의 억센 정도를 나타내는 것으로 단위 변형량에 대한 하중으로 나타낸다.

📌 시험에 잘 나옴.
- 병렬과 직렬 구분해야 함
- 직렬 시 스프링 상수는 $\frac{1}{k}$이므로 한 번 뒤집어야 함.
  - 예) $k = 4$라면 상수는 $\frac{1}{4}$이므로 0.25가 됨

$$K = \frac{\text{하중}}{\text{변위량}} = \frac{W}{\delta} [\text{N/mm}^2]$$

- 병렬 연결일 경우 (a), (b) : $K = K_1 + K_2$
- 직렬 연결일 경우 (c) : $\frac{1}{K} = \frac{1}{K_1} + \frac{1}{K_2}$

📌 (a)와 (b)는 병렬이고, (c)는 직렬 ⇒ 기억(특히 (a)기억할 것)

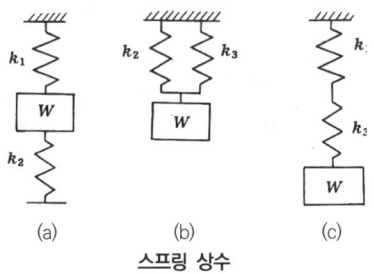

스프링 상수

예제 5

압축 코일 스프링에서 코일의 평균지름(D)이 50mm, 감김수가 10회, 스프링지수(C)가 5.0일 때 스프링 재료의 지름은 약 몇 mm인가?

① 5　　　　　② 10
③ 15　　　　　④ 20

 정답 ②

재료지름
$d = \frac{D}{C} = \frac{50}{5} = 10$

예제 6

스프링의 길이가 100mm인 한 끝을 고정하고, 다른 끝에 무게 40N의 추를 달았더니 스프링의 전체 길이가 120mm로 늘어났을 때 스프링 상수는 몇 N/mm인가?

① 8　　　　　② 4
③ 2　　　　　④ 1

 정답 ③

$K = \frac{W}{\delta}$ (W : (N)하중, δ : 변형량)

$K = \frac{40}{20} = 2\,\text{N/mm}$

예제 7

원통형 코일의 스프링 지수가 9이고, 코일의 평균 지름이 180mm이면 소선의 지름은 몇 mm인가?

① 9　　　　　② 18
③ 20　　　　　④ 27

 정답 ③

스프링 지수
$C = \frac{D}{d}$　$d = \frac{D}{C} = \frac{180}{9} = 20\,\text{mm}$

06 관계요소

1 밸브와 콕

(1) 밸브의 종류

1) 리프트 밸브(lift valve)

유체의 흐름방향과 밸브 시트가 평행하게 움직이는 것으로 정지 밸브와 니들 밸브가 있다.

① 정지 밸브(stop valve) : 가장 널리 사용되는 밸브로 입구와 출구가 일직선상에 있고, 흐름의 방향이 동일한 글로브 밸브(globe valve)와 흐름의 방향이 90°로 바뀌는 앵글 밸브(angle valve)가 있다. 두 밸브의 리프트(lift)는 안지름의 약 1/4이다.

② 니들 밸브 : 유량을 작게 줄이기 위해 밸브 로드 끝이 바늘 모양으로 뾰족하며, 작은 힘으로 정확히 유로를 차단한다.

2) 슬루스 밸브(sluice valve)

밸브판이 흐름에 대하여 직각으로 놓여지며, 밸브 시트에 대하여 미끄러지는 운동을 하는 구조이다. 조작이 빈번하거나 제어나 유량을 줄이는 곳에는 사용하지 않는다.

3) 체크 밸브(check valve)

📌 체크 밸브 : 유체를 한 방향으로만 흐르게 하는 역류 방지 밸브

유체를 한 방향으로만 흐르게 하는 역류 방지 밸브로 스윙 체크(swing check)와 리프트 체크(lift check)가 있다.

4) 이스케이프 밸브(escape valve)

📌 이스케이프 밸브 : 안전밸브

유로 내의 압력이 규정 이상이 되었을 때 자동적으로 작동하여 유체를 흐르게 하거나 차단하는 밸브이다.

5) 기타 밸브

① 격막 밸브(diaphragm valve) : 금속으로 만든 본체에 탄성이 있는 격막과의 접촉으로 개폐되는 밸브이다.

② 나비 밸브(butterfly valve) : 원판의 회전에 의하여 유로의 개폐를 조절하게 되는 밸브다.

(2) 콕(Cock)

📌 콕(Cock) ⇒ 개념 반드시 외울 것

원통 또는 원뿔형의 플러그를 90° 회전시켜 유량을 조절 또는 차단할 수 있어, 조작이 간단하고 취급이 쉬워 저압용으로 지름이 작은 부분에 사용한다.

04 단원별 출제예상문제

SECTION

이쌤이 **콕! 찝어주는** 주요 예상문제 풀어보기!

01 기계재료에 반복 하중이 작용하여도 영구히 파괴되지 않는 최대 응력을 무엇이라 하는가?

① 탄성한계 ② 크리프한계
③ 피로 한도 ④ 인장 강도

피로한도
S-N곡선의 수평부는 무한회의 반복수에 견디는 응력의 상한계이고, 이것을 피로한도 혹은 내구한도(endurance limit)라 한다

02 재료의 안전성을 고려하여 안전할 것이라고 허용되는 최대의 응력을 무슨 응력이라 하는가?

① 허용응력 ② 주응력
③ 사용응력 ④ 수직응력

$$안전율(S) = \frac{극한강도(\sigma u)}{허용응력(\sigma a)}$$

03 탄소강의 기계적 성질 중 상온, 아공석강(C < 0.77%) 영역에서 탄소(C)량의 증가에 따라 저하하는 성질은?

① 인장강도 ② 항복점
③ 경도 ④ 연신율

탄소강이 탄소의 함량에 따라 증가하는 것
인장강도, 경도, 강도 등

04 연신율이 20%이고, 파괴되기 직전의 늘어난 시편의 전체 길이가 30cm일 때, 이 시편의 본래의 길이는?

① 20cm ② 25cm
③ 30cm ④ 35cm

$$\epsilon = \frac{l'-l}{l} \times 100, \ 20 = \frac{l'-30}{30} \times 100$$

$$l' = 20$$

05 금속이 탄성한계를 초과한 힘을 받고도 파괴되지 않고 늘어나서 소성변형이 되는 성질은?

① 연성 ② 취성
③ 경도 ④ 강도

연성
물체가 탄성 한도에 의해 파괴되지 않고 길게 늘어나 소성적으로 변형하는 성질

06 길이 100cm의 봉이 압축력을 받고 3mm만큼 줄어들었다. 이때, 압축 변형률은 얼마인가?

① 0.001 ② 0.003
③ 0005 ④ 0.007

$$변형률 = \frac{\Delta l}{l} = \frac{3}{1000} = 0.003$$

정답 01 ③ 02 ① 03 ④ 04 ① 05 ① 06 ②

07 각속도(ω, rad/s)를 구하는 식 중 옳은 것은? (단, N : 회전수(rpm), H : 전달마력(PS)이다.)

① $\omega = (2\pi N)/60$ ② $\omega = 60/(2\pi N)$
③ $\omega = (2\pi N)/(60H)$ ④ $\omega = (60H)/(2\pi N)$

> 각속도가 일정한 경우(변하지 않을 때), $\theta = \omega t$, $a = 0$이 된다. a가 0은 아니지만 일정한 경우에는 $\omega = at$, $\theta = 1/2at^2$으로 표시된다.
> 각도나 각변위는 보통 360°에 대한 각도(회전각)로 나타내며, 각속도는 분당 회전수(rpm)로 나타낸다. 수학과 물리학에서 각도는 보통 rad(라디안)으로 표시하며 각속도는 rad/s로 나타낸다.
> 이러한 측정법(1° = π/180rad, 1rpm = π/30rad/s)에서는 보통 그리스 문자 ω(오메가)로 표시된다.

08 국제단위계(SI)의 기본단위에 해당되지 않는 것은?

① 길이 : m ② 질량 : kg
③ 광도 : mol ④ 열역학 온도 : K

> **국제단위계(SI)의 기본단위**
> • 길이의 기본단위 – 미터(meter)
> • 질량의 기본단위 – 킬로그램(kilogram)
> • 시간의 기본단위 – 초(second)
> • 전류의 기본단위 – 암페어(Ampere)
> • 온도의 기본단위 – 켈빈(Kelvin)
> • 물질량의 기본단위 – 몰(mole)
> • 광도의 기본단위 – 칸델라(candela)

09 테이퍼 핀의 테이퍼 값과 호칭지름을 나타내는 부분은?

① 1/100, 큰 부분의 지름
② 1/100, 작은 부분의 지름
③ 1/50, 큰 부분의 지름
④ 1/50, 작은 부분의 지름

> • 키 – 1/100
> • 핀 – 1/50

10 길이가 100mm인 스프링의 한 끝을 고정하고, 다른 끝에 무게 40N의 추를 달았더니 스프링의 전체 길이가 120mm로 늘어났다. 이때의 스프링 상수 [N/mm]는?

① 0.5 ② 1
③ 2 ④ 4

$$K = \frac{W}{\delta} = \frac{40}{20} = 2$$

11 일명 우드러프 키라고도 하며, 키와 키 홈 등이 모두 가공하기 쉽고, 키와 보스를 결합하는 과정에서 자동적으로 키가 자리를 잡을 수 있는 장점이 있으며 자동차, 공작기계 등에 널리 사용되는 키는?

① 성크 키 ② 접선 키
③ 반달 키 ④ 스플라인

> **우드러프키**
> 반달키를 말하며 테이퍼 진 곳에 키가 자리를 잡을 수 있다.

12 단면적이 10mm²인 봉에 길이방향으로 100N의 인장력이 작용할 때 발생하는 인장응력은 몇 N/mm² 인가?

① 5 ② 10
③ 80 ④ 99.6

$$\sigma = \frac{W}{A} = \frac{100}{10} = 10 \text{N/mm}^2$$

13 전기에너지를 이용하여 제동력을 가해 주는 브레이크는?

① 블록 브레이크 ② 밴드 브레이크
③ 디스크 브레이크 ④ 전자 브레이크

> 전자 브레이크

정답 07 ① 08 ③ 09 ④ 10 ③ 11 ③ 12 ② 13 ④

14 한 쌍의 기어 잇수가 40 및 60이고 두 축 간의 거리는 100mm일 때 기어의 모듈은?

① 1　　② 2
③ 3　　④ 4

$$C = \frac{PCD_1 + PCD_2}{2} = \frac{M(40+60)}{2} = 2$$
$$M = 2$$

15 나사의 사용 목적에 따라 분류할 때 용도가 다른 것은?

① 사다리꼴 나사　　② 삼각나사
③ 볼나사　　④ 사각나사

• 삼각나사 - 체결용
• 사다리꼴나사, 사각나사, 볼나사 - 운동용 나사

16 브레이크 블록의 길이와 나비가 60mm×20mm이고 브레이크 블록을 미는 힘이 900N일 때 제동압력은?

① 0.75N/mm²　　② 7.5N/mm²
③ 75N/mm²　　④ 750N/mm²

$$q = \frac{P}{A} = \frac{900}{(20 \times 60)} = 0.75 N/mm^2$$

여기서, q : 브레이크 블록의 평균 압력[N/mm²]
P : 브레이크 블록을 미는 힘[N]
A : 블록의 접촉투상면적[mm²]
b : 브레이크 블록의 폭[mm]
e : 브레이크 블록의 길이[mm]

17 유니파이 가는나사(UNF)계 나사의 바깥지름(호칭치수)이 1/2(inch) 1인치당 산수가 20산일 때 나사구멍 드릴의 지름은?

① 9.4mm　　② 10.4mm
③ 11.4mm　　④ 12.7mm

$$d = D - p = (\frac{1}{2} \times 25.4) - (\frac{1}{20} \times 25.4) = 11.4mm$$

18 다음과 같은 용접기호 및 치수기입표시 기호에서 L자는 무엇을 표시하는가?

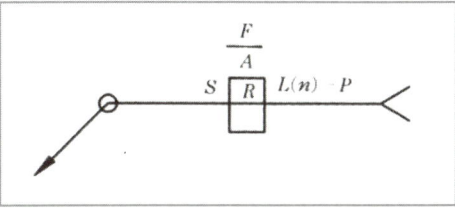

① 루트의 간격　　② 용접의 길이
③ 점용접의 수　　④ 뜨임용접의 피치

• S : 용접부의 단면치수 또는 강도
• F : 다듬질 방법
• R : 루트 간격
• A : 홈 각도
• L : 단속 필렛 용접의 용접길이
• n : 단속 필렛 용접, 점 용접 등의 수
• P : 단속 필렛 용접, 점 용접 등의 피치
• T : 특별 지시사항

19 비틀림 모멘트 4400N·cm, 회전수 300rpm인 전동축의 동력은?

① 1.38kW　　② 1.65kW
③ 16.5kW　　④ 13.8kW

$$T = 97400 \times 9.8 \frac{H}{N}$$
$$H = \frac{TN}{97400 \times 9.8} = \frac{4400 \times 300}{97400 \times 9.8} = 1.38kW$$

20 축지름을 d, 축재료의 전단응력을 τ라 하면 비틀림 모멘트 T는?

① $T = \pi d^3 \tau \frac{1}{32}$　　② $T = \pi d^3 \tau \frac{1}{16}$
③ $T = \pi d^2 \tau \frac{1}{32}$　　④ $T = \pi d^2 \tau \frac{1}{16}$

스핀들은 주로 비틀림하중을 받으며 정밀한 축으로 공작 기계의 주축에 사용됨.

$$T = \tau_a z_p = \tau_a \frac{\pi d^3}{16}$$
$$d = \sqrt[3]{\frac{16T}{\pi \tau_a}} = \sqrt[3]{\frac{5.1T}{\tau_a}}$$

정답　14 ②　15 ②　16 ①　17 ③　18 ②　19 ④　20 ②

21 각도 측정에서 1라디안(radian)을 나타내는 식은?

① $\dfrac{360°}{\pi}$ ② $\dfrac{\pi}{360°}$

③ $\dfrac{360°}{2\pi}$ ④ $\dfrac{2\pi}{360°}$

$1 rad = \dfrac{360°}{2\pi} = \dfrac{180°}{\pi} = 57.3°$

22 어떤 축이 굽힘 모멘트와 비틀림 모멘트를 동시에 받고 있을 때, 최대 주응력설에 의한 상당 굽힘 모멘트(equivalent bending moment)는 다음 중 어느 것인가?

① $M_e = \dfrac{1}{2}(M + \sqrt{M^2 + T^2})$

② $M_e = \dfrac{1}{2}(M^2 + \sqrt{M + T})$

③ $M_e = \dfrac{1}{2}(M^2 + \sqrt{M^2 + T^2})$

④ $M_e = \dfrac{1}{2}(M + \sqrt{M + T})$

- 최대주응력설 $M_e = \dfrac{1}{2}(M + \sqrt{M^2 + T^2})$
- 최대전단응력설 $T_e = \sqrt{M^2 + T^2}$

23 리벳 작업시 리벳의 구멍 크기는?

① 리벳 구멍이 리벳 지름보다 작아야 한다.
② 리벳 구멍과 리벳 지름은 같아야 한다.
③ 리벳 머리지름은 리벳 구멍보다 1~1.5mm 정도 크게 한다.
④ 리벳 지름은 리벳 구멍보다 3~5mm 정도 크게 한다.

리벳 머리지름은 리벳 구멍보다 1~1.5mm 정도 크게 하고, 리벳의 길이는 강판의 합계치수보다 1.3~1.6 크게 한다.

24 코킹(caulking) 작업의 목적은?

① 용접에 있어서 모재를 접합하기 위하여
② 리베팅에 있어서 기밀을 유지하기 위하여
③ 리베팅에 있어서 강판의 강도를 크게 하기 위하여
④ 용접에 있어서 효율을 증가시키기 위하여

코킹(정)은 리베팅 작업에 있어서 기밀을 유지하기 위하여 실시하며, 플러링(플러링공구)을 할 수도 있다. 단, 강판의 두께가 5mm 이하의 것에는 코킹의 효과가 없으므로 종이, 막대, 천, 석면 같은 패킹재료를 강판 사이에 끼워서 사용한다.

25 다음은 보일러용 리벳 이음에 대한 설명이다. 옳은 것은?

① 피치는 대략 리베팅하는 길이에 의해 결정된다.
② 원주 방향의 응력은 축 방향의 응력의 1/2이다.
③ 원통을 반지름 방향의 내압으로 위아래로 분리하려고 하는 힘은 강판의 저항력과 같아야 한다.
④ 리벳 이음의 세로 이음은 원주 이음보다 약한 것을 써도 좋다.

원주 방향의 단면은 축방향 단면에 비해 2배의 강도를 갖게 되며, 내압에 의한 원통의 파괴는 원주 방향에 연(沿)하여 일어난다.

26 다음 보일러용 리벳이음에서 원주 방향의 계산식을 바르게 쓴 것은?

① $\sigma_1 = \dfrac{pd}{2t}$ ② $\sigma_1 = \dfrac{pd}{4t}$

③ $\sigma_1 = \dfrac{2t}{pd}$ ④ $\sigma_1 = \dfrac{4t}{pd}$

- 원주방향의 응력 $\sigma_1 = \dfrac{pd}{2t} = \sigma_a$
- 축방향의 응력 $\sigma_2 = \dfrac{pd}{4t}$

27 리벳의 종류 중 사용목적에 의해 분류한 것으로 주로 수밀을 중요시하는 저압 탱크 등에 사용되는 리벳은?

① 보일러용 리벳 ② 저압용 리벳
③ 구조용 리벳 ④ 열간용 리벳

> 보일러, 차량, 선박, 철골 구조물의 강판이나 영구적으로 결합하는 이음을 리벳 이음이라 한다.
> • 구조용 리벳 : 강도 요구(철교, 철탑)
> • 저압용 리벳 : 수밀 요구(저압용 탱크)
> • 보일러용 리벳: 강도와 기밀이 요구될 때(압력용기)

28 리벳에서 = 500N, 지름 19mm일 때 전단응력은?

① 1.23 ② 1.47
③ 1.63 ④ 1.76

$$\tau = \frac{4W}{\pi d^2} = \frac{4 \times 500}{\pi \times 19^2} = 1.76 N/mm^2$$

29 리벳 이음이 주로 파괴되는 경우가 아닌 것은?

① 리벳이 전단으로 파괴된다.
② 리벳이 굽혀져서 파괴된다.
③ 강판의 가장자리가 끊어진다.
④ 리벳 구멍 사이의 강판이 절개된다.

> **리벳 이음 파괴 종류**
> • 리벳이 전단으로 파괴될 때
> • 리벳 구멍 사이의 강판이 파괴될 때
> • 판이 압축으로 인해 파괴될 때
> • 판 가장자리와 리벳 구멍 사이의 판이 파괴될 때
> • 강판이 절개될 때

30 리벳 제품과 비교한 용접 제품의 결점에 해당되지 않는 것은?

① 품질 검사가 곤란하다.
② 용접자의 기술에 의하여 용접의 신뢰도가 좌우된다.
③ 자재가 많이 든다.
④ 잔류응력이 생기기 쉽다.

> **용접 이음의 장점**
> • 이음효율이 높고, 기밀성이 높다.
> • 구조가 간단하고, 중량이 감소된다.
> • 재료와 제작비의 경감
> • 판의 두께에 제한이 없다.
> **용접 이음의 단점**
> • 고열에 의한 재질의 변화와 진동감쇠가 어렵다.
> • 팽창과 수축 및 잔류응력 발생
> • 비파괴 검사가 어렵다.

27 ② 28 ④ 29 ② 30 ③

DO IT YOURSELF

과년도 기출문제

/05

2015 제1회 과년도 기출문제

01 가단주철의 종류에 해당하지 않는 것은?

① 흑심 가단주철
② 백심 가단주철
③ 오스테나이트 가단주철
④ 펄라이트 가단주철

> **가단주철의 종류**
> • 흑심가단주철
> • 백심가단주철
> • 펄라이트 가단주철

02 비자성체로서 Cr과 Ni를 함유하며 일반적으로 18-8 스테인리스강이라 부르는 것은?

① 페라이트계 스테인리스강
② 오스테나이트계 스테인리스강
③ 마텐자이트계 스테인리스강
④ 펄라이트계 스테인리스강

> 오스테나이트계 스테인리스강 STS – 강 + Cr 18% – Ni 8%

03 8~12% Sn에 1~2% Zn의 구리합금으로 밸브, 콕, 기어, 베어링, 부시 등에 사용되는 합금은?

① 코르손 합금   ② 베릴륨 합금
③ 포금   ④ 규소 청동

> **포금(gun metal)**
> 주석 8~12%, 아연 1~2%가 함유된 구리 합금으로, 단조성이 좋고 강력하며, 내식성 및 내해수성이 있어 밸브, 기어, 베어링 부시, 선박용으로 널리 사용된다.

04 주철의 여러 성질을 개선하기 위하여 합금 주철에 첨가하는 특수원소 중 크롬(Cr)이 미치는 영향이 아닌 것은?

① 경도를 증가시킨다.
② 흑연화를 촉진시킨다.
③ 탄화물을 안정시킨다.
④ 내열성과 내식성을 향상시킨다.

> • **Al** : 강력한 흑연화 원소의 하나로 Al_2O_3를 만들어 고온산화 저항성을 향상시키고, 10% 이상되면 내열성을 증대시킨다.
> • **Cr** : 흑연화를 방지하고 탄화물을 안정시킨다. 탄화물을 안정화시키며, 내식성, 내열성을 증대시키고 내부식이 좋아진다.
> • **Mo** : 강도, 경도, 내마모성을 증가시키며 0.25~1.25% 정도 첨가시킨다. 두꺼운 주물(鑄物)의 조직을 균일하게 한다.
> • **Ni** : 흑연화를 촉진하며, 내열, 내산화성이 증가한다. 내알칼리성을 갖게 하며, 내마모성도 좋아진다.
> • **Cu** : 보통 0.25~2.5% 첨가하면 경도가 증가하고 내마모성이 개선되며, 내식성이 좋아진다.
> • **Si** : 내열성이 좋아진다.
> • **Ti** : 강탈산제이고, 흑연을 미세화시켜 강도를 높인다.
> • **V** : 흑연을 방지하고 펄라이트를 미세화시킨다.

05 다이캐스팅 알루미늄 합금으로 요구되는 성질 중 틀린 것은?

① 유동성이 좋을 것
② 금형에 점착성이 좋을 것
③ 열간 취성이 적을 것
④ 응고수축에 대한 용탕 보급성이 좋을 것

> 다이캐스팅 제품은 두께가 얇으므로 필요한 주조특성은
> • 금형 충진성이 좋을 것
> • 유동성이 좋을 것
> • 응고수축에 대한 용탕 보급성이 좋을 것
> • 내열간균열성이 좋을 것
> • 금형에 용착하지 않을 것

정답 1 ③ 2 ② 3 ③ 4 ② 5 ②

06 탄소강의 경도를 높이기 위하여 실시하는 열처리는?

① 불림 ② 풀림
③ 담금질 ④ 뜨임

- **담금질** : 금속을 가열했다가 물이나 기름에 급속하게 냉각시키는 것을 담금질(Quenching)이라고 하며 단단하게(경도) 만드는 과정이나, 균열, 변형, 경도가 너무 높거나 하는 문제로 후속 열처리를 함
- **뜨임**(tempering) : 맞는 경도를 얻고 인성을 높이기 위해 가열 후 공기 중에서 냉각
- **풀림**(annealing) : 주로 응력제거 목적으로 많이 쓰이며 서서히 냉각
- **불림**(normalizing) : 공기 중에 서서히 냉각시켜 조직을 (특히 주조) 미세화하게 하여 결정 및 물리적 성질이 표준화되게 하는 목적임

07 고용체에서 공간격자의 종류가 아닌 것은?

① 치환형 ② 침입형
③ 규칙 격자형 ④ 면심 입방 격자형

고용체
다른 성분의 금속이 융합 상태로 되어 각 성분 금속을 기계적인 방법으로 구분할 수 없을 때 이것을 고용체라 한다.
- 침입형 고용체 : Fe-C (a)
- 치환형 고용체 : Ag-Cu, Cu-Zn (b)
- 규칙 격자형 고용체 : Ni_3-Fe, Cu_3-Au, Fe_3-Al

08 브레이크 드럼에서 브레이크 블록에 수직으로 밀어붙이는 힘이 1000N이고 마찰계수가 0.45일 때 드럼의 접선방향 제동력은 몇 N인가?

① 150 ② 250
③ 350 ④ 450

제동력 $f = \mu P$
제동력 $f = 0.45 \times 1000 = 450N$

09 지름 D_1 = 200mm, D_2 = 300mm의 내접 마찰차에서 그 중심거리는 몇 mm인가?

① 50 ② 100
③ 125 ④ 250

내접 $C = \dfrac{D_2 - D_1}{2} = \dfrac{300 - 200}{2} = 50mm$

외접 $C = \dfrac{D_2 + D_1}{2}$

10 기어 전동의 특징에 대한 설명으로 가장 거리가 먼 것은?

① 큰 동력을 전달한다.
② 큰 감속을 할 수 있다.
③ 넓은 설치장소가 필요하다.
④ 소음과 진동이 발생할 수 있다.

넓은 장소가 필요하지 않다.

11 미터나사에 관한 설명으로 틀린 것은?

① 기호는 M으로 표기한다.
② 나사산의 각도는 55°이다.
③ 나사의 지름 및 피치를 mm로 표시한다.
④ 부품의 결합 및 위치의 조정 등에 사용된다.

미터나사의 나사산 각도는 60°

12 평 벨트의 이음방법 중 효율이 가장 높은 것은?

① 이음쇠 이음 ② 가죽 끈 이음
③ 관자 볼트 이음 ④ 접착제 이음

접착제 이음

13 축 방향으로 인장하중만을 받는 수나사의 바깥지름 (d)과 볼트재료의 허용인장응력(σ_a) 및 인장하중 (W)과의 관계가 옳은 것은? (단, 일반적으로 지름 3mm 이상인 미터나사이다.)

① $d = \sqrt{\dfrac{2W}{\sigma_a}}$　　② $d = \sqrt{\dfrac{3W}{8\sigma_a}}$

③ $d = \sqrt{\dfrac{8W}{3\sigma_a}}$　　④ $d = \sqrt{\dfrac{10W}{3\sigma_a}}$

축방향에 하중작용 시 볼트의 지름
$d = \sqrt{\dfrac{2W}{\sigma_a}}$ (mm) (아이볼트)

14 전단하중에 대한 설명으로 옳은 것은?
① 재료를 축 방향으로 잡아당기도록 작용하는 하중이다.
② 재료를 축 방향으로 누르도록 작용하는 하중이다.
③ 재료를 가로 방향으로 자르도록 작용하는 하중이다.
④ 재료가 비틀어지도록 작용하는 하중이다.

15 베어링 호칭번호가 6205인 레이디얼 볼 베어링의 안지름은?
① 5mm　　② 25mm
③ 62mm　　④ 205mm

6205 안지름 5×5 = 25mm

16 지름이 30mm인 연강을 선반에서 절삭할 때 주축을 200rpm으로 회전시키면 절삭속도는 약 몇 m/min인가?
① 10.54　　② 15.48
③ 18.85　　④ 21.54

$v = \dfrac{\pi d n}{1{,}000} = \dfrac{3.14 \times 30 \times 200}{1{,}000} = 18.85\text{m/min}$

17 여러 개의 절삭 날을 일직선상에 배치한 절삭공구를 사용하여 1회의 통과로 구멍의 내면을 가공하는 공작기계는?
① 셰이퍼　　② 슬로터
③ 브로칭 머신　　④ 플레이너

18 밀링 머신의 일반적인 크기 표시는?
① 밀링 머신의 최고 회전수로 한다.
② 밀링 머신의 높이로 한다.
③ 테이블의 이송거리로 한다.
④ 깎을 수 있는 공작물의 최대 길이로 한다.

- 수평 밀링 머신의 크기를 간단히 테이블의 전후 이동거리로 나타내며, 전후이동 거리가 200mm인 것을 No.1이라 하고, 50mm씩 증가함에 따라 변한다.
- 주축의 중심선에서 테이블면까지의 최대거리
- 테이블의 최대 이동(좌우×전후×상하)거리
- 테이블면의 크기

19 정밀 보링머신의 특성에 대한 설명으로 틀린 것은?
① 고속회전 및 정밀한 이송기구를 갖추고 있다.
② 다이아몬드 또는 초경합금 공구를 사용한다.
③ 진직도는 높으나 진원도는 낮다.
④ 실린더나 베어링면 등을 가공한다.

20 드릴 가공방법에서 구멍에 암나사를 가공하는 작업은?
① 다이스 작업　　② 탭핑 작업
③ 리밍 작업　　④ 보링 작업

21 연삭숫돌에 눈 메움이나 무딤 현상이 발생하였을 때 숫돌을 수정하는 작업은?
① 래핑　　② 드레싱
③ 글레이징　　④ 덮개 설치

정답 13 ① 14 ③ 15 ② 16 ③ 17 ③ 18 ③ 19 ③ 20 ② 21 ②

22 선반가공에서 가공면의 미끄러짐을 방지하기 위하여 요철형태로 가공하는 것은?

① 내경 절삭가공
② 외경 절삭가공
③ 널링 가공
④ 보링 가공

23 선반 작업 중에 지켜야 할 안전사항이 아닌 것은?

① 긴 공작물을 가공할 때는 안전장치를 설치 가공한다.
② 가공물이 긴 경우 심압대로 지지하고 가공한다.
③ 드릴 작업시 시작과 끝은 이송을 천천히 한다.
④ 전기배선의 절연상태를 점검한다.

24 구성인선의 방지 대책 중 틀린 것은?

① 윤활성이 좋은 절삭유제를 사용한다.
② 공구의 윗면 경사각을 크게 한다.
③ 절삭 깊이를 크게 한다.
④ 고속으로 절삭한다.

- 경사각을 크게 한다.
- 절삭속도를 크게 한다.
- 절삭깊이를 적게 한다.
- 윤활성이 있는 절삭제 사용한다.

25 전기 도금과는 반대로 일감을 양극으로 하여 전기에 의한 화학적 용해작용을 이용하고 가공물의 표면을 다듬질하여 광택이 나게 하는 가공법은?

① 기계 연마
② 전해 연마
③ 초음파 가공
④ 방전 가공

전해 연마(Electrolytic Polishing)
전해연마란 전해액 속에서 피연마체의 미세한 돌출부를 미세한 홈 부분보다 더 많이 용해시켜 표면을 평활하게 하며 주로 AUSTENITE계 스테인리스강을 원재료로 사용한 제품을 전해연마 해서 많이 사용한다.
- 용도
 - 반도체용 고순도 약품 저장용 탱크 및 드럼
 - 제약 등 정밀화학 분야의 반응 탱크
 - 식품 관련 저장조 등

- 특징
 - 외관이 양호하다.
 - 내식성이 향상된다.
 - 부동태화가 향상된다.
 - 금속 표면에 미세하게 부착된 이물질이 제거된다.
 - 세정성이 향상된다.
 - 부착물의 박리성이 향상된다.

26 다음 도면에서 표현된 단면도로 모두 맞는 것은?

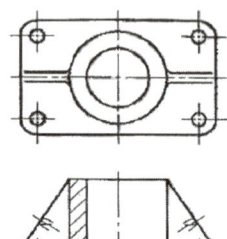

① 전단면도, 한쪽 단면도, 부분 단면도
② 한쪽 단면도, 부분 단면도, 회전도시 단면도
③ 부분 단면도, 회전도시 단면도, 계단 단면도
④ 전단면도, 한쪽 단면도, 회전도시 단면도

27 정투상도 1각법과 3각법을 비교 설명한 것으로 틀린 것은?

① 3각법에서는 저면도는 정면도의 아래에 나타낸다.
② 1각법은 평면도를 정면도의 바로 아래에 나타낸다.
③ 1각법에서는 정면도 아래에서 본 저면도를 정면도 아래에 나타낸다.
④ 3각법에서 측면도는 오른쪽에서 본 것을 정면도의 바로 오른쪽에 나타낸다.

정답 22 ③ 23 ④ 24 ③ 25 ② 26 ② 27 ③

28 아래 투상도는 제3각법으로 투상한 것이다. 이 물체의 등각 투상도로 맞는 것은?

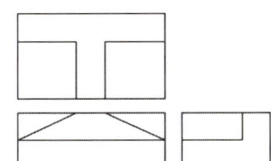

① 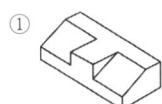 ②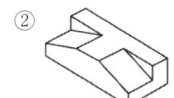
③  ④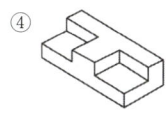

29 치수 배치 방법 중 치수공차가 누적되어도 좋은 경우에 사용하는 방법은?
① 누진치수기입법 ② 직렬치수기입법
③ 병렬치수기입법 ④ 좌표치수기입법

30 여러 각도로 기울여진 면의 치수를 기입할 때 일반적으로 잘못 기입된 치수는?

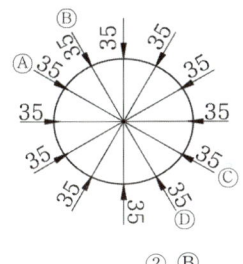

① Ⓐ ② Ⓑ
③ Ⓒ ④ Ⓓ

31 φ50H7의 구멍에 억지 끼워 맞춤이 되는 쪽의 끼워 맞춤 공차 기호는?
① φ50js6 ② φ50f6
③ φ50g6 ④ φ50p6

- js6 : 중간 끼워 맞춤
- f6, g6 : 헐거운 끼워 맞춤

32 대상 면을 지시하는 기호 중 제거 가공을 허락하지 않는 것을 지시하는 것은?

33 스케치도를 작성할 필요가 없는 경우는?

① 제품 제작을 위해 도면을 복사할 경우
② 도면이 없는 부품을 제작하고자 할 경우
③ 도면이 없는 부품이 파손되어 수리 제작할 경우
④ 현품을 기준으로 개선된 부품을 고안하려 할 경우

—	직진도공차	∠	경사도공차
▱	평면도공차	⊕	위치도공차
○	진원도공차	◎	동축도공차
⌖	원통도공차	=	대칭도공차
⌒	선의 윤곽도공차	╱	원주 흔들림공차
⌓	면의 윤곽도공차	╱╱	온 흔들림공차
//	평행도공차	A▽	데이텀
⊥	직각도공차		

34 기하공차의 기호 중 진원도를 나타낸 것은?

① ○   ② ◎
③ ⊕   ④ ⌖

35 도면에 기입된 공차도시에 관한 설명으로 틀린 것은?

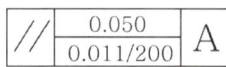

① 전체 길이는 200mm이다.
② 공차의 종류는 평행도를 나타낸다.
③ 지정 길이에 대한 허용값은 0.011이다.
④ 전체 길이에 대한 허용값은 0.050이다.

36 다음 중 억지끼워맞춤 또는 중간끼워맞춤에서 최대 죔새를 나타내는 것은?

① 구멍의 최대허용치수 – 축의 최소허용치수
② 구멍의 최대허용치수 – 축의 최대허용치수
③ 축의 최소허용치수 – 구멍의 최소허용치수
④ 축의 최대허용치수 – 구멍의 최소허용치수

37 치수 기입의 일반적인 원칙에 대한 설명으로 틀린 것은?

① 치수는 되도록 공정마다 배열을 분리하여 기입할 수 있다.
② 관계된 치수를 명확히 나타내기 위해 치수를 중복하여 나타낼 수 있다.
③ 대상물의 기능, 제작, 조립 등을 고려하여 필요하다고 생각되는 치수를 명료하게 도면에 지시한다.
④ 도면에 나타내는 치수는 특별히 명시하지 않는 한 그 도면에 도시한 대상물의 다듬질 치수를 도시한다.

• 공작물의 기능면, 또는 제작, 조립 등에 있어서 꼭 필요하다고 생각되는 치수만 명확하게 도면에 기입한다.
• 치수는 되도록 계산해서 구할 필요가 없도록 기입한다.
• 중복치수는 피하고 되도록 정면도에 집중하여 기입한다.
• 필요에 따라 기준으로 하는 점과 선 혹은 가공면을 기준으로 기입한다.
• 관련된 치수는 되도록 한곳에 모아서 보기 쉽게 기입한다.
• 참고치수에 대해서는 치수문자에 괄호를 붙인다.

38 보조 투상도의 설명 중 가장 옳은 것은?

① 복잡한 물체를 절단하여 그린 투상도
② 그림의 특정 부분만을 확대하여 그린 투상도
③ 물체의 경사면에 대향하는 위치에 그린 투상도
④ 물체의 홈, 구멍 등 투상도의 일부를 나타낸 투상도

• **단면도** : 복잡한 물체를 절단하여 그린 투상도
• **확대도, 상세도** : 그림의 특정 부분만을 확대하여 그린 투상도
• **국부투상도** : 물체의 홈, 구멍 등 투상도의 일부를 나타낸 투상도

정답 33 ① 34 ① 35 ① 36 ④ 37 ② 38 ③

39 가공에 의한 커터의 줄무늬 방향이 다음과 같이 생길 경우 올바른 줄무늬 방향 기호는?

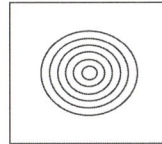

① C   ② M
③ R   ④ X

> 동심원

40 다음 중 물체의 이동 후의 위치를 가상하여 나타내는 선은?

① ────────
② ─ ─ ─ ─ ─ ─
③ ----------
④ ─·─·─·─·─

> **가상선**
> • 가는 2점 쇄선
> • 인접부분을 나타내는 선
> • 물체가 이동하는 운동범위를 참고로 표시하는 선
> • 가공 전후의 모양을 표시하는 선
> • 같은 모양의 되풀이를 표시하는 선

41 2개면이 교차 부분을 표시할 때 "R1 = 2×R2"인 평면도의 모양으로 가장 적합한 것은?

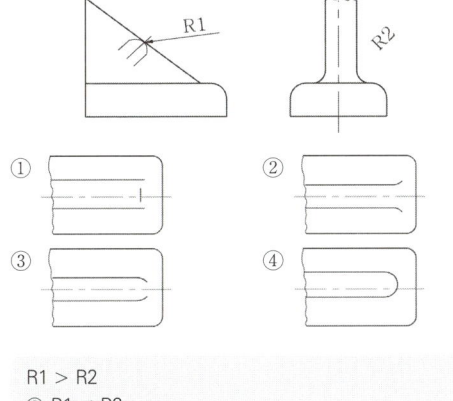

R1 > R2
③ R1 < R2

42 도면의 양식 중에서 반드시 마련해야 하는 사항이 아닌 것은?

① 표제란   ② 중심 마크
③ 윤곽선   ④ 비교 눈금

> • **도면의 필수 요소** : 윤곽선, 중심마크, 표제란

43 입체도에서 정투상의 정면도로 옳은 것은?

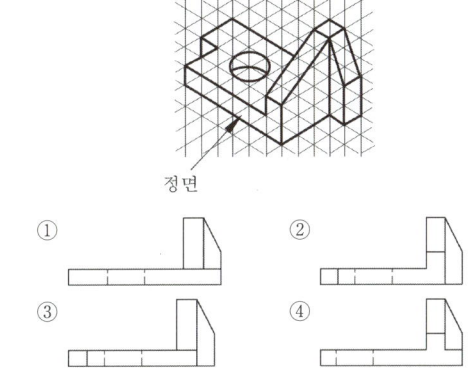

44 도면이 구비하여야 할 요건이 아닌 것은?

① 국제성이 있어야 한다.
② 적합성, 보편성을 가져야 한다.
③ 표현상 명확한 쪽을 가져야 한다.
④ 가격, 유통체제 등의 정보를 포함하여야 한다.

45 파선의 용도 설명으로 맞는 것은?

① 치수를 기입하는 데 사용된다.
② 도형의 중심을 표시하는 데 사용된다.
③ 대상물의 보이지 않는 부분의 모양을 표시한다.
④ 대상물의 일부를 파단한 경계 또는 일부를 떼어낸 경계를 표시한다.

> • **파선(숨은선)** : 대상물의 보이지 않는 부분의 모양을 표시한다.
> • **파단선** : 대상물의 일부를 파단한 경계 또는 일부를 떼어낸 경계를 표시한다.

정답 39 ① 40 ④ 41 ③ 42 ④ 43 ② 44 ④ 45 ③

46 축에 빗줄로 널링(knurling)이 있는 부분의 도시방법으로 가장 올바른 것은?

① 널링부 전체를 축선에 대하여 45°로 엇갈리게 동일한 간격으로 그린다.
② 널링부 일부분만 축선에 대하여 45°로 엇갈리게 동일한 간격으로 그린다.
③ 널링부 전체를 축선에 대하여 30°로 동일한 간격으로 엇갈리게 그린다.
④ 널링부 일부분만 축선에 대하여 30°로 엇갈리게 동일한 간격으로 그린다.

47 스프로킷 휠의 도시방법에 대한 설명 중 옳은 것은?

① 스프로킷의 이끝원은 가는 실선으로 그린다.
② 스프로킷의 피치원은 가는 2점 쇄선으로 그린다.
③ 스프로킷의 이뿌리원은 가는 실선으로 그린다.
④ 축의 직각 방향에서 단면을 도시할 때 이뿌리선은 가는 실선으로 그린다.

48 다음 중 평면 캠의 종류가 아닌 것은?

① 판캠 ② 정면캠
③ 구형캠 ④ 직선운동 캠

• 평면캠

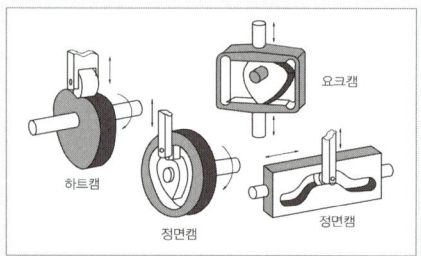

평면캠으로 가장 많이 사용되는 것은 판(板)캠으로, 그 윤곽이 하트형(심장형)인 것을 하트캠이라고 한다. 이것은 등속회전운동을 등속왕복운동으로 바꾼다.
판캠은 종동체를 밀어올릴 뿐이고, 끌어내리는 데는 중력이나 스프링의 힘을 이용한다. 내연기관의 흡배기 밸브를 움직이는 데 이런 종류의 캠이 사용된다.
평면캠의 또 하나는 홈캠으로, 이것은 종동체를 확실하게 밀어올리고, 또 끌어내릴 수가 있다. 확실하게 운동을 전하는 캠을 확동캠이라고 한다. 직동캠도 캠의 왕복운동에 의해서 종동체는 연속왕복운동 또는 간헐적 왕복운동을 한다.

• 입체캠

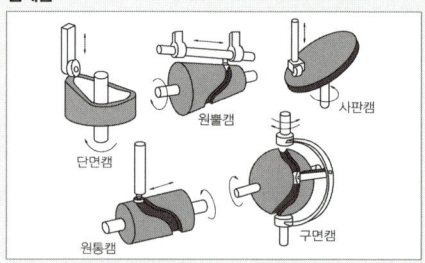

입체캠은 실체캠이라고도 하며, 가장 간단한 것은 경사판 캠이다. 이것은 종동체가 사인(sine)운동을 한다. 원통캠은 원통 표면에 홈을 낸 것으로, 원통이 회전하면 그 홈에 따라서 피동체가 원통축에 평행한 면 내에서 왕복운동을 하며, 모선을 따라 종동체에 운동을 시킨다.
또 원뿔 표면에 홈을 낸 것을 원뿔캠이라고 하며, 역시 모선을 따라 종동체에 왕복운동을 시킨다. 구면캠은 구의 표면에 홈이 파져 있는 캠으로, 구가 회전하면 돌기는 홈의 움직임에 따라 좌우로 움직여서 수직축은 특수한 진동을 한다. 캠은 간단한 형태로 복잡한 운동을 얻을 수 있으므로, 자동선반의 바이트 등에 복잡한 움직임을 줄 때 사용되듯이, 널리 자동기계 등에 응용된다.

49 운전 중 결합을 끊을 수 없는 영구적인 축이음을 아래 단어 중에서 모두 고른 것은?

| 커플링, 유니버설 조인트, 클러치 |

① 커플링, 유니버설 조인트
② 커플링, 클러치
③ 유니버설 조인트, 클러치
④ 커플링, 유니버설 조인트, 클러치

50 미터 사다리꼴 나사 [Tr 40×7 LH]에서 'LH' 가 뜻하는 것은?

① 피치 ② 나사의 등급
③ 리드 ④ 왼나사

51 볼트의 골 지름을 제도할 때 사용하는 선의 종류로 옳은 것은?

① 굵은 실선 ② 가는 실선
③ 숨은선 ④ 가는 2점 쇄선

정답 46 ④ 47 ③ 48 ③ 49 ① 50 ④ 51 ②

52 스퍼기어 표준 치형에서 맞물림 기어의 피니언 잇수가 16, 기어 잇수가 44일 때 축 중심 간 거리로 옳은 것은?(단, 모듈이 5이다.)

① 120mm ② 150mm
③ 200mm ④ 300mm

$$C = \frac{D_2 + D_1}{2} = \frac{(44 \times 5) + (16 \times 5)}{2} = 150\text{mm}$$

53 "테이퍼 핀 1급 4×30 SM50C"의 설명으로 맞는 것은?

① 테이퍼 핀으로 호칭 지름이 4mm, 길이가 30mm, 재료가 SM50C이다.
② 테이퍼 핀으로 최대 지름이 4mm, 길이가 30mm, 재료가 SM50C이다.
③ 테이퍼 핀으로 핀의 평균 지름이 4mm, 길이가 30mm, 재료가 SM50C이다.
④ 테이퍼 핀으로 구멍의 지름이 4mm, 길이가 30mm, 재료가 SM50C이다.

54 배관을 도시할 때 관의 접속 상태에서 '접속하고 있을 때-분기 상태'를 도시하는 방법으로 옳은 것은?

55 축에 작용하는 하중의 방향이 축 직각 방향과 축 방향에 동시에 작용하는 곳에 가장 적합한 베어링은?

① 니들 롤러 베어링
② 레이디얼 볼 베어링
③ 스러스트 볼 베어링
④ 테이퍼 롤러 베어링

56 다음 그림과 같은 점용접을 용접기로로 바르게 나타낸 것은?

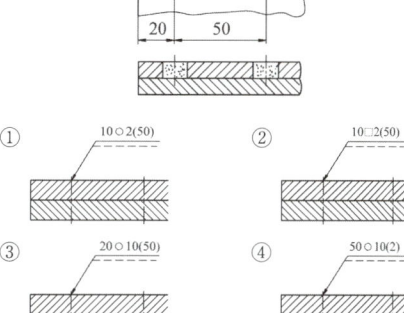

57 서피스(surface) 모델링에서 곡면을 절단하였을 때 나타나는 요소는?

① 곡선 ② 곡면
③ 점   ④ 면

58 컴퓨터의 기억용량 단위인 비트(bit)의 설명으로 틀린 것은?

① binary digit의 약자이다.
② 정보는 나타내는 가장 작은 단위이다.
③ 전기적으로 처리하기가 아주 편리하다.
④ 0와 1을 동시에 나타내는 정보 단위이다.

59 CAD 시스템에서 마지막 입력 점을 기준으로 다음 점까지의 직선거리와 기준 직교축과 그 직선이 이루는 각도로 입력하는 좌표계는?

① 절대 좌표계 ② 구면 좌표계
③ 원통 좌표계 ④ 상대 극좌표계

60 다음 중 주변기기를 기능별로 묶은 것으로, 그 내용이 잘못된 것은?

① 키보드, 마우스, 조이스틱
② 프린터, 플로터, 스캐너
③ 자기디스크, 자기드럼, 자기테이프
④ 라이트 펜, 디지타이저, 테이프리더

과년도 기출문제

01 열처리 방법 및 목적으로 틀린 것은?
① 불림 - 소재를 일정온도에 가열 후 공냉시킨다.
② 풀림 - 재질을 단단하고 균일하게 한다.
③ 담금질 - 급냉시켜 재질을 경화시킨다.
④ 뜨임 - 담금질된 것에 인성을 부여한다.

- 담금질 : 탄소강 $\xrightarrow[A_3, A_1]{\text{가열}}$ 급랭 : 물, 기름, 공기, 소금물
  (냉각속도가 제일 빠름)

노내 서냉	펄라이트	小
공기 중 서냉	소르바이트	↓
유중 서냉	트루스타이트	大 (경도)
수중 서냉	마텐자이트	

- 뜨임 $\xrightarrow[A_1 \text{ 이하 온도}]{\text{가열}}$ 공기중 서냉 : 인성증가
- 풀림 $\xrightarrow[A_3 \sim A_1 \text{보다 } 30 \sim 50℃ \text{ 높게}]{\text{가열}}$ 노내 서냉 : 강의 조직개선 및 재질의 연화
- 불림 $\xrightarrow[A_3 \text{보다 } 30 \sim 50℃ \text{ 높게}]{\text{가열}}$ 공기 중 냉각 : 결정조직의 균일화, 내부응력 제거

02 특수강에 포함되는 특수원소의 주요 역할 중 틀린 것은?
① 변태속도의 변화
② 기계적, 물리적 성질의 개선
③ 소성 가공성의 개량
④ 탈산, 탈황의 방지

- Ni : 강인성, 내식성, 내산성, 내마멸성 증가
- Si : 내열성 증가, 전자기적 특성
- Mn : Ni과 비슷, 내마멸성 증가, 황(S)의 메짐 방지
- Cr : 탄화물 생성(경화능력 향상), 내식, 내마멸성, 강도, 경도 증가
- W : Cr과 비슷, 고온 강도, 경도 증가
- Mo : W 효과의 2배, 뜨임 메짐 방지, 담금질 깊이 증가
- V : Mo과 비슷, 경화성 증가, 단독으로 사용하지 않음

03 금속의 결정구조에서 체심입방격자의 금속으로만 이루어진 것은?
① Au, Pb, Ni
② Zn, Ti, Mg
③ Sb, Ag, Sn
④ Ba, V, Mo

체심입방격자(BCC)
- 융점↑, 강도 大(소속원자수 : 2개, 배위수(인접원자수) : 8개)
- Cr, W, Mo, V, Li, Na, Ta, K, α-Fe, δ-Fe

04 황동의 합금 원소는 무엇인가?
① Cu - Sn
② Cu - Zn
③ Cu - Al
④ Cu - Ni

- 황동 : Cu-Zn
- 청동 : Cu-Sn

05 초경합금에 대한 설명 중 틀린 것은?
① 경도가 HRC 50 이하로 낮다.
② 고온경도 및 강도가 양호하다.
③ 내마모성과 압축강도가 높다.
④ 사용목적, 용도에 따라 재질의 종류가 다양하다.

초경합금
금속탄화물(WC, TiC, TaC)에 Co 분말과 함께 금형에 넣어 압축성형하여 800~900℃로 예비소결하고, 1400~1500℃의 H_2 기류 중에서 소결한 합금
- 상품명 : 미디아(영국), 위디아(독일), 카볼로이(미국), 당갈로이(일본)
- 종류 : S종(강의 절삭용), D(다이스용), G(주물용)

정답 1 ② 2 ④ 3 ④ 4 ② 5 ①

06 다이캐스팅용 알루미늄(Al)합금이 갖추어야 할 성질로 틀린 것은?

① 유동성이 좋을 것
② 열간취성이 적을 것
③ 금형에 대한 점착성이 좋을 것
④ 응고수축에 대한 용탕 보급성이 좋을 것

초경합금은 HRC 50 이상으로 경도가 높다.

07 경질이고 내열성이 있는 열경화성 수지로서 전기기구, 기어 및 프로펠러 등에 사용되는 것은?

① 아크릴수지   ② 페놀수지
③ 스티렌수지   ④ 폴리에틸렌

열경화성 : 페놀수지

08 길이 400cm의 봉이 압축력을 받고 3mm만큼 줄어들었다. 이때, 압축 변형률은 얼마인가?

① 0.001   ② 0.003
③ 0.005   ④ 0.007

$$\varepsilon = \frac{\lambda}{l} = \frac{3}{1,000} = 0.003$$

09 각속도(ω, rad/s)를 구하는 식 중 옳은 것은? (단, N : 회전수(rpm), H : 전달마력(PS)이다.)

① $\omega = (2\pi N)/60$
② $\omega = 60/(2\pi N)$
③ $\omega = (2\pi N)/(60H)$
④ $\omega = (60H)/(2\pi N)$

$$\omega = \frac{2\pi n}{60}(\omega, \text{ rad/s})$$

10 국제단위계(SI)의 기본단위에 해당되지 않는 것은?

① 길이 : m   ② 질량 : kg
③ 광도 : mol   ④ 열역학 온도 : K

기본량	SI 기본 단위	
	명칭	기호
길이	미터	m
질량	킬로그램	kg
시간	초	s
전류	암페어	A
열역학적 온도	켈빈	K
물질양	몰	mol
광도	칸델라	cd

11 물체의 일정 부분에 걸쳐 균일하게 분포하여 작용하는 하중은?

① 집중하중   ② 분포하중
③ 반복하중   ④ 교번하중

12 볼나사의 단점이 아닌 것은?

① 자동체결이 곤란하다.
② 피치를 작게 하는 데 한계가 있다.
③ 너트의 크기가 크다.
④ 나사의 효율이 떨어진다.

13 외접하고 있는 원통마찰차의 지름이 각각 240mm, 360mm일 때, 마찰차의 중심 거리는?

① 60mm   ② 300mm
③ 400mm   ④ 600mm

$$C = \frac{360 + 240}{2} = 300\text{mm}$$

14 축을 설계할 때 고려하지 않아도 되는 것은?

① 축의 강도   ② 피로 충격
③ 응력 집중의 영향   ④ 축의 표면조도

축 설계 시 주의 사항
- 정 하중 또는 변동 하중의 작용 여부
- 굽힘 모멘트에 대한 고려
- 축 형상에 따른 응력 집중 현상

15 가장 널리 쓰이는 키(key)로 축과 보스 양쪽에 키 홈을 파서 동력을 전달하는 것은?

① 성크키　　② 반달키
③ 접선키　　④ 원뿔키

성크키
축과 회전체의 보스에 홈을 만들어 사용한다.

16 절삭 공구재료 중에서 가장 경도가 높은 재질은?

① 고속도강　　② 세라믹
③ 스텔라이트　　④ 입방정 질화붕소

입방정 질화 붕소 CBN(Cubic Boron Nitride)
입방정 질화 붕소는 신소재로 결정구조가 다이아몬드와 유사하여 다이아몬드 다음으로 단단한 물질이다. 경도 HRC 50~60의 열처리 금형강을 고속으로 쉽게 가공할 수 있다. 강화 열처리 강 및 높은 치수 정밀도, 면조도가 필요한 가공, 연삭가공 없이 절삭가공으로 마무리할 경우에 적합하다.

17 선반에서 단동척에 대한 설명으로 틀린 것은?

① 연동척보다 강력하게 고정한다.
② 무거운 공작물이나 중절삭을 할 수 있다.
③ 불규칙한 공작물의 고정이 가능하다.
④ 3개의 조가 있으므로 원통형 공작물 고정이 쉽다.

- **단동척** : 조 4개(개별적), 불규칙한 일감고정, 편심가공가능
- **연동척(스크롤척)** : 조 3개(동시에), 균일한 일감(원형, 삼각, 육각형 등)

18 기어절삭에 사용되는 공구가 아닌 것은?

① 랙(rack) 커터　　② 호브
③ 피니언 커터　　④ 브로치

- **창성법** : 인벌류트 곡선을 그리는 원리를 응용한 이의 절삭방법이며, 가장 널리 사용된다.
- **랙 커터에 의한 방법** : 마그식 기어 셰이퍼
- **피니언 커터에 의한 방법** : 펠로우즈식 기어 셰이퍼
- **호브에 의한 방법** : 호빙 머신

19 지름 30mm인 환봉을 318rpm으로 선반가공할 때, 절삭속도는 약 몇 m/min인가?

① 30　　② 40
③ 50　　④ 60

$$v = \frac{\pi dn}{1,000} = \frac{\pi \times 30 \times 318}{1,000} = 30 \text{m/min}$$

20 밀링에서 테이블의 좌우 및 전후이송을 사용한 윤곽가공과 간단한 분할작업도 가능한 부속장치는?

① 슬로팅 장치
② 분할대
③ 유압 밀링 바이스
④ 회전 테이블 장치

회전 테이블
가공물의 회전운동이 필요할 때 사용하고 테이블 위에 바이스를 공정하고 원형의 홈가공, 바깥둘레의 원형가공, 원판의 분할가공 등을 할 수 있다.

21 보통 보링머신을 분류한 것으로 틀린 것은?

① 테이블형　　② 플레이너형
③ 플로우형　　④ 코어형

수평 보링머신
일반적인 가장 널리 사용(테이블형, 플로우형, 플레이너형)

22 공작물, 미디어(media), 공작액, 콤파운드를 상자 속에 넣고 회전 또는 진동시키면 공작물과 연삭입자가 충돌하여 공작물 표면에 요철을 없애고 매끈한 다듬질 면을 얻는 가공방법은?

① 브로칭　　② 배럴가공
③ 숏피닝　　④ 래핑

23 선반 바이트 팁을 사용 중에 절삭날이 무디어지면 날 부분을 새것으로 교환하여 날을 순차로 사용하는 것은?

① 클램프 바이트 ② 단체 바이트
③ 경납땜 바이트 ④ 용접 바이트

24 센터리스 연삭에서 조정숫돌의 역할로 옳은 것은?

① 연삭숫돌의 이송과 회전
② 일감의 고정기능
③ 일감의 탈착기능
④ 일감의 회전과 이송

- **센터리스 연삭기** : 센터나 척을 이용하지 않고 가늘고 긴 일감의 원통연삭
- **조정숫돌바퀴의 역할** : 일감의 회전 및 이송

25 다수의 절삭날을 직열로 나열된 공구를 가지고 1회 행정으로 공작물의 구멍 내면 혹은 외측 표면을 가공하는 절삭방법은?

① 호닝   ② 래핑
③ 브로칭   ④ 액체 호닝

26 다음 중 치수기입 원칙에 어긋나는 것은?

① 중복된 치수 기입을 피한다.
② 관련되는 치수는 되도록 한곳에 모아서 기입한다.
③ 치수는 되도록 공정마다 배열을 분리하여 기입한다.
④ 치수는 각 투상도에 고르게 분배되도록 한다.

치수기입의 원칙
- 중복된 치수기입을 피한다.
- 관련되는 치수는 되도록 한곳에 모아서 기입한다.
- 치수는 되도록 공정마다 배열을 분리하여 기입한다.
- 치수는 정면도에 집중해서 기입한다.

27 투상도 표시방법 설명으로 잘못된 것은?

① 부분 투상도 : 대상물의 구멍, 홈 등과 같이 한 부분의 모양을 도시하는 것으로 충분한 경우에는 그 필요한 부분만을 도시한다.
② 보조 투상도 : 경사부가 있는 물체는 그 경사면이 보이는 부분의 실제모양을 전체 또는 일부분을 나타낸다.
③ 회전 투상도 : 대상물의 일부분을 회전해서 실제 모양을 나타낸다.
④ 부분 확대도 : 특정한 부분의 도형이 작아서 그 부분을 자세하게 나타낼 수 없거나 치수 기입을 할 수 없을 때에는 그 해당 부분을 확대하여 나타낸다.

회전투상도
투상면에 경사진 부분의 내용을 투상면의 지점에 대해 회전해서 실제 길이와 같도록 투상하는 법

28 다음 중 도면 제작에서 원의 지시선 긋기 방법으로 맞는 것은?

①   ②
③ 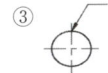 ④

29 다음은 어느 단면도에 대한 설명인가?

> 상하 또는 좌우 대칭인 물체는 $\frac{1}{4}$을 떼어낸 것으로 보고, 기본 중심선을 경계로 하여 $\frac{1}{2}$은 외형, $\frac{1}{2}$은 단면으로 동시에 나타낸다. 이때, 대칭 중심선의 오른쪽 또는 위쪽을 단면으로 하는 것이 좋다.

① 한쪽 단면도   ② 부분 단면도
③ 회전도시 단면도 ④ 온 단면도

정답 23 ① 24 ④ 25 ③ 26 ④ 27 ① 28 ④ 29 ①

30 다음 중 억지 끼워맞춤인 것은?

① 구멍 - H7, 축 - g6
② 구멍 - H7, 축 - f6
③ 구멍 - H7, 축 - p6
④ 구멍 - H7, 축 - e6

31 다음 중 2종류 이상의 선이 같은 장소에서 중복될 경우 가장 우선되는 선의 종류는?

① 중심선 ② 절단선
③ 치수 보조선 ④ 무게 중심선

기호, 문자, 숫자 - 외형선 - 숨은선 - 절단선 - 중심선 - 무게 중심선 - 치수 보조선

32 다음과 같이 지시된 기하 공차의 해석이 맞는 것은?

○	0.05	
//	0.02/150	A

① 원통도 공차값 0.05mm, 축선은 데이텀 축직선 A에 직각이고 지정길이 150mm 평행도 공차값 0.02mm
② 진원도 공차값 0.05mm, 축선은 데이텀 축직선 A에 직각이고 지정길이 150mm 평행도 공차값 0.02mm
③ 진원도 공차값 0.05mm, 축선은 데이텀 축직선 A에 평행하고 지정길이 150mm 평행도 공차값 0.02mm
④ 원통의 윤곽도 공차값 0.05mm, 축선은 데이텀 축직선 A에 직각이고 전체길이 150mm 평행도 공차값 0.02mm

33 다음 중 줄무늬 방향의 기호 설명으로 잘못된 것은?

① X : 가공에 의한 커터의 줄무늬 방향의 기호를 기입한 투상면에 경사지고 두 방향으로 교차
② M : 가공에 의한 커터의 줄무늬 방향의 기호를 기입한 투상면에 평행
③ C : 가공에 의한 커터의 줄무늬 방향의 기호를 기입한 면의 중심에 대하여 대략 동심원 모양
④ R : 가공에 의한 커터의 줄무늬 방향의 기호를 기입한 면의 중심에 대하여 대략 레이디얼 모양

=	가공에 의한 가공 커터방향이 투상면에 평행
⊥	투상면에 직각
X	투상면에 경사지고 두 방향으로 교차
M	코일 모양의 여러 방향으로 교차, 무방향
C	면 중심의 대략 동심원 모양
R	대략 레이디얼 모양

34 다음 중 가장 고운 다듬면을 나타내는 것은?

35 다음 중 3각 투상법에 대한 설명으로 맞는 것은?

① 눈 → 투상면 → 물체
② 눈 → 물체 → 투상면
③ 투상면 → 물체 → 눈
④ 물체 → 눈 → 투상면

36 특수한 가공을 한 부분 등, 특별히 요구사항을 적용할 수 있는 범위를 표시하는 데 사용하는 선은?

① 가는 1점 쇄선 ② 가는 2점 쇄선
③ 굵은 1점 쇄선 ④ 아주 굵은 실선

37 다음 중 인접 부분을 참고로 나타내는 데 사용하는 선은?

① 가는 실선 ② 굵은 1점 쇄선
③ 가는 2점 쇄선 ④ 가는 1점 쇄선

38 재료기호 표시의 중간부분 기호 문자와 제품명이다. 연결이 틀리게 된 것은?

① P : 관
② W : 선
③ F : 단조품
④ S : 일반 구조용 압연재

• P : 판

39 ϕ35h6에서 위치수 허용차가 0일 때, 최대허용 한계 치수 값은? (단, 공차는 0.016이다.)

① ϕ34.084 ② ϕ35.000
③ ϕ35.016 ④ ϕ35.084

ϕ35h6$^{0}_{-0.016}$
• 치수공차 : 0.016
• 아래치수허용차 : -0.016
• 최대허용한계치수 : ϕ35.000
• 최소허용한계치수 : ϕ34.984

40 정투상 방법에 따라 평면도와 우측면도가 다음과 같다면 정면도에 해당하는 것은?

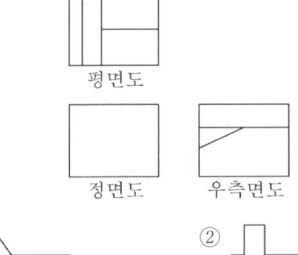

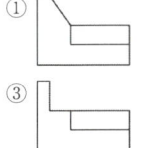
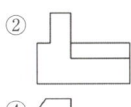

41 공차 기호에 의한 끼워맞춤의 기입이 잘못된 것은?

① 50H7/g6 ② 50H7-g6
③ 50 $\dfrac{H7}{g6}$ ④ 50H7(g6)

42 KS의 부문별 분류 기호로 맞지 않는 것은?

① KS A : 기본 ② KS B : 기계
③ KS C : 전기 ④ KS D : 전자

• KS D : 금속

43 기하공차의 종류를 나타낸 것 중 틀린 것은?

① 진직도(―) ② 진원도(○)
③ 평면도(□) ④ 원주 흔들림(╱)

―	직진도공차	∠	경사도공차
⌖	평면도공차	⊕	위치도공차
○	진원도공차	◎	동축도공차
⌒	원통도공차	⌓	대칭도공차
⌒	선의 윤곽도공차	╱	원주 흔들림공차
⌓	면의 윤곽도공차	╱╱	온 흔들림공차
//	평행도공차	A	데이텀
⊥	직각도공차		

44 도면에서 A3 제도 용지의 크기는?

① 841×1189 ② 594×841
③ 420×594 ④ 297×420

• A0 : 1189×841
• A1 : 841×594
• A2 : 594×420
• A3 : 420×297
• A4 : 297×210

37 ③ 38 ① 39 ② 40 ① 41 ④ 42 ④ 43 ③ 44 ④

45 다음의 투상도의 좌측면도에 해당하는 것은? (단, 제3각 투상법으로 표현한다.)

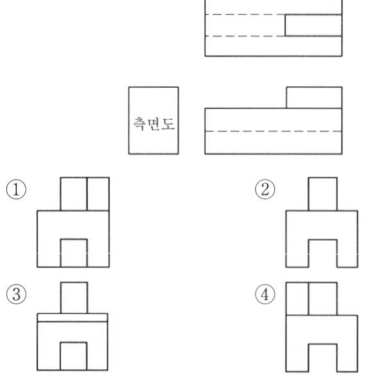

46 다음 그림이 나타내는 코일스프링 간략도의 종류로 알맞은 것은?

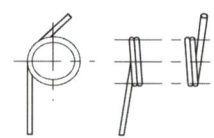

① 벌류트 코일 스프링   ② 압축 코일 스프링
③ 비틀림 코일 스프링   ④ 인장 코일 스프링

47 베어링의 호칭이 "6026"일 때 안지름은 몇 mm인가?

① 26   ② 52
③ 100   ④ 130

- 00 – 10mm
- 01 – 12mm
- 02 – 15mm
- 03 – 17mm
- 04×5 – 20
- 05×5 – 25

48 스퍼기어 요목표에서 잇수는?

스퍼기어 요목표		
기어 치형		표준
공구	모듈	2
	치형	보통이
	압력각	20°
전체 이 높이		4.5
피치원 지름		40
잇 수		(?)
다듬질 방법		호브절삭
정밀도		KS B ISO 1328-1, 4급

① 5   ② 10
③ 15   ④ 20

- PCD = M×Z
- 40/2 = 20

49 용접 지시기호가 나타내는 용접부위의 형상으로 가장 옳은 것은?

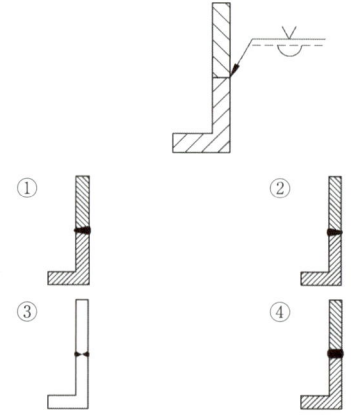

50 평행키의 호칭 표기 방법으로 알맞은 것은?

① KS B 1311 평행키 10×8×25
② KS B 1311 10×8×25 평행키
③ 평행키 10×8×25 양 끝 둥금 KS B 1311
④ 평행키 10×8×25 KS B 1311 양 끝 둥금

평행키
KSB 1311 평행키 10×8×25

51 V벨트의 형별 중 단면의 폭 치수가 가장 큰 것은?
① A형 ② D형
③ E형 ④ M형

52 나사면에 증기, 기름 또는 외부로부터의 먼지 등이 유입되는 것을 방지하기 위해 사용하는 너트는?
① 나비 너트 ② 둥근 너트
③ 사각 너트 ④ 캡 너트

53 기어제도 시 잇봉우리원에 사용하는 선의 종류는?
① 가는 실선 ② 굵은 실선
③ 가는 1점 쇄선 ④ 가는 2점 쇄선

스프로킷 휠	스퍼기어
이끝원은 굵은 실선 피치원은 가는 실선 이뿌리원은 가는 실선 정면도에서 단면 시 굵은 실선 피치원지름(P.C.D) = Z(잇수)M(모듈) 이끝원 지름(D) = P. C.D+2M = (Z+2)M	

54 운전 중 또는 정지 중에 운동을 전달하거나 차단하기에 적절한 축이음은?
① 외접기어 ② 클러치
③ 올덤 커플링 ④ 유니버설 조인트

55 관이음 기호 중 유니언 나사이음 기호는?
① ─┤├─ ② ─┤
③ ─┼┼─ ④ ─┤●├─

56 "왼 2줄 M50×2 6H"로 표시된 나사의 설명으로 틀린 것은?
① 왼 : 나사산의 감는 방향
② 2줄 : 나사산의 줄 수
③ M50×2 : 나사의 호칭지름 및 피치
④ 6H : 수나사의 등급

• 6H : 암나사의 등급
• 6h : 수나사의 등급

57 중앙처리장치(CPU)의 구성 요소가 아닌 것은?
① 주기억장치 ② 파일저장장치
③ 논리연산장치 ④ 제어장치

58 디스플레이상의 도형을 입력장치와 연동시켜 움직일 때, 도형이 움직이는 상태를 무엇이라고 하는가?
① 드래깅(dragging) ② 트리밍(trimming)
③ 쉐이딩(shading) ④ 주밍(zooming)

59 다음 중 와이어 프레임 모델링(wireframe modeling)의 특징은?
① 단면도 작성이 불가능하다.
② 은선 제거가 가능한다.
③ 처리속도가 느리다.
④ 물리적 성질의 계산이 가능하다.

60 다음 시스템 중 출력장치로 틀린 것은?
① 디지타이저(digitizer)
② 플로터(plotter)
③ 프린터(printer)
④ 하드 카피(hard copy)

정답 51 ③ 52 ④ 53 ② 54 ② 55 ① 56 ④ 57 ② 58 ① 59 ① 60 ①

2015 제4회 과년도 기출문제

01 베어링으로 사용되는 구리계 합금으로 거리가 먼 것은?

① 켈밋(kelmet)
② 연청동(lead bronze)
③ 문쯔 메탈(muntz metal)
④ 알루미늄 청동(Al bronze)

베어링에 사용되는 구리계합금
켈밋, 연청동, 알루미늄청동, 납청동, 인청동, 주석청동, 포금

02 다음 중 알루미늄 합금이 아닌 것은?

① Y 합금
② 실루민
③ 톰백(tombac)
④ 로엑스(Lo-Ex) 합금

03 탄소 공구강의 구비 조건으로 거리가 먼 것은?

① 내마모성이 클 것
② 저온에서의 경도가 클 것
③ 가공 및 열처리성이 양호할 것
④ 강인성 및 내충격성이 우수할 것

04 고속도 공구강 강재의 표준형으로 널리 사용되고 있는 18-4-1형에서 텅스텐 함유량은?

① 1%
② 4%
③ 18%
④ 23%

고속도강 : SKH W18-Cr4-V1

05 열처리의 방법 중 강을 경화시킬 목적으로 실시하는 열처리는?

① 담금질
② 뜨임
③ 불림
④ 풀림

06 공구용으로 사용되는 비금속 재료로 초내열성 재료, 내마멸성 및 내열성이 높은 세라믹과 강한 금속의 분말을 배열 소결하여 만든 것은?

① 다이아몬드
② 고속도강
③ 서멧
④ 석영

세라믹(Ceramic)+금속(Metal)의 복합어로 세라믹의 취성을 보완, 금속과 내화물의 복합체의 총칭이다. Al_2O_3 분말 70%에 Ti C또는 TiN분말을 30% 혼합 수소 분위기에서 소결하여 제작한다.

07 마우러 조직도에 대한 설명으로 옳은 것은?

① 탄소와 규소량에 따른 주철의 조직 관계를 표시한 것
② 탄소와 흑연량에 따른 주철의 조직 관계를 표시한 것
③ 규소와 망간량에 따른 주철의 조직 관계를 표시한 것
④ 규소와 Fe_3C양에 따른 주철의 조직 관계를 표시한 것

마우러 조직도
탄소와 규소 및 냉각속도에 따른 주철의 조직도

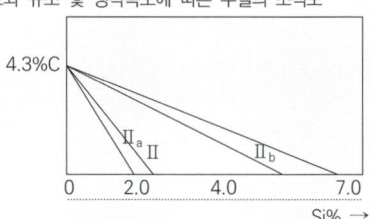

정답 1 ③ 2 ③ 3 ② 4 ③ 5 ① 6 ③ 7 ①

08 기어에서 이(tooth)의 간섭을 막는 방법으로 틀린 것은?

① 이의 높이를 높인다.
② 압력각을 증가시킨다.
③ 치형의 이끝면을 깎아낸다.
④ 피니언의 반경 방향의 이뿌리면을 파낸다.

09 표점거리 110mm, 지름 20mm의 인장시편에 최대 하중 50kN이 작용하여 늘어난 길이 $\triangle \ell = 22$mm 일 때, 연신율은?

① 10%   ② 15%
③ 20%   ④ 25%

$$\frac{(D-D_0)}{D_0} \times 100 = (\frac{22-20}{20}) \times 100 = 20\%$$

10 피치 4mm인 3줄 나사를 1회전 시켰을 때의 리드는 얼마인가?

① 6mm   ② 12mm
③ 16mm ④ 18mm

$l = np = 3 \times 4 = 12$mm

11 볼트 너트의 풀림 방지 방법 중 틀린 것은?

① 로크 너트에 의한 방법
② 스프링 와셔에 의한 방법
③ 플라스틱 플러그에 의한 방법
④ 아이 볼트에 의한 방법

너트의 풀림 방지를 위할 때
- 스프링 와셔, 이붙이 와셔, 갈퀴붙이 와셔, 혀붙이 와셔 등이 있다.
- 로크 너트의 의한 방법
- 고정핀이나 분할핀을 이용하는 방법
- 플라스틱 플러그에 의한 방법

12 전달마력 30kW, 회전수 200rpm인 전동축에서 토크 T는 약 몇 N·m인가?

① 107   ② 146
③ 1070   ④ 1430

$P = w(각속도) \times T(토크)[\text{N} \cdot \text{m}]$
$w = 2 \times \pi (3.14159) \times f(주파수)$
토크 $T = (9549.3 \times P)/N [\text{N} \cdot \text{m}]$
$T = 9549.3 \frac{P}{N} = \frac{9549.3 \times 30}{200} = 1432.4 [\text{N} \cdot \text{m}]$

13 원주에 톱니형상의 이가 달려 있으며 폴(pawl)과 결합하여 한쪽 방향으로 간헐적인 회전운동을 주고 역회전을 방지하기 위하여 사용되는 것은?

① 래치 휠   ② 플라이 휠
③ 원심 브레이크 ④ 자동하중 브레이크

14 벨트전동에 관한 설명으로 틀린 것은?

① 벨트풀리에 벨트를 감는 방식은 크로스벨트 방식과 오픈벨트 방식이 있다.
② 오픈벨트 방식에서는 양 벨트 풀리가 반대방향으로 회전한다.
③ 벨트가 원동차에 들어가는 측을 인(긴)장측이라 한다.
④ 벨트가 원동차로부터 풀려 나오는 측을 이완측이라 한다.

15 축에 키(key) 홈을 가공하지 않고 사용하는 것은?

① 묻힘(sunk)키   ② 안장(saddle)키
③ 반달키   ④ 스플라인

16 연삭에서 결합도에 따른 경도의 선정기준 중 결합도가 높은 숫돌(단단한 숫돌)을 사용해야 할 때는?

① 연삭 깊이가 클 때
② 접촉 면적이 작을 때
③ 경도가 큰 가공물을 연삭할 때
④ 숫돌차의 원주 속도가 빠를 때

17 4개의 조(jaw)가 각각 단독으로 움직이도록 되어 있어 불규칙한 모양의 일감을 고정하는 데 편리한 척은?

① 단독척 ② 연동척
③ 마그네틱척 ④ 콜릿척

- **단동척** : 조 4개(개별적), 불규칙한 일감고정, 편심가공가능
- **연동척(스크롤척)** : 조 3개(동시에), 균일한 일감(원형, 삼각, 육각형 등)

18 밀링 머신의 부속 장치가 아닌 것은?

① 아버 ② 래크 절삭 장치
③ 회전 테이블 ④ 에이프런

선반의 왕복대 구성으로 에이프런이 있다.(자동이송장치 장착)

19 선반에서 $\phi 40mm$의 환봉을 $120m \cdot min$의 절삭속도로 절삭가공을 하려고 할 경우, 2분 동안의 주축 총 회전수는?

① 650rpm ② 960rpm
③ 1720rpm ④ 1910rpm

분당회전수
$$n = \frac{1,000v}{\pi d} = \frac{1,000 \times 120}{\pi \times 40} = 955.4 \times 2 = 1910rpm$$

20 드릴링 머신 가공의 종류로 틀린 것은?

① 슬로팅 ② 리밍
③ 탭핑 ④ 스폿 페이싱

- **리이밍** : 드릴로 뚫은 구멍을 더욱 정밀하게 가공
- **태핑** : 암나사 가공
- **보링** : 전 가공 상태에서 얻어진 면을 더욱 크고 정밀하게 가공
- **스폿페이싱** : 볼트나 너트 등이 닿는 부분을 평평하게 자리를 만드는 작업
- **카운터 보링** : 작은 나사, 볼트의 머리부를 일감에 묻히게 하기 위한 단을 만드는 작업
- **카운터 싱킹** : 접시머리나사의 머리부를 묻히게 하기 위해 원뿔자리를 만드는 작업

21 선반에서 척에 고정할 수 없는 대형 공작물 또는 복잡한 형상의 공작물을 고정할 때 사용하는 부속장치는?

① 센터 ② 면판
③ 바이트 ④ 맨드릴

- **센터의 선단각** : 보통일감 60°, 대형일감 75°, 90°
- **하프센터** : 끝면 깎기에 사용
- **심봉(mendrel)** : 내면을 다듬질한 중공의 일감 외경을 가공(기어나 풀리의 소재가공)
  - 표준맨드릴의 테이퍼 : 1/100, 1/1000
  - 팽창맨드릴 : 다소 지름을 조절
  - 조립맨드릴 : 지름이 큰 관(pipe) 가공 시 사용

22 드릴의 구조 중 드릴가공을 할 때 가공물과 접촉에 의한 마찰을 줄이기 위하여 절삭날 면에 부여하는 각은?

① 나선각 ② 선단각
③ 경사각 ④ 날 여유각

23 다음 중 와이어 컷 방전가공에서 전극재질로 일반적으로 사용하지 않는 것은?

① 동 ② 황동
③ 텅스텐 ④ 고속도강

- **방전가공 시 전극 재질** : 동, 텅스텐, 황동

24 다음 중 고온경도가 높으나 취성이 커서 충격이나 진동에 약한 절삭공구는?

① 고속도강 ② 탄소공구강
③ 초경합금 ④ 세라믹

25 공작물의 외경 또는 내면 등을 어떤 필요한 형상으로 가공할 때, 많은 절삭날을 갖고 있는 공구를 1회 통과시켜 가공하는 공작기계는?

① 브로칭 머신 ② 밀링 머신
③ 호빙 머신 ④ 연삭기

정답 17 ① 18 ④ 19 ④ 20 ① 21 ② 22 ④ 23 ④ 24 ④ 25 ①

26 다음 기하공차 종류 중 단독형체가 아닌 것은?

① 진직도 ② 진원도
③ 경사도 ④ 평면도

• **경사도** : 자세공차

27 도면에서 구멍의 치수가 "$\phi 80^{+0.03}_{-0.02}$"로 기입되어 있다면 치수 공차는?

① 0.01 ② 0.02
③ 0.03 ④ 0.05

$$\begin{array}{r} +\,0.03 \\ -\,0.02 \\ \hline 0.05 \end{array}$$

28 구의 반지름을 나타내는 치수 보조 기호는?

① ϕ ② $S\phi$
③ SR ④ C

구(Sphere)

29 다음 중 가는 2점 쇄선의 용도로 틀린 것은?

① 인접 부분 참고 표시
② 공구, 지그 등의 위치
③ 가공 전 또는 가공 후의 모양
④ 회전 단면도를 도형 내에 그릴 때의 외형선

• **회전단면도를 도형 내에 그릴 때의 외형선** : 가는 실선

30 끼워 맞춤에서 축 기준식 헐거운 끼워 맞춤을 나타낸 것은?

① H7/g6 ② H6/F8
③ h6/P9 ④ h6/F7

• **H7/g6** : 구멍 기준식 헐거운 끼워맞춤
• **h6/P9** : 축 기준식 억지 끼워맞춤
• **h6/F7** : 축 기준식 헐거운 끼워맞춤

31 제3각법으로 그린 3면도 투상도 중 틀린 것은?

32 핸들, 벨트풀리나 기어 등과 같은 바퀴의 암, 리브 등에서 절단한 단면의 모양을 90° 회전시켜서 투상도의 안에 그릴 때, 알맞은 선의 종류는?

① 가는 실선 ② 가는 1점 쇄선
③ 가는 2점 쇄선 ④ 굵은 1점 쇄선

• **가는 실선** : 회전단면의 외형선 물체 내부에 도시
• **굵은 실선** : 물체 외부에 도시

33 다음 중 척도의 기입 방법으로 틀린 것은?

① 척도는 표제란에 기입하는 것이 원칙이다.
② 표제란이 없는 경우에는 부품 번호 또는 상세도의 참조 문자 부근에 기입한다.
③ 한 도면에는 반드시 한 가지 척도만 사용해야 한다.
④ 도형의 크기가 치수와 비례하지 않으면 NS라고 표시한다.

상세도(확대도)를 사용할 수 있다.

정답 26 ③ 27 ④ 28 ③ 29 ④ 30 ④ 31 ② 32 ① 33 ③

34 다음 등각투상도의 화살표 방향이 정면도일 때, 평면도를 올바르게 표시한 것은? (단, 제3각법의 경우에 해당한다.)

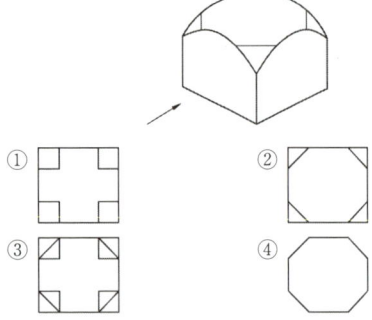

35 다음과 같이 다면체를 전개한 방법으로 옳은 것은?

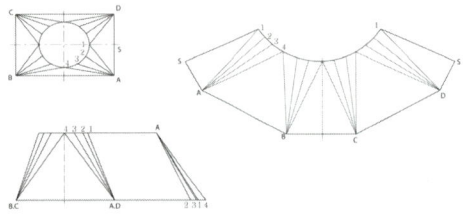

① 삼각형법 전개
② 방사선법 전개
③ 평행선법 전개
④ 사각형법 전개

• **삼각형법** : 다면체를 전개하는 방법

36 치수기입에 대한 설명 중 틀린 것은?

① 제작에 필요한 치수를 도면에 기입한다.
② 잘 알 수 있도록 중복하여 기입한다.
③ 가능한 한 주요 투상도에 집중하여 기입한다.
④ 가능한 한 계산하여 구할 필요가 없도록 기입한다.

치수기입은 중복해서 기입하지 않는다.

37 한국 산업 표준 중 기계부문에 대한 분류기호는?

① KS A
② KS B
③ KS C
④ KS D

38 다음 중심선 평균 거칠기값 중에서 표면이 가장 매끄러운 상태를 나타낸 것은?

① 0.2a
② 1.6a
③ 3.2a
④ 6.3a

39 단면도에 관한 내용이다. 올바른 것을 모두 고른 것은?

> ㉠ 절단면은 중심선에 대하여 45° 경사지게 일정한 간격으로 가는 실선으로 빗금을 긋는다.
> ㉡ 정면도는 단면도로 그리지 않고, 평면도나 측면도만 절단한 모양으로 그린다.
> ㉢ 한쪽 단면도는 위, 아래 또는 왼쪽과 오른쪽이 대칭인 물체의 단면을 나타낼 때 사용한다.
> ㉣ 단면 부분에는 해칭(hatching)이나 스머징(smudging)을 한다.

① ㉠, ㉡
② ㉡, ㉢
③ ㉠, ㉡, ㉢
④ ㉠, ㉢, ㉣

40 치수공차와 끼워맞춤에서 구멍의 치수가 축의 치수보다 작을 때, 구멍과 축과의 치수의 차를 무엇이라고 하는가?

① 틈새
② 죔새
③ 공차
④ 끼워맞춤

• **틈새** : 구멍의 크기가 축의 크기보다 클 때
• **죔새** : 구멍의 크기가 축의 크기보다 작을 때

41 기계 도면에서 부품란에 재질을 나타내는 기호가 "SS400"으로 기입되어 있다. 기호에서는 "400"은 무엇을 나타내는가?

① 무게
② 탄소 함유량
③ 녹는 온도
④ 최저 인장 강도

• **SS400** : 일반 구조용 압연강재
• **400** : 최저인장강도

정답 34 ② 35 ① 36 ② 37 ② 38 ① 39 ④ 40 ② 41 ④

42 그림과 같이 경사면부가 있는 대상물에서 그 경사면의 실형을 표기할 필요가 있는 경우에 사용하는 투상도의 명칭은?

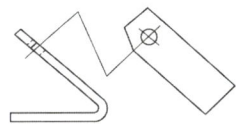

① 부분 투상도 ② 보조 투상도
③ 국부 투상도 ④ 회전 투상도

43 도면의 표제란에 사용되는 제1각법의 기호로 옳은 것은?

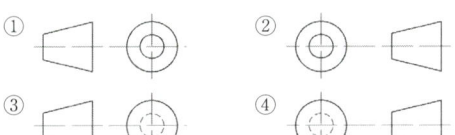

3각법	눈 → 투상면 → 물체	
1각법	눈 → 물체 → 투상면	

44 다음 가공방법의 약호를 나타낸 것 중 틀린 것은?

① 선반가공(L) ② 보링가공(B)
③ 리머가공(FR) ④ 호닝가공(GB)

L	선반	P	평삭	G	연삭
D	드릴	SH	형삭	GH	호닝
B	보링	BR	브로치	FB	버프
M	밀링	FR	리머	FL	랩핑

45 기하 공차의 종류 중 모양 공차에 해당되지 않는 것은?

① 평행도 공차 ② 진직도 공차
③ 진원도 공차 ④ 평면도 공차

적용형체	공차의 종류		기호
단독형체 (데이텀X)	모양	진직도	─
		평면도	▱
		진원도	○
		원통도	⌭
단독 or 관련		선의 윤곽도	⌒
		면의 윤곽도	⌓
관련형체 (데이텀 필요)	자세	평행도	//
		직각도	⊥
		경사도	∠
	위치	위치도	⊕
		동심도	◎
		대칭도	⌯
	흔들림	원주 흔들림	↗
		온 흔들림	↗↗

46 다음 용접 이음의 용접기호로 옳은 것은?

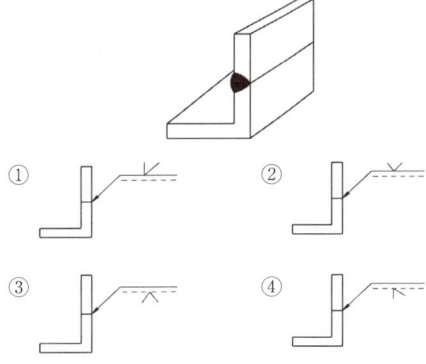

47 "6208 ZZ"로 표시된 베어링에 결합되는 축의 지름은?

① 10mm ② 20mm
③ 30mm ④ 40mm

• **6208 ZZ** : 08 × 5 = 40mm

48 관용 테이퍼 나사 중 테이퍼 수나사를 표시하는 기호는?
① M   ② Tr
③ R   ④ S

- Tr : 미터사다리꼴 나사
- S : 미니추어 나사

49 헬리컬 기어, 나사 기어, 하이포이드 기어의 잇줄 방향의 표시 방법은?
① 2개의 가는 실선으로 표시
② 2개의 가는 2점 쇄선으로 표시
③ 3개의 가는 실선으로 표시
④ 3개의 가는 2점 쇄선으로 표시

50 평벨트 폴리의 도시 방법에 대한 설명 중 틀린 것은?
① 암은 길이 방향으로 절단하여 단면 도시를 한다.
② 벨트 풀리는 축 직각 방향의 투상을 주투상도로 한다.
③ 암의 단면형은 도형의 안이나 밖에 회전단면을 도시한다.
④ 암의 테이퍼 부분 치수를 기입할 때 치수 보조선은 경사선으로 긋는다.

51 나사용 구멍이 없는 평행키의 기호는?
① P   ② Z
③ T   ④ TG

키의 종류 및 기호
- 평행키 나사용 구멍 없음 : P
- 나사용 구멍 있음 : PS
- 경사키 머리 없음 : T
- 머리 있음 : TG
- 반달키 둥근바닥 : WA
- 납작바닥 : WB

52 볼트의 머리가 조립부분에서 밖으로 나오지 않아야 할 때, 사용하는 볼트는?
① 아이 볼트   ② 나비 볼트
③ 기초 볼트   ④ 육각 구멍붙이 볼트

53 기어의 종류 중 피치원 지름이 무한대인 기어는?
① 스퍼기어   ② 래크
③ 피니언   ④ 베벨기어

54 보일러 또는 압력 용기에서 실제 사용 압력이 설계된 규정 압력보다 높아졌을 때, 밸브가 열려 사용 압력을 조정하는 장치는?
① 콕   ② 체크 밸브
③ 스톱 밸브   ④ 안전 밸브

55 축의 끝에 45° 모떼기 치수를 기입하는 방법으로 틀린 것은?

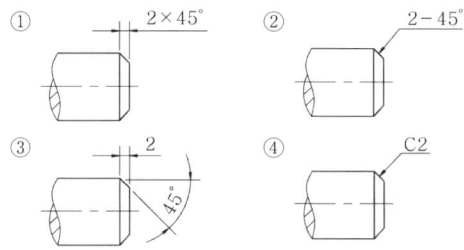

56 스프링 도시의 일반 사항이 아닌 것은?
① 코일 스프링은 일반적으로 무하중 상태에서 그린다.
② 그림 안에 기입하기 힘든 사항은 일괄하여 요목표에 기입한다.
③ 하중이 걸린 상태에서 그린 경우에는 치수를 기입할 때, 그 때의 하중을 기입한다.
④ 단서가 없는 코일 스프링이나 벌류트 스프링은 모두 왼쪽으로 감은 것을 나타낸다.

스프링 제도법
- 일반적으로 간략도로 표시하고, 필요사항은 요목표에 기입한다.
- 무하중인 상태로 기입, 걸릴 때는 치수와 하중 기입한다.
- 보통 오른쪽 감기, 왼쪽 감기는 요목표에 기입한다
- 생략도 도시 때 가는 2점 쇄선
- 간략도 도시 때 중심선만을 굵은 실선

정답   48 ③   49 ③   50 ①   51 ①   52 ④   53 ②   54 ④   55 ②   56 ④

57 CAD 시스템에서 점을 정의하기 위해 사용되는 좌표계가 아닌 것은?

① 극 좌표계　　② 원통 좌표계
③ 회전 좌표계　　④ 직교 좌표계

58 컴퓨터가 데이터를 기억할 때의 최소 단위는?

① bit　　② byte
③ word　　④ block

59 다음 설명에 가장 적합한 3차원의 기하학적 형상 모델링 방법은?

> • Boolean 연산(합, 차, 적)을 통하여 복잡한 형상 표현이 가능하다.
> • 형상을 절단한 단면도 작성이 용이하다.
> • 은선 제거가 가능하고 물리적 성질 등의 계산이 가능하다.
> • 컴퓨터의 메모리양과 데이터 처리가 많아진다.

① 서피스 모델링(surface modeling)
② 솔리드 모델링(solid modeling)
③ 시스템 모델링(system modeling)
④ 와이어 프레임 모델링(wire frame modeling)

60 다음 중 입·출력 장치의 연결이 잘못된 것은?

① 입력장치 : 트랙볼, 마우스
② 입력장치 : 키보드, 라이트펜
③ 출력장치 : 프린터, COM
④ 출력장치 : 디지타이저, 플로터

57 ③　58 ①　59 ②　60 ④

과년도 기출문제

01 수기가공에서 사용하는 줄, 쇠톱날, 정 등의 절삭가공용 공구에 가장 적합한 금속재료는?

① 주강
② 스프링강
③ 탄소공구강
④ 쾌삭강

- **Ni** : 강인성, 내식, 내마멸성 증가
- **Si** : 내열성, 내식성 증가, 전자기적 특성
- **Mn** : Ni와 비슷, 내마멸성 증가, 황의 메짐 방지, 적열취성을 방지
- **Cr** : 탄화물 생성(경화능력 향상), 내식, 내마멸성 증가
- **W** : Cr과 비슷, 고온 강도, 경도증가
- **Mo** : W 효과의 두배, 뜨임 메짐 방지, 담금질 깊이 증가
- **V** : Mo와 비슷, 경화성은 더욱 커지나 단독으로 사용 안 됨

02 일반적인 합성수지의 공통된 성질로 가장 거리가 먼 것은?

① 가볍다.
② 착색이 자유롭다.
③ 전기절연성이 좋다.
④ 열에 강하다.

03 다음 비철 재료 중 비중이 가장 가벼운 것은?

① Cu
② Ni
③ Al
④ Mg

04 탄소강에 첨가하는 합금원소와 특성과의 관계가 틀린 것은?

① Ni : 인성 증가
② Cr : 내식성 향상
③ Si : 전자기적 특성 개선
④ Mo : 뜨임취성 촉진

05 철-탄소계 상태도에서 공정 주철은?

① 4.3%C
② 2.1%C
③ 1.3%C
④ 0.86%C

06 탄소공구강의 단점을 보강하기 위해 Cr, W, Mn, Ni, V 등을 첨가하여 경도, 절삭성, 주조성을 개선한 강은?

① 주조경질합금
② 초경합금
③ 합금공구강
④ 스테인리스강

- **합금공구강 STS** : Cr, W, Mo, V

07 다음 중 청동의 합금 원소는?

① Cu + Fe
② Cu + Sn
③ Cu + Zn
④ Cu + Mg

- **청동** : Cu + Sn

08 베어링의 호칭번호가 6308일 때 베어링의 안지름은 몇 mm인가?

① 35
② 40
③ 45
④ 50

- **6308** : 08×5 = 40mm

정답 1 ③ 2 ④ 3 ④ 4 ④ 5 ① 6 ③ 7 ② 8 ②

09 2kN의 짐을 들어올리는 데 필요한 볼트의 바깥지름은 몇 mm 이상이어야 하는가? (단, 볼트 재료의 허용인장응력은 400N/cm²이다.)

① 20.2　　② 31.6
③ 36.5　　④ 42.2

축방향에 하중작용 시 볼트의 지름
$d = \sqrt{\dfrac{2W}{\sigma_a}} = \sqrt{\dfrac{2 \times 2000}{400}} = 31.6$mm 이상

10 테이퍼 핀의 테이퍼값과 호칭지름을 나타낸 것은?

① 1/100, 큰 부분의 지름
② 1/100, 작은 부분의 지름
③ 1/50, 큰 부분의 지름
④ 1/50, 작은 부분의 지름

- 핀의 테이퍼 : 1/50
- 키의 테이퍼 : 1/100

11 나사의 기호 표시가 틀린 것은?

① 미터계 사다리꼴나사 : TM
② 인치계 사다리꼴나사 : WTC
③ 유니파이 보통 나사 : UNC
④ 유니파이 가는 나사 : UNF

- TW : 인치계 사다리꼴나사
- TM : 미터계 사다리꼴나사

12 나사의 피치가 일정할 때 리드(lead)가 가장 큰 것은?

① 4줄 나사　　② 3줄 나사
③ 2줄 나사　　④ 1줄 나사

$l = np$
- l : 리드[mm]
- n : 줄수
- p : 피치[mm]

13 원통형 코일의 스프링 지수가 9이고, 코일의 평균 지름이 180mm이면 소선의 지름은 몇 mm인가?

① 9　　② 18
③ 20　　④ 27

스프링 지수
$C = \dfrac{D}{d} \quad d = \dfrac{D}{C} = \dfrac{180}{9} = 20$mm

14 간헐운동(intermittent motion)을 제공하기 위해서 사용되는 기어는?

① 베벨 기어　　② 헬리컬 기어
③ 웜 기어　　　④ 제네바 기어

15 직접전동 기계요소인 홈 마찰차에서 홈의 각도(2α)는?

① $2\alpha = 10 \sim 20°$　　② $2\alpha = 20 \sim 30°$
③ $2\alpha = 30 \sim 40°$　　④ $2\alpha = 40 \sim 50°$

홈 마찰차
작은 힘 P로 큰 동력을 전달시키기 위해 양바퀴에 홈을 만들어 서로 물리면 원통 마찰차에 비해 큰 마찰력을 얻을 수 있다.
- 홈각 : $2\alpha = 30° \sim 40°$(주로 40°)

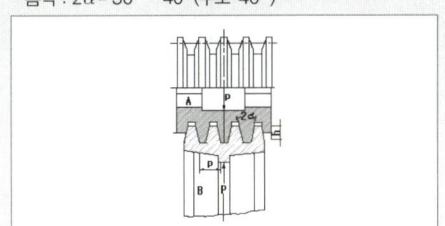

16 머시닝센터의 준비기능에서 X-Y평면 지정 G코드는?

① G17　　② G18
③ G19　　④ G20

G15	17	극좌표지령 무시
G16		극좌표지령
G17		X-Y 평면
G18	02	Z-X 평면
G19		Y-Z 평면

17 센터리스 연삭기에서 조정숫돌의 기능은?

① 가공물의 회전과 이송
② 가공물의 지지과 이송
③ 가공물의 지지과 조절
④ 가공물의 회전과 지지

18 선반에서 그림과 같이 테이퍼 가공을 하려 할 때, 필요한 심압대의 편위량은 몇 mm인가?

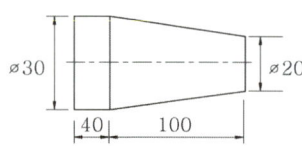

① 4
② 7
③ 12
④ 15

- 공구대를 선회시키는 방법(tan θ) : 테이퍼가 크고 길이가 짧을 때
- 심압대를 편위시키는 방법(편위량 : x) : 테이퍼가 작고 길이가 긴 경우
- 테이퍼 절삭장치(어태치먼트)에 의한 방법 : 릴리빙 선반 또는 공구선반
- 가로이송과 세로이송을 동시에 작업하는 방법

공구대선회 $\tan\theta = \dfrac{D-d}{2\ell} = \dfrac{D-d}{2\ell}$

심압대편위량 $x = \dfrac{(D-d)L}{2\ell}$ (mm)

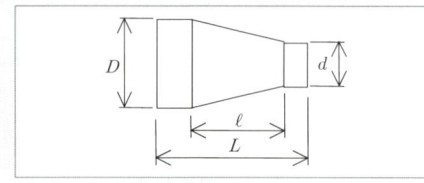

편위량 $x = \dfrac{(30-20)140}{2 \times 100} = 7\text{mm}$

19 일반적인 보링머신에서 작업할 수 없는 것은?

① 널링 작업
② 리밍 작업
③ 탭핑 작업
④ 드릴링 작업

20 선반에서 맨드릴의 종류에 속하지 않은 것은?

① 표준 맨드릴
② 팽창식 맨드릴
③ 수축식 맨드릴
④ 조립식 맨드릴

- **심봉(mendrel)** : 내면을 다듬질한 중공의 일감 외경을 가공(기어나 풀리의 소재가공)
- **표준맨드릴의 테이퍼** : 1/100, 1/1000
- **팽창맨드릴** : 다소 지름을 조절
- **조립맨드릴** : 지름이 큰 관(pipe) 가공 시 사용

21 일반적으로 래핑작업 시 사용하는 랩제로 거리가 먼 것은?

① 탄화규소
② 산화 알루미나
③ 산화크롬
④ 흑연가루

랩제의 종류
탄화규소 및 산화철(연한금속, 유리, 수정), 알루미나(강), 산화크롬(마무리 다듬질)

22 피니언 커터 또는 랙 커터를 왕복 운동시키고 공작물에 회전운동을 주어 기어를 절삭하는 창성식 기어 절삭 기계는?

① 호빙 머신
② 기어 연삭
③ 기어 셰이퍼
④ 기어 플래닝

창성법
인벌류트 곡선을 그리는 원리를 응용한 이의 절삭 방법이며, 가장 널리 사용된다.
- 종류
  - 랙 커터에 의한 방법 : 마그식 기어 셰이퍼
  - 피니언 커터에 의한 방법 : 펠로우즈식 기어 셰이퍼
  - 호브에 의한 방법 : 호빙 머신

정답 17 ① 18 ② 19 ① 20 ③ 21 ④ 22 ③

23 밀링 머신의 부속장치로 가공물로 필요한 각도로 등분할 수 있는 장치는?

① 슬로팅 장치　② 래크밀링 장치
③ 분할대　　　④ 아버

밀링 머신의 부속장치
- 아버 : 밀링커터는 주축단에 직접 압입하거나, 또는 주축단에 고정되어 있는 아버 어댑터, 콜릿 등을 이용하여 설치한다.
- 밀링 바이스 : 밀링 바이스는 테이블 위에 있는 홈을 이용하여 간단한 가공물을 고정할 수 있다.
- 회전테이블 장치 : 가공물에 회전운동이 필요할 때는 회전테이블 장치가 사용된다.
- 분할대 : 분할대는 밀링 머신의 테이블상에 설치하고 공작물의 각도분할에 주로 사용한다. 가공은 분할대의 주입과 삼압대 사이에 센터로 지지하는 방법과 주축의 축으로 고정하는 방법이 있다.
- 수직축장치 : 수직축장치는 수평식 밀링 머신의 컬럼상의 주축부에 고정하고, 주축에서 기어로 회전이 전달되며, 수직의 회전수와 밀링 머신의 주축의 회전수와 같다.
- 슬로팅 장치 : 슬로팅 절삭 장치는 니형 머신의 컬럼면에 설치하여 사용한다. 이 장치를 사용하면 밀링 머신의 주축의 회전운동을 공구대의 램의 직선왕복운동으로 변화시켜 바이트로 밀링 머신에서 선 운동 절삭가공 할 수 있다.
- 랙절삭장치 : 만능식 밀링 머신에 사용되며 컬럼면에 고정되고, 각종 피치의 랙을 가공할 수 있도록 변환기어를 이용한다.

24 원통 외경연삭의 이송방식에 해당하지 않는 것은?

① 플랜지 컷 방식　② 테이블 왕복식
③ 유성형 방식　　④ 연삭 숫돌대 방식

25 절삭공구가 회전운동을 하며 절삭하는 공작기계는?

① 선반　　　② 셰이퍼
③ 밀링 머신　④ 브로칭 머신

26 이론적으로 정확한 치수를 나타낼 때 사용하는 기호로 옳은 것은?

① t　　② ( )
③ □　④ △

27 도면의 척도가 "1 : 2"로 도시되었을 때 척도의 종류는?

① 배척　② 축척
③ 현척　④ 비례척이 아님

28 도면 제작과정에서 다음과 같은 선들이 같은 장소에 겹치는 경우 가장 우선시하여 나타내야 하는 것은?

① 절단선　② 중심선
③ 숨은선　④ 치수선

기호, 문자, 숫자 – 외형선 – 숨은선 – 절단선 – 중심선 – 무게중심선 – 치수 보조선

29 다음 등각투상도에서 화살표 방향을 정면도로 할 경우 평면도로 가장 옳은 것은?

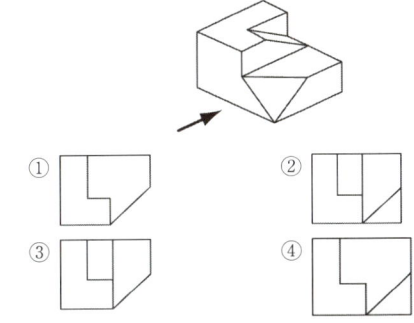

30 가공 결과 그림과 같은 줄무늬가 나타났을 때 표면의 결 도시기호로 옳은 것은?

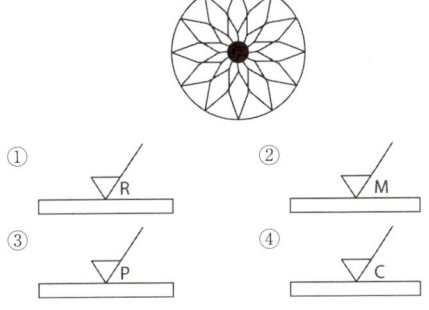

=	가공에 의한 가공 커터방향이 투상면에 평행
⊥	투상면에 직각
X	투상면에 경사지고 두 방향으로 교차
M	코일 모양의 여러 방향으로 교차, 무방향
C	면 중심의 대략 동심원 모양
R	대략 레이디얼 모양

정답　23 ③　24 ③　25 ③　26 ③　27 ②　28 ③　29 ②　30 ①

31 제3각법에서 정면도 아래에 배치하는 투상도를 무엇이라 하는가?

① 평면도　　② 좌측면도
③ 배면도　　④ 저면도

32 가는 1점 쇄선으로 표시하지 않는 선은?

① 가상선　　② 중심선
③ 기준선　　④ 피치선

33 "가" 부분에 나타날 보조 투상도를 가장 적절하게 나타낸 것은?

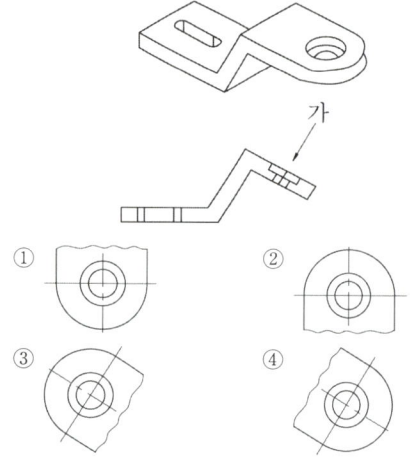

34 우리나라의 도면에 사용되는 길이 치수의 기본적인 단위는?

① mm　　② cm
③ m　　④ inch

35 그림과 같이 표면의 결 지시기호에서 각 항목에 대한 설명이 틀린 것은?

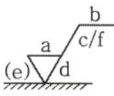

① a : 거칠기값
② c : 가공 여유
③ d : 표면의 줄무늬 방향
④ f : R_a가 아닌 다른 거칠기값

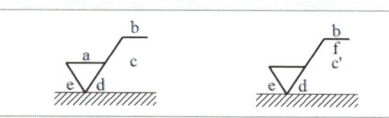

• a : 중심선 평균거칠기의 값
• b : 가공방법
• c : 커트 오프값
• d : 줄무늬방향의 기호
• e : 다듬질 여유
• f : 중심선 평균거칠기 이외의 표면거칠기의 값
• C : 기준길이

36 상하 또는 좌우 대칭인 물체에 1/4을 절단하여 기본 중심선을 경계로 1/2은 외부모양, 다른 1/2은 내부모양으로 나타내는 단면도는?

① 전단면도　　② 한쪽 단면도
③ 부분 단면도　　④ 회전 단면도

37 재료 기호가 "STS 11"로 명기되었을 때 이 재료의 명칭은?

① 합금 공구강 강재　　② 탄소 공구강 강재
③ 스프링 강재　　④ 탄소 주강품

38 다음 기호 공차 중 모양 공차에 속하지 않는 것은?

① ▱　　② ○
③ ∠　　④ ⌒

정답　31 ④　32 ①　33 ④　34 ①　35 ②　36 ②　37 ①　38 ③

39 구멍의 최소 치수가 축의 최대 치수보다 큰 경우로 항상 틈새가 생기는 상태를 말하며, 미끄럼 운동이나 회전운동이 필요한 부품에 적용하는 끼워 맞춤은?

① 억지 끼워 맞춤 ② 중간 끼워 맞춤
③ 헐거운 끼워 맞춤 ④ 조립 끼워 맞춤

40 그림의 "b" 부분에 들어갈 기하 공차 기호로 가장 옳은 것은?

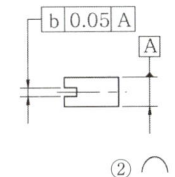

① | ② ⌒
③ / ④ =

41 다음 중 국가별 표준규격 기호가 잘못 표기된 것은?

① 영국 – BS ② 독일 – DIN
③ 프랑스 – ANSI ④ 스위스 – SNV

42 제3각법으로 표시된 다음 정면도와 우측면도에 가장 적합한 평면도는?

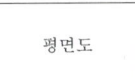

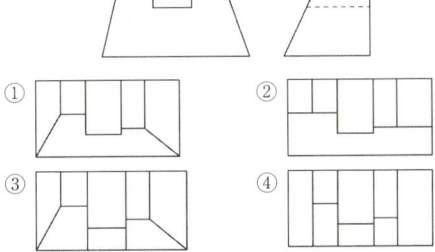

43 단면을 나타내는 데에 대한 설명으로 옳지 않은 것은?

① 동일한 부품의 단면은 떨어져 있어도 해칭의 각도와 간격을 동일하게 나타낸다.
② 두께가 얇은 부분의 단면도는 실제치수와 관계없이 한 개의 굵은 실선으로 도시할 수 있다.
③ 단면은 필요에 따라 해칭하지 않고 스머징으로 표현할 수 있다.
④ 해칭선은 어떠한 경우에도 중단하지 않고 연결하여 나타내야 한다.

해칭은 문자나 기호를 만나면 중단한 후 다시 그려진다. 문자나 기호 등과 겹치지 않도록 한다.

44 각도의 허용제한치수 기입방법으로 틀린 것은?

① 60°±0°30′ ② 60° $^{+0°30′}_{-0°10′}$

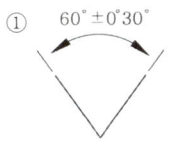

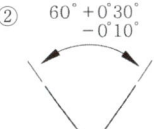

③ $\begin{smallmatrix}60°10′\\60°30′\end{smallmatrix}$ ④ 60° $^{+0°0°30′}_{-0°0°10′}$

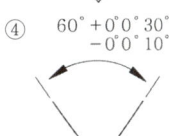

45 아래와 같은 구멍과 축의 끼워 맞춤에서 최대 죔새는?

• 구멍 : 20H7 = 20 $^{+0.021}_{0}$
• 축 : 20p6 = 20 $^{+0.035}_{+0.022}$

① 0.035 ② 0.021
③ 0.014 ④ 0.001

최대 죔새
= 축의 최대허용한계치수 – 구멍의 최소 허용한계치수

정답 39 ③ 40 ④ 41 ③ 42 ① 43 ④ 44 ③ 45 ①

46 기어의 수는 31개, 피치원지름은 62mm인 표준 스퍼기어의 모듈은 얼마인가?

① 1　　② 2
③ 4　　④ 8

47 배관 작업에서 관과 관을 이을 때 이음 방식이 아닌 것은?

① 나사 이음
② 플랜지 이음
③ 용접 이음
④ 클러치 이음

48 다음 중 스프로킷 휠의 도시방법으로 틀린 것은? (단, 축방향에서 본 경우를 기준으로 한다.)

① 항목표에는 톱니의 특성을 나타내는 사항을 기입한다.
② 바깥지름은 굵은 실선으로 그린다.
③ 피치원은 가는 2점 쇄선으로 그린다.
④ 이뿌리원은 나타내는 선은 생략 가능하다.

• 피치원은 가는 일점쇄선으로 그린다.

49 나사 표기가 다음과 같이 나타날 때 설명으로 틀린 것은?

Tr40×14(P7)LH

① 호칭지름은 40mm이다.
② 피치는 14mm이다.
③ 왼 나사이다.
④ 미터 사다리꼴 나사이다.

• **14** : 리드의 길이

50 구름 베어링 호칭 번호 "6203 ZZ P6"의 설명 중 틀린 것은?

① 62 : 베어링 계열 번호
② 03 : 안지름 번호
③ ZZ : 실드 기호
④ P6 : 내부 틈새 기호

• **P6** : 등급

51 그림과 같이 가장자리(edge) 용접을 했을 때 용접 기호로 옳은 것은?

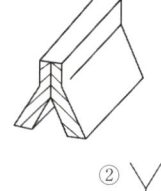

① \/　　② Y
③ |||　　④ V

52 6각 구멍붙이 볼트 M50×2-6g에 6g가 나타내는 것은?

① 다듬질 정도　　② 나사의 호칭지름
③ 나사의 등급　　④ 강도 구분

• **5g** : 수나사의 등급

53 동력을 전달하거나 작용 하중을 지지하는 기능을 하는 기계요소는?

① 스프링　　② 축
③ 키　　④ 리벳

54 웜의 제도 시 피치원 도시방법으로 옳은 것은?

① 가는 1점 쇄선으로 도시한다.
② 가는 파선으로 도시한다.
③ 굵은 실선으로 도시한다.
④ 굵은 1점 쇄선으로 도시한다.

정답　46 ②　47 ④　48 ③　49 ②　50 ④　51 ③　52 ③　53 ②　54 ①

55 다음 중 키의 호칭 방법을 옳게 나타낸 것은?

① (종류 또는 기호) (표준번호 또는 키 명칭) (호칭치수×길이)
② (표준번호 또는 키 명칭) (종류 또는 기호) (호칭치수×길이)
③ (종류 또는 기호) (표준번호 또는 키 명칭) (길이)×(호칭치수)
④ (표준번호 또는 키 명칭) (종류 또는 기호) (길이)×(호칭치수)

56 압축 하중을 받는 곳에 사용되며, 주로 자동차의 현가장치, 자전거의 안장 등 충격이나 진동 완화용으로 사용되는 스프링은?

① 압축 코일 스프링 ② 판 스프링
③ 인장 코일 스프링 ④ 비틀림 코일 스프링

57 CAD 시스템에서 기하학적 데이터의 변환에 속하지 않는 것은?

① 이동(translation)
② 회전(rotation)
③ 스케일링(scaling)
④ 리드로잉(redrawing)

58 CAD 시스템에서 출력장치가 아닌 것은?

① 디스플레이(CRT) ② 스캐너
③ 프린터 ④ 플로터

59 CPU(중앙처리장치)의 주요 기능으로 거리가 먼 것은?

① 제어 기능 ② 연산 기능
③ 대화 기능 ④ 기억 기능

60 정육면체, 실린더 등 기본적인 단순한 입체의 조합으로 복잡한 형상을 표현하는 방법은?

① R-rep 모델링 ② CSG 모델링
③ Parametric 모델링 ④ 분해 모델링

정답 55 ② 56 ① 57 ④ 58 ② 59 ③ 60 ②

과년도 기출문제

01 Cu와 Pb 합금으로 항공기 및 자동차의 베어링 메탈로 사용되는 것은?

① 양은(Nickel Silver)
② 켈밋(Kelmet)
③ 배빗 메탈(Babbit Metal)
④ 애드미럴티 포금(Admiralty Gun Metal)

켈밋(kelmet)
켈밋 메탈(Kelmet Metal)은 미끄럼 베어링 용도로 사용하는 합금으로 열전도율이 좋아 주로 고온 고하중을 받는 베어링에 사용한다. 주성분인 구리(Cu)에 납(Pb) 28 ~ 42%, 니켈(Ni) 또는 은(Ag) 2% 이하, 철(Fe) 0.80% 이하로 구성된다.

02 다음 중 표면 경화법의 종류가 아닌 것은?

① 침탄법   ② 질화법
③ 고주파 경화법 ④ 심냉 처리법

표면경화법
동력전달장치에 축이나 기어, 클러치, 캠, 스핀들 등은 충격에 대하여 강인한 성질과 내마모성을 가지고 있어야 하고, 베어링 접촉부에는 마모를 견딜 수 있어야 한다. 강의 일정한 부분을 두께의 표면만 단단하게 하고 내부는 강인한 성질을 갖도록 열처리를 해야 하는데 이것을 표면경화라고 하며 부품의 수명을 향상시킬 목적으로 실시한다. 일반적으로 아래와 같이 화학적인 방법과 물리적인 방법의 다양한 종류가 있다.

- 화염(불꽃)경화법(선반의 베드, 미끄럼 면, 공작기계 등) : 내마모성이 필요하고 고주파 담금질이 곤란한 경우, 제작수량이 적어 고주파 경화처리가 비경제적인 경우 등에 실시한다.
- 고주파 경화법(고주파 담금질) : 고주파 전류를 이용하여 일정한 두께의 표면만을 가열한 후 급랭시키는 방법으로 기어 또는 복잡한 형상의 부품들을 필요한 부분만을 경화시킬 수 있으며, 주로 대량 생산에 널리 이용하고 있다.(기어나 스프라켓의 치면, 회전축)
- 침탄 담금질법 : 탄소량이 적은 강(저탄소강 : 0.018% C 이하)으로 만든 제품의 표면에 탄소를 침투시켜 탄소량을 높이는 침탄처리를 실시한 후 담금질을 하여 표면을 경화시키는 방법이다.
- 질화법 : 강을 암모니아 가스 중에서 고온으로 장시간 가열하면 질소와 철이 화합하여 표면에 아주 단단한 질화층이 생긴다. 질화처리는 주로 내마모성, 피로강도, 내소착성, 내식성 향상을 목적으로 하며 다른 열 처리법에서는 얻을 수 없는 독특한 기계적 성질을 얻을 수 있으며 실제 현장에서도 많이 적용하고 있다. 항공기나 선박용 엔진의 실린더 표면 경화법으로 이용된다.
- 염욕질화처리
- 이온질화법
- 가스연질화처리
- 침유질화처리 등이 있다.

03 금속이 탄성한계를 초과한 힘을 받고도 파괴되지 않고 늘어나서 소성변형이 되는 성질은?

① 연성   ② 취성
③ 경도   ④ 강도

- **소성가공** : 재료에 탄성한계를 넘어서 외력을 가하면, 외력을 제거해도 변형이 지속되는 성질
- **가소성** : 소성변형을 일으키는 성질

04 주철의 특성에 대한 설명으로 틀린 것은?

① 주조성이 우수하다.
② 내마모성이 우수하다.
③ 강보다 인성이 크다.
④ 인장강도보다 압축강도가 크다.

주철의 성질
주철의 성질은 탄소량 또는 같은 탄소량이라 하더라도 그때의 성분, 용해 조건 등에 따라 달라질 수 있으나 일반적인 주철의 성질은 다음과 같다.
- 주조성이 우수하며 크고 복잡한 물체의 제작이 가능하다.
- 금속재료 중에서 단위 무게당의 가격이 제일 저렴한 편이다.
- 주물의 표면이 단단하며, 녹이 슬지 않고 칠이 잘 된다.
- 마찰 저항이 우수하고 절삭 가공이 쉽다.
- 인장 강도, 굽힘 강도, 충격값은 작으나 압축강도는 크다.

정답 1 ② 2 ④ 3 ① 4 ③

05 접착제, 껌, 전기 절연재료에 이용되는 플라스틱 종류는?

① 폴리초산비닐계   ② 셀룰로오스계
③ 아크릴계   ④ 불소계

> **초산비닐수지**
> 초산비닐수지는 초산비닐모노머를 중합하여 만들어지는 열가소성 수지이다.

06 주조용 알루미늄 합금이 아닌 것은?

① Al-Cu계   ② Al-Si계
③ Al-Zn-Mg계   ④ Al-Cu-Si계

> **주조용 알루미늄합금**
> - 라우탈(Al-Cu계) : 기계적 성질 및 주조성이 뛰어나다. 분배관, 밸브, 기타 일반용
> - 실루민(Al-Si계) : 주조성이 양호하고 두께가 얇은 주물용
> - 감마실루민(Al-Si-Mg계) : 기계적 성질, 주조성이 양호하며 자동차, 선박, 항공기 부품용
> - Y합금(Al-Cu-Ni-Mg계) : 주조성은 떨어지나 내열성이 우수하다. 피스톤, 실린더 헤드용
> - 히드로날륨(Al-Mg계) : 내식성이 양호하여 화학공업, 선박용으로 사용
> - 로엑스(Al-Si-Cu-Ni-Mg계) : 내열성이 양호하며 피스톤용으로 사용

07 주철의 결점인 여리고 약한 인성을 개선하기 위하여 먼저 백주철의 주물을 만들고, 이것을 장시간 열처리하여 탄소의 상태를 분해 또는 소실시켜 인성 또는 연성을 증가시킨 주철은?

① 보통주철   ② 합금주철
③ 고급주철   ④ 가단주철

> 가단주철을 만들기 위해서는 먼저 백선화 과정이 필요하다. 백선화란 주철에 포함된 탄소가 흑연 전단계인 시멘타이트(Fe_3C)까지 분해되는 것으로, 여기에 약 900℃의 열을 가해 시멘타이트를 분해시킨다. 또한 추가로 발생하는 탄소는 산화를 통해 제거해 순수한 철로만 이뤄지는 부분을 만듦으로써 주철에 가단성을 부여하는 것이다. 이때 열처리 방법으로는 탈탄열처리와 흑연화 열처리, 2가지 방법이 있다. 이 방법에 따라 가단주철은 백심(白心)가단주철, 흑심(黑心)가단주철, 특수기지가단주철 등으로 나뉘게 된다.

08 인장시험에서 시험편의 절단부 단면적이 14mm²이고, 시험 전 시험편의 초기단면적이 20mm²일 때 단면수축률은?

① 70%   ② 80%
③ 30%   ④ 20%

$$단면수축률 = \frac{A - A'}{A} \times 100 = \frac{20 - 14}{20} \times 100 = 30\%$$

09 나사가 축을 중심으로 한 바퀴 회전할 때 축 방향으로 이동한 거리는?

① 피치   ② 리드
③ 리드각 ④ 백래시

$l = n \times p$
(l : 리드, n : 줄수, p : 피치)

10 축의 원주에 많은 키를 깎은 것으로 큰 토크를 전달할 수 있고, 내구력이 크며 보스와의 중심축을 정확하게 맞출 수 있는 것은?

① 성크키   ② 반달키
③ 접선 키   ④ 스플라인

11 교차하는 두 축의 운동을 전달하기 위하여 원추형으로 만든 기어는?

① 스퍼기어   ② 헬리컬 기어
③ 웜 기어   ④ 베벨 기어

12 다음 중 전동용 기계요소에 해당하는 것은?

① 볼트와 너트   ② 리벳
③ 체인   ④ 핀

> - **체결용 요소** : 볼트와 너트, 리벳, 핀 등
> - **전동용 요소** : 스프로킷, 체인, v 벨트, 기어 등

정답 5 ① 6 ③ 7 ④ 8 ③ 9 ② 10 ④ 11 ④ 12 ③

13 롤러 체인에 대한 설명으로 잘못된 것은?
① 롤러 링크와 판 링크를 서로 교대로 하여 연속적으로 연결한 것을 말한다.
② 링크의 수가 짝수이면 간단히 결합되지만, 홀수이면 오프셋 링크를 사용하여 연결한다.
③ 조립 시에는 체인에 초기장력을 가하여 스프로킷 휠과 조립한다.
④ 체인의 링크를 잇는 핀과 핀 사이의 거리를 피치라고 한다.

14 나사의 피치와 리드가 같다면 몇 줄 나사에 해당이 되는가?
① 1줄 나사 ② 2줄 나사
③ 3줄 나사 ④ 4줄 나사

$l = n \times p$
(l : 리드, n : 줄수, p : 피치)
피치와 리드가 같다면 1줄 나사이다.

15 압축코일스프링에서 코일의 평균지름이 50mm, 감김 수가 10회, 스프링 지수가 5일 때, 스프링 재료의 지름은 약 몇 mm인가?
① 5 ② 10
③ 15 ④ 20

$c = \dfrac{D}{d}$, $d = \dfrac{D}{c} = \dfrac{50}{5} = 10mm$

16 초경합금의 주요 성분으로 거리가 먼 것은?
① 황 ② 니켈
③ 코발트 ④ 텅스텐

초경합금의 제조법
W(텅스텐)을 탄소분말과 혼합하여 전기로에서 1500~2000°C에서 환원분위기로 열을 가하여 WC(Tungsten Carbide)를 만든다.
WC에 CO(코발트) 및 재종에 따라 TaC(Tantalum Carbide), TiC(Titanium Carbide) 등을 넣고 혼합(Mixing)한 후 필요한 형상을 금형에 넣고 Press하여 1,300~1,600°C에서 소결한다.
실용상 중요한 것은 WC Co계, WC TiC TaC Co계, WC TiC Co계의 3종이 있다.

17 금속선의 전극을 이용하여 NC로 필요한 형상을 가공하는 방법은?
① 전주 가공
② 레이저 가공
③ 전자 빔 가공
④ 와이어 커팅 방전가공

와이어 커팅 방전가공의 원리
NC와이어 커팅 방전가공은 와이어(Wire) 지름 0.02~0.3mm의 가는 금속전극과 NC제어로 테이블을 이송시켜 소정의 형상으로 이동하면서 실톱작업과 같은 2차원 형상절단을 하는 방전가공 장치로 NC와 컴퓨터를 응용하여 CNC, DNC 등으로 무인운전이 되는 것이다.
불꽃방전현상으로 금속을 용융 가공하는 원리는 방전가공기와 같지만 전극을 선(Wire)으로 이동하여 가공하므로 총형 전극이 필요 없이 복잡한 형상의 관통가공이 된다.

18 이동 방진구의 조(Jaw)는 몇 개인가?
① 5개 ② 4개
③ 3개 ④ 2개

19 연한 숫돌에 적은 압력으로 가압하면서 가공물에 회전운동과 이송을 주며, 숫돌을 다듬질할 면에 따라 매우 작고 빠른 진동을 주는 가공법은?
① 래핑 ② 배럴
③ 액체호닝 ④ 슈퍼 피니싱

슈퍼 피니싱(Supper Finishing)은 가공물 표면에 미세하고 비교적 연한 숫돌을 비교적 낮은 압력으로 접촉시키면서 진동을 주는 고정밀가공으로, 고정도의 표면을 얻는 것이 주목적이며, 다듬질면은 평활하고 방향성이 없다. 일반적으로 슈퍼 피니싱을 하는 일감은 전가공에서 연삭, 리밍, 정밀 선삭, 정밀 보일 등의 정밀 다듬질한 것을 사용한다.

20 작업대 위에 설치하여 사용하는 소형의 드릴링 머신은?
① 다축 드릴링 머신
② 직립 드릴링 머신
③ 탁상 드릴링 머신
④ 레이디얼 드릴링 머신

정답 13 ③　14 ①　15 ②　16 ①　17 ④　18 ③　19 ④　20 ③

21 브로칭 머신의 크기는 어떻게 표시하는가?

① 가공 최대높이
② 브로칭의 최대폭
③ 브로칭의 최대길이
④ 최대인장력, 최대행정길이

브로칭 머신의 크기는 최대 인장 응력과 행정으로서 표시한다.

22 선반의 이송단위 중에서 1회전당 이송량의 단위는?

① mm/s
② mm/rev
③ mm/min
④ mm/stroke

회전당 이송을 사용하며 단위로서는 mm/rev를 사용한다.

23 밀링 분할법의 종류에 해당되지 않는 것은?

① 단식 분할법
② 미분 분할법
③ 직접 분할법
④ 차동 분할법

직접분할, 단식분할, 차동분할

24 연삭숫돌의 결합체 표시기호와 그 내용이 틀린 것은?

① B : 비닐
② R : 고무
③ S : 실리케이트
④ V : 비트리파이드

- V : 비트리파이드 숫돌
- S : 실리케이트 숫돌
- B : 레지노이드 숫돌
- R : 러버 숫돌
- E : 셀락 숫돌
- M : 메탈 본드 숫돌
- Mg : 마그네시아법 또는 옥시클로라이드법

25 지름 120mm, 길이 340mm인 탄소강 둥근 막대를 초경합금 바이트를 사용하여 절삭속도 150mm/min으로 절삭하고자 할 때 회전수는 약 몇 rpm인가?

① 398
② 498
③ 598
④ 698

$$n = \frac{1{,}000v}{\pi d} = \frac{1{,}000 \times 150}{3.14 \times 120} = 398\text{rpm}$$

26 왼쪽 입체도 형상을 오른쪽과 같이 도시할 때 표제란에 기입해야 할 각법 기호로 옳은 것은?

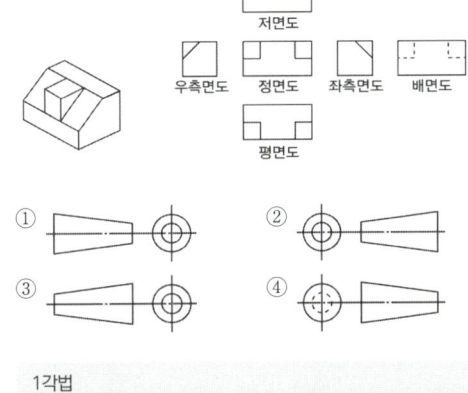

1각법

27 구멍의 치수가 $\phi 30^{+0.25}_{0}$, 축의 치수가 $\phi 30^{+0.020}_{-0.005}$ 일 때 최대 죔새는 얼마인가?

① 0.030
② 0.025
③ 0.020
④ 0.005

최대 죔새 = 축의 최대 허용치수 − 구멍의 최소 허용치수
= 축의 위치수 허용차 − 구멍의 아래치수 허용차

정답: 21 ④ 22 ② 23 ② 24 ① 25 ① 26 ③ 27 ③

28 어떤 물체를 제3각법으로 다음과 같이 투상했을 때 평면도로 옳은 것은?

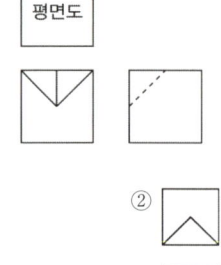

29 표면거칠기 지시 기호의 기입 위치가 잘못된 것은?

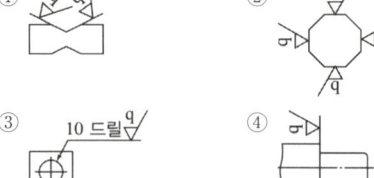

30 가공 과정에서 줄무늬가 다음과 같이 나타날 때 표면의 줄무늬 방향 지시기호(*)로 옳은 것은?

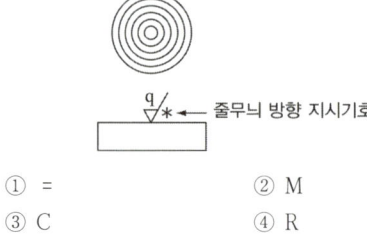

① =
② M
③ C
④ R

① = : 평행
② M : 교차 또는 무방향
④ R : 레이디얼 방향

31 기계제도에서 사용하는 선에 대한 설명 중 틀린 것은?

① 숨은선, 외형선, 중심선이 한 장소에 겹칠 경우 그 선은 외형선으로 표시한다.
② 지시선은 가는 실선으로 표시한다.
③ 무게 중심선은 굵은 1점 쇄선으로 표시한다.
④ 대상물을 보이는 부분의 모양을 표시할 때는 굵은 실선을 사용한다.

• **무게 중심선** : 가는 2점 쇄선

32 도면 작성 시 가는 2점 쇄선을 사용하는 용도로 틀린 것은?

① 인접한 다른 부품을 참고로 나타낼 때
② 길이가 긴 물체의 생략된 부분의 경계선을 나타낼 때
③ 축 제도 시 키 홈 가공에 사용되는 공구의 모양을 나타낼 때
④ 가공 전 또는 후의 모양을 나타낼 때

가상선
• 인접한 다른 부품을 참고로 나타낼 때
• 축 제도에서 키 홈 가공에 사용된 공구의 모양을 나타낼 때
• 가공 전후 모양을 나타낼 때 사용

33 다음 중 공차의 종류와 기호가 잘못 연결된 것은?

① 진원도 공차
② 경사도 공차
③ 직각도 공차
④ 대칭도 공차

34 그림에서 나타난 치수선은 어떤 치수를 나타내는가?

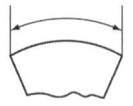

① 변의 길이
② 호의 길이
③ 현의 길이
④ 각도

35 치수의 배치방법 중 개별 치수들을 하나의 열로서 기입하는 방법으로 일반 공차가 차례로 누적되어도 문제 없는 경우에 사용하는 치수 배치방법은?

① 직렬 치수 기입법 ② 병렬 치수 기입법
③ 누진 치수 기입법 ④ 좌표 치수 기입법

36 투상도의 선택방법에 관한 설명으로 옳지 않은 것은?

① 대상물의 양 및 기능을 가장 명확하게 표시하는 면을 주투상도로 한다.
② 조립도 등 주로 기능을 표시하는 도면에서는 대상물을 사용하는 상태로 투상도를 그린다.
③ 특별한 이유가 없는 경우는 대상물을 가로길이로 놓은 상태로 그린다.
④ 대상물의 명확한 이해를 위해 주투상도를 보충하는 다른 투상도를 되도록 많이 그린다.

37 제도의 목적을 달성하기 위하여 도면이 구비하여야 할 기본 요건이 아닌 것은?

① 면의 표면거칠기, 재료선택, 가공방법 등의 정도
② 도면 작성방법에 있어서 설계 임의의 창의성
③ 무역 및 기술의 국제 교류를 위한 국제적 통용성
④ 대상물의 도형, 크기, 모양, 자세, 위치의 정보

· 제도는 창의성과는 관계가 없다.

38 다음 투상도에서 A-A와 같이 단면했을 때 가장 올바르게 나타낸 단면도는?

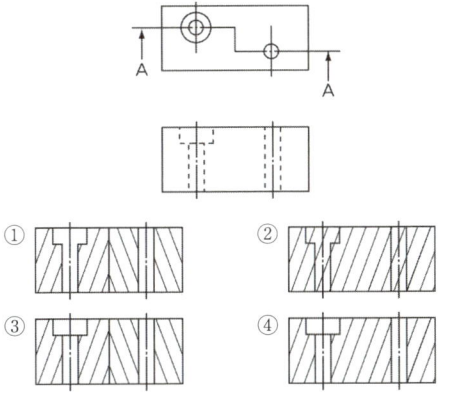

39 단면을 나타내는 방법에 대한 설명으로 옳지 않은 것은?

① 단면임을 나타내기 위해 사용하는 해칭선은 동일 부분의 단면인 경우 같은 방법으로 도시되어야 한다.
② 해칭 부위가 넓은 경우 해칭을 할 범위의 외형 부분에 해칭을 제한할 수 있다.
③ 경우에 따라 단면 범위를 매우 굵은 실선으로 강조할 수 있다.
④ 인접하는 얇은 부분의 단면을 나타낼 때는 0.7mm 이상의 간격을 가진 완전한 검은색으로 도시할 수 있다. 단, 이 경우 실제 기하학적 형상을 나타내어야 한다.

· 실제의 형상이 아닌 굵은 실선으로 단선도시 할 수 있다.

40 다음 중 재료기호의 명칭이 틀린 것은?

① SM20C : 회주철품
② SF340A : 탄소강 단강품
③ SPPS420 : 압력배관용 탄소강관
④ PW-1 : 피아노선

· Sm²0C : 기계구조용 탄소강

41 도면의 촬영, 복사 및 도면 접기의 편의를 위한 중심 마크의 선 굵기는 몇 mm인가?

① 0.1mm ② 0.3mm
③ 0.7mm ④ 1.0mm

· CAD - 1 : 2.5 : 5
· 제도 - 1 : 2 : 4

42 최대 허용치수가 구멍 50.025mm, 축 49.975mm이며 최소 허용치수가 구멍 50.000mm, 축 49.950mm일 때 끼워 맞춤의 종류는?

① 헐거운 끼워 맞춤 ② 중간 끼워 맞춤
③ 억지 끼워 맞춤   ④ 상용 끼워 맞춤

· **구멍이 큰 경우** : 헐거운 끼워 맞춤

정답 35 ① 36 ④ 37 ② 38 ④ 39 ③ 40 ① 41 ③ 42 ①

43 치수선에서 치수의 끝을 의미하는 기호로 단일 기호와 기점 기호를 사용하는데 다음 중 단일 기호에 속하지 않는 것은?

44 그림에서 ㉮부와 ㉯부에 두 개의 베어링을 같은 축선에 조립하고자 한다. 이때 ㉮부의 데이텀을 기준으로 ㉯부 기하공차를 적용하고자 할 때 올바른 기하공차 기호는?

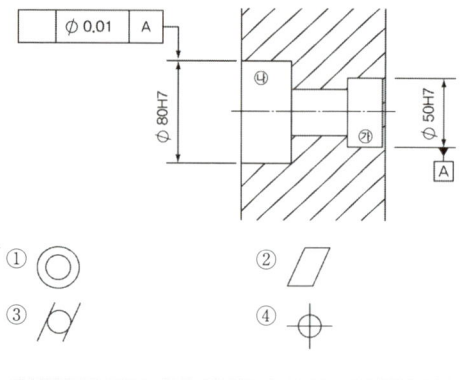

동심도 또는 동축도

45 다음과 같이 제3각법으로 그린 정투상도를 등각투상도로 바르게 표현한 것은?

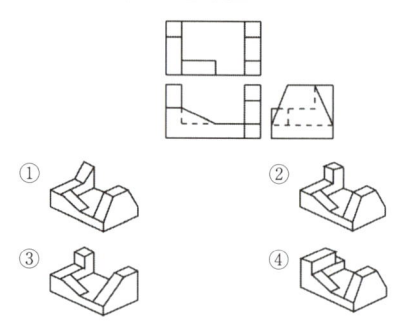

46 스프링의 제도에 관한 설명으로 틀린 것은?

① 코일 스프링은 일반적으로 하중이 걸리지 않는 상태로 그린다.
② 코일 스프링에서 특별한 단서가 없으면 오른쪽을 감은 스프링을 의미한다.
③ 코일 스프링에서 양 끝을 제외한 동일 모양 부분의 일부를 생략할 때는 생략하는 부분의 선 지름의 중심선을 가는 1점 쇄선으로 나타낸다.
④ 스프링의 종류와 모양만을 간략도로 나타내는 경우에는 스프링 재료의 중심선만을 가는 실선으로 그린다.

일반적으로 간략도로 표시하고, 필요사항은 요목표에 기입한다.
• 무하중인 상태로 기입 원칙, 걸릴 때는 치수와 하중 기입
• 보통 오른쪽감기, 왼쪽감기는 요목표에 기입한다.
• 코일부분 도시는 가는 2점 쇄선과 중심선으로 표시
• 간략도 도시는 중심선만을 굵은 실선

47 나사 제도에 관한 설명으로 틀린 것은?

① 측면에서 본 그림 및 단면도에서 나사산의 봉우리는 굵은 실선으로, 골 밑은 가는 실선을 그린다.
② 나사의 끝면에서 본 그림에서 나사의 골 밑은 가는 실선으로 그린 원주의 3/4에 가까운 원의 일부로 나타낸다.
③ 숨겨진 나사를 표시할 때는 나사산의 봉우리는 굵은 파선, 골 밑은 가는 파선으로 그린다.
④ 나사부의 길이 경계는 보이는 경우 굵은 실선으로 나타낸다.

나사를 간단하게 그릴 때에는 다음과 같이 한다.
• 정면도에서 수나사의 바깥지름과 암나사의 골지름은 굵은 실선으로 그린다.
• 정면도에서 수나사의 골지름과 암나사의 바깥지름은 가는 실선으로 그린다.
• 측면도에서 수나사의 바깥지름과 암나사의 골지름은 굵은 실선의 원으로 그린다.
• 측면도에서 수나사의 골지름과 암나사의 바깥지름은 가는 실선을 사용하여 3/4원으로 그린다.
• 정면도에서 완전나사부(Complete Thread)와 불완전나사부의 경계선은 굵은 실선으로 그린다.
• 정면도에서 나사가 끝나는 부분의 불완전나사부는 가는 실선을 사용하여 축선(Axis)에 대하여 30°로 그린다. 바깥지름이 6mm 이하인 나사에서는 불완전나사부를 그리지 않아도 된다.

정답 43 ④ 44 ① 45 ② 46 ④ 47 전항정답

- 측면도에서 모떼기부를 나타내는 원은 그리지 않는다. 바깥지름이 6mm 이하인 나사는 정면도에서 모떼기부를 생략해도 된다.
- 바깥지름과 골지름 사이의 간격, 즉 나사산 높이는 나사의 접촉 높이, 굵은 선 굵기의 2배, 0.7mm 중 가장 큰 값으로 한다. 예를 들어, 나사의 접촉 높이가 0.812mm이고 도면에서 굵은 선의 굵기를 0.5mm로 하였다면, 나사산의 높이는 0.7mm, 0.812mm, 1mm 중 가장 큰 값인 1mm로 그린다. 그러나 바깥지름이 6mm 이하인 나사에서는 이 규정에 구애됨이 없이 적당하게 그리는 것이 좋다.
- 암나사의 멈춤 구멍 깊이(Drill Depth)는 특별히 지정하지 않을 때에는 나사 깊이(Thread Depth)의 1.25배 정도로 그린다.
- 수나사와 암나사가 결합된 상태에서는 수나사를 우선으로 그린다.

48 스프로킷 휠의 도시 방법에 대한 설명으로 틀린 것은?

① 축 방향으로 볼 때 바깥지름은 굵은 실선으로 그린다.
② 축 방향으로 볼 때 피치원은 가는 1점 쇄선으로 그린다.
③ 축 방향으로 볼 때 이뿌리원은 가는 2점 쇄선을 그린다.
④ 축에 직각인 방향에서 본 그림을 단면으로 도시할 때에는 이뿌리의 선은 굵은 실선으로 그린다.

- **이끝원(이봉우리원)** : 굵은 실선
- **피치원** : 가는 1점 쇄선
- **이뿌리원(이골원)** : 가는 실선, 정면에서 단면 시 : 굵은 실선

49 그림과 같은 용접부의 용접 지시기호로 옳은 것은?

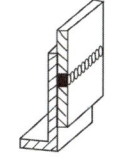 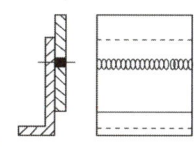

① ⊖ ② ○
③ ━ ④ ⊐

① 심용접
② 점용접
④ 플러그용접

50 구름베어링의 호칭이 "6203 ZZ"인 베어링의 안지름은 몇 mm인가?
① 3 ② 15
③ 17 ④ 30

51 다음은 어떤 밸브에 대한 도시 기호인가?

① 크로블 밸브 ② 앵글 밸브
③ 체크 밸브 ④ 게이트 밸브

52 축의 도시방법에 대한 설명 중 잘못된 것은?
① 모떼기는 길이 치수와 각도로 나타낼 수 있다.
② 축은 주로 길이방향으로 단면도시를 한다.
③ 긴 축은 중간을 파단하여 짧게 그릴 수 있다.
④ 45° 모떼기의 경우 C로 그 의미를 나타낼 수 있다.

축은 길이 방향으로 단면하지 않고 부분 단면만 가능하다.

53 일반적으로 키의 호칭방법에 포함되지 않는 것은?
① 키의 종류 ② 길이
③ 인장 강도 ④ 호칭 치수

종류, 호칭 치수(나비 × 높이 × 길이), 끝 모양, 재료

54 나사 표시 기호 중 틀린 것은?
① M : 미터 가는 나사
② R : 관용 테이퍼 암나사
③ E : 전구 나사
④ G : 관용 평행 나사

- **R** : 테이퍼 수나사
- **Rc** : 테이퍼 암나사
- **Rp** : 평행 암나사

정답 48 ③ 49 ① 50 ③ 51 ② 52 ② 53 ③ 54 ②

55 스퍼기어 제도 시 축 방향에서 본 그림에서 이골원은 어느 선으로 나타내는가?

① 가는 실선
② 가는 파선
③ 가는 1점 쇄선
④ 가는 2점 쇄선

56 모듈이 2, 잇수가 30인 표준 스퍼기어의 이끝원의 지름은 몇 mm인가?

① 56
② 60
③ 64
④ 68

57 CAD 시스템에서 원점이 아닌 주어진 시작점을 기준으로 하여 그 점과의 거리로 좌표를 나타내는 방식은?

① 절대좌표방식
② 상대좌표방식
③ 직교좌표방식
④ 극좌표방식

58 CAD 작업 시 모델링에 관한 설명 중 틀린 것은?

① 3차원 모델링에는 와이어프레임, 서피스, 솔리드 모델링이 있다.
② 자동적인 체적 계산을 위해서는 솔리드 모델링보다는 서피스 모델링을 사용하는 것이 좋다.
③ 솔리드 모델링은 와이어 프레임, 서피스 모델링에 비해 높은 데이터 처리 능력이 필요하다.
④ 와이어 프레임 모델링의 경우 디스플레이된 방향에 따라 여러 가지 다른 해석이 나올 수 있다.

59 다음 중 CAD 시스템의 출력장치가 아닌 것은?

① Plotter
② Printer
③ Keyboard
④ TFT-LCD

60 컴퓨터에서 CPU와 주기억장치 간의 데이터 접근 속도 차이를 극복하기 위해 사용하는 고속의 기억장치는?

① Cache Memory
② Associative Memory
③ Destructive Memory
④ Nonvolatile Memory

정답 55 ① 56 ③ 57 ② 58 ② 59 ③ 60 ①

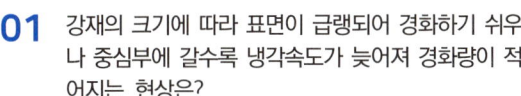

01 강재의 크기에 따라 표면이 급랭되어 경화하기 쉬우나 중심부에 갈수록 냉각속도가 늦어져 경화량이 적어지는 현상은?

① 경화능
② 잔류응력
③ 질량효과
④ 노치효과

> **질량효과**
> 강의 표면은 가열이 빠르고 냉각액에 직접 접촉되어 냉각이 빨라 경도(담금질)가 증가하나 내부는 담금질이 잘되지 않아 경도가 낮다. 또한 같은 재료를 같은 조건에서 담금질하여 직경이 큰 것과 작은 것을 비교하면 작은 것이 담금질이 더 잘되고 경화된다.

02 다음 중 합금공구강의 KS 재료기호는?

① SKH
② SPS
③ STS
④ GC

> • SKH : 고속도공구강
> • SPS : 스프링강
> • GC : 회주철

03 구리에 니켈 40 ~ 50% 정도를 함유하는 합금으로서 통신기, 전열선 등의 전기저항 재료로 이용되는 것은?

① 인바
② 엘린바
③ 콘스탄탄
④ 모넬메탈

> **콘스탄탄(constantan)**
> 온도에 따른 변화가 거의 없고, 백동이라고도 한다. 45%의 니켈과 55%의 구리로 이루어진 합금으로 전기 저항률이 높아 저항기로 쓰거나, 철·구리와 짝지어 열전쌍으로 쓴다.

04 구리에 아연이 5 ~ 20% 첨가되어 전연성이 좋고 색깔이 아름다워 장식품에 많이 쓰이는 황동은?

① 포금
② 톰백
③ 문쯔메탈
④ 7 : 3황동

톰백	길딩 메탈	5% Zn	• 순구리와 같이 연함 • 동전, 메달용
	대표적 톰백	10% Zn	• 연성이 우수(디프 드로잉 가공) • 금색에 가깝다. • 메달, 건축용, 가구용, 장식용
	레드 브라스	15% Zn	• 연성, 내식성 우수 • 건축용, 금속 잡화, 소켓
	로 브라스	20% Zn	• 전연성 우수 • 색깔이 아름답다. • 장식용

05 Fe-C 상태도에서 온도가 낮은 것부터 일어나는 순서가 옳은 것은?

① 포정점 → A2 변태점 → 공석점 → 공정점
② 공석점 → A2 변태점 → 공정점 → 포정점
③ 공석점 → 공정점 → A2 변태점 → 포정점
④ 공정점 → 공석점 → A2 변태점 → 포정점

> 공석점 0.77%C 723° - A2 자기변태점 768° - 공정점 4.3C% 1140° - 포정점 0.18%C 1490°

06 소결 초경합금 공구강을 구성하는 탄화물이 아닌 것은?

① WC
② TiC
③ TaC
④ TMo

> WC, TiC, TaC

정답 1 ③ 2 ③ 3 ③ 4 ② 5 ② 6 ④

07 다음 중 표면을 경화시키기 위한 열처리 방법이 아닌 것은?

① 풀림 ② 침탄법
③ 질화법 ④ 고주파 경화법

> 침탄법, 질화법, 고주파 경화법

08 다음 중 하중의 크기 및 방향이 주기적으로 변화하는 하중으로서 양진하중을 말하는 것은?

① 집중하중 ② 분포하중
③ 교번하중 ④ 반복하중

> - **집중하중**: 재료의 한 점에 집중하여 적용하는 하중
> - **분포하중**: 재료의 어느 범위 내에 분포되어 작용하는 하중
> - **교번하중**: 하중의 크기와 방향이 바뀌는 하중
> - **반복하중**: 하중의 크기가 시간과 더불어 변화하는 하중으로 계속 반복되는 하중

09 다음 중 축 중심에 직각방향으로 하중이 작용하는 베어링을 말하는 것은?

① 레이디얼 베어링(radial bearing)
② 스러스트 베어링(thrust bearing)
③ 원뿔 베어링(cone bearing)
④ 피벗 베어링(pivot bearing)

> **레이디얼 베어링(radial bearing)**
> 축 중심에 직각방향으로 하중이 작용하는 베어링

10 리베팅이 끝난 뒤에 리벳머리의 주위 또는 강판의 가장자리를 정으로 때려 그 부분을 밀착시켜 틈을 없애는 작업은?

① 시밍 ② 코킹
③ 커플링 ④ 해머링

> - **코킹(caulking)**: 리베팅 뒤에 리벳머리의 주위 또는 강판의 가장자리를 정으로 때려 가장자리를 밀착시켜 틈을 없애는 작업
> - **시밍(seaming)**: 접어서 굽히거나 말아 넣거나 하여 맞붙여 잇는 이음 작업
> - **커플링(coupling)**: 축에서 다른 축으로 회전을 전달하기 위하여 사용되는 장치
> - **해머링(hammering)**: 망치 등으로 정 등을 내려쳐서 충격을 주는 작업

11 모듈이 2이고, 잇수가 각각 36, 74개인 두 기어가 맞물려 있을 때 축간 거리는 약 몇 mm인가?

① 100mm ② 110mm
③ 120mm ④ 130mm

$$C = \frac{D_{p1} + D_{p2}}{2} = \frac{(2 \times 36) + (2 \times 74)}{2} = 110mm$$

12 외부 이물질이 나사의 접촉면 사이의 틈새나 볼트의 구멍으로 흘러나오는 것을 방지할 필요가 있을 때 사용하는 너트는?

① 홈붙이 너트 ② 플랜지 너트
③ 슬리브 너트 ④ 캡 너트

13 다음 중 자동하중 브레이크에 속하지 않는 것은?

① 원추 브레이크 ② 웜 브레이크
③ 캠 브레이크 ④ 원심 브레이크

14 나사에서 리드(lead)의 정의를 가장 옳게 설명한 것은?

① 나사가 1회전 했을 때 축 방향으로 이동한 거리
② 나사가 1회전 했을 때 나사산상의 1점이 이동한 원주거리
③ 암나사가 2회전 했을 때 축 방향으로 이동한 거리
④ 나사가 1회전 했을 때 나사산상의 1점이 이동한 원주각

$$l = n \cdot p$$

15 축에 작용하는 비틀림 토크가 2.5kN이고, 축의 허용 전단응력이 49MPa일 때 축 지름은 약 몇 mm 이상이어야 하는가?

① 24 ② 36
③ 48 ④ 64

$$d = \sqrt[3]{\frac{5.1\,T}{\tau}} = \sqrt[3]{\frac{5 \times 2.5 \times 1000}{49}} = 6.34cm$$

∴ 64mm

정답 7 ① 8 ③ 9 ① 10 ② 11 ② 12 ④ 13 ③ 14 ① 15 ④

16 윤활제의 급유 방법에서 작업자가 급유 위치에 급유하는 방법은?

① 컵 급유법 ② 분무 급유법
③ 충진 급유법 ④ 핸드 급유법

핸드 급유법
작업자가 급유위치에 직접 급유하는 방법

17 고속회전 및 정밀한 이송기구를 갖추고 있어 정밀도가 높고 표면 거칠기가 우수한 실린더나 커넥팅 로드 등을 가공하며, 진원도 및 진직도가 높은 제품을 가공하기에 가장 적합한 보링머신은?

① 수직 보링머신 ② 수평 보링머신
③ 정밀 보링머신 ④ 코어 보링머신

18 선반에서 절삭저항의 분력 중 탄소강을 가공할 때 가장 큰 절삭저항은?

① 배분력 ② 주분력
③ 횡분력 ④ 이송분력

주분력 > 배분력 > 이송분력

19 수나사를 가공하는 공구는?

① 정 ② 탭
③ 다이스 ④ 스크레이퍼

20 래크형 공구를 사용하여 절삭하는 것으로 필요한 관계 운동은 변환기어에 연결된 나사봉으로 조절하는 것은?

① 호빙 머신
② 마그 기어 셰이퍼
③ 베벨 기어 절삭기
④ 펠로스 기어 셰이퍼

21 아래 숫돌바퀴 표시방법에서 60이 나타내는 것은?

WA 60 K 5 V

① 입도 ② 조직
③ 결합도 ④ 숫돌 입자

22 구멍이 있는 원통형 소재의 외경을 선반으로 가공할 때 사용하는 부속장치는?

① 면판 ② 돌리개
③ 맨드릴 ④ 방진구

23 구성인선의 생성과정 순서로 옳은 것은?

① 발생 → 성장 → 분열 → 탈락
② 분열 → 탈락 → 발생 → 성장
③ 성장 → 분열 → 탈락 → 발생
④ 탈락 → 발생 → 성장 → 분열

24 브로칭 머신으로 가공할 수 없는 것은?

① 스플라인 홈
② 베어링용 볼
③ 다각형의 구멍
④ 둥근 구멍 안의 키 홈

25 밀링에서 절삭속도 20m/min, 커터 지름 50mm, 날수 12개, 1날당 이송을 0.2mm로 할 때 1분간 테이블 이송량은 약 몇 mm인가?

① 120 ② 220
③ 306 ④ 404

$$v = \frac{\pi d n}{1,000}$$

$$\therefore n = \frac{1,000 v}{\pi d} = \frac{1,000 \times 20}{\pi \times 50} = 127.39$$

$$f = f \cdot z \cdot n = 0.2 \times 12 \times 127.39 = 305.74 mm$$

∴ 306mm

정답 16 ④ 17 ③ 18 ② 19 ③ 20 ② 21 ① 22 ③ 23 ① 24 ② 25 ③

26 가는 1점 쇄선으로 끝부분 및 방향이 변하는 부분을 굵게 한 선의 용도에 의한 명칭은?
① 파단선　　② 절단선
③ 가상선　　④ 특수 지시선

27 기계 제도의 표준 규격화의 의미로 옳지 않은 것은?
① 제품의 호환성 확보　② 생산성 향상
③ 품질 향상　　④ 제품 원가 상승

28 얇은 부분의 단면 표시를 하는 데 사용하는 선은?
① 아주 굵은 실선
② 불규칙한 파형의 가는 실선
③ 굵은 1점 쇄선
④ 가는 파선

29 다음 기하공차의 기호 중 위치도 공차를 나타내는 것은?

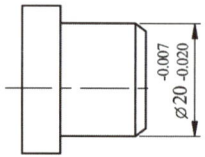

30 다음 그림의 치수 기입에 대한 설명으로 틀린 것은?

① 기준 치수는 지름 20이다.
② 공차는 0.013이다.
③ 최대 허용치수는 19.93이다.
④ 최소 허용치수는 19.98이다.

20 − 0.007 = 19.993

31 다음 중 치수와 같이 사용하는 기호가 아닌 것은?
① S∅　　② SR
③ ⊠　　④ □

• ⊠ : 평면표시

32 제도 표시를 단순화하기 위해 공차 표시가 없는 선형 치수에 대해 일반 공차를 4개의 등급으로 나타낼 수 있다. 이 중 공차 등급이 "거침"에 해당하는 호칭 기호는?
① c　　② f
③ m　　④ v

• v : 아주 거침
• c : 거침
• m : 보통
• f : 정밀

33 그림과 같이 표면의 결 도시기호가 지시되었을 때 표면의 줄무늬 방향은?

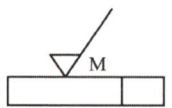

① 가공으로 생긴 선이 거의 동심원
② 가공으로 생긴 선이 여러 방향
③ 가공으로 생긴 선이 방향이 없거나 돌출됨
④ 가공으로 생긴 선이 투상면에 직각

• M : 여러 방향으로 교차 또는 무방향

34 다음 기호가 나타내는 각법은?

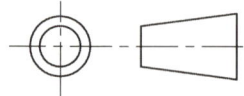

① 제1각법　　② 제2각법
③ 제3각법　　④ 제4각법

35 다음 중 다이캐스팅용 알루미늄 합금 재료 기호는?
① AC1B　　② ZDC1
③ ALDC3　　④ MGC1

• AC1B : 알루미늄 합금주물
• ZDC1 : 아연합금 다이캐스팅
• ALDC3 : 다이캐스팅 알루미늄합금
• MGC1 : 마그네슘 합금주물

정답 26 ② 27 ④ 28 ① 29 ③ 30 ③ 31 ③ 32 ① 33 ② 34 ③ 35 ③

36 표면 거칠기 지시기호가 옳지 않은 것은?

① 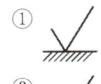 ②
③   ④

37 핸들이나 암, 리브, 축 등의 절단면을 90° 회전시켜서 나타내는 단면도는?

① 부분 단면도
② 회전 도시 단면도
③ 계단 단면도
④ 조합에 의한 단면도

38 투상도를 나타내는 방법에 대한 설명으로 옳지 않은 것은?

① 형상의 이해를 위해 주 투상도를 보충하는 보조 투상도를 되도록 많이 사용한다.
② 주 투상도에는 대상물의 모양, 기능을 가장 명확하게 표시하는 면을 그린다.
③ 특별한 이유가 없는 경우 주 투상도는 가로길이로 놓은 상태로 그린다.
④ 서로 관련되는 그림의 배치는 되도록 숨은선을 쓰지 않는다.

39 그림에서 나타난 정면도와 평면도에 적합한 좌측면도는?

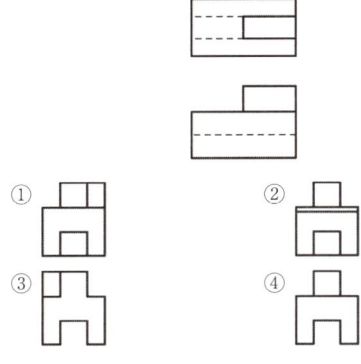

40 구멍 ϕ55H7, 축 ϕ55g6인 끼워맞춤에서 최대틈새는 몇 μm인가? (단, 기준치수 ϕ55에 대하여 H7의 위치수 허용차는 +0.030, 아래치수 허용차는 0이고, g6의 위치수 허용차는 -0.010, 아래치수 허용차는 -0.029이다.)

① 40μm ② 59μm
③ 29μm ④ 10μm

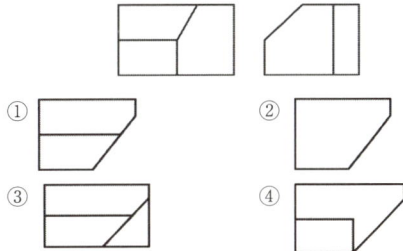

최대틈새 = 구멍의 위치수 허용차 - 축의 아래치수허용차
= 0.030 - (-0.029) = 0.059 = 59μm

41 도면 작성 시 선이 한 장소에 겹쳐서 그려야 할 경우 나타내야 할 우선순위로 옳은 것은?

① 외형선 > 숨은선 > 중심선 > 무게 중심선 > 치수선
② 외형선 > 중심선 > 무게 중심선 > 치수선 > 숨은선
③ 중심선 > 무게 중심선 > 치수선 > 외형선 > 숨은선
④ 중심선 > 치수선 > 외형선 > 숨은선 > 무게 중심선

42 제3각법으로 투상한 그림과 같은 정면도와 우측면도에 적합한 평면도는?

43 도면의 제도방법에 관한 다음 설명 중 옳은 것은?

① 도면에는 어떠한 경우에도 단위를 표시할 수 없다.
② 척도를 기입할 때 A : B로 표기하며, A는 물체의 실제 크기, B는 도면에 그려지는 크기를 표시한다.
③ 축척, 배척으로 제도했더라도 도면의 치수는 실제치수를 기입해야 한다.
④ 각도 표시는 항상 도, 분, 초(°, ′, ″) 단위로 나타내야 한다.

정답 36 ④ 37 ② 38 ① 39 ④ 40 ② 41 ① 42 ① 43 ③

44 다음과 같이 도면에 기입된 기하 공차에서 0.011이 뜻하는 것은?

//	0.011	A
	0.05/200	

① 기준 길이에 대한 공차값
② 전체 길이에 대한 공차값
③ 전체 길이 공차값에서 기준 길이 공차값을 뺀 값
④ 누진치수 공차값

45 다음 중 도면에 기입되는 치수에 대한 설명으로 옳은 것은?

① 재료 치수는 재료를 구입하는 데 필요한 치수로 잘림 여유나 다듬질 여유가 포함되어 있지 않다.
② 소재 치수는 주물 공장이나 단조 공장에서 만들어진 그대로의 치수를 말하며 가공할 여유가 없는 치수이다.
③ 마무리 치수는 가공 여유를 포함하지 않은 치수로 가공 후 최종으로 검사할 완성된 제품의 치수를 말한다.
④ 도면에 기입되는 치수는 특별히 명시하지 않는 한 소재 치수를 기입한다.

46 다음 중 파이프의 끝부분을 표시하는 그림기호가 아닌 것은?

① 용접식 캡
③ 나사 박음식
④ 나사 박음식 플러그

47 다음 보기에서 설명하는 캠은?

[보기]
• 원동절의 회전운동을 종동절의 직선운동으로 바꾼다.
• 내연기관의 흡배기 밸브를 개폐하는 데 많이 사용한다.

① 판캠　　　　② 원통캠
③ 구면캠　　　④ 경사판캠

가장자리가 굽은 캠으로 원동절(캠)이 회전 시 종동절은 직선운동을 하며 내연기관의 점화장치에 많이 쓰인다.

48 그림에서 도시된 기호는 무엇을 나타낸 것인가?

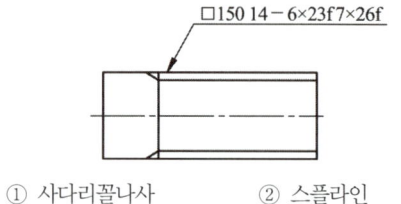

① 사다리꼴나사　② 스플라인
③ 사각나사　　　④ 세레이션

49 나사의 도시방법에 관한 설명 중 틀린 것은?

① 수나사와 암나사의 골밑을 표시하는 선은 가는 실선으로 그린다.
② 완전 나사부와 불완전 나사부의 경계선은 가는 실선으로 그린다.
③ 불완전 나사부는 기능상 필요한 경우 혹은 치수 지시를 하기 위해 필요한 경우 경사된 가는 실선으로 표시한다.
④ 수나사와 암나사의 측면도시에서 각각의 골지름은 가는 실선으로 약 3/4에 거의 같은 원의 일부로 그린다.

• **완전 나사부와 불완전 나사부의 경계선** : 굵은 실선

50 용접기호에서 그림과 같은 표시가 있을 때 그 의미는?

① 현장 용접
② 일주 용접
③ 매끄럽게 처리한 용접
④ 이면판재 사용한 용접

51 평행 핀의 호칭이 다음과 같이 나타났을 때 이 핀의 호칭지름은 몇 mm인가?

KS B ISO 2338 − 8 m6×30−A1

① 1mm
② 6mm
③ 8mm
④ 30mm

- 8mm : 호칭지름
- m6 : 공차
- 30 : 호칭길이
- A1 : 재료

52 스프로킷 휠의 도시방법에서 단면으로 도시할 때 이뿌리원은 어떤 선으로 표시하는가?

① 가는 1점 쇄선
② 가는 실선
③ 가는 2점 쇄선
④ 굵은 실선

53 미터 보통 나사에서 수나사의 호칭 지름은 무엇을 기준으로 하는가?

① 유효 지름
② 골지름
③ 바깥 지름
④ 피치원 지름

54 구름 베어링의 호칭기호가 다음과 같이 나타날 때 이 베어링의 안지름은 몇 mm인가?

6026 P6

① 26
② 60
③ 130
④ 300

55 스퍼기어의 도시법에 관한 설명으로 옳은 것은?

① 피치원은 가는 실선으로 그린다.
② 잇봉우리원은 가는 실선으로 그린다.
③ 축에 직각인 방향에서 본 그림은 단면으로 도시할 때 이골의 선은 가는 실선으로 표시한다.
④ 축 방향에서 본 이골원은 가는 실선으로 표시한다.

56 표준 스퍼 기어에서 모듈이 4이고, 피치원 지름이 160mm일 때, 기어의 잇수는?

① 20
② 30
③ 40
④ 50

$pcd = mz$
$\therefore z = \dfrac{pcd}{m} = \dfrac{160}{4} = 40$

57 CAD 시스템의 기본적인 하드웨어 구성으로 거리가 먼 것은?

① 입력장치
② 중앙처리장치
③ 통신장치
④ 출력장치

58 좌표 방식 중 원점이 아닌 현재 위치, 즉 출발점을 기준으로 하여 해당 위치까지의 거리로 그 좌표를 나타내는 방식은?

① 절대 좌표 방식
② 상대 좌표 방식
③ 직교 좌표 방식
④ 원통 좌표 방식

59 컴퓨터의 처리 속도 단위 중 ps(피코 초)란?

① 10^{-3}초
② 10^{-6}초
③ 10^{-9}초
④ 10^{-12}초

- ms : 10^{-3}초
- μs : 10^{-6}초
- ns : 10^{-9}초

정답 50 ① 51 ③ 52 ② 53 ③ 54 ② 55 ④ 56 ③ 57 ③ 58 ② 59 ④

60 다른 모델링과 비교하여 와이어 프레임 모델링의 일반적인 특징을 설명한 것 중 틀린 것은?

① 데이터의 구조가 간단하다.
② 처리속도가 느리다.
③ 숨은선을 제거할 수 없다.
④ 체적 등의 물리적 성질을 계산하기가 용이하지 않다.

> **와이어 프레임 모델링의 일반적 특징**
> • 데이터 구조가 간단하다.
> • 처리속도가 빠르다.
> • 단면 및 은선 제거가 불가능하다.
> • 해석모델로 부적당하다.

60 ②

과년도 기출문제

01 절삭 공구로 사용되는 재료가 아닌 것은?
① 페놀
② 서멧
③ 세라믹
④ 초경합금

> **절삭공구의 공구**
> 서멧, 세라믹, 고속도강, 초경합금, 다이아몬드 등

02 철강의 열처리 목적으로 틀린 것은?
① 내부의 응력과 변형을 증가시킨다.
② 강도, 연성, 내마모성 등을 향상시킨다.
③ 표면을 강화시키는 등의 성질을 변화시킨다.
④ 조직을 미세화하고 기계적 특성을 향상시킨다.

> **열처리 목적**
> 금속재료(주로 철강재료)에 요구하는 기계적, 물리적 성질을 부여하기 위해 가열과 냉각을 시행하는 열적 조작기술이며, 크게는 재료를 단단하게 만들어 기계적, 물리적 성능을 향상시키는 기술과 재료를 무르게 하여 가공성을 개선시키는 기술이다.

03 상온이나 고온에서 단조성이 좋아지므로 고온가공이 용이하며 강도를 요하는 부분에 사용하는 황동은?
① 톰백
② 6-4황동
③ 7-3황동
④ 함석황동

> • **6-4황동** : 인장강도가 최대
> • **7-3황동** : 연신율이 최대

04 6-4 황동에 철 1~2%를 첨가함으로써 강도와 내식성이 향상되어 광산기계, 선박용 기계, 화학기계 등에 사용되는 특수 황동은?
① 쾌삭 메탈
② 델타 메탈
③ 네이벌 황동
④ 애드미럴티 황동

> **델타 메탈**
> 6-4황동에 철을 1~2% 첨가한 내식성과 강도가 우수하여 광산기계, 선박용기계, 화학기계 등에 사용되는 특수 황동이다.

05 탄소강에 함유되는 원소 중 강도, 연신율, 충격치를 감소시키며 적열취성의 원인이 되는 것은?
① Mn
② Si
③ P
④ S

> **S(황)**
> • 인장강도, 연신율, 충격치를 감소시킨다.
> • MnS를 만들고 남은 황이 있으면 FeS를 형성한다.
> • FeS는 융점이 낮고 고온에서 약하고 가공할 때 파괴의 원인이 된다.

06 탄소강에 함유된 원소 중 백점이나 헤어크랙의 원인이 되는 원소는?
① 황
② 인
③ 수소
④ 구리

정답 1 ① 2 ① 3 ② 4 ② 5 ④ 6 ③

07 냉간 가공된 황동제품들이 공기 중의 암모니아 및 염류로 인하여 입간부식에 의한 균열이 생기는 것은?

① 저장균열　　② 냉간균열
③ 자연균열　　④ 열간균열

• **자연균열** : 수은, 암모니아, 탄산가스 등이 원인
• **자연균열 방지법** : 도료 및 Zn도금 잔류응력 제거

08 미끄럼 베어링의 윤활 방법이 아닌 것은?

① 적하 급유법　　② 패드 급유법
③ 오일링 급유법　　④ 충격 급유법

미끄럼 베어링 윤활 방법
적하 급유법, 오일링 급유법, 패드 급유법

09 한쪽은 오른나사, 다른 한쪽은 왼나사로 되어 양끝을 서로 당기거나 밀거나 할 때 사용하는 기계요소는?

① 아이 볼트　　② 세트 스크류
③ 플레이트 너트　　④ 턴 버클

턴 버클

10 일반 스퍼기어와 비교한 헬리컬 기어의 특징에 대한 설명으로 틀린 것은?

① 임의의 비틀림 각을 선택할 수 있어서 축 중심 거리의 조절이 용이하다.
② 물림 길이가 길고 물림률이 크다.
③ 최소 잇수가 적어서 회전비를 크게 할 수 있다.
④ 추력이 발생하지 않아서 진동과 소음이 적다.

헬리컬 기어는 구동할 때 추력이 발생하므로 보통 더블헬리컬 기어를 사용한다.

11 핀(pin)의 종류에 대한 설명으로 틀린 것은?

① 테이퍼 핀은 보통 1/50 정도의 테이퍼를 가지며, 축에 보스를 고정시킬 때 사용할 수 있다.
② 평행핀은 분해·조립하는 부품의 맞춤면의 관계 위치를 일정하게 할 필요가 있을 때 주로 사용된다.
③ 분할핀은 한쪽 끝이 2가닥으로 갈라진 핀으로 축에 끼워진 부품이 빠지는 것을 막는 데 사용할 수 있다.
④ 스프링 핀은 2개의 봉을 연결하기 위해 구멍에 수직으로 핀을 끼워 2개의 봉이 상대각운동을 할 수 있도록 연결한 것이다.

12 회전체의 균형을 좋게 하거나 너트를 외부에 돌출시키지 않으려고 할 때 주로 사용하는 너트는?

① 캡 너트　　② 둥근 너트
③ 육각 너트　　④ 와셔붙이 너트

13 체인 전동의 일반적인 특징으로 거리가 먼 것은?

① 속도비가 일정하다.
② 유지 및 보수가 용이하다.
③ 내열, 내유, 내습성이 강하다.
④ 진동과 소음이 없다.

체인전동의 특징
• 속도비가 일정한 편이다.
• 유지 및 보수가 용이하다.
• 내열, 내유, 내습성이 강하다.
• 진동과 소음이 생긴다.

14 기계의 운동에너지를 흡수하여 운동속도를 감속 또는 정지시키는 장치는?

① 기어　　② 커플링
③ 마찰차　④ 브레이크

15 8KN의 인장하중을 받는 정사각봉의 단면에 발생하는 인장응력이 5MPa이다. 이 정사각봉의 한 변의 길이는 약 몇 mm인가?

① 40　　② 60
③ 80　　④ 100

1Mpa = 1N/mm²
1kN = 1000N
$A = \dfrac{w}{\sigma} = \dfrac{8,000N}{5N/mm^2} = 1,600mm^2 = 40mm$

16 가공할 구멍이 매우 클 때, 구멍 전체를 절삭하지 않고 내부에는 심재가 남도록 환형의 홈으로 가공하는 방식으로 판재에 큰 구멍을 가공하거나 포신 등의 가공에 적합한 보링 머신은?

① 보통 보링머신　　② 수직 보링머신
③ 지그 보링머신　　④ 코어 보링머신

17 금형부품과 같은 복잡한 형상을 고정밀도로 가공할 수 있는 연삭기는?

① 성형 연삭기　　② 평면 연삭기
③ 센터리스 연삭기　④ 만능 공구 연삭기

18 CNC 선반에서 휴지기능(G04)에 관한 설명으로 틀린 것은?

① 휴지기능은 홈 가공에서 많이 사용된다.
② 휴지기능은 진원도를 향상시킬 수 있다.
③ 휴지기능은 깨끗한 표면을 가공할 수 있다.
④ 휴지기능은 정밀한 나사를 가공할 수 있다.

휴지(dwell : 일시정지) 프로그램에 지정된 시간 동안 공구의 이송을 잠시 중지시키는 지령을 기능이라 한다.
기능은 드릴가공을 할 때 간헐이송에 의해 칩을 절단하거나 홈 가공 시 회전당 이송에 의해 단차량이 없는 진원가공을 할 때, 모서리를 정밀가공 할 때 사용한다.

19 그림과 같이 테이퍼를 가공할 때 심압대의 편위량은 몇 mm인가?

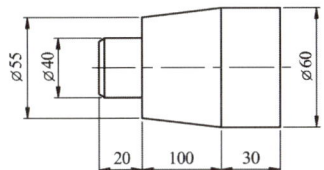

① 3.0　　② 3.25
③ 3.75　④ 5.25

$x = \dfrac{(D-d)L}{2l} = \dfrac{(60-55)150}{2 \times 100} = 3.75mm$

20 전해 연마의 특징에 대한 설명으로 틀린 것은?

① 가공면에 방향성이 없다.
② 복잡한 형상의 제품은 가공할 수 없다.
③ 가공 변질층이 없고 평활한 가공면을 얻을 수 있다.
④ 연질의 알루미늄, 구리 등도 쉽게 광택면을 가공할 수 있다.

전해연마의 특징
• 부동태 피막이 형성되므로 내부식성 향상
• 산화피막처리 : 금속 성분이 녹아드는 양을 줄이는 처리
• 광택이 뛰어나고(Buffing에 비해 더 평활, 광택 가짐), 이물질이 제거됨
• 세정과 박리성 향상 : 이물질이 잘 붙지 않고 세정이 용이
• 잔류응력이 전혀 없음
• 형상이 복잡한 부품의 다듬질에 적당함

21 마이크로미터의 구조에서 구성부품에 속하지 않는 것은?

① 앤빌　　② 스핀들
③ 슬리브　④ 스크라이버

마이크로미터
앤빌, 스핀들, 슬리브, 클램프, 래치스톱

22 기어 절삭기로 가공된 기어의 면을 매끄럽고 정밀하게 다듬질하는 가공은?

① 래핑 ② 호닝
③ 폴리싱 ④ 기어 셰이빙

23 밀링 가공에서 분할대를 이용하여 원주면을 등분하려고 한다. 직접 분할법에서 직접 분할판의 구멍수는?

① 12개 ② 24개
③ 30개 ④ 36개

• **직접분할** : 분할판의 구멍 수 24개

24 그림과 같은 환봉의 테이퍼를 선반에서 복식공구대를 회전시켜 공하려 할 때 공구대를 회전시켜야 할 각도는? (단, 각도는 아래 표를 참고한다.)

tan θ	0.052	0.104	0.208	0.416
각도	3°	5°1′	11°45′	23°35′

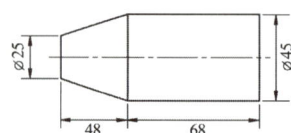

① 3° ② 5°5′
③ 11°45′ ④ 23°35′

$$\tan\theta = \frac{D-d}{2L} = \frac{45-25}{2\times 48} = 0.2083$$

25 윤활의 목적과 가장 거리가 먼 것은?

① 냉각 작용 ② 방청 작용
③ 청정 작용 ④ 용해 작용

감마(마찰저하)작용, 밀봉작용

26 도면관리에 필요한 사항과 도면내용에 관한 중요한 사항이 기입되어 있는 도면 양식으로 도명이나 도면 번호와 같은 정보가 있는 것은?

① 재단마크 ② 표제란
③ 비교눈금 ④ 중심마크

27 가는 실선으로만 사용하지 않는 선은?

① 지시선 ② 절단선
③ 해칭선 ④ 치수선

절단선은 가는 일점 쇄선과 굵은 선을 혼용한다.

28 재료의 기호와 명칭이 맞는 것은?

① STC : 기계 구조용 탄소 강재
② STKM : 용접 구조용 압연 강재
③ SPHD : 탄소 공구 강재
④ SS : 일반 구조용 압연 강재

• **STC** : 탄소공구강
• **TKM** : 배관용 탄소 강관
• **SPHD** : 열간압연강재(드로잉)

29 기하 공차의 종류와 기호 설명이 잘못된 것은?

① ⌗ : 평면도 공차   ② : 원통도 공차
③ ⌖ : 위치도 공차   ④ ⊥ : 직각도 공차

• : 진원도 공차

30 다음 면의 지시기호 표시에서 제거가공을 허락하지 않는 것을 지시하는 기호는?

①   ②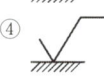
③   ④

31 제품의 표면 거칠기를 나타낼 때 표면 조직의 파라미터를 "평가된 프로파일의 산술 평균 높이"로 사용하고자 한다면 그 기호로 옳은 것은?

① Rt ② Rq
③ Rz ④ Ra

- **Ra** : 산술 평균 거칠기
- **Rz** : 10점 평균 거칠기
- **Ry** : 최대높이 거칠기

32 제3각법으로 그린 투상도에서 우측면도로 옳은 것은?

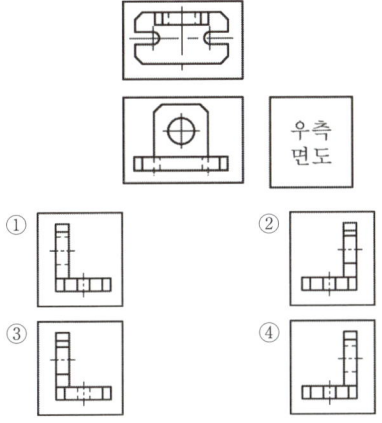

33 다음 중 억지 끼워맞춤에 속하는 것은?

① H8/e8 ② H7/t6
③ H8/f8 ④ H6/k6

34 모떼기를 나타내는 치수 보조 기호는?

① R ② SR
③ t ④ C

- **SR** : 구반지름

35 투상도를 표시하는 방법에 관한 설명으로 가장 옳지 않은 것은?

① 조립도 등 주로 기능을 나타내는 도면에서는 대상물을 사용하는 상태로 표시한다.
② 물체의 중요한 면은 가급적 투상면에 평행하거나 수직이 되도록 표시한다.
③ 물품의 형상이나 기능을 가장 명료하게 나타내는 면을 주 투상도가 아닌 보조 투상도로 선정한다.
④ 가공을 위한 도면은 가공량이 많은 공정을 기준으로 가공할 때 놓여진 상태와 같은 방향으로 표시한다.

36 그림에서 기하공차 기호로 기입할 수 없는 것은?

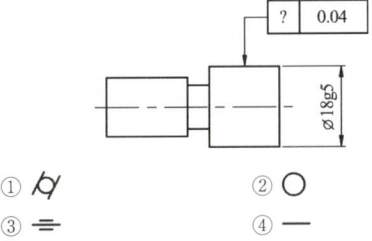

① ⌀ ② ○
③ ⏢ ④ —

37 다음은 어떤 물체를 제3각법으로 투상한 것이다. 이 물체의 등각 투상도로 가장 적합한 것은?

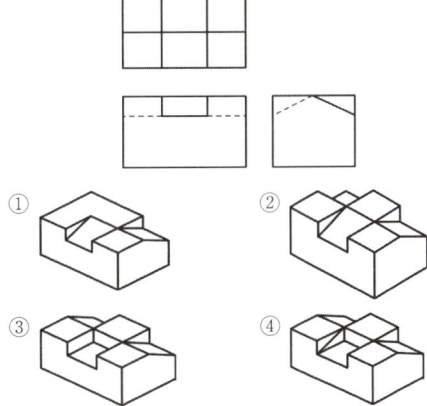

정답 31 ④ 32 ④ 33 ② 34 ④ 35 ③ 36 ③ 37 ③

38 도면에서 구멍의 치수가 $\phi 50^{+0.05}_{-0.02}$로 기입되어 있다면 치수공차는?

① 0.02 ② 0.03
③ 0.05 ④ 0.07

+0.05 − (−0.02) = 0.07

39 도면을 작성할 때 쓰이는 문자의 크기를 나타내는 기준은?

① 문자의 폭 ② 문자의 높이
③ 문자의 굵기 ④ 문자의 경사도

40 기계관련 부품에서 $\phi 80$H7/g6로 표기된 것의 설명으로 틀린 것은?

① 구멍 기준식 끼워맞춤이다.
② 구멍의 끼워맞춤 공차는 H7이다.
③ 축의 끼워맞춤 공차는 g6이다.
④ 억지 끼워맞춤이다.

구멍기준식 헐거운 끼워맞춤이다.

41 열처리, 도금 등 특별한 요구사항을 적용할 수 있는 범위를 표시하는 데 사용하는 특수 지정선은?

① 굵은 실선 ② 가는 실선
③ 굵은 파선 ④ 굵은 1점 쇄선

42 KS규격에서 규정하고 있는 단면도의 종류가 아닌 것은?

① 온 단면도 ② 한쪽 단면도
③ 부분 단면도 ④ 복각 단면도

43 다음 내용이 설명하는 투상법은?

[보기]
투사선이 평행하게 물체를 지나 투상면에 수직으로 닿고 투상된 물체가 투상면에 나란하기 때문에 어떤 물체의 형상도 정확하게 표현할 수 있다. 이 투상법에는 1각법과 3각법이 있다

① 투시 투상법 ② 등각 투상법
③ 사투상법 ④ 정투상법

44 아래 그림과 같은 치수 기입 방법은?

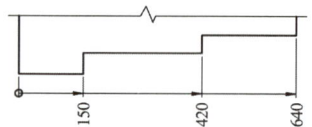

① 직렬 치수 기입 방법
② 병렬 치수 기입 방법
③ 누진 치수 기입 방법
④ 복합 치수 기입 방법

45 도면이 구비하여야 할 구비 조건이 아닌 것은?

① 무역 및 기술의 국제적인 통용성
② 제도자의 독창적인 제도법에 대한 창의성
③ 면의 표면, 재료, 가공 방법 등의 정보성
④ 대상물의 도형, 크기, 모양, 자세, 위치 등의 정보성

46 스퍼 기어의 도시방법에 대한 설명으로 틀린 것은?

① 축에 직각인 방향으로 본 투상도를 주투상도로 할 수 있다.
② 잇봉우리원은 굵은 실선으로 그린다.
③ 피치원은 가는 1점 쇄선으로 그린다.
④ 축 방향으로 본 투상도에서 이골원은 굵은 실선으로 그린다.

축방향의 기어이골원은 가는 실선으로 그린다.

정답 38 ④ 39 ② 40 ④ 41 ④ 42 ④ 43 ④ 44 ③ 45 ② 46 ④

47 키의 호칭이 다음과 같이 나타날 때 설명으로 틀린 것은?

> KS B 1311 PS-B 25×14×90

① 키에 관련한 규격은 KS B 1311에 따른다.
② 평행키로서 나사용 구멍이 있다.
③ 키의 끝부가 양쪽 둥근형이다.
④ 키의 높이는 14mm이다.

- A : 양쪽 둥근형
- PS-B : 양쪽 모서리형

48 스프링 제도에서 스프링 종류와 모양만을 도시하는 경우 스프링 재료의 중심선은 어느 선으로 나타내야 하는가?

① 굵은 실선   ② 가는 1점 쇄선
③ 굵은 파선   ④ 가는 실선

49 관의 결합방식 표현에서 유니언식을 나타내는 것은?

50 ISO 규격에 있는 관용 테이퍼 나사로 테이퍼 수나사를 표시하는 기호는?

① R   ② Rc
③ PS   ④ Tr

51 다음 표준 스퍼 기어에 대한 요목표에서 전체 이 높이는 몇 mm인가?

스퍼기어		
공구	치형	보통 이
	모듈	2
	압력각	20°
잇수		31
피치원 지름		62
전체 이 높이		
다듬질 방법		호브절삭
정밀도		KS B 1405, 5급

① 4   ② 4.5
③ 5   ④ 5.5

$m \times 2.25 = 2 \times 2.25 = 4.5mm$

52 축을 제도하는 방법에 관한 설명으로 틀린 것은?

① 긴 축은 단축하여 그릴 수 있으나 길이는 실제 길이를 기입한다.
② 축은 일반적으로 길이 방향으로 절단하여 단면을 표시한다.
③ 구석 라운드 가공부는 필요에 따라 확대하여 기입할 수 있다.
④ 필요에 따라 부분 단면은 가능하다.

53 나사의 제도방법을 바르게 설명한 것은?

① 수나사와 암나사의 골 밑은 굵은 실선으로 그린다.
② 완전 나사부와 불완전 나사부의 경계는 가는 실선으로 그린다.
③ 나사 끝 면에서 본 그림에서 나사의 골밑은 가는 실선으로 원주의 3/4에 가까운 원의 일부로 그린다.
④ 수나사와 암나사가 결합되었을 때의 단면은 암나사가 수나사를 가린 형태로 그린다.

나사의 제도방법
- 완전나사부와 불완전나사부의 경계는 굵은 실선
- 불완전 나사부의 골 밑을 나타내는 선은 30도의 가는 실선
- 암나사 탭 구멍의 드릴자리는 120도
- 나사의 측면도시에서 각 골지름은 가는 실선으로 약 3/4만큼 그린다.
- 나사의 골지름 간격은 1/8 ~ 1/10D로 한다.

54 전체 둘레 현장 용접을 나타내는 보조 기호는?

55 스프로킷 휠의 피치원을 표시하는 선의 종류는?

① 굵은 실선　　② 가는 실선
③ 가는 1점 쇄선　④ 가는 쇄선

56 다음 중 베어링의 안지름이 17mm인 베어링은?

① 6303　　② 32307K
③ 6317　　④ 607U

57 다음이 설명하는 3차원 모델링 방식은?

[보기]
- 간섭체크를 할 수 있다.
- 질량 등의 물리적 특성 계산이 가능하다.

① 와이어 프레임 모델링
② 서피스 모델링
③ 솔리드 모델링
④ DATA 모델링

58 컴퓨터 입력장치의 한 종류로 직사각형의 판에 사용자가 손에 잡고 움직일 수 있는 펜 모양의 스타일러스 혹은 버튼이 달린 라인 커서 장치의 2가지 부분으로 구성되며 펜이나 커서의 움직임에 대한 좌표 정보를 읽어서 컴퓨터에 나타내는 장치는?

① 디지타이저(digitizer)
② 광학 마크 판독기(OMR)
③ 음극선관(CRT)
④ 플로터(plotter)

59 CAD 시스템에서 도면상 임의의 점을 입력할 때 변하지 않는 원점(0,0)을 기준으로 정한 좌표계는?

① 상대 좌표계　② 상승 좌표계
③ 증분 좌표계　④ 절대 좌표계

60 데이터를 표현하는 최소단위를 무엇이라고 하는가?

① byte　　② bit
③ word　　④ file

정답　55 ③　56 ①　57 ③　58 ①　59 ④　60 ②

2017 제1회 과년도 기출문제

01 열처리에서 재질을 경화시킬 목적으로 강을 오스테나이트 조직의 영역으로 가열한 후 급랭시키는 열처리는?

① 뜨임 ② 풀림
③ 담금질 ④ 불림

> **담금질**
> 강을 변태점 이상 가열 후 급랭하여 강의 경도를 증가시키는 방법

02 Cu 3.5 ~ 4.5%, Mg 1 ~ 1.5%, Si 0.5%, Mn 0.5 ~ 1.0%, 나머지는 Al인 합금으로 무게를 중요시한 항공기나 자동차에 사용되는 고력 Al합금인 것은?

① 두랄루민 ② 하이드로날륨
③ 알드레이 ④ 내식 알루미늄

> 두랄루민(가공용)은 Al합금에서 비강도가 커서 항공기나 자동차에 많이 쓰인다.

03 미끄럼 베어링과 비교한 구름 베어링의 특징에 대한 설명으로 틀린 것은?

① 마찰계수가 작고 특히 기동마찰이 적다.
② 규격화되어 있어 표준형 양산품이 있다.
③ 진동하중에 강하고 호환성이 없다.
④ 전동체가 있어서 고속회전에 불리하다.

> 구름 베어링은 호환성이 좋다.

04 비틀림 각이 30°인 헬리컬 기어에서 잇수가 40이고 축직각모듈이 4일 때 피치원의 직경은 몇 mm인가?

① 160 ② 170.27
③ 168 ④ 184.75

05 다음 그림에서 W = 300N의 하중이 작용하고 있다. 스프링 상수가 K_1 = 5N/mm, K_2 = 10N/mm라면, 늘어난 길이는 몇 mm인가?

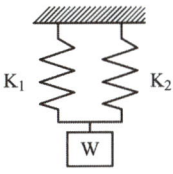

① 15 ② 20
③ 25 ④ 30

> 스프링 상수 $k = \dfrac{w(하중)}{\delta(변위량)}$
> 스프링 상수 $k = k_1 + k_2 + \cdots + k_n$
> $k = 5 + 10 = 15$
> 변위량 $= \dfrac{300}{15} = 20\,mm$

06 V벨트는 단면 형상에 따라 구분되는데 가장 단면이 큰 벨트의 형은?

① A ② C
③ E ④ M

> • V벨트의 종류는 단면의 크기에 따라서 M, A, B, C, D, E 의 6가지가 있으며 M형이 제일 작고 E형의 단면이 가장 크다.
> • M, A, B, C, D, E 순으로 유효직경과 벨트의 단면적도 커진다.

07 가공재료의 단면에 수직 방향으로 작용하는 하중은?

① 전단 하중 ② 굽힘 하중
③ 인장 하중 ④ 비틀림 하중

> 인장하중은 재료단면이 수직방향으로 작동하는 하중이다.

08 상온 취성(Cold Shortness)의 주된 원인이 되는 물질로 가장 적합한 것은?

① 탄소(C)   ② 규소(Si)
③ 인(P)   ④ 황(S)

> Fe₃P가 상온 취성의 원인이다.

09 브레이크의 마찰면이 원판으로 되어 있고, 원판의 수에 따라 단판 브레이크와 다판 브레이크로 분류되는 것은?

① 블록 브레이크
② 밴드 브레이크
③ 드럼 브레이크
④ 디스크 브레이크

> 디스크 브레이크는 마찰면이 원판으로 되어 있고 원판의 수에 따라서 단판과 다판으로 분류된다.

10 Cu에 60~70%의 Ni 함유량을 첨가한 Ni-Cu계의 합금이며, 내식성이 좋으므로 화학 공업용 재료로 많이 쓰이는 재료는 어느 것인가?

① Y합금   ② 니크롬
③ 모넬메탈 ④ 콘스탄탄

> 모넬메탈은 Cu에 60~70%의 Ni합금으로 내식성이 좋아 화학공업용 등으로 많이 쓰인다.

11 미터 나사에 대한 설명으로 올바른 것은?

① 나사산의 각도는 60°이다.
② ABC 나사라고도 한다.
③ 운동용 나사이다.
④ 피치는 1인치당 나사산의 수로 나타낸다.

> 미터나사는 60° 각도로 체결용으로 많이 쓰인다.

12 보스와 축의 둘레에 여러 개의 키(key)를 깎아 붙인 모양으로 큰 동력을 전달할 수 있고 내구력이 크며, 축과 보스의 중심을 정확하게 맞출 수 있는 특징을 가지는 것은?

① 새들키   ② 원뿔키
③ 반달키   ④ 스플라인

> **스플라인(Spline)**
> 스플라인은 보스와 축의 둘레에 여러 개의 Key를 깎아서 붙인 것을 말한다. 축의 둘레에 4~20개의 턱을 만들어 큰 회전력을 전달할 경우에 쓰이며 자동차, 공작기계, 항공기, 발전용 증기터빈 등에 널리 사용한다.

13 구리에 니켈 40~45%의 함유량을 첨가하는 합금으로 통신기, 전열선 등의 전기저항 재료로 이용되는 것은?

① 모넬메탈 ② 콘스탄탄
③ 엘린바   ④ 인바

> 콘스탄탄은 Cu에 Ni를 40~45% 함유, 전기저항 재료로 많이 사용된다.

14 강과 비교한 주철의 특성이 아닌 것은?

① 주조성이 우수하다.
② 복잡한 형상을 생산할 수 있다.
③ 주물제품을 값싸게 생산할 수 있다.
④ 강에 비해 강도가 비교적 높다.

> 주철의 단점은 인장강도가 강에 비해 작다는 것이다.

15 니켈-크롬강에서 나타나는 뜨임취성을 방지하기 위해 첨가하는 원소는?

① 크롬(Cr)   ② 탄소(C)
③ 몰리브덴(Mo) ④ 인(P)

> 뜨임취성은 뜨임 중 서랭에서 발생하는 것으로 Mo를 첨가하여 방지한다.

정답 8 ③ 9 ④ 10 ③ 11 ① 12 ④ 13 ② 14 ④ 15 ③

16 수평 밀링 머신으로 가공할 때 유의사항으로 틀린 것은?

① 가능한 한 공작물은 깊게 바이스에 고정시킨다.
② 하향 절삭 시 뒤틈 제거장치를 반드시 풀어놓는다.
③ 커터는 나무 등 연질재료로 받쳐 놓는다.
④ 반드시 보호 안경을 착용하며 장갑은 끼지 않는다.

> 하향절삭은 공작물의 이송방향과 공구의 회전방향이 같은 절삭으로 백래시 장치가 필요하다.

17 래핑작업에 사용하는 일반적인 랩의 재료가 아닌 것은?

① 고속도강   ② 알루미늄
③ 주철   ④ 동

> 고속도강은 공구강이다.

18 이미 치수를 알고 있는 표준과의 차를 구하여 치수를 알아내는 측정방법을 무엇이라 하는가?

① 절대 측정   ② 비교 측정
③ 표준 측정   ④ 간접 측정

> **비교 측정**
> 알고 있는 표준값과의 차를 구하는 방법

19 절삭유의 역할로서 가장 거리가 먼 것은?

① 냉각작용   ② 침투작용
③ 윤활작용   ④ 세척작용

> **절삭유의 역할**
> 냉각, 윤활, 세척

20 선반 가공에서 테이퍼의 절삭방법이 아닌 것은?

① 방진구에 의한 방법
② 심압대 편위에 의한 방법
③ 복식 공구대에 의한 방법
④ 테이퍼 절삭 장치에 의한 방법

> 방진구는 길고 가는 공작물 절삭에서 자중에 의해 휘는 것을 방지하는 데 사용한다.

21 슬로터(slotter)를 바르게 설명한 것은?

① 선반보다 원통 절삭에 편리하다.
② 치수가 큰 공작물의 수평 절삭에 편리하다.
③ 치수가 작은 공작물의 수직 절삭에 편리하다.
④ 주로 헬리컬 기어 가공에 편리하게 사용된다.

> **슬로터**
> 원형테이블이 있으며 치수크기가 작은 공작물의 수직절삭에 사용한다.

22 수공구 작업에서 해머와 정작업을 할 때 잘못된 것은 어느 것인가?

① 기름이 묻은 손이나 장갑을 끼고 가공하지 말 것
② 따내기 작업 시 보안경을 착용할 것
③ 정을 잡은 손은 힘을 꽉 줄 것
④ 열처리된 재료는 해머로 때리지 않도록 주의할 것

> 수공구를 잡은 손은 힘을 뺀다.

23 정밀입자 가공 기계에 속하는 것은?

① 밀링 머신   ② 호빙 머신
③ 호닝 머신   ④ 보링 머신

> **호닝 머신** : 정밀입자 가공

정답 16 ② 17 ① 18 ② 19 ② 20 ① 21 ③ 22 ③ 23 ③

24 원통 연삭 시 지름이 300mm인 연삭숫돌로 지름이 200mm인 공작물을 연삭할 때에 숫돌바퀴의 원주속도는 1,500m/min이다. 이때 숫돌바퀴의 회전수는 약 몇 rpm인가?

① 1492　　② 1592
③ 1692　　④ 1792

$$v = \frac{\pi d n}{1,000}$$
$$n = \frac{1,000v}{\pi d} = \frac{1,000 \times 1,500}{\pi \times 300} = 1592.35 = 1592\,\text{rpm}$$

25 롤러의 중심거리가 100mm인 사인바로 5°의 테이퍼 값이 측정되었을 때 정반 위에 놓은 사인바의 양 롤러 간의 높이의 차는 약 몇 mm인가?

① 8.72　　② 7.72
③ 4.36　　④ 3.36

$100 \times \sin 5° = 8.715$

26 표면거칠기 기입 방법으로 틀린 것은?

① 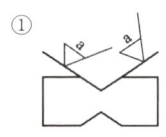　　②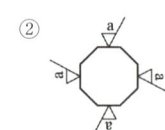
③ 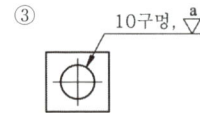　　④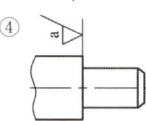

공구의 끝이 절삭면에 접촉하듯이 삼각형을 붙인다.

27 IT공차에 대한 설명으로 옳은 것은?

① IT 01부터 IT 18까지 20등급으로 구분되어 있다.
② IT 01 ~ IT 4는 구멍 기준공차에서 게이지 제작공차이다.
③ IT 6 ~ IT10은 축 기준공차에서 끼워맞춤 공차이다.
④ IT 10 ~ IT 18은 구멍 기준공차에서 끼워맞춤 이외의 공차이다.

IT등급은 20등급으로 되어있다.

기본 공차의 적용

용도	게이지 제작공차	끼워맞춤 공차	끼워맞춤 이외 공차
구멍	IT 01 ~ IT 5	IT 6 ~ IT 10	IT 11 ~ IT 18
축	IT 01 ~ IT 4	IT 5 ~ IT 9	IT 10 ~ IT 18

28 대상면의 일부에 특수한 가공을 하는 부분의 범위를 표시할 때 사용하는 선은?

① 굵은 1점 쇄선　　② 굵은 실선
③ 파선　　④ 가는 2점 쇄선

29 끼워맞춤에서 최대 죔새를 구하는 방법은?

① 축의 최대허용치수 - 구멍의 최소허용치수
② 구멍의 최소허용치수 - 축의 최대허용치수
③ 구멍의 최대허용치수 - 축의 최소허용치수
④ 축의 최소허용치수 - 구멍의 최대허용치수

최대죔새 = 축의 최대허용치수 - 구멍의 최소허용치수

30 도면에서 대상물의 보이지 않는 부분의 모양을 표시하는 선은?

① 파선　　② 굵은 실선
③ 가는 1점 쇄선　　④ 가는 2점 쇄선

파선 = 숨은선

31 제도에서 도면의 크기 및 양식에 관련된 내용 중 틀린 것은?

① 제도 용지의 세로와 가로의 비는 $1 : \sqrt{2}$ 이다.
② A2 도면의 크기는 420×594이다.
③ 반드시 마련해야 하는 도면의 양식은 윤곽선, 표제란, 중심마크이다.
④ 도면을 접어서 보관할 경우에는 A3의 크기로 한다.

접어서 보관 시 A4까지 표제란이 드러나게 접는다.

정답 24 ②　25 ①　26 ④　27 ①　28 ①　29 ①　30 ①　31 ④

32 스케치도를 작성할 필요가 없는 경우는?

① 도면이 없는 부품을 제작하고자 할 경우
② 도면이 없는 부품이 파손되어 수리 제작할 경우
③ 현품을 기준으로 개선된 부품을 고안하려 할 경우
④ 제품 제작을 위해 도면을 복사할 경우

—	직진도공차	∠	경사도공차
▱	평면도공차	⊕	위치도공차
○	진원도공차	◎	동축도공차
⌭	원통도공차	=	대칭도공차
⌒	선의 윤곽도공차	↗	원주 흔들림공차
⌓	면의 윤곽도공차	↗↗	온 흔들림공차
//	평행도공차	A 데이텀	
⊥	직각도공차		

33 2종류 이상의 선이 같은 장소에서 중복될 경우에 다음 중 가장 우선되는 선의 종류는?

① 치수선   ② 무게 중심선
③ 치수 보조선   ④ 절단선

기호, 문자, 숫자 – 외형선 – 숨은선 – 절단선 – 중심선 – 무게 중심선 – 치수 보조선

34 보기의 등각 투상도를 온 단면도로 나타낸 것은?

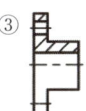

① 부분단면
② 온단면(전단면)
③ 반단면(한쪽단면)
④ 부분단면

35 다음은 어떤 물체를 보고 제3각법으로 그린 정투상도이다. 화살표 방향을 정면으로 보았을 때 등각 투상도로 올바른 것은?

① ②
③ ④

36 국부 투상도의 설명에 해당하는 것은?

① 대상물의 구멍, 홈 등과 같이 한 부분의 모양을 도시하는 것으로 충분한 경우의 투상도
② 그림의 특정 부분만을 확대하여 그린 그림
③ 복잡한 물체를 절단하여 투상한 것
④ 물체의 경사면의 맞서는 위치에 그린 투상도

37 축의 지름이 $\phi 50^{+0.025}_{-0.020}$ 일 때 공차는?

① 0.025   ② 0.02
③ 0.045   ④ 0.005

치수공차: 0.025 − (−0.020) = 0.045

38 도면이 구비하여야 할 기본 요건이 아닌 것은?

① 보는 사람이 이해하기 쉬운 도면
② 도면을 그린 사람이 임의로 그린 도면
③ 표면정도, 재질, 가공 방법 등의 정보성을 포함한 도면
④ 대상물의 크기, 모양, 자세, 위치 등의 정보성을 포함한 도면

정답 32 ④ 33 ④ 34 ② 35 ① 36 ① 37 ③ 38 ②

39 줄무늬 방향 기호의 뜻으로 틀린 것은?

① = : 가공에 의한 커터의 줄무늬 방향이 기호를 기입한 그림의 투상면에 평행
② ⊥ : 가공에 의한 커터의 줄무늬 방향이 기호를 기입한 그림의 투상면에 직각
③ × : 가공에 의한 커터의 줄무늬 방향이 여러 방향으로 교차 또는 무방향
④ C : 가공에 의한 커터의 줄무늬가 기호를 기입한 면의 중심에 대하여 대략 동심원 모양

• M : 교차 또는 무방향
• X : 교차방향

40 도면에 기입되는 치수는 특별히 명시하지 않는 한 보통 어떤 치수를 기입하는가?

① 재료 치수
② 마무리 치수
③ 반제품 치수
④ 소재 치수

제도에서 마무리(가공완료) 치수기입을 원칙으로 한다.

41 정투상 방법에 관한 설명 중 틀린 것은?

① 한국 산업 규격에서는 제3각법으로 도면을 작성하는 것을 원칙으로 한다.
② 한 도면에 제1각법과 제3각법을 혼용하여 사용해도 된다.
③ 제3각법은 '눈 → 투상면 → 물체' 순으로 놓고 투상한다.
④ 제1각법에서 평면도는 정면도 밑에 우측면도는 정면도 좌측에 배치한다.

42 제3각법으로 투상한 그림과 같은 도면에서 누락된 평면도에 가장 적합한 것은?

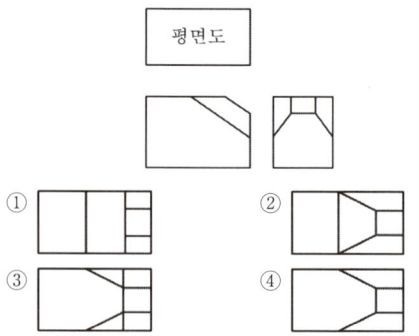

43 다음과 같은 기하학적 치수공차 방식의 설명으로 틀린 것은?

① ⊥ : 공차의 종류 기호
② 0.009 : 공차값
③ 150 : 전체 길이
④ A : 데이텀 문자 기호

150은 규정된 일부의 길이

44 치수 기입의 일반 형식 중에서 이론적으로 정확한 치수의 도시 방법은?

① 이론적으로 정확한 치수
② 참고치수
③ 비례척이 아닌 치수
④ 수정

45 모양 공차 기호 중에서 원통도를 나타내는 기호는?

① ○   ② ⌭
③ ◎   ④ ⊕

- ○ : 진원도
- ⌭ : 원통도
- ◎ : 동심(동축도)
- ⊕ : 위치도

46 ISO규격에 있는 것으로 미터 사다리꼴 나사의 종류를 표시하는 기호는?

① M   ② S
③ Rc   ④ Tr

- Tr : 미터 사다리꼴 나사

47 결합용 기계요소라고 볼 수 없는 것은?

① 나사   ② 키
③ 베어링   ④ 코터

베어링은 동력전달용 기계요소이다.

48 작은 쪽의 지름을 호칭지름으로 나타내는 핀은?

① 평행핀 A형   ② 평행핀 B형
③ 분할 핀   ④ 테이퍼 핀

테이퍼 핀
1/50 작은 쪽 지름을 호칭 지름으로 한다.

49 축의 도시방법에 대한 설명으로 틀린 것은?

① 긴 축은 중간 부분을 파단하여 짧게 그리고 실제치수를 기입한다.
② 길이 방향으로 절단하여 단면을 도시한다.
③ 축의 끝에는 조립을 쉽고 정확하게 하기 위해서 모따기를 한다.
④ 축의 일부 중 평면 부위는 가는 실선의 대각선으로 표시한다.

축은 길이 방향으로 단면도시를 하지 않으나 부분 단면은 가능하다.

50 모듈이 2이고 잇수가 20과 40인 표준 평기어의 중심 거리는?

① 30mm   ② 40mm
③ 60mm   ④ 80mm

$$C = \frac{PCD_1 + PCD_2}{2} = \frac{M(Z_1 + Z_2)}{2} = \frac{2(20+40)}{2}$$
$$= 60mm$$

51 코일 스프링의 제도에 대한 설명 중 틀린 것은?

① 스프링은 원칙적으로 하중이 걸리지 않는 상태로 도시한다.
② 스프링의 종류와 모양만을 도시할 때에는 재료의 중심선만을 굵은 실선으로 그린다.
③ 특별한 단서가 없는 한 모두 오른쪽 감기로 도시하고 왼쪽 감기일 경우 "감긴 방향 왼쪽"이라고 표시한다.
④ 코일 부분의 중간 부분을 생략할 때에는 생략한 부분을 가는 실선으로 표시한다.

코일스프링의 중간부분 생략도시는 가는 일점 쇄선이나 가는 이점 쇄선을 사용한다.

52 벨트 풀리의 도시 방법에 관한 내용이다. 틀린 것은?

① 벨트 풀리는 축 직각 방향의 투상을 주투상도로 한다.
② 모양이 대칭형인 벨트 풀리라도 일부만을 도시할 수는 없다.
③ 암(arm)은 길이 방향으로 절단하여 단면을 도시하지 않는다.
④ 벨트 풀리의 홈 부분 치수는 해당하는 형별, 호칭지름에 따라 결정된다.

원형이나 대칭 물체는 생략도시법을 사용할 수 있다.

정답 45 ② 46 ④ 47 ③ 48 ④ 49 ② 50 ③ 51 ④ 52 ②

53 다음은 관의 장치도를 단선으로 표시한 것이다. 체크 밸브를 나타내는 기호는?

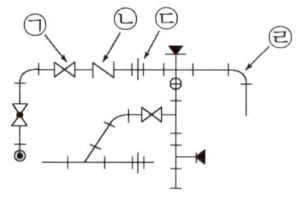

① ㉠ ② ㉡
③ ㉢ ④ ㉣

① 글로브 밸브
② 체크 밸브
③ 유니언
④ 엘보우

54 스퍼기어의 도시방법을 설명한 것 중 틀린 것은?

① 보통 축에 직각인 방향에서 본 투상도를 주투상도로 할 수 있다.
② 정면도, 측면도 모두 이끝원은 굵은 실선으로 그린다.
③ 피치원은 가는 1점 쇄선으로 그린다.
④ 이뿌리원은 가는 2점 쇄선으로 그리지만 측면도에서는 생략해도 좋다.

이뿌리원은 가는 실선으로 그린다.

55 베어링의 호칭이 [6026P6]이다. 여기서 P6이 나타내는 것은?

① 등급기호 ② 안지름 번호
③ 계열번호 ④ 치수계열

56 용접부의 기호 중 플러그 용접을 나타내는 것은?

① ∥ ② ○
③ △ ④ ⊓

57 칼라 디스플레이(color display)에 의해서 표현할 수 있는 색들은 어느 3색의 혼합에 의해서 인가?

① 빨강, 파랑, 초록 ② 빨강, 하얀, 노랑
③ 파랑, 검정, 하얀 ④ 하얀, 검정, 노랑

화면에 나오는 색상은 기본색 red, green, blue를 나타내는 3개의 독립적으로 작용하는 bit에 의해서 만들어진다. 이때 Intensity를 1개의 bit가 더 개별적으로 작용한다. 이 작용에 의해 만들어지는 색상을 RGB color라 한다.

58 중앙처리장치(CPU)의 구성 요소가 아닌 것은?

① 주기억장치 ② 파일저장장치
③ 논리연산장치 ④ 제어장치

59 CAD 프로그램에서 사용되지 않는 좌표계는?

① 직교 좌표계 ② 원통 좌표계
③ 극 좌표계 ④ 원형 좌표계

60 아래 그림은 공간상의 선을 이용하여 3차원 물체의 가장자리 능선을 표시하여 주는 모델이다. 이러한 모델링은?

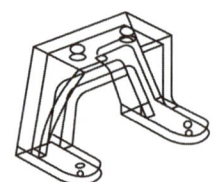

① 서피스 모델링
② 와이어 프레임 모델링
③ 솔리드 모델링
④ 이미지 모델링

정답 53 ② 54 ④ 55 ① 56 ④ 57 ① 58 ② 59 ④ 60 ②

과년도 기출문제

01 델타메탈(delta metal)의 성분으로 올바른 것은?
① 6.4황동에 철을 1~2% 첨가
② 7.3황동에 주석을 3% 내외 첨가
③ 6.4황동에 망간을 1~2% 첨가
④ 7.3황동에 니켈을 3% 내외 첨가

> **철 황동(델타 메탈)**
> Fe 1~2% 결정립 미세화로 강인성 내식성 증가, 광산, 선박용, 화학기계

02 핀 이음에서 한쪽 포크(fork)에 아이(eye)부분을 연결하여 구멍에 수직으로 평행 핀을 끼워 두 부분이 상대적으로 각운동을 할 수 있도록 연결한 것은?
① 코터 ② 너클 핀
③ 분할 핀 ④ 스플라인

> 연결기의 선단 너클형 이음부로 너클핀 주위에 회전하여 상대적 각운동을 할 수 있고, 서로 맞물어 인장력과 압출력을 전달한다.

03 다음 금속 중 비중이 가장 큰 것은?
① 철 ② 구리
③ 납 ④ 크롬

> • **철** : 7.85
> • **구리** : 8.9
> • **납** : 11.3
> • **크롬** : 7.1

04 두 축이 교차하는 경우에 동력을 전달하려면 어떤 기어를 사용하여야 하는가?
① 스퍼기어 ② 헬리컬기어
③ 래크 ④ 베벨기어

> • **스퍼기어, 헬리컬기어** : 두 축이 평행
> • **래크** : 무한대

05 양끝을 고정한 단면적 2cm²인 사각봉이 온도 −10℃에서 가열되어 50℃가 되었을 때 재료에 발생하는 열응력은? (단, 사각봉의 세로탄성계수는 21000 N/mm², 선팽창계수는 0.000012N/℃이다.)
① 25.20N/mm²
② 15.12N/mm²
③ 35.80N/mm²
④ 29.90N/mm²

> $\sigma = E \times \alpha \times \Delta t = E \times \alpha \times (t_2 - t_1)$
> $= 21000 \times 0.000012 \times (50 - (-10))$
> $= 15.12 \text{N/mm}^2$
> (E : 탄성계수, α : 선팽창계수, Δt : 온도차)

06 동력전달용 V벨트의 규격(형)이 아닌 것은?
① B ② A
③ F ④ E

> M, A, B, C, D, E 순으로 커진다.
> M형은 하나걸이만 적용됨

1 ① 2 ② 3 ③ 4 ④ 5 ② 6 ③

07 합성수지의 공통된 성질 중 틀린 것은?

① 가볍고 튼튼하다.
② 전기 절연성이 좋다.
③ 단단하며 열에 강하다.
④ 가공성이 크고 성형이 간단하다.

> 합성고분자물질 중, 천연에서 얻을 수 있는 수지상물질과 성질이 비슷하여, 섬유나 고무로서 이용되는 이외의 것의 총칭. 합성수지는 크게 나누면 열가소성수지와 열경화성수지로 나눌 수 있다. 열가소성수지는, 사용하는 환경의 차이 등에 의해, 범용수지와 고기능수지(엔지니어링 플라스틱)로 분류된다. 합성수지의 일반적인 특성은, 가벼움, 전기나 열의 절연성이 좋음, 내약품성이 좋음 등이 있는 반면, 내열성이 나쁨, 열팽창률이 큼, 충격에 약함, 시간 경과 변화 등의 결점이 있다.

08 나사종류의 표시기호 중 틀린 것은?

① 미터 보통 나사 - M
② 유니파이 가는 나사 - UNC
③ 미터 사다리꼴 나사 - Tr
④ 관용 평행 나사 - G

구분	나사의 종류	나사의 기호	나사의호칭 예
일반용	미터 보통 나사	M	M8
	미터 가는 나사		M 8 × 1
	유니파이 보통 나사	UNC	3/8-16UNC
	유니파이 가는 나사	UNF	No.8-36UNF

09 하물(荷物)을 감아올릴 때는 제동작용은 하지 않고 클러치 작용을 하며, 내릴 때는 하물 자중에 의해 브레이크 작용을 하는 것은?

① 블럭 브레이크   ② 밴드 브레이크
③ 자동하중 브레이크 ④ 축압 브레이크

> **자동하중 브레이크의 종류**
> 웜 브레이크, 나사 브레이크, 원심 브레이크, 체인 브레이크, 코일 브레이크

10 외경이 500mm, 내경이 490mm인 얇은 원통의 내부에 3MPa의 압력이 작용할 때 원주 방향의 응력은 몇 N/mm²인가?

① 75   ② 147
③ 222   ④ 294

$$\sigma = \frac{p \times d_1}{2 \times t} = \frac{3 \times 490}{2 \times 5} = 147 N/mm^2$$

11 비중이 8.90이고 용융온도가 1453℃인 은백색의 금속으로 도금으로도 널리 이용되는 것은?

① Cu   ② W
③ Ni   ④ Si

> Ni, 녹는 점 1,455℃, 비중 8.845(25℃)이다.

12 스프링 소재를 기준에 따라 금속 스프링과 비금속 스프링으로 분류할 때 비금속 스프링에 속하지 않은 것은?

① 고무 스프링   ② 합성수지 스프링
③ 비철 스프링   ④ 공기 스프링

13 베어링의 호칭 번호 6304에서 6은?

① 형식기호   ② 치수기호
③ 지름번호   ④ 등급기준

> • 63 : 형식기호, 계열기호
> • 04 : 안지름 번호

14 일반적으로 탄소강과 주철로 구분되는 가장 적절한 탄소(C) 함량(%) 한계는?

① 0.15   ② 0.77
③ 2.11   ④ 4.3

> • 순철 - C : 0.025
> • 강 - C : 0.77 ~ 2.1
> • 주철 - C : 2.11 ~ 4.3(6.68)

정답 7 ③ 8 ② 9 ③ 10 ② 11 ③ 12 ③ 13 ① 14 ③

15 주조용 알루미늄(Al)합금 중에서 Al-Si계에 속하는 것은?

① 실루민
② 하이드로날륨
③ 라우탈
④ 와이(Y)합금

- 1000계 : 99% 이상의 순알루미늄
- 2000계 : Al-Cu-Mg계 합금
- 3000계 : Al-Mn계 합금
- 4000계 : Al-Si계 합금
- 5000계 : Al-Mg계 합금
- 6000계 : Al-Mg-Si계 합금
- 7000계 : Al-Zn-Mg-Cu계 합금 등으로 분류된다.

16 테이블이나 이송나사의 피치가 6mm인 밀링 머신으로 지름이 40mm인 오른나사 헬리컬 홈을 깎으려고 할 때, 나선각은 약 몇 도인가? (일감 리드값 200mm)

① 15°
② 20°
③ 28°
④ 32°

나선각 = $\tan^{-1}\dfrac{\pi \times d}{l} = \tan^{-1}\dfrac{3.14 \times 40}{200} = 32°$

17 CNC선반 프로그래밍에서 각 코드의 기능 설명으로 틀린 것은?

① G : 준비기능
② T : 절삭기능
③ F : 이송기능
④ M : 보조기능

주축기능(S) | 보조기능(M) | 공구기능(T) | 준비기능(G)
- G96 S130, M03 → 절삭속도가 130[m/min]가 되도록 공작물의 지름에 따라 주축의 회전수가 변한다.
- G97 S450, M03 → 주축은 450[rpm]으로 회전한다.
- G50 S1300 → 주축의 최고회전수는 1300[rpm]이다.

18 호닝작업의 특징에 대한 설명으로 맞지 않는 것은?

① 발열이 적고 경제적인 정밀작업이 가능하다.
② 표면거칠기를 좋게 할 수 있다.
③ 정밀한 치수로 가공할 수 있다.
④ 커터에 의한 가공보다 절삭능률이 좋다.

호닝 숫돌을 붙여 일감에 가압하여 가공을 하게 하는 것이 혼(Hone)이다. 혼은 보통 3개 이상의 숫돌을 등 간격으로 배열 균일하게 반경 방향으로 출입할 수 있는 구조로 절삭량은 0.01mm 이하이다.

19 원통 연삭 작업에서 테이블의 총 이송길이(가공물 및 연삭 숫돌 길이의 합) 100mm, 1회전당 이송량 0.2mm/rev, 가공물 회전수 500rpm일 때 가공 시간은?

① 1분
② 2분
③ 3분
④ 4분

$t = \dfrac{l}{n \times s} = \dfrac{100}{500 \times 0.2} = 1\min$

20 널링 가공 방법에 대한 설명이다. 틀린 것은?

① 소성 가공이므로 가공 속도를 빠르게 한다.
② 널링을 하게 되면 지름이 커지게 되므로 도면 치수보다 약간 작게 가공한 후 설정한다.
③ 널링 작업을 할 때에는 공구대와 심압대를 견고하게 고정해야 한다.
④ 절삭유를 충분히 공급하고 브러시로 칩을 제거한다.

소성가공이므로 느리게 한다.

21 절삭유의 역할로서 적당한 것은?

① 공구 수명을 단축시킨다.
② 공작물 변형을 일으킨다.
③ 마찰과 마모를 증가시킨다.
④ 가공면의 표면조도를 향상시킨다.

정답 15 ① 16 ④ 17 ② 18 ④ 19 ① 20 ① 21 ④

22 선반 작업에 사용되는 센터 중에서 단면을 절삭해야만 할 경우 사용되는 것은?

① 보통 센터
② 초경합금을 경납땜한 센터
③ 베어링 센터
④ 하프 센터

23 스케일(scale)과 베이스(base) 및 서피스 게이지를 하나의 기본 구조로 하는 게이지는?

① 버니어 캘리퍼스
② 마이크로미터
③ 블록 게이지
④ 하이트 게이지

24 각도를 측정할 수 있는 측정기는?

① 버니어 캘리퍼스　② 오토 콜리메이터
③ 옵티컬 플랫　　　④ 하이트 게이지

25 기계·설비의 설계과정에서 안전화 확보에 고려하지 않아도 되는 사항은?

① 외관의 안전화
② 기능의 안전화
③ 운전 비용의 안전화
④ 구조부분의 안전화

26 정투상법으로 물체를 투상하여 정면도를 기준으로 배열할 때 제1각법 또는 제3각법에 관계없이 배열의 위치가 같은 투상도는?

① 저면도　　② 좌측면도
③ 평면도　　④ 배면도

27 투상도의 선택방법으로 맞는 것은?

① 물체의 특징을 가장 잘 나타내는 면을 평면도로 선택한다.
② 선반 가공의 경우, 가공이 많은 쪽이 왼쪽에 있도록 수평 상태로 그린다.
③ 길이가 긴 물체는 길이 방향으로 놓은 자연스러운 상태로 그린다.
④ 정면도를 보충하는 다른 투상도는 되도록 크게 많이 그린다.

정면도를 보충하는 다른 투상도는 되도록 적게 그린다.

28 모양에 따른 선의 종류에 대한 설명으로 틀린 것은?

① 실선 : 연속적으로 이어진 선
② 파선 : 짧은 선을 일정한 간격으로 나열한 선
③ 1점 쇄선 : 길고 짧은 2종류의 선을 번갈아 나열한 선
④ 2점 쇄선 : 긴 선 2개와 짧은 선 2개를 번갈아 나열한 선

2점 쇄선
긴 선 1개와 짧은 선 2개를 번갈아 나열한 선

29 단면도에 대한 설명으로 틀린 것은?

① 개스킷이나 철판과 같이 극히 얇은 제품의 단면표시는 1개의 굵은 일점쇄선으로 표시한다.
② 치수, 문자, 기호는 해칭이나 스머징보다 우선하므로 해칭이나 스머징을 중단하거나 피해서 기입한다.
③ 절단면 뒤에 나타나는 숨은선과 중심선은 표시하지 않는 것을 원칙으로 한다.
④ 단면 표시는 45도의 가는실선으로 단면부의 면적에 따라 3~5mm의 간격으로 경사선을 긋는다.

개스킷이나 철판과 같이 극히 얇은 제품의 단면표시는 1개의 굵은 실선으로 표시한다.

정답　22 ④　23 ④　24 ②　25 ③　26 ④　27 ③　28 ④　29 ①

30 물체의 가공 전이나 가공 후의 모양을 나타낼 때 사용되는 선의 종류는?

① 가는 2점 쇄선　② 굵은 2점 쇄선
③ 가는 1점 쇄선　④ 굵은 1점 쇄선

31 도면상에 구멍, 축 등의 호칭치수를 의미하는 치수는?

① IT치수　② 실치수
③ 허용한계치수　④ 기준치수

기준치수는 제작도에서 완성치수와 같다.

32 물체의 표면에 기름이나 광명단을 칠하고 그 위에 종이를 대고 눌러서 실제의 모양을 뜨는 스케치 방법은?

① 모양뜨기 방법　② 프리핸드법
③ 사진법　④ 프린트법

프린트법

33 치수기입 중 치수의 배치 방법이 아닌 것은?

① 누진치수 기입법　② 병렬치수 기입법
③ 가로치수 기입법　④ 좌표치수 기입법

34 18JS7의 공차 표시가 옳은 것은? (단, 기본공차의 수치는 18μm이다.)

① $18^{+0.018}_{0}$　② $18^{0}_{-0.018}$
③ 18 ± 0.009　④ 18 ± 0.018

35 최대높이 거칠기값이 25S로 표시되어 있을 때 측정값은?

① 0.025mm　② 0.25mm
③ 2.5mm　④ 25mm

25S = 25/1000

36 다음 테이퍼 표기법 중 표기방법이 틀린 것은?

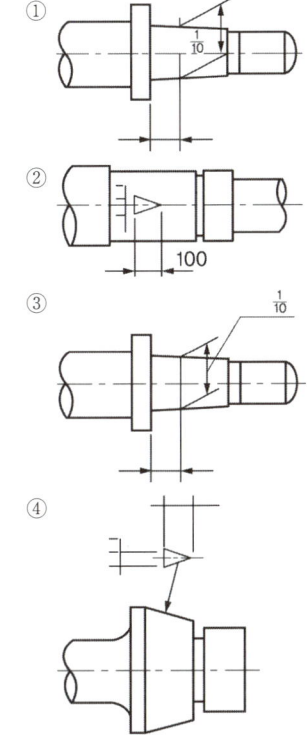

37 다음 중 화살표 방향에서 본 그림을 나타낸 것은?

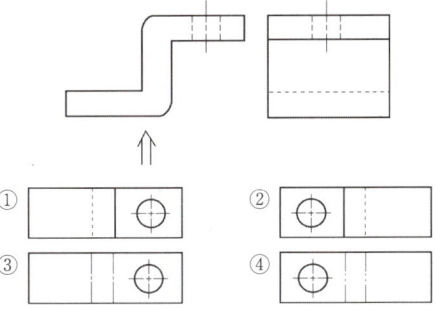

38 다음 그림이 뜻하는 기하공차는?

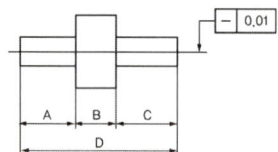

① A부분의 직진도 ② B부분의 직진도
③ C부분의 직진도 ④ D부분의 직진도

39 데이텀이 필요치 않은 기하공차의 기호는?

① ◎ ② ⊥
③ ∠ ④ ○

모양공차 - 진원도

40 조립한 상태에서 끼워맞춤 공차의 기호를 표시한 것으로 옳은 것은?

① ⌀30g6H7 ② ⌀30g6-H7
③ ⌀30g6/H7 ④ ⌀30 $\frac{H7}{g6}$

구멍 축 순서대로 표기

41 다음 [그림]의 도면 양식에 관한 설명 중 틀린 것은?

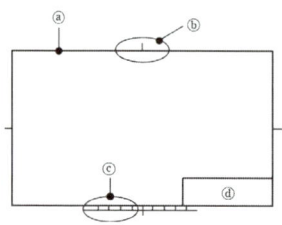

① ⓐ는 0.5mm 이상의 굵은 실선으로 긋고 도면의 윤곽을 나타내는 선이다.
② ⓑ는 0.5mm 이상의 굵은 실선으로 긋고 마이크로필름으로 촬영할 때 편의를 위하여 사용한다.
③ ⓒ는 0.5mm 이상의 굵은 실선으로 긋고 출력된 도면을 규격에 맞게 자르는 데 사용하는 눈금자이다.
④ ⓓ는 표제란으로 척도, 투상법, 도번, 도명, 설계자 등 도면에 관한 정보를 표시한다.

비교 눈금 도면을 축소 또는 확대 복사할 때 편리함

42 도면의 변경 방법에 대한 사항으로 틀린 것은?

① 변경 전의 형상을 알 수 있도록 한다.
② 변경된 부분에 수정회수를 삼각형 기호로 표시한다.
③ 도면 변경란에 변경이유 및 연월일을 기입한다.
④ 변경 전의 치수를 지우고 기입한다.

43 정투상 방법에 따라 평면도와 우측면도가 다음과 같다면 정면도에 해당하는 것은?

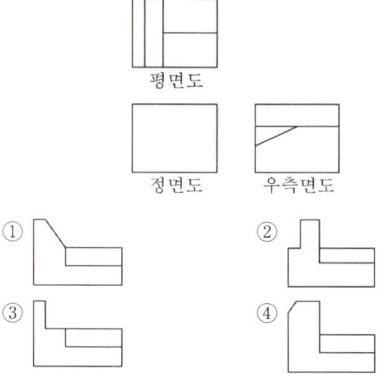

44 다음 표면의 줄무늬 방향 기호 R이 뜻하는 것은?

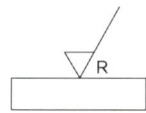

① 가공에 의한 커터의 줄무늬가 기호를 기입한 면의 중심에 대하여 대략 레디얼 모양임을 표시
② 가공에 의한 커터의 줄무늬 방향이 기호를 기입한 그림의 투상면에 평행임을 표시
③ 가공에 의한 커터의 줄무늬 방향이 기호를 기입한 그림의 투상면에 직각임을 표시
④ 가공에 의한 커터의 줄무늬가 여러 방향으로 교차 또는 무방향임을 표시

정답 38 ④ 39 ④ 40 ④ 41 ③ 42 ④ 43 ① 44 ①

45 다음은 어떤 물체를 제3각법으로 투상한 정면도와 우측면도를 나타낸 것이다. 평면도로 옳은 것은?

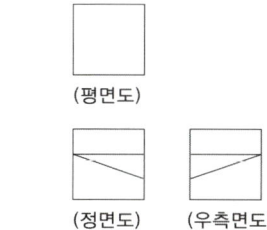

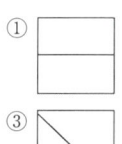 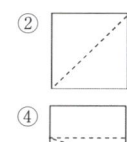

46 다음은 축의 도시에 대한 설명이다 맞는 것은?

①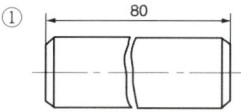

긴축은 중간부분을 파단하여 짧게 그리며, 그림의 80은 짧게 줄인 치수를 기입한 것이다.

②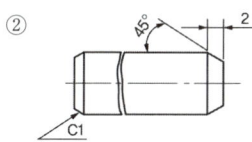

축의 끝에는 모떼기를 하고 모떼기 치수기입은 그림과 같이 기입할 수 있다.

③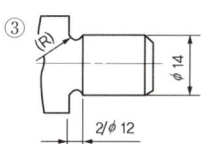

그림은 축에 단을 주는 치수기입으로, 홈의 나비가 12mm이고 홈의 지름이 2mm이다.

④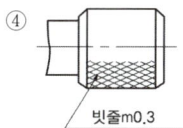

그림은 빗줄널링에 대한 도시이며, 축선에 대하여 45° 엇갈리게 그린다.

47 기어의 도시 방법에 관한 내용으로 올바른 것은?

① 이끝원은 가는 실선으로 그린다.
② 피치원은 가는 1점 쇄선으로 그린다.
③ 이뿌리원은 2점 쇄선으로 그린다.
④ 잇줄 방향은 보통 3개의 파선으로 그린다.

- 투상도에는 주로 기어 소재(gear blank)를 제작하는 데 필요한 치수를 기입하고, 요목표(table)에는 이의 절삭, 조립, 검사 등에 필요한 사항을 기입한다.
- 재료, 열처리, 경도 등에 관한 사항은 요목표의 비고란 또는 도면에 적절히 기입한다.
- 이끝원(이끝선)은 굵은 실선으로 그린다.
- 피치원(피치선)은 가는 1점 쇄선으로 그린다.
- 이뿌리원(이뿌리선)은 가는 실선으로 그린다. 단, 정면도를 단면도로 도시할 때에는 이뿌리선을 굵은 실선으로 그린다. 베벨 기어 및 웜 휠의 측면도에서는 이뿌리원을 그리지 않는다.
- 헬리컬 기어, 나사 기어, 웜 등에서 잇줄 방향은 3개의 가는 실선으로 그린다. 단, 헬리컬 기어의 정면도를 단면도로 도시할 때에는 잇줄 방향을 3개의 가는 2점 쇄선으로 그린다.
- 맞물려 회전하는 한 쌍의 기어에서 정면도를 단면도로 도시할 때에는 한쪽 기어의 이끝원은 파선으로 그린다.

48 V벨트의 종류 중에서 단면적이 가장 작은 것은?

① M형　　② A형
③ C형　　④ E형

49 나사의 제도방법에 대한 설명으로 옳은 것은?

① 암나사의 안지름은 가는 실선으로 그린다.
② 불완전 나사부와 완전 나사부의 경계선은 가는 실선으로 그린다.
③ 수나사와 암나사의 결합부분은 암나사 기준으로 표시한다.
④ 단면 시 암나사는 안지름까지 해칭한다.

50 평행키에서 나사용 구멍이 없는 것의 보조기호는?

① P　　② PS
③ T　　④ TG

- **PS** : 구멍 있음
- **T** : 경사키 머리 없음
- **TG** : 경사키 머리 있음

정답　45 ②　46 ②　47 ②　48 ①　49 ④　50 ①

51 스퍼 기어에서 모듈이 2, 기어의 잇수가 30인 경우 피치원의 지름은 몇 mm인가?

① 15 ② 32
③ 60 ④ 120

52 배관기호에서 유량계의 표시방법으로 바른 것은?

① Ⓟ ② Ⓣ
③ Ⓕ ④ Ⓦ

53 스프로킷 휠에 대한 설명으로 틀린 것은?

① 스프로킷 휠의 호칭번호는 피치원 지름으로 나타낸다.
② 스프로킷 휠의 바깥지름은 굵은 실선으로 그린다.
③ 스프로킷 소재를 제작하는 데 필요한 치수를 기입한다.
④ 스프로킷 휠의 피치원 지름은 가는 1점 쇄선으로 그린다.

체인번호를 호칭으로 한다.

54 호칭번호가 6203인 베어링이 있다. 이 베어링 안지름의 크기는 몇 mm인가?

① 3 ② 10
③ 15 ④ 17

55 규격치수를 사용하지 않고 수나사와 암나사의 약도를 그릴 때, 각부 치수를 결정하는 기준이 되는 것은?

① 수나사의 바깥지름 ② 수나사의 골지름
③ 암나사의 안지름 ④ 암나사의 골지름

56 스폿 용접 이음의 기호는?

① ○ ② ⊖
③ △ ④ ⊓

② 심 용접
③ 필렛 용접
④ 플러그 용접

57 서피스 모델링(surface modeling)의 특징을 설명한 것 중 틀린 것은?

① 복잡한 형상의 표현이 가능하다.
② 단면도를 작성할 수 없다.
③ 물리적 성질을 계산하기가 곤란하다.
④ NC가공 정보를 얻을 수 있다.

58 다음은 컴퓨터의 입력장치 중 어느 것에 대한 설명인가?

광점자 센서(sensor)가 부착되어 그래픽 스크린 상에 접촉하여 특정의 위치나 도형을 지정하거나 명령어 선택이나 좌표입력이 가능하다.

① 조이스틱(joy stick)
② 태블릿(tablet)
③ 마우스(mouse)
④ 라이트 펜(light pen)

59 그림과 같이 점 A에서 점 B로 이동하려고 한다. 좌표계 중 어느 것을 사용해야 하는가? (단, A, B점의 위치는 알 수 없다.)

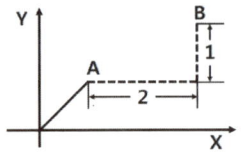

① 상대 좌표 ② 절대 좌표
③ 극 좌표 ④ 원통 좌표

60 다음 중 컴퓨터 시스템에서 정보를 기억하는 최소 단위는?

① 비트(bit) ② 바이트(byte)
③ 워드(word) ④ 블록(block)

2018 제1회 과년도 기출문제

01 열처리에 대한 설명으로 틀린 것은?
① 금속 재료에 필요한 성질을 주기 위한 것이다.
② 가열 및 냉각의 조작으로 처리한다.
③ 금속의 기계적 성질을 변화시키는 처리이다.
④ 결정립을 조대화하는 처리이다.

> 물질에 열을 가했다가 식혀서 그 성질을 변화시킨다. 온도, 유지하는 시간, 식히는 속도에 따라 재료가 얻고자 하는 특성을 부여한다.

02 다음 그림 "A"는 반시계 방향으로 회전하는 롤러를 고정시키기 위한 나사축이다. 이 나사의 종류와 역할로 가장 적합한 것은?

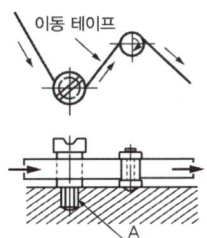

① 오른나사 - 회전원활   ② 오른나사 - 풀림방지
③ 왼나사 - 회전원활   ④ 왼나사 - 풀림방지

> **풀림방지**
> 회전방향이 반시계 방향으로 왼나사를 거쳐 지나감

03 축심의 어긋남을 자동적으로 조정하고, 큰 반지름 하중 이외에 양 방향의 트러스트 하중도 받으며, 충격하중에 강하므로 산업기계용으로 널리 사용되는 베어링은?
① 자동조심 롤러 베어링   ② 니들 롤러 베어링
③ 원뿔 롤러 베어링   ④ 원통 롤러 베어링

04 두께가 3.2mm 강판에 지름 4cm인 구멍을 펀칭하려면 펀치에 약 몇 kg의 힘을 가해야 하는가? (단, 전단응력은 3600N/cm²이다.)
① 1810   ② 3620
③ 7240   ④ 14480

> $\tau = \dfrac{W}{A}$
> $W = \tau \times \pi \times d \times t = 3600 \times 3.14 \times 4 \times 0.32$
> $= 14469N$

05 결정구조를 가지지 않는 아몰포스 구조를 하고 있어 경도와 강도가 높고 인성 또한 우수하며, 자기적 특성이 우수하여 변압기용 철심 등에 활용되는 것은?
① 비정질 합금   ② 초소성 합금
③ 제진 합금   ④ 초전도 합금

> 비정질 합금은 결정을 이루고 있지 않은 합금을 의미한다. 겉은 고체이면서 속은 액체인 액체를 품은 고체를 말함

06 알루미늄과 양은의 차이점은?
① 알루미늄은 단일원소이고 양은은 구리-아연-니켈의 합금이다.
② 알루미늄은 단일원소이고 양은은 구리-주석-니켈의 합금이다.
③ 알루미늄은 구리-아연-니켈의 합금이고 양은은 단일원소이다.
④ 알루미늄은 구리-주석-니켈의 합금이고 양은은 단일원소이다.

> 동과 니켈, 아연을 조합한 합금으로 은백색의 장식품 및 정밀기계용으로도 사용함

정답 1 ④ 2 ④ 3 ① 4 ④ 5 ① 6 ③

07 철강재 스프링 재료가 갖추어야 할 조건이 아닌 것은?

① 가공하기 쉬운 재료이어야 한다.
② 높은 응력에 견딜 수 있고, 영구변형이 적어야 한다.
③ 피로강도와 파괴인성치가 낮아야 한다.
④ 부식에 강해야 한다.

> 피로강도와 파괴인성치가 높아야 한다.

08 벨트 전등에 관한 설명으로 틀린 것은?

① 벨트 풀리에 벨트를 감는 방식은 크로스벨트 방식과 오픈벨트 방식이 있다.
② 오픈벨트 방식에서는 양 벨트 풀리가 반대 방향으로 회전한다.
③ 벨트가 원동차에 들어가는 축을 인(긴)장측이라 한다.
④ 벨트가 원동차로부터 풀려 나오는 측을 이완측이라 한다.

> 오픈벨트 방식에서는 양 벨트 풀리가 동일한 방향으로 회전한다.

09 모듈이 3이고, 잇수가 각각 30과 60인 한 쌍의 표준 평기어의 중심거리는?

① 114mm   ② 126mm
③ 135mm   ④ 148mm

10 열경화성 수지에서 높은 전기 절연성이 있어 전기부품 재료로 많이 쓰고 있는 베크라이트(bakelite)라고 불리는 수지는?

① 요소 수지   ② 페놀 수지
③ 멜라민 수지   ④ 에폭시 수지

11 탄소공구강의 구비조건이 아닌 것은?

① 내마모성이 클 것
② 내충격성이 우수할 것
③ 열처리성이 양호할 것
④ 상온 및 고온경도가 작을 것

> **절삭 공구의 구비조건**
> • 고온경도가 클 것(공구경도가 피삭재의 것의 4~5배)
> • 인성이 클 것
> • 마찰계수가 작을 것
> • 내용착성(耐熔着性)이 클 것
> • 내산화성(耐酸化性) 및 내확산성(耐擴散性) 등 화학적으로 안정성이 클 것
> • 가격이 저렴하고, 구입이 용이할 것
> • 열처리성이 양호할 것

12 표면 경도만 필요로 하는 부분만을 급랭하여 경화시키고 내부는 본래의 연한 조직으로 남게 하는 주철은?

① 칠드 주철   ② 가단 주철
③ 구상흑연 주철   ④ 내열 주철

> **칠드 주철**
> 내마모성이 요구되는 사용면을 주탕 후 급랭하고 표면을 백선화하여 경도를 높게 하고 내부는 서랭하여 유리흑연을 생성시켜 연하게 하여 내충격성, 압축강도, 굽힘강도를 유지시킨 주물이다.

13 18-4-1형의 고속도강에서 18-4-1에 해당하는 원소로 맞는 것은?

① W-Cr-Co   ② W-Ni-V
③ W-Cr-V   ④ W-Si-Co

> 고속절삭의 공구로 사용하는 것으로 대표적인 조성은 18% W, 4% Cr, 1% V, 0.6~0.9% C로 특히 성능을 향상시키기 위하여 코발트를 첨가한 것이 있다.

정답 7 ③ 8 ② 9 ③ 10 ② 11 ④ 12 ① 13 ③

14 재료의 인장시험에서 시험편의 표점 거리가 50mm 이고, 인장시험 후 파괴 시작점의 표점 거리가 55mm이었을 때 재료의 연신율은 몇 %인가?

① 5 ② 10
③ 50 ④ 55

연신율 = $\frac{(55-50)}{50} \times 100 = 10\%$

15 구리(Cu)에 관한 내용으로 틀린 것은?

① 비중이 1.7이다.
② 용융점이 1083℃ 정도이다.
③ 비자성으로 내식성이 철강보다 우수하다.
④ 전기 및 열의 양도체이다.

Cu
녹는 점은 1,083℃, 비중은 8.93. 재질이 연하지만 내부식성과 산성에 대해 견디는 성질이 있다.

16 단식분할법으로 원주를 10등분하려면 분할 크랭크를 몇 회전씩 돌리면 되는가?

① 4회전 ② 8회전
③ 10회전 ④ 40회전

분할 크랭크 회전수
$N = \frac{40}{n} = \frac{40}{10} = 4$

17 선반의 점검을 일반점검과 정기점검으로 나눌 때 다음 중 일반점검 사항이 아닌 것은?

① 각종 레버는 정위치에 있으며, 이송핸들의 조작이 원활한가?
② 선반 설치의 수평은 양호한가?
③ 이송축 및 리드 스크루 축에는 이상이 없는가?
④ 브레이크의 기능은 양호한가?

설치점검
선반 설치의 수평은 양호한가?

18 드릴 작업에서 구멍을 뚫는 데 걸리는 시간 T(min)를 구할 경우 옳은 계산식은? (단, t는 구멍깊이(mm), h는 드릴 끝 원뿔높이(mm), v는 절삭속도(m/min), f는 드릴의 이송(mm/rev), D : 드릴의 지름(mm)이다.)

① $T = \frac{t+h}{1000vf}$(min)

② $T = \frac{1000v}{\pi D(t+h)}$(min)

③ $T = \frac{\pi D(t+h)}{1000vf}$(min)

④ $T = \frac{\pi D(t+h)}{f}$(min)

19 선반에서 고정식 방진구를 설치하는 부분으로 맞는 것은?

① 공구대 ② 베드
③ 왕복대 ④ 심압대

• 고정식 방진구 : 베드에 설치
• 이동식 방진구 : 왕복대에 설치

20 미세하고 비교적 연한 숫돌입자를 사용하여 일감의 표면에 낮은 압력으로 접촉시키면서 매끈하고 고정밀도의 표면으로 일감을 다듬는 가공 방법은?

① 브로칭 가공 ② 슈퍼피니싱 가공
③ 래핑 가공 ④ 액체호닝 가공

슈퍼피니싱 가공
• 숫돌의 진동에 의해 숫돌 입자가 정부(⊕, ⊖)의 힘을 받아, 숫돌입자의 자생 작용이 좋다.
• 숫돌에 가하는 압력이 작기 때문에 발열이 적다.
• 다듬질면은 방향성이 없어 가공 변질층이 적다.
• 단시간으로 좋은 가공을 할 수 있다.
[가공 예] 원통 외면, 구멍의 내면, 평면 등

정답   14 ② 15 ① 16 ① 17 ② 18 ③ 19 ② 20 ②

21 게이지 블록의 표준조합 선택 및 치수의 조립 시 고려하여야 할 사항으로 거리가 먼 것은?

① 게이지 블록의 윤곽 판독 방식
② 소수점 아래 첫째자리 숫자가 5보다 큰 경우에는 5를 뺀 나머지 숫자부터 선택
③ 조합의 개수를 최소로 할 것
④ 정해진 치수를 고를 때는 맨 끝자리부터 고를 것

22 드릴링 머신에서 가공할 수 없는 작업은?

① 보링 가공　　② 리머 가공
③ 수나사 가공　　④ 카운터 싱킹 가공

수나사 가공
선반, 수공구 작업인 다이스 가공

23 윤활제의 구비조건으로 틀린 것은?

① 양호한 유성을 가진 것으로 카본 생성이 적어야 한다.
② 금속의 부식이 없어야 한다.
③ 온도변화에 따른 점도 변화가 커야 한다.
④ 열이나 산성에 강해야 한다.

온도변화에 따른 점도 변화가 적어야 한다.

24 그림과 같이 φ24mm 드릴로 두께 50mm의 SM25C 강판에 구멍가공을 할 때 최소 이송거리는?

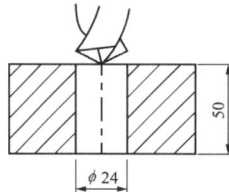

① 42mm　　② 50mm
③ 58mm　　④ 66mm

드릴관통 최소이동거리는 일감 두께에 드릴지름 1/3을 더하면 된다.
$50 + (\frac{24}{3}) = 58$

25 길이를 측정하고 직각 삼각형의 삼각 함수를 이용한 계산에 의하여 임의각의 측정 또는 임의각을 만드는 측정기는?

① 사인바　　② 높이 게이지
③ 깊이 게이지　　④ 공기 마이크로미터

사인바
45도 이상에서는 오차가 심해서 45도 이하만 측정이 가능하다.

26 부품을 스케치할 때의 방법이 아닌 것은?

① 프린트법　　② 플로팅법
③ 프리핸드법　　④ 사진촬영법

프린트법, 프리핸드법, 사진촬영법, 모양뜨기법

27 도면의 크기 중 420mm×594mm 크기를 갖는 제도용지 규격은?

① A1　　② A2
③ A3　　④ A4

28 특정 부분의 도형이 작아서 상세한 도시나 치수기입을 할 수 없을 때 사용하는 투상도는?

① 보조 투상도　　② 부분 투상도
③ 국부 투상도　　④ 부분 확대도

29 모양공차를 표기할 때 그림과 같은 직사각형의 틀(공차기입 틀)에 기입하는 내용은?

| A | B |

① A : 공차값　　B : 공차의 종류 기호
② A : 공차의 종류 기호　　B : 데이텀 문자기호
③ A : 데이텀 문자기호　　B : 공차값
④ A : 공차의 종류 기호　　B : 공차값

정답　21 ①　22 ③　23 ③　24 ③　25 ①　26 ②　27 ②　28 ④　29 ④

30 구멍과 축의 끼워 맞춤 기호에 대한 설명으로 맞는 것은?

① ∅50H7/f6 : 구멍 기준식 헐거운 끼워 맞춤
② ∅50E7/h6 : 구멍 기준식 헐거운 끼워 맞춤
③ ∅50H7/m6 : 축 기준식 중간 끼워 맞춤
④ ∅50P7/h6 : 축 기준식 헐거운 끼워 맞춤

• ∅50E7/h6 : 축 기준식 헐거운 끼워 맞춤
• ∅50H7/m6 : 구멍 기준식 중간 끼워 맞춤
• ∅50P7/h6 : 축 기준식 억지 끼워 맞춤

31 치수 보조 기호 중에서 구의 지름을 나타내는 기호는?

① C ② t
③ R ④ S∅

32 다음과 같이 어떤 물체를 제3각법으로 작도할 때 평면도로 옳은 것은?

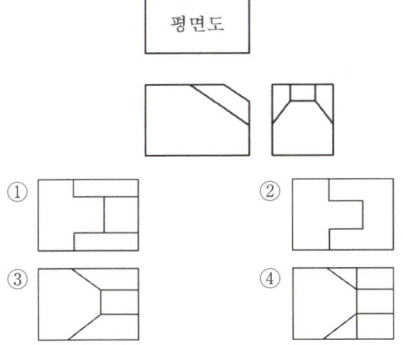

33 다음 등각투상도의 화살표 방향을 정면도로 하여 제3각법으로 제도한 것으로 맞는 것은?

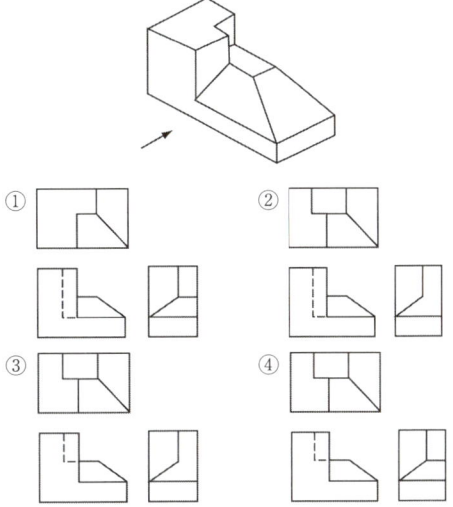

34 눈금자와 같이 주로 금형으로 생산되는 플라스틱 제품 등의 가공 여부를 묻지 않을 때 사용되는 기호는?

35 다음 중 도면에서 2종류 이상의 선이 같은 장소에서 중복되는 경우 최우선으로 나타내는 것은?

① 치수보조선 ② 숨은선
③ 절단선 ④ 외형선

기호, 문자 – 외형선 – 숨은선 – 절단선 – 중심선 – 무게중심선 – 치수보조선

정답 30 ① 31 ④ 32 ③ 33 ④ 34 ① 35 ④

36 치수의 위치와 기입 방향에 대한 일반적인 설명 중 틀린 것은?

① 치수는 투상도와의 모양 및 치수의 대조 비교가 쉽도록 관련 투상도 쪽으로 기입한다.
② 하나의 투상도인 경우, 수평 방향의 길이 치수 위치는 투상도의 위쪽에서 읽을 수 있도록 기입한다.
③ 하나의 투상도인 경우, 수직 방향의 길이 치수 위치는 투상도의 오른쪽에서 읽을 수 있도록 기입한다.
④ 치수 숫자는 치수선의 위쪽 아무 위치나 기입해도 좋다.

37 IT 기본공차의 등급은 모두 몇 등급으로 구분하는가?

① 17등급 ② 18등급
③ 19등급 ④ 20등급

01 ~ 18급까지 20개 등급이다.

38 치수기입의 요소가 아닌 것은?

① 치수선   ② 치수보조선
③ 치수숫자   ④ 해칭선

39 가공에 의한 커터의 줄무늬 방향이 다음과 같이 생길 경우 올바른 줄무늬 방향 기호는?

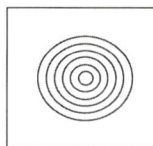

① C   ② M
③ R   ④ V

• M : 교차 또는 무방향
• R : 레이디얼, 방사상

40 다음 그림의 단면도 중 종류가 다른 하나는?

①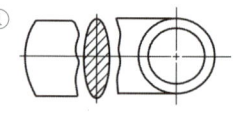
②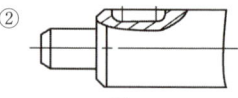
③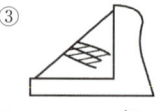
④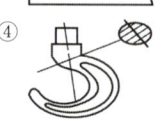

② 부분단면

41 도면에서 구멍의 치수가 $\phi 80^{+0.03}_{-0.02}$로 기입되어 있다면 치수 공차는?

① 0.01   ② 0.02
③ 0.03   ④ 0.05

42 기하공차의 표시 기호 중 모양 공차에 해당하지 않는 것은?

① ▱   ② ∥
③ —   ④ ○

• ▱ : 평면도
• ∥ : 평행도
• — : 진직도
• ○ : 진원도

43 일반적으로 기계부품 등의 조립순서나 분해순서를 설명하는 지침서 등에 주로 사용하는 투상도법은?

① 등각 투상법   ② 정투상법
③ 사투상법   ④ 투시도법

44 지름이 일정한 원기둥을 전개하려고 한다. 어떤 전개 방법을 이용하는 것이 가장 적합한가?

① 삼각형법을 이용한 전개도법
② 방사선법을 이용한 전개도법
③ 평행선법을 이용한 전개도법
④ 사각형법을 이용한 전개도법

- 평행선을 이용한 전개도법은 주로 각기둥이나 원기둥을 전개할 때 사용한다.
- 방사선을 이용한 전개도법은 각뿔이나 원뿔의 전개에 사용하며 꼭짓점을 중심으로 방사형으로 전개시키는 방법이다.
- 삼각형을 이용한 전개도법은 입체의 표면을 여러 개의 삼각형으로 나누어 전개하는 방법이다.

45 한국산업규격(KS)의 부문별 분류기호 연결로 틀린 것은?

① KS A : 기본
② KS B : 기계
③ KS C : 광산
④ KS D : 금속

KS C : 전기

46 다음 밸브 도시법 중 게이트 밸브를 나타내는 기호는?

① ▷◁ ② ▷◁
③ ◁▷ ④ ▷●◁

- ◁▷ : 체크 밸브
- ▷◁ : 글로브 밸브

47 미터 가는나사의 표시방법으로 맞는 것은?

① 3/8-16 UNC   ② M8×1
③ Tr 12×3   ④ Rp 3/4

- 3/8-16 UNC : 유니파이 보통나사
- Tr 12 × 3 : 미터 사다리꼴 나사
- Rp 3/4 : 관용테이퍼 평행암나사

48 다음 중 플러그 용접 기호는?

①   ② ⊓
③ ○   ④ ‖

- ⊖ : 심 용접
- ○ : 점 용접

49 다음 그림은 테이퍼 핀이다. 테이퍼 핀의 호칭지름으로 맞는 부분은?

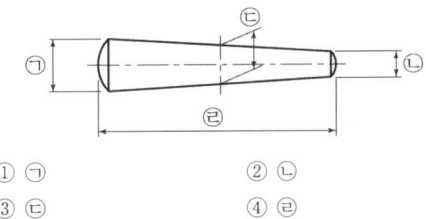

① ㉠   ② ㉡
③ ㉢   ④ ㉣

테이퍼 핀 1/50, 호칭 – 작은 쪽 지름

50 다음 중 축의 도시방법에 대한 설명으로 틀린 것은?

① 축은 길이 방향으로 절단하여 단면 도시하지 않는다.
② 긴 축은 중간 부분을 생략해서 그릴 수 있다.
③ 축에 널링을 도시할 때 빗줄인 경우는 축선에 대하여 30°로 엇갈리게 그린다.
④ 축은 중심선을 수직 방향으로 놓고 세워 놓은 상태로 그린다.

축은 중심선을 수평 방향으로 놓고 길게 놓은 상태로 그린다.

51 코일 스프링의 종류 및 모양만을 도시할 때, 스프링 재료의 중심을 하나의 선으로 표현하는데 이때 사용되는 선의 종류는?

① 가는 실선   ② 굵은 실선
③ 가는 1점 쇄선   ④ 굵은 1점 쇄선

52 벨트 풀리의 도시방법으로 틀린 것은?

① 벨트 풀리는 축 직각 방향의 투상을 정면도로 한다.
② 모양이 대칭형인 벨트 풀리는 그 일부분만을 도시할 수 있다.
③ 방사형으로 되어 있는 암(arm)은 길이 방향으로 절단하여 도시한다.
④ 암(arm)의 단면은 도형의 안이나 밖에 회전 단면으로 도시한다.

암(arm)은 길이 방향으로 절단하지 않으며 회전 단면 도시한다.

53 기어를 그릴 때 각 부위를 나타내는 선의 종류로 틀린 것은?

① 이끝원은 굵은 실선으로 그린다.
② 피치원은 가는 1점 쇄선으로 그린다.
③ 이뿌리원은 가는 실선으로 그린다.
④ 잇줄 방향은 동상 3개의 굵은 실선으로 그린다.

잇줄 방향은 3개의 가는 실선으로 그린다.

54 맞물려 돌아가는 2개의 표준 스퍼 기어의 중심거리가 100이고, 모듈이 2일 때, 한쪽 스퍼 기어의 잇수가 40이면 상대 스퍼 기어의 잇수는?

① 40   ② 50
③ 60   ④ 80

$C = \dfrac{pcd1 + pcd2}{2}$, $100 = \dfrac{(2 \times 40) + (2 \times Z)}{2}$
$Z = 60$

55 롤링 베어링 호칭번호가 6026 P6일 때 안지름의 값은 몇 mm인가?

① 100   ② 120
③ 130   ④ 140

$26 \times 5 = 130$

56 나사의 도시방법 중 틀린 것은?

① 수나사의 바깥지름은 굵은 실선으로 그린다.
② 암나사의 안지름은 굵은 실선으로 그린다.
③ 수나사의 골을 표시하는 선은 가는 실선으로 그린다.
④ 가려서 보이지 않는 부분의 나사부는 가는 실선으로 그린다.

가려서 보이지 않는 부분의 나사부는 파선(숨은선)으로 그린다.

57 일반적으로 CAD 작업에서 사용되는 좌표계와 거리가 먼 것은?

① 상대좌표   ② 절대좌표
③ 극좌표   ④ 원점좌표

58 3차원 형상을 모델링하기 위한 기본 요소를 프리미티브라고 한다. 이 프리미티브가 아닌 것은?

① 박스(box)   ② 실린더(cylinder)
③ 원뿔(cone)   ④ 퓨전(fusion)

59 컴퓨터의 기억용량 표시가 틀린 것은?

① 1 Gigabyte = 230 byte
② 1 Megabyte = 220 byte
③ 1 Kilobyte = 210 byte
④ 1 byte = 16 bit

1 byte = 8 bit

60 광점자 센서가 그래픽 스크린상에서 특정의 위치나 물체를 지정하는 데 사용되는 입력장치는?

① 라이트 펜(light pen)
② 마우스(Mouse)
③ 컨트롤 다이얼(Control dial)
④ 조이스틱(Joy stick)

정답: 52 ③ 53 ④ 54 ③ 55 ③ 56 ④ 57 ④ 58 ④ 59 ④ 60 ①

DO IT YOURSELF

필기 CBT 시행문제

제1회 필기 CBT 시행문제

01 아공석강에서는 A3, 2, 1 변태점보다 30~50℃ 높게 하고, 공석강, 과공석강은 A1 변태점보다 30~50℃ 높게 가열하여 적당 시간 유지 후, 노에서 서서히 냉각시키는 열처리는?

① 저온풀림 ② 완전풀림
③ 중간풀림 ④ 항온풀림

02 벨트 전동의 일반적인 장점으로 볼 수 없는 것은?

① 원동축의 진동, 충격을 피동축에 거의 전달하지 않는다.
② 미끄럼이 안전장치의 역할을 하여 원활한 동력 전달이 가능하다.
③ 축간 거리가 먼 경우에도 동력 전달이 가능하다.
④ 일정한 속도비를 얻을 수 있어 정확한 동력 전달이 된다.

03 합금 공구강의 KS 재료 기호는?

① SKH ② SPS
③ STS ④ GC

04 일명 우드러프키라고도 하며, 키와 키 홈 등이 모두 가공하기 쉽고, 키와 보스를 결합하는 과정에서 자동적으로 키가 자리를 잡을 수 있는 장점이 있으며 자동차, 공작기계 등에 널리 사용되는 키는?

① 성크키 ② 접선키
③ 반달키 ④ 스플라인

05 주철은 고온에서 가열과 냉각을 반복하면 부피가 불어나, 변형이나 균열이 일어나서 강도나 수명을 저하시키는 원인이 되는 것은?

① 주철의 자연 시효 ② 주철의 자기 풀림
③ 주철의 성장 ④ 주철의 시효 경화

06 선박의 복수 기관에 많이 사용되며, 용접용으로도 쓰이는 것으로서 7:3 황동에 1% 내외의 주석을 함유한 황동은?

① 켈밋 합금 ② 쾌삭 황동
③ 델타메탈 ④ 애드미럴티 황동

07 다음 다음 Ni합금중 80% Ni에 20% Cr이 합유된 합금으로 열전대 재료로 사용되는 것은?

① 인코넬 ② 크로멜
③ 알루멜 ④ 엘린바

08 단면적이 10mm^{2}인 봉에 길이방향으로 100N의 인장력이 작용할 때 발생하는 인장응력은 몇 N/mm^{2}인가?

① 5 ② 10
③ 80 ④ 99.6

09 전기에너지를 이용하여 제동력을 가해 주는 브레이크는?

① 블록 브레이크 ② 밴드 브레이크
③ 디스크 브레이크 ④ 전자 브레이크

10 한 쌍의 기어 잇수가 40 및 60이고 두 축 간의 거리는 100mm일 때 기어의 모듈은?
① 1　　② 2
③ 3　　④ 4

11 나사의 사용 목적에 따라 분류할 때 용도가 다른 것은?
① 사다리꼴 나사　② 삼각나사
③ 볼나사　　　　④ 사각나사

12 주조성이 좋으며 열처리에 의하여 기계적 성질을 개량할 수 있고 라우탈(Lautal)이 대표적인 합금은?
① Al - Cu계 합금　　② Al - Si계 합금
③ Al - Cu - Si계 합금　④ Al - Mg - Si계 합금

13 베어링메탈의 재료가 구비해야 할 조건이 아닌 것은?
① 녹아 붙지 않을 것　② 마멸이 적을 것
③ 내식성이 작을 것　④ 피로 강도가 클 것

14 기계구조용 탄소강 SM35C에서 35란 숫자는 무엇을 나타내는가?
① 인장강도　　② 망간함유량
③ 탄성계수　　④ 탄소함유량

15 스프링을 용도에 따라 분류할 때 진동이나 충격을 흡수하는 곳에 사용하는 스프링은?
① 자동차의 현가장치　② 시계 태엽
③ 압력 게이지　　　　④ 총의 방아쇠

16 공작물, 미디어(media), 공작액, 콤파운드를 상자 속에 넣고 회전 또는 진동시키면 공작물과 연삭입자가 충돌하여 공작물 표면에 요철을 없애고 매끈한 다듬질면을 얻는 가공방법은?
① 브로칭　② 배럴가공
③ 숏피닝　④ 래핑

17 밀링 머신에서 지름 60mm의 초경합금 커터를 사용하여 22m/min의 절삭속도로 절삭하는 경우, 매분 이송량은 약 몇 mm인가? (단, 날 수는 12개이고, 한 날당 이송거리는 0.2mm이다.)
① 250　② 280
③ 310　④ 324

18 지름이 30mm인 연강을 선반에서 절삭할 때, 주축을 200rpm으로 회전시키면 절삭속도는 약 몇 m/min인가?
① 10.54　② 15.48
③ 18.85　④ 21.54

19 밀링 작업에 대한 설명으로 틀린 것은?
① 커터의 회전방향과 가공물의 이송이 반대인 가공방법을 상향절삭이라 한다.
② 가공 재료에 따라 알맞은 절삭속도를 정한다.
③ 하향 절삭 작업시에는 백래시를 제거하여야 한다.
④ 절삭면의 표면거칠기는 이송을 크게 하고 커터의 지름이 작을수록 좋아진다.

20 연삭작업에서 연삭력 $p=10kgf$, 연삭속도 $v = 75m/s$일 때 연삭동력은 몇 PS인가? (단, 기계적 효율은 무시한다.)
① 3　② 5
③ 7　④ 10

21 구멍용 한계게이지가 아닌 것은?
① 원통형 플러그 게이지　② 테보 게이지
③ 봉 게이지　　　　　　④ 링 게이지

22 길이의 기준으로 사용되고 있는 평행 단도기로서 1개 또는 2개 이상의 조합으로 사용되며, 다른 측정기의 교정 등에 사용되는 측정기는?
① 컴비네이션 세트　② 마이크로미터
③ 다이얼 게이지　　④ 게이지 블록

23 게이지 블록의 다듬질 가공에 가장 적합한 방법은?
① 버핑 ② 호닝
③ 래핑 ④ 슈퍼 피니싱

24 공구 재료에서 고속도강의 주성분에 해당하지 않는 것은?
① 탄화 티타늄 ② 텅스텐
③ 크롬 ④ 바나듐

25 정지상태의 냉각수의 냉각속도를 1로 했을 때 냉각속도가 가장 빠른 것은?
① 물 ② 공기
③ 기름 ④ 소금물

26 다음 투상도의 평면도로 알맞은 것은? (제3각법의 경우)

정면도　측면도

① ②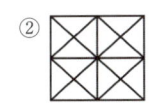
③ 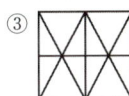 ④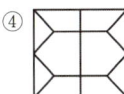

27 다음 그림에서 면의 지시기호에 대한 각 지시사항의 기입 위치 중 e에 해당되는 것은?

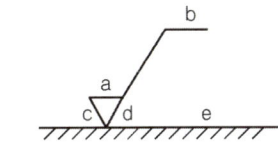

① 컷 오프값 ② 기준길이
③ 다듬질 여유 ④ 표면 파상도

28 원을 등각 투상법으로 투상하면 어떻게 나타나는가?
① 진원 ② 타원
③ 마름모 ④ 직사각형

29 기하 공차 중 원통도 공차를 나타내는 기호는?
①  ②
③  ④ ⊕

30 도면에 $\phi 100^{+0.015}_{+0.005}$ 로 표시된 것의 공차는 얼마인가?
① 0.005 ② 0.015
③ 0.010 ④ 0.020

31 두 가지의 데이텀 형태에 의해서 설정하는 공통 데이텀을 지시하기 위한 도시 방법으로 옳게 표현된 것은?
① A/B
② A-B
③ A | B
④ AB

32 IT기본 공차에서 주로 축의 끼워 맞춤 공차에 적용되는 공차의 등급은?
① IT01 ~ IT5 ② IT6 ~ IT10
③ IT10 ~ IT18 ④ IT5 ~ IT9

33 단면도를 나타낼 때 긴 쪽 방향으로 절단하여 도시할 수 있는 것은?
① 볼트, 너트, 와셔 ② 축, 핀, 리브
③ 리벳, 강구, 키 ④ 기어의 보스

34 다음 치수기입의 원칙을 설명한 것 중 틀린 것은?

① 특별히 명시하지 않는 한 도시한 대상물의 마무리 치수를 기입한다.
② 서로 관련되는 치수는 되도록 분산하여 기입한다.
③ 기능상 필요한 경우 치수의 허용한계를 기입한다.
④ 참고치수에 대해서는 수치에 괄호를 붙여 기입한다.

35 재료 기호 [GC200]이 나타내는 명칭은?

① 황동 주물   ② 회주철품
③ 주강   ④ 탄소강

36 다음 중 단면 도시방법에 대한 설명으로 틀린 것은?

① 단면 부분을 확실하게 표시하기 위하여 보통 해칭을 한다.
② 해칭을 하지 않아도 단면이라는 것을 알 수 있을 때에는 해칭을 생략해도 된다.
③ 같은 절단면 위에 나타나는 같은 부품의 단면은 해칭선의 간격을 달리한다.
④ 단면은 필요로 하는 부분만을 파단하여 표시할 수 있다.

37 우선적으로 사용하는 배척의 종류가 아닌 것은?

① 50 : 1   ② 25 : 1
③ 5 : 1   ④ 2 : 1

38 투상도 선택 방법에 맞지 않는 것은?

① 도면을 보는 사람이 알기 쉽게 선택한다.
② 제작공정을 쉽게 파악할 수 있도록 한다.
③ 제도자 위주로 선택하여 그릴 수 있도록 한다.
④ 가공자가 가공과 측정이 용이하도록 선택한다.

39 다음 그림에서 모떼기가 C2일 때 모떼기의 각도는?

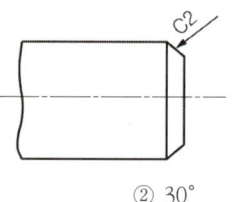

① 15°   ② 30°
③ 45°   ④ 60°

40 다음 제3각법으로 나타낸 정투상도를 입체도로 바르게 나타낸 것은?

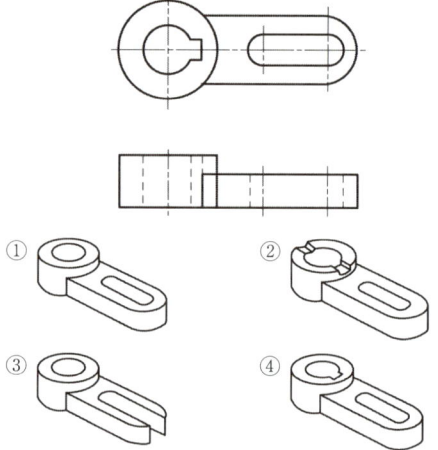

41 대상 면을 지시하는 기호 중 제거 가공을 허락하지 않는 것을 지시하는 것은?

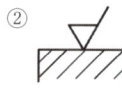
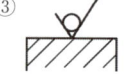
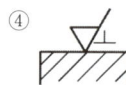

42 일반적인 도면의 검사에서 주의할 사항으로 가장 거리가 먼 것은?

① 공차 및 끼워맞춤, 가공기호, 재료선택
② 투상법, 척도, 치수기입
③ 요목표 작성, 표제란, 지시사항
④ 도면 보관 방법

43 다음 중에서 가는 실선으로만 사용하지 않는 선은?
① 지시선 ② 절단선
③ 해칭선 ④ 치수선

44 다음 끼워 맞춤을 표시한 것 중 옳지 못한 것은?
① 20H7 - g6 ② 20H7/g6
③ 20 $\frac{H7}{g6}$ ④ 20g6H7

45 다음 중 완성된 도면에서 서로 겹치는 경우 가장 우선적으로 나타내야 하는 것은?
① 절단선 ② 숨은선
③ 치수선 ④ 중심선

46 기어의 제작상 중요한 치형, 모듈, 압력각, 피치원 지름 등 기타 필요한 사항들을 기록한 것을 무엇이라 하는가?
① 주서 ② 표제란
③ 부품란 ④ 요목표

47 코일 스프링에서 양 끝을 제외한 동일 모양 부분의 일부를 생략하는 경우 생략되는 부분의 선 지름의 중심선을 나타내는 선은?
① 가는 실선 ② 가는 1점 쇄선
③ 굵은 실선 ④ 은선

48 관의 접속 표시를 나타낸 것이다. 관이 접속되어 있을 때의 상태를 도시한 것은?

① 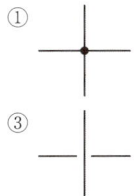 ②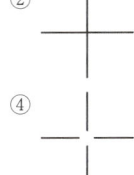
③ ④

49 구름 베어링의 호칭번호가 "6202"이면 베어링의 안지름은?
① 5mm ② 10mm
③ 12mm ④ 15mm

50 나사 제도에서 완전 나사부와 불완전 나사부의 경계선을 나타내는 선은?
① 가는 실선 ② 파선
③ 가는 1점 쇄선 ④ 굵은 실선

51 주철제 V-벨트 풀리는 호칭지름에 따라 홈의 각도를 달리 하는데, 홈의 각도로 사용되지 않는 것은?
① 34° ② 36°
③ 38° ④ 40°

52 용접부 표면의 형상에서 동일 평면으로 다듬질함을 표시하는 보조 기호는?

①   ②
③  ④

53 축의 도시방법에 대한 설명으로 옳은 것은?
① 축은 길이 방향으로 단면 도시를 할 수 있다.
② 축 끝의 모따기는 폭의 치수만 기입한다.
③ 긴 축은 중간을 파단하여 짧게 그릴 수 없다.
④ 널링을 도시할 때 빗줄인 경우 축선에 대하여 30°로 엇갈리게 그린다.

54 다음 그림은 어떤 키(key)를 나타낸 것인가?

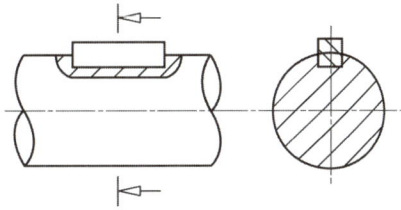

① 묻힘키 ② 안장키
③ 접선키 ④ 원뿔키

55 스퍼기어의 제도에서 피치원 지름은 어느 선으로 나타내는가?

① 가는 1점 쇄선 ② 가는 2점 쇄선
③ 가는 실선   ④ 굵은 실선

56 나사산의 모양에 따른 나사의 종류에서 삼각나사에 해당하지 않는 것은?

① 미터 나사   ② 유니파이 나사
③ 관용 나사   ④ 톱니 나사

57 서피스 모델링(surface modeling)의 특징으로 거리가 먼 것은?

① NC가공정보를 얻을 수 있다.
② 은선 제거가 불가능하다.
③ 물리적 성질 계산이 곤란하다.
④ 복잡한 형상 표현이 가능하다.

58 다음 중 CAD 시스템의 출력장치가 아닌 것은?

① 플로터   ② 프린트
③ 모니터   ④ 라이트 펜

59 일반적으로 CAD 시스템 좌표계로 사용하지 않는 것은?

① 직교 좌표계   ② 극 좌표계
③ 원통 좌표계   ④ 기계 좌표계

60 컴퓨터에서 중앙처리장치의 구성으로만 짝지어진 것은?

① 출력장치, 입력장치
② 제어장치, 입력장치
③ 보조기억장치, 출력장치
④ 제어장치, 연산장치

제1회 정답 및 해설

전산응용기계제도기능사 CBT 시행문제

정답

01	②	02	④	03	③	04	③	05	③	06	④	07	①	08	②	09	④	10	②
11	②	12	③	13	③	14	④	15	①	16	②	17	②	18	③	19	*	20	④
21	④	22	④	23	③	24	①	25	④	26	②	27	④	28	②	29	①	30	④
31	②	32	④	33	④	34	②	35	②	36	③	37	②	38	③	39	③	40	④
41	③	42	④	43	②	44	②	45	②	46	②	47	②	48	①	49	④	50	②
51	④	52	①	53	②	54	①	55	①	56	④	57	②	58	④	59	④	60	④

01 해설

- 확산 풀림(homogenizing) : 균질화 풀림이라고도 한다. 주조품의 편석을 없애거나, 침탄 제품의 개선을 목적으로 사용한다.
- 완전 풀림(full annealing) : 강을 A_3(과공석강(過共析鋼)에서는 A_1)변태점 이상의 고온으로 가열한 후에 냉각하는 열처리로 단순히 풀림이라고 하면 이것을 말한다.
- 응력 제거 풀림(stress relief annealing) : 응력 제거를 목적으로 하는 열처리로 용접 후의 응력 제거 시 연강은 550~650℃, 저합금강은 600~750℃의 온도에서 행해진다.
- 저온 풀림(low temperature annealing) : 변태점 이하로 가열하여 내부적인 왜곡을 제거하는 풀림을 말한다. 강의 경우는 저온 풀림에 의해 가공 왜곡이 제거되어 연성이 회복된다.
- 구상화 풀림(球狀化, spherodizing) : 소성가공이나 절삭가공을 용이하게 하거나 또는 기계적 성질을 개선하기 위한 목적으로 강의 탄화물을 구상화하기 위해 가열과 냉각을 반복하는 조작을 말한다.
- 중간 풀림(process annealing) : 냉각가공한 강의 가공경화, 내부 응력을 제거하기 위한 목적으로 A_1 변태점 이하의 온도에서 풀림을 행하는 것을 말한다. 강의 경우 풀림보다 재결정이 일어나 기분연화(幾分軟化)하게 된다.

02 해설

- 장점 : 축간 거리가 길다.(간섭이 안 됨)
  구동 측 진동이 전달되지 않는다.
- 단점 : Slip가 있다.(일정한 속도비를 얻을 수 없다)
  감속비율을 크게 할 수 없다.
  벨트 마모가 빠르다.

03 해설

SKH 고속도공구강(하이스강)
- SPS : 스프링강
- GC : 회주철

04 해설

반원판형의 키를 말한다. 키는 축과 기어, 풀리 등을 고정하는 기계부품으로 자동차, 공작기계, 모터 등에 많이 사용되고 있다. 키 홈이 깊어지므로 별로 힘이 들지 않는 테이퍼 축 등에 사용된다. 반달키에서는 키 홈의 가공은 간단하다. 또한 홈에 대해서 키의 경사가 자유롭게 조정이 되므로, 부품끼리의 조립도 쉽다.

05 해설

주철의 성장(growth of cast iron)
주물을 600℃ 이상의 온도에서 가열 및 냉각을 반복하면 체적이 증가되어 결국은 파열된다.
- 원인
  - 시멘타이트 중의 흑연화에 의한 성장
    ($Fe_3C \rightarrow 3FeC$)
  - 페라이트 중의 고용된 Si의 산화
    ($Si + O_2 \rightarrow SiO_2$)
  - A1변태에서 체적 변화가 생기면서 가는 균열이 생기는 팽창
  - 흡수된 가스에 의한 팽창
  - Al, Si, Ni, Ti 등의 원소에 의한 흑연화 현상의 촉진
- 방지법
  - 조직을 치밀하게 한다.
  - 흑연화를 미세하게 한다.
  - 흑연화 방지원소를 첨가한다.(Cr, W, Mo, V)
  - 산화하기 쉬운 Si의 양을 줄인다.

06 해설
- 7.3황동 + 1% 주석 : 에드미럴티 황동
  → 콘덴서 튜브
- 6.4황동 + 1% 주석 : 네이벌 황동
  → 선박용 기계

주석황동은 내해수성이 강해 선박용 재료에 많이 사용함

07 해설

Ni-Cr계 합금
- 인코넬(Inconel) : Ni 78~80%, Cr 12~20% 합금으로 전열기 부품, 열전쌍 재료로 사용
- 알루멜(Alumel) : Al 3%의 합금으로 고온 측정용 열전쌍으로 사용
- 크로멜(Chromel) : Cr 10%의 합금으로 고온 측정용 열전쌍으로 사용

열전대선 최고 측정온도
- 백금-로듐 : 1600℃까지 측정
- 크로멜, 알루멜 : 1200℃까지 측정
- 철-콘스탄탄 : 800℃까지 측정
- 구리-콘스탄탄 : 600℃까지 측정

08 해설
$$\sigma = \frac{W}{A} = \frac{100N}{10mm^2} = 10N/mm^2$$

10 해설
$$C = \frac{PCD_1 + PCD_2}{2} = \frac{(m \times Z_1) + (m \times Z_2)}{2}$$
$$\frac{(m \times 40) + (m \times 60)}{2} = 100, \ m = 2$$

11 해설
- 삼각나사 : 체결용
- 사각나사, 사다리꼴나사, 볼나사 : 동력전달용, 이송나사

12 해설
- 주조용 알루미늄합금 : 실루민, 라우탈, Y합금, 하이드로날륨, 로엑스
- 가공용 알루미늄합금 : 두랄루민

13 해설
- 내마멸성, 내부식성, 내구성이 좋아야 한다.
- 면압강도와 강성이 커야 한다.
- 피로강도가 커야 한다.
- 하중에 대한 충분한 강도를 가져야 한다.
- 유막형성이 용이해야 한다.
- 축의 처짐과 미소변형에 대한 유연성이 좋아야 한다.
- 베어링의 흡입된 미세먼지 등의 흡착력이 좋아야 한다.
- 축의 재료보다 연성의 재질이어야 한다.
- 축과의 마찰저항이 적어야 한다.
- 열전도성이 좋아야 한다.

14 해설
탄소함량이 0.32~0.40%

15 해설
기계요소 중에서는 기본적이지만 매우 유용한 구조로, 일정 한계 이하의 힘을 가하면 이를 흡수하고 있다가 힘이 사라지면 원래 모습으로 돌아간다. 급격한 충격을 받는 곳에 사용하면 충격을 완화하기 때문에 자동차나 자전거의 쇼크 업소버(shock absorber, 서스펜션)와 같은 뜻으로 자주 쓰인다.

16 해설
Barrel finishing
회전 혹은 진동하는 용기(배럴이라고 한다) 속에 공작물과 컴파운드 및 메디아를 넣어서 공작물 표면의 마무리 혹은 요철 등을 제거하는 가공법이다.

17 해설
$f = f_z ZN$, $N = \dfrac{1000V}{\pi D} = \dfrac{1000 \times 22}{3.14 \times 60} = 116.8$
$f = 0.2 \times 12 \times 116.8 = 280.32 = 280$

18 해설
$v = \dfrac{\pi dn}{1000} = \dfrac{\pi \times 30 \times 200}{1000} = 18.85$

20 해설
연삭동력 $= \dfrac{pv}{75} = \dfrac{10 \times 75}{75} = 10\text{ps}$

21 해설
- 구멍용 한계게이지 : 원통형 플러그 게이지, 봉 게이지, 판 플러그 게이지, 터보게이지
- 축용 한계게이지 : 링게이지, 양구판형, 편구판형, C형 스냅 게이지, 조정식스냅게이지, 조일식 한계 게이지, 플러시 핀게이지

22 해설
블록게이지는 길이의 기준으로 사용되고 있는 평행단도기로서, 1897년 스웨덴의 요한슨에 의해 처음으로 제작되었고, 102개의 게이지에 의해 1mm로부터 201mm까지 0.01mm 간격으로 2만 개 정도의 치수를 1개 또는 몇 개를 조합하여 얻을 수 있다.

치수의 조립
- 조합의 개수를 최소로 할 것
- 정해진 치수를 고를 때에는 맨 끝자리부터 고를 것
- 소수점 아래 첫째자리 숫자가 5보다 큰 경우에는 5를 뺀 나머지 숫자부터 선택

23 해설
래핑
지립과 가공액을 혼합한 것을 랩제와 공작물 사이에 넣고, 압력을 가하면서 표면을 미끄럽게 고정도로 마무리하는 가공법
- 건식과 습식이 있다. 핸드래핑(hand lapping), 기계래핑(machine lapping)이 있다.
- 공작물 형상에 따라 평면래핑(plane lapping), 원통래핑(cylindrical lapping) 등으로 나누어진다.
- 면의 거칢이나 정도에 따라서 거친래핑(rough lapping), 마무리래핑(fine lapping)이라 불린다.

25 해설
소금물 > 물 > 기름

27 해설

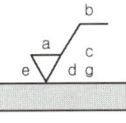 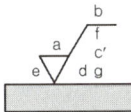

- a : 중심선 거칠기값
- b : 가공 방법
- c : 컷오프 값
- c' : 기준 길이
- d : 줄무늬 방향기호
- f : 10점 평균 거칠기 또는 최대높이 거칠기
- g : 표면 파상도

30 해설
치수공차
+ 0.015 − (− 0.005) = 0.020

31 해설
A데이텀과 B데이터 각각 적용

		A	B

32 해설
끼워맞춤
- 구멍 : IT6 ~ T10
- 축 : IT5 ~ IT9

33 해설
단면으로 이해가 방해되는 것 또는 절단해도 의미가 없는 것은 원칙적으로 단면표시 하지 않는다.
예) 리브, 바퀴의 암, 기어의 이, 축 , 핀, 볼트, 너트, 와셔, 작은나사, 리벳, 키, 베어링의 강구, 원통롤러 등

34 해설.
치수기입의 원칙
- 치수는 주투상도에 집중한다.
- 치수는 중복 기입을 피한다.
- 치수는 되도록 계산해서 구할 필요가 없도록 기입한다.
- 치수는 점, 선, 면을 기준으로 기입한다.
- 관련된 치수는 한곳에 모아서 기입한다.
- 치수는 되도록 공정마다 배열을 분리하여 기입한다.
- 치수 중 참고치수는 치수수치에 괄호를 붙인다.
- 특별히 명시하지 않는 한 다듬질 치수를 표시한다.
- 치수는 기능상 필요 시 허용한계를 지시한다. 단, 이론적으로 정확한 치수는 제외한다.
- 치수는 크기 자세 및 위치를 명확하고 필요 충분한 것을 기입한다.

35 해설
- GC : 회주철
- 200 : 최저인장강도

36 해설
- 해칭은 중심선에 대해 45°로 한다.
- 같은 부품은 같은 간격, 같은 각도로 해칭(스머징)을 한다.
- 인접한 단면의 해칭은 선의 각도나 간격을 다르게 해 구별한다.
- 단면 면적이 넓은 경우 외형선을 따라 적절한 범위에 해칭(스머징)을 한다.
- 단면인 것이 확실하게 표시된 투상도는 해칭(스머징) 표시를 생략할 수 있다.
- 해칭(스머징)은 문자나 기호를 만나면 중단한다.

37 해설
우선적으로 사용되는 축척
1 : 5, 1 : 10, 1 : 20, 1 : 50, 1 : 100, 1 : 200
- 배척 : 2 : 1, 5 : 1, 10 : 1, 20 : 1, 50 : 1

38 해설
도면을 주로 사용하는 사람이 파악할 수 있도록 규격에 맞게 투상도를 그린다.

39 해설
C2 − 45° 모따기

41 해설
- ▽ : 제거가공의 여부를 묻지 않음
- ▽ : 절삭가공

43 해설
가는 실선
치수선, 치수보조선, 지시선, 회전단면선, 수준면선, 외형선 숨은선의 연장, 평면표시, 위치명시, 파단선

44 해설
항상 구멍표시기호가 먼저 기입되어야 한다.

45 🅟 해설
기호, 문자, 치수수치 – 외형선 – 숨은선 – 절단선 – 중심선 – 무게중심선 – 치수보조선

46 🅟 해설
요목표
기어의 제작상의 필요한 사항들을 기록한다.

47 🅟 해설
코일스프링의 일부가 생략되는 경우 스프링의 중심선과 소선의 중심선, 소선의 윤곽을 나타내는 가는 이점쇄선으로 나타낸다.

49 🅟 해설
호칭번호
- 00 : 10mm
- 01 : 12mm
- 02 : 15mm
- 03 : 17mm
- 04x5 : 20mm

50 🅟 해설
완전 나사부와 불완전 나사부의 경계선은 굵은 실선으로 표시한다.

51 🅟 해설
- V-벨트의 각도 : 40°
- V-벨트 홈의 각도 : 34°, 36°, 38°

53 🅟 해설
- 긴 축은 중간을 파단하여 짧게 그리며 치수는 실제 길이를 기입한다.
- 축에 널링의 도시는 빗줄인 경우 축선에 대해 30°로 서로 엇갈리게 그린다.
- 축의 모따기는 치수 기입법에 따른다.
- 축에 단의 표시에 대한 치수와 센터 표시의 도시를 한다.

54 🅟 해설
묻힘키 = 성크키

55 🅟 해설
- 피치원 지름 : 가는 일점 쇄선
- 이끝원 지름 : 굵은 실선
- 이뿌리원 지름 : 일반적인 투상은 가는 실선(생략 가능), 단면 표시에는 굵은 실선

56 🅟 해설
삼각나사
미터나사, 유니파이나사, 관용나사

57 🅟 해설
서피스 모델링 특징
우선 제거가 가능하다.

58 🅟 해설
출력장치
프린터, 모니터, 플로터

59 🅟 해설
절대좌표, 상대좌표, 상대극좌표, 원통좌표계

60 🅟 해설
중앙처리장치(CPU)
제어, 연산, 주기억

제2회 필기 CBT 시행문제

01 열처리에 대한 설명으로 틀린 것은?
① 금속 재료에 필요한 성질을 주기 위한 것이다.
② 가열 및 냉각의 조각으로 처리한다.
③ 금속의 기계적 성질을 변화시키는 처리이다.
④ 결정립을 조대화 하는 처리이다.

02 Cu 3.5 ~ 4.5%, Mg 1 ~ 1.5%, Si 0.5%, Mn 0.5~1.0%, 나머지 Al인 합금으로 무게를 중요시한 항공기나 자동차에 사용되는 고력 Al합금인 것은?
① 두랄루민 ② 하이드로날륨
③ 알드레이 ④ 내식 알루미늄

03 축심의 어긋남을 자동적으로 조정하고, 큰 반지름 하중이외에 양 방향의 트러스트 하중도 받치며, 충격 하중에 강하므로 산업기계용으로 널리 사용되는 베어링?
① 자동조심 롤러 베어링
② 니이들 롤러 베어링
③ 원뿔 롤러 베어링
④ 원통 롤러 베어링

04 비틀림 각이 30°인 헬리컬 기어에서 잇수가 40이고 축직각 모듈이 4일 때 피치원의 직경은 몇 mm인가?
① 160
② 170.27
③ 168
④ 184.75

05 다음 그림에서 W = 300N의 하중이 작용하고 있다. 스프링 상수가 K1=5 N/mm, K2=10 N/mm라면, 늘어난 길이는 몇 mm인가?

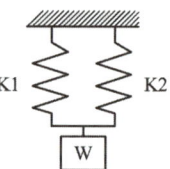

① 15 ② 20
③ 25 ④ 30

06 V벨트는 단면 형상에 따라 구분되는데 가장 단면이 큰 벨트의 형은?
① A ② C
③ E ④ M

07 가공재료의 단면에 수직 방향으로 작용하는 하중은?
① 전단 하중 ② 굽힘 하중
③ 인장 하중 ④ 비틀림 하중

08 상온 취성(Cold Shortness)의 주된 원인이 되는 물질로 가장 적합한 것은?
① 탄소(C) ② 규소(Si)
③ 인(P) ④ 황(S)

09 브레이크의 마찰면이 원판으로 되어 있고, 원판의 수에 따라 단판 브레이크와 다판 브레이크로 분류되는 것은?
① 블록 브레이크 ② 밴드 브레이크
③ 드럼 브레이크 ④ 디스크 브레이크

10 Cu에 60~70%의 Ni 함유량을 첨가한 Ni-Cu계의 합금이며, 내식성이 좋으므로 화학 공업용 재료로 많이 쓰이는 재료는 어느 것인가?

① Y합금
② 니크롬
③ 모넬메탈
④ 콘스탄탄

11 미터 나사에 대한 설명으로 올바른 것은?

① 나사산의 각도는 60°이다.
② ABC 나사라고도 한다.
③ 운동용 나사이다.
④ 피치는 1인치당 나사산의 수로 나타난다.

12 보스와 축의 둘레에 여러 개의 키(key)를 깎아 붙인 모양으로 큰 동력을 전달할 수 있고 내구력이 크며, 축과 보스의 중심을 정확하게 맞출 수 있는 특징을 가지는 것은?

① 새들 키
② 원뿔 키
③ 반달 키
④ 스플라인

13 구리에 니켈 40~45%의 함유량을 첨가하는 합금으로 통신기, 전열선 등의 전기저항 재료로 이용되는 것은?

① 모넬메탈
② 콘스탄탄
③ 엘린바
④ 인바

14 강과 비교한 주철의 특성이 아닌 것은?

① 주조성이 우수하다.
② 복잡한 형상을 생산할 수 있다.
③ 주물제품을 값싸게 생산 할 수 있다.
④ 강에 비해 강도가 비교적 높다.

15 니켈-크롬강에서 나타나는 뜨임취성을 방지하기 위해 첨가하는 원소는?

① 크롬(Cr)
② 탄소(C)
③ 몰리브덴(Mo)
④ 인(P)

16 수평 밀링머신으로 가공할 때 유의사항으로 틀린 것은?

① 가능한 한 공작물은 깊게 바이스에 고정시킨다.
② 하향 절삭 시 뒤틈제거 장치를 반드시 풀어 놓는다.
③ 커터는 나무 등 연질재료로 받쳐 놓는다.
④ 반드시 보호 안경을 착용하며 장갑은 끼지 않는다.

17 래핑작업에 사용하는 일반적인 랩의 재료가 아닌 것은?

① 고속도강
② 알루미늄
③ 주철
④ 동

18 이미 치수를 알고 있는 표준과의 차를 구하여 치수를 알아내는 측정방법을 무엇이라 하는가?

① 절대 측정
② 비교 측정
③ 표준 측정
④ 간접 측정

19 절삭유의 역할로써 가장 거리가 먼 것은?

① 냉각작용
② 침투작용
③ 윤활작용
④ 세척작용

20 선반 가공에서 테이퍼의 절삭방법이 아닌 것은?

① 방진구에 의한 방법
② 심압대 편위에 의한 방법
③ 복식 공구대에 의한 방법
④ 테이퍼 절삭 장치에 의한 방법

21 슬로터(slotter)를 바르게 설명한 것은?

① 선반보다 원통 절삭에 편리하다.
② 치수가 큰 공작물의 수평 절삭에 편리하다.
③ 치수가 작은 공작물의 수직 절삭에 편리하다.
④ 주로 헬리컬 기어 가공에 편리하게 사용된다.

22 수공구 작업에서 해머와 정 작업을 할 때 잘못된 것은 어느 것인가?

① 기름이 묻은 손이나 장갑을 끼고 가공하지 말 것
② 따내기 작업 시 보안경을 착용할 것
③ 정을 잡은 손은 힘을 꽉 줄 것
④ 열처리된 재료는 해머로 때리지 않도록 주의할 것

23 정밀입자 가공 기계에 속하는 것은?

① 밀링 머신   ② 호빙 머신
③ 호닝 머신   ④ 보링 머신

24 원통 연삭 시 지름이 300mm인 연삭숫돌로 지름이 200mm인 공작물을 연삭할 때에 숫돌바퀴의 원주 속도는 1,500m/min이다. 이 때 숫돌바퀴의 회전수는 약 몇 rpm인가?

① 1492   ② 1592
③ 1692   ④ 1792

25 롤러의 중심거리가 100mm인 사인바로 5°의 테이퍼 값이 측정되었을 때 정반위에 놓은 사인바의 양 롤러간의 높이의 차는 약 몇 mm인가?

① 8.72   ② 7.72
③ 4.36   ④ 3.36

26 표면거칠기 기입 방법으로 틀린 것은?

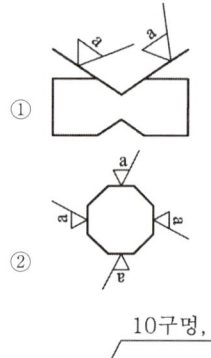

27 IT공차에 대한 설명으로 옳은 것은?

① IT 01부터 IT 18까지 20등급으로 구분되어 있다.
② IT 01 ~ IT 4는 구멍 기준공차에서 게이지 제작 공차이다.
③ IT 6 ~ IT 10은 축 기준공차에서 끼워맞춤 공차이다.
④ IT 10 ~ IT 18은 구멍 기준공차에서 끼워맞춤 이외의 공차이다.

28 대상면의 일부에 특수한 가공을 하는 부분의 범위를 표시할 때 사용하는 선은?

① 굵은 1점 쇄선   ② 굵은 실선
③ 파선   ④ 가는 2점 쇄선

29 끼워 맞춤에서 최대 죔새를 구하는 방법은?

① 축의 최대 허용 치수 - 구멍의 최소 허용 치수
② 구멍의 최소 허용 치수 - 축의 최대 허용 치수
③ 구멍의 최대 허용 치수 - 축의 최소 허용 치수
④ 축의 최소 허용 치수 - 구멍의 최대 허용 치수

30 도면에서 대상물의 보이지 않은 부분의 모양을 표시하는 선은?

① 파선   ② 굵은 실선
③ 가는 1점 쇄선 ④ 가는 2점 쇄선

31 제도에서 도면의 크기 및 양식에 관련된 내용 중 틀린 것은?

① 제도 용지의 세로와 가로의 비는 $1 : \sqrt{2}$ 이다.
② A2 도면의 크기는 420 × 594이다.
③ 반드시 마련해야 하는 도면의 양식은 윤곽선, 표제란, 중심마크이다.
④ 도면을 접어서 보관할 경우에는 A3의 크기로 한다.

32 스케치도를 작성할 필요가 없는 경우는?
① 도면이 없는 부품을 제작하고자 할 경우
② 도면이 없는 부품이 파손되어 수리 제작할 경우
③ 현품을 기준으로 개선된 부품을 고안하려 할 경우
④ 제품 제작을 위해 도면을 복사할 경우

33 2종류 이상의 선이 같은 장소에서 중복될 경우에 다음 중 가장 우선되는 선의 종류는?
① 치수선
② 무게 중심선
③ 치수 보조선
④ 절단선

34 보기의 등각 투상도를 온 단면도로 나타낸 것은?

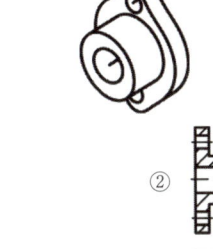

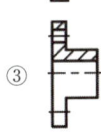

35 다음은 어떤 물체를 보고 제3각법으로 그린 정투상도이다. 화살표 방향을 정면으로 보았을 때 등각 투상도로 올바른 것은?

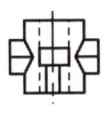

①  ②
③  ④

36 국부 투상도의 설명에 해당하는 것은?
① 대상물의 구멍, 홈 등과 같이 한 부분의 모양을 도시하는 것으로 충분한 경우의 투상도
② 그림의 특정 부분만을 확대하여 그린 그림
③ 복잡한 물체를 절단하여 투상한 것
④ 물체의 경사면의 맞서는 위치에 그린 투상도

37 축의 지름이 $\varnothing 50^{+0.025}_{-0.020}$일 때 공차는?
① 0.025
② 0.02
③ 0.045
④ 0.005

38 도면이 구비하여야 할 기본 요건이 아닌 것은?
① 보는 사람이 이해하기 쉬운 도면
② 도면을 그린 사람이 임의로 그린 도면
③ 표면정도, 재질, 가공 방법 등의 정보성을 포함한 도면
④ 대상물의 크기, 모양, 자세, 위치 등의 정보성을 포함 한 도면

39 줄무늬 방향 기호의 뜻으로 틀린 것은?
① = : 가공에 의한 커터의 줄무늬 방향이 기호를 기입한 그림의 투상면에 평행
② ⊥ : 가공에 의한 커터의 줄무늬 방향이 기호를 기입한 그림의 투상면에 직각
③ × : 가공에 의한 커터의 줄무늬 방향이 여러 방향으로 교차 또는 무방향
④ C : 가공에 의한 커터의 줄무늬가 기호를 기입한 면의 중심에 대하여 대략 동심원 모양

40 도면에 기입되는 치수는 특별히 명시하지 않는 한 보통 어떤 치수를 기입하는가?
① 재료 치수
② 마무리 치수
③ 반제품 치수
④ 소재 치수

41 정투상 방법에 관한 설명 중 틀린 것은?

① 한국 산업 규격에서는 제3각법으로 도면을 작성하는 것을 원칙으로 한다.
② 한 도면에 제1각법과 제3각법을 혼용하여 사용해도 된다.
③ 제3각법은 '눈 → 투상면 → 물체' 순으로 놓고 투상한다.
④ 제1각법에서 평면도는 정면도 밑에 우측면도는 정면도 좌측에 배치한다.

42 제3각법으로 투상한 그림과 같은 도면에서 누락된 평면도에 가장 적합한 것은?

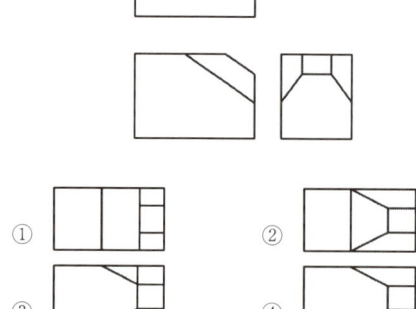

43 다음과 같은 기하학적 치수공차 방식의 설명으로 틀린 것은?

① ⊥ : 공차의 종류 기호
② 0.009 : 공차 값
③ 150 : 전체 길이
④ A : 데이텀 문자 기호

44 치수 기입의 일반 형식 중에서 이론적으로 정확한 치수의 도시 방법은?

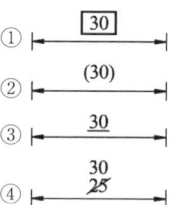

45 모양 공차 기호 중에서 원통도를 나타내는 기호는?

① ○   ② ⌀
③ ◎   ④ ⊕

46 ISO 규격에 있는 것으로 미터 사다리꼴나사의 종류를 표시하는 기호는?

① M   ② S
③ Rc   ④ Tr

47 결합용 기계요소라고 볼 수 없는 것은?

① 나사   ② 키
③ 베어링 ④ 코터

48 작은 쪽의 지름을 호칭지름으로 나타내는 핀은?

① 평행핀 A형   ② 평행핀 B형
③ 분할 핀   ④ 테이퍼 핀

49 축의 도시방법에 대한 설명으로 틀린 것은?

① 긴 축은 중간 부분을 파단하여 짧게 그리고 실제치수를 기입한다.
② 길이 방향으로 절단하여 단면을 도시한다.
③ 축의 끝에는 조립을 쉽고 정확하게 하기 위해서 모따기를 한다.
④ 축의 일부 중 평면 부위는 가는실선의 대각선으로 표시한다.

50 모듈이 2이고 잇수가 20과 40인 표준 평기어의 중심 거리는?

① 30mm ② 40mm
③ 60mm ④ 80mm

51 코일 스프링의 제도에 대한 설명 중 틀린 것은?

① 스프링은 원칙적으로 하중이 걸리지 않는 상태로 도시한다.
② 스프링의 종류와 모양만을 도시할 때에는 재료의 중심선만을 굵은 실선으로 그린다.
③ 특별한 단서가 없는 한 모두 오른쪽 감기로 도시하고 왼쪽 감기일 경우 "감긴 방향 왼쪽"이라고 표시한다.
④ 코일 부분의 중간 부분을 생략할 때에는 생략한 부분을 가는 실선으로 표시한다.

52 벨트 풀리의 도시 방법에 관한 내용이다. 틀린 것은?

① 벨트 풀리는 축 직각 방향의 투상을 주 투상도로 한다.
② 모양이 대칭형인 벨트 풀리라도 일부만을 도시할 수는 없다.
③ 암(arm)은 길이 방향으로 절단하여 단면을 도시하지 않는다.
④ 벨트 풀리의 홈 부분 치수는 해당하는 형별, 호칭지름에 따라 결정된다.

53 다음은 관의 장치도를 단선으로 표시한 것이다. 체크 밸브를 나타내는 기호는?

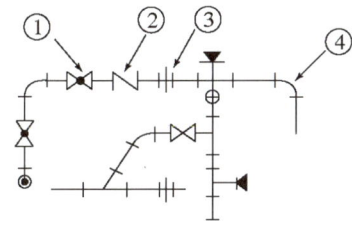

① ① ② ②
③ ③ ④ ④

54 스퍼기어의 도시방법을 설명한 것 중 틀린 것은?

① 보통 축에 직각인 방향에서 본 투상도를 주 투상도로 할 수 있다.
② 정면도, 측면도 모두 이끝원은 굵은 실선으로 그린다.
③ 피치원은 가는 1점 쇄선으로 그린다.
④ 이뿌리원은 가는 2점 쇄선으로 그리지만 측면도에서는 생략해도 좋다.

55 베어링의 호칭이 [6026P6]이다. 여기서 P6가 나타내는 것은?

① 등급기호 ② 안지름 번호
③ 계열번호 ④ 치수계열

56 용접부의 기호 중 플러그 용접을 나타내는 것은?

① ② ③ ④

57 칼라 디스플레이(color display)에 의해서 표현할 수 있는 색들은 어느 3색의 혼합에 의해서 인가?

① 빨강, 파랑, 초록
② 빨강, 하얀, 노랑
③ 파랑, 검정, 하얀
④ 하얀, 검정, 노랑

58 중앙처리장치(CPU)의 구성 요소가 아닌 것은?

① 주기억장치 ② 파일저장장치
③ 논리연산장치 ④ 제어장치

59 CAD 프로그램에서 사용되지 않는 좌표계는?

① 직교 좌표계 ② 원통 좌표계
③ 극 좌표계 ④ 원형 좌표계

60 3차원 형상을 모델링하기 위한 기본요소를 프리미티브라고 한다. 이 프리미티브가 아닌 것은?

① 박스(box) ② 실린더(cylinder)
③ 원뿔(cone) ④ 퓨전(fusion)

전산응용기계제도기능사 CBT 시행문제
제2회 정답 및 해설

📑 정답

01	④	02	①	03	①	04	①	05	②	06	③	07	③	08	③	09	④	10	③
11	①	12	④	13	②	14	④	15	③	16	②	17	①	18	②	19	②	20	①
21	①	22	③	23	③	24	②	25	①	26	④	27	①	28	①	29	①	30	①
31	④	32	④	33	④	34	②	35	①	36	①	37	③	38	②	39	③	40	②
41	②	42	④	43	④	44	①	45	②	46	④	47	③	48	④	49	②	50	③
51	④	52	②	53	②	54	④	55	①	56	④	57	①	58	②	59	④	60	④

01 📑 해설
열처리 목적
- 담금질(Quenching) – 강도와 경도를 높인다. 담금질 조직은 냉각속도에 따라 마텐자이트 < 트루스타이트 < 소르바이트 < 펄라이트
- 뜨임(Tempering) – 담금질한 강은 반드시 뜨임을 실시한 후 사용하며 인성(toughness)부여 및 잔류 응력을 감소
- 풀림(Annealing) – 완전 풀림(Full annealing)을 말하며 경화한 재료의 연화, 내부 변형의 제거, 절삭성의 개선
- 불림(Normalizing) – 압연, 단조, 주조 등의 공정으로 만들어진 금속 재료 내부에 내부응력을 제거하거나 결정 조직을 균일화
- 심냉처리(서브제로 : subzero) – 물 담금질 직후에 액체공기(액체질소)중에 담근다. 잔류 오스테나이트의 마텐사이트화 – 게이지강

02 📑 해설
두랄루민(Duralumin)[1]
항공기 제작에 널리 사용된다. Al 합금으로 보통 3~4% 구리, 0.5~1% 망간, 0.5~1.5% 마그네슘 – 용접하면 내구력이 떨어진다.

03 📑 해설
자동조심 롤러 베어링 축 또는 하우징의 휨 발생 시 또는 축심이 불일치 시에 자동 조정되어 베어링의 무리한 힘을 적용할 수 있다. 축 직각방향과 양쪽 축방향 하중을 견딜 수 있으며 특히 레이디얼 부하 능력이 커서 중하중 도는 충격하중 용도에 적합하다.

04 📑 해설
축 직각 모듈일 때
PCD = M × Z = 4 × 40 = 160mm

05 📑 해설
$K = K1 + K2$

$K = \dfrac{W}{\delta}, \; \delta = \dfrac{W}{K} = \dfrac{300}{15} = 20mm$

06 📑 해설
M A B C D E – E로 가면서 단면이 커진다.

07 해설
- 인장하중, 압축하중 – 하중이 단면에 수직으로 작용
- 전단하중 – 하중이 단면에 평행하게 작용

08 해설
인(P)을 많이 함유한 탄소강이 상온에서 인성이 낮아지는 현상으로 상온(냉간) 가공 시 균열이 생긴다.

09 해설
원판을 사용한 브레이크로, 원판이 1장인 경우와 여러 장을 사용하는 경우가 있다.

10 해설
모넬메탈 – Ni – Cu의 합금으로 니켈(Ni) 67%, 동(Cu) 30%, 철(Fe), 망간(Mn), 실리콘(Si) 등이 3% 정도 첨가된 합금으로 고강도, 내식성, 내열성이 양호하여 터빈날개, 펌프부품, 밸브부품, 화학 및 식품공업용 장치에 사용된다.

11 해설
나사산의 각도가 60도로 호칭지름의 단위는 mm이며 부품 체결용, 위치고정용에 많이 사용

12 해설
키 보다도 토크를 강하게 전달하기 위하여 사용되는 이붙은 축

13 해설
45%의 Ni과 55%의 Cu로 이루어진 합금. 전기 저항률이 높아 저항기에 사용하며 열전쌍으로도 쓴다.

14 해설
주철은 탄소(C)의 함유량이 2.11~(4.3)6.68%인 철(Fe)-탄소(C)의 합금을 말한다. 인장강도가 강에 비하여 작고 메짐성이 크며, 고온에서도 소성변형이 되지 않는 결점이 있으나 주조성이 우수하여 복잡한 형상으로도 쉽게 주조되고 값이 저렴함

15 해설
뜨임취성 – 니켈크롬강과 1.5% 망간강에서 발생하며 As, Sb, Sn, P 등이 오스테나이트계 결정립계에 편석을 일으키는 것 Mo을 첨가해서 방지함

16 해설
하향 절삭 – 테이블 이송방향과 절삭공구의 회전방향이 동일하여 뒤틈(백래시)이 발생할 수 있어 백래시 제거장치를 풀지 않음

17 해설
랩은 주철, 강, 황동, 주석, 납 등

20 해설
테이퍼 절삭가공 – 심압대 편위, 복식공구대 선회, 테이퍼 절삭장치, 총형바이트

21 해설
슬로터는 수직(직립)세이퍼라 하며 램은 적당한 각도로 기울일 수 있고 원형 테이블이 있음

23 해설
호닝(honing)
수개의 호운(hone)이라는 숫돌을 붙인 회전 공구를 사용하여 숫돌에 압력을 가하면서 공작물에 대하여 회전 운동을 시키면서 가공하는 것으로 발열이 적고 경제적인 정밀 절삭을 할 수 있으며, 진직도, 테이퍼, 원통도와 표면 정밀도를 높일 수 있으며, 정확한 치수가공을 할 수 있다.

24 ▶ 해설

$$v = \frac{\pi dn}{1000}, \quad n = \frac{1000v}{\pi d} = \frac{1000 \times 1500}{\pi \times 300}$$
$$= 1592.36 \text{rpm}$$

25 ▶ 해설

$$\alpha = \sin^{-1}\frac{H-h}{L}$$
$$H-h = \sin\alpha \times L = \sin 5° \times 100$$
$$= 8.72$$

27 ▶ 해설

구분	게이지	끼워맞춤	끼워맞춤이 아님
구멍	IT01~4	IT5~9	IT10~18
축	IT01~5	IT6~10	IT11~18

30 ▶ 해설
파선 = 숨은선(은선)

31 ▶ 해설
도면을 접어서 보관할 경우에는 A4의 크기로 표제란이 보이도록 한다.

32 ▶ 해설
스케치도 작성
- 도면이 없는 부품을 제작하고자 할 경우
- 도면이 없는 부품이 파손되어 수리 제작할 경우
- 현품을 기준으로 개선된 부품을 고안하려 할 경우

33 ▶ 해설
기호, 문자, 숫자 – 외형선 – 숨은선 – 절단선 – 중심선 – 무게 중심선 – 치수보조선

37 ▶ 해설
+0.025 – (– 0.020) = 0.045

39 ▶ 해설

=	가공에 의한 커터의 줄무늬 방향이 기호를 기입한 그림의 투상면에 평행
⊥	가공에 의한 커터의 줄무늬 방향이 기호를 기입한 그림의 투상면에 직각
×	가공에 의한 커터의 줄무늬 방향이 기호를 기입한 그림의 투상면에 교차
R	가공에 의한 커터의 줄무늬 방향이 기입한 그림의 투상면에 방사상
C	가공에 의한 커터의 줄무늬가 기호를 기입한 면의 중심에 대하여 대략 동심원 모양
M	가공에 의한 커터의 줄무늬 방향이 여러 방향으로 교차 또는 무방향

40 ▶ 해설
마무리 치수 = 가공이 완료된 치수

41 ▶ 해설
한 도면에 제1각법과 제3각법을 혼용하여 사용하면 혼란을 줄 수 있으므로 금한다.

43 ▶ 해설
150 – 지정 길이를 뜻함

44 ▶ 해설
2번 참고치수, 3번 비례치수가 아닌 치수,
4번 치수 값의 수정

45 ▶ 해설
1번 진원도, 3번 동심도(동축도), 4번 위치도

46 해설
1번 미터나사, 2번 미니추어나사,
3번 관용 테이퍼 암나사

47 해설
베어링 - 동력전달 축계 요소

48 해설
테이퍼 핀 1/50

49 해설
축은 길이 방향으로 절단하여 단면을 도시 하지 않는다.

50 해설
$$c = \frac{PCD_1 + PCD_2}{2}$$
$$= \frac{(2 \times 20) + (2 \times 40)}{2} = 60\text{mm}$$

51 해설
코일 부분의 중간 부분을 생략할 때에는 생략한 부분을 가는 일점 쇄선과 가는 이점 쇄선으로 표시한다.

52 해설
모양이 대칭형인 벨트 풀리는 일부만을 도시할 수 있다.

53 해설
1번 - 글로브 밸브,
3번 - 유니온,
4번 - 앨보우

54 해설
이뿌리원은 가는 실선으로 그리지만 측면도에서는 생략해도 좋다.

56 해설
1번 I 용접,
2번 점(스폿)용접,
3번 필렛 용접

57 해설
Red, Green, Blue

이쌤이 콕! 찝어주는 주요 예상문제 풀어보기!
제3회 필기 CBT 시행문제

01 아공석강에서는 $A_{3,2,1}$ 변태점보다 30~50℃ 높게 하고, 공석강, 과공석강은 A1 변태점보다 30~50℃ 높게 가열하여 적당 시간 유지 후, 노에서 서서히 냉각시키는 열처리는?
① 저온풀림 ② 완전풀림
③ 중간풀림 ④ 항온풀림

02 벨트 전동의 일반적인 장점으로 볼 수 없는 것은?
① 원동축의 진동, 충격을 피동축에 거의 전달하지 않는다.
② 미끄럼이 안전장치의 역할을 하여 원활한 동력 전달이 가능하다.
③ 축간 거리가 먼 경우에도 동력 전달이 가능하다.
④ 일정한 속도비를 얻을 수 있어 정확한 동력 전달이 된다.

03 합금 공구강의 KS 재료 기호는?
① SKH ② SPS
③ STS ④ GC

04 일명 우드러프 키라고도 하며, 키와 키 홈 등이 모두 가공하기 쉽고, 키와 보스를 결합하는 과정에서 자동적으로 키가 자리를 잡을 수 있는 장점이 있으며 자동차, 공작기계 등에 널리 사용되는 키는?
① 성크 키 ② 접선 키
③ 반달 키 ④ 스플라인

05 주철은 고온에서 가열과 냉각을 반복하면 부피가 불어나, 변형이나 균열이 일어나서 강도나 수명을 저하시키는 원인이 되는 것은?
① 주철의 자연 시효
② 주철의 자기 풀림
③ 주철의 성장
④ 주철의 시효 경화

06 선박의 복수 기관에 많이 사용되며, 용접용으로도 쓰이는 것으로서 7:3 황동에 1% 내외의 주석을 함유한 황동은?
① 켈밋 합금 ② 쾌삭 황동
③ 델타메탈 ④ 애드미럴티 황동

07 다음 중 형상 기억 효과를 나타내는 합금은?
① Ti-Ni계 합금 ② Fe-Al계 합금
③ Ni-Cr계 합금 ④ Pb-Sb계 합금

08 단면적이 10mm²인 봉에 길이방향으로 100N의 인장력이 작용할 때 발생하는 인장응력은 몇 N/mm² 인가?
① 5 ② 10
③ 80 ④ 99.6

09 전기에너지를 이용하여 제동력을 가해 주는 브레이크는?
① 블록 브레이크 ② 밴드 브레이크
③ 디스크 브레이크 ④ 전자 브레이크

10 한 쌍의 기어 잇수가 40 및 60이고 두 축 간의 거리는 100mm일 때 기어의 모듈은?
① 1 ② 2
③ 3 ④ 4

11 나사의 사용 목적에 따라 분류할 때 용도가 다른 것은?
① 사다리꼴 나사 ② 삼각나사
③ 볼나사 ④ 사각나사

12 주조성이 좋으며 열처리에 의하여 기계적 성질을 개량할 수 있고 라우탈(Lautal)이 대표적인 합금은?
① Al - Cu계 합금
② Al - Si계 합금
③ Al - Cu- Si계 합금
④ Al - Mg -Si계 합금

13 베어링메탈의 재료가 구비해야 할 조건이 아닌 것은?
① 녹아 붙지 않을 것
② 마멸이 적을 것
③ 내식성이 작을 것
④ 피로 강도가 클 것

14 기계구조용 탄소강 SM35C에서 35란 숫자는 무엇을 나타내는가?
① 인장강도 ② 망간함유량
③ 탄성계수 ④ 탄소함유량

15 스프링을 용도에 따라 분류할 때 진동이나 충격을 흡수하는 곳에 사용하는 스프링은?
① 자동차의 현가장치 ② 시계 태엽
③ 압력 게이지 ④ 총의 방아쇠

16 공작물, 미디어(media), 공작액, 콤파운드를 상자 속에 넣고 회전 또는 진동시키면 공작물과 연삭입자가 충돌하여 공작물 표면에 요철을 없애고 매끈한 다듬질면을 얻는 가공방법은?
① 브로칭 ② 배럴가공
③ 숏피닝 ④ 래핑

17 밀링 머신에서 지름 60mm의 초경합금 커터를 사용하여 22m/min의 절삭속도로 절삭하는 경우, 매분 이송량은 약 몇 mm인가? (단, 날 수는 12개이고, 한 날 당 이송거리는 0.2mm이다.)
① 250 ② 280
③ 310 ④ 324

18 연삭기에서 숫돌의 원주속도 V = 1500m/min, 연삭력 P = 20kgf 이다. 이 때 소요동력이 7.5kW라면 연삭기의 효율은 약 몇 %인가?
① 46 ② 50
③ 65 ④ 75

19 밀링 작업에 대한 설명으로 틀린 것은?
① 커터의 회전방향과 가공물의 이송이 반대인 가공방법을 상향절삭이라 한다.
② 가공 재료에 따라 알맞은 절삭속도를 정한다.
③ 하향 절삭 작업 시에는 백래시를 제거하여야 한다.
④ 절삭면의 표면거칠기는 이송을 크게 하고 커터의 지름이 작을수록 좋아진다.

20 외경 60mm, 길이 100mm의 강재 환봉을 초경 바이트로 거친 절삭을 할 때의 1회 가공 시간은 약 몇 분인가? (단, v = 70m/min, f = 0.2mm/rev이다.)
① 1.3 ② 2.3
③ 3.1 ④ 4.1

21 구멍용 한계게이지가 아닌 것은?
① 원통형 플러그 게이지
② 테보 게이지
③ 봉 게이지
④ 링 게이지

22 길이의 기준으로 사용되고 있는 평행 단도기로서 1개 또는 2개 이상의 조합으로 사용되며, 다른 측정기의 교정 등에 사용되는 측정기는?
① 컴비네이션 세트
② 마이크로미터
③ 다이얼 게이지
④ 게이지 블록

23 게이지 블록의 다듬질 가공에 가장 적합한 방법은?
① 버핑
② 호닝
③ 래핑
④ 슈퍼 피니싱

24 공구 재료에서 고속도강의 주성분에 해당하지 않는 것은?
① 탄화 티타늄
② 텅스텐
③ 크롬
④ 바나듐

25 일감을 -20℃ ~ -150℃ 정도 냉각시켜 절삭하면 공구의 마멸이 적어지고 절삭성능이 향상되는 재료가 있다. 이러한 방법으로 절삭 가공하는 방법을 무엇이라 하는가?
① 저온절삭
② 고온절삭
③ 상온절삭
④ 열간절삭

26 일부분에 대하여 특수한 가공인 표면처리를 하고자 한다. 기계가공 도면에서 표면처리 부분을 표시하는 선은?
① 가는 2점 쇄선
② 파선
③ 굵은 1점 쇄선
④ 가는 실선

27 표면 거칠기의 표시방법에서 산술 평균 거칠기를 표시하는 기호는?
① Ry
② Rz
③ Ra
④ Sm

28 도면의 양식 중 표제란에 대한 설명으로 옳은 것은?
① 복사한 도면을 재단할 때의 편의를 위하여 도면의 네 구석에 표시한다.
② 도면에 그려야 할 내용의 영역을 명확하게 제시하기 위해 마련한다.
③ 도면을 읽을 때 특정 부분의 위치를 지시하기 위하여 마련한다.
④ 표시하는 내용에는 척도, 투상법, 도면 작성일 등이 포함된다.

29 다음 단면도 중 부분 단면도에 해당하는 것은?

① 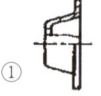   ②
③ 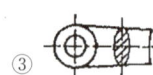   ④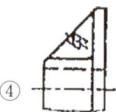

30 IT공차 등급에 대한 설명 중 틀린 것은?
① 공차등급은 IT기호 뒤에 등급을 표하는 숫자를 붙여 사용한다.
② 공차역의 위치에 사용하는 알파벳은 모든 알파벳을 사용할 수 있다.
③ 공차역의 위치는 구멍인 경우 알파벳 대문자, 축인 경우 알파벳 소문자를 사용한다.
④ 공차등급은 IT01부터 IT18까지 20등급으로 구분한다.

31 구멍 치수가 $\varnothing 50^{+0.039}_{0}$이고 축 치수가 $\varnothing 50^{-0.025}_{-0.050}$일 때 최소 틈새는?

① 0
② 0.025
③ 0.050
④ 0.089

32 다음은 제 3각법으로 정투상한 도면이다. 등각 투상도로 적합한 것은?

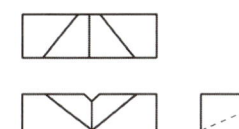

33 기하공차 기호 중 자세를 규제하는 기호가 아닌 것은?

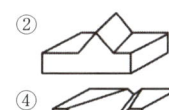

34 선의 종류를 선택하는 방법으로 틀린 것은?

① 대상물의 보이지 않는 부분의 모양은 숨은선으로 한다.
② 치수선은 가는 실선으로 한다.
③ 절단면을 나타내는 절단선은 굵은 실선으로 한다.
④ 치수 보조선은 가는 실선으로 한다.

35 기계재료의 표시 [SM 45C]에서 S가 나타내는 것은?

① 재질을 나타내는 부분
② 규격명을 나타내는 부분
③ 제품명을 나타내는 부분
④ 최저 인장강도를 나타내는 부분

36 한 도면에 두 종류 이상의 선이 같은 장송서 겹치는 경우 우선순위가 높은 것부터 올바르게 나열한 것은?

① ① 외형선, ② 숨은선, ③ 중심선,
    ④ 치수 보조선
② ① 외형선, ② 해칭선, ③ 중심선,④ 절단선
③ ① 해칭선, ② 숨은선, ③ 중심선,
    ④ 치수 보조선
④ ① 외형선, ② 치수 보조선, ③ 중심선,④숨은선

37 표면의 결인 줄무늬 방향의 지시기호 "C"의 설명으로 맞는 것은?

① 가공에 의한 커터의 줄무늬 방향이 기호로 기입한 그림의 투상면에 경사지고 두 방향으로 교차
② 가공에 의한 커터의 줄무늬 방향이 여러 방향으로 교차 또는 무 방향
③ 가공에 의한 커터의 줄무늬가 기호를 기입한 면의 중심에 대하여 대략 동심원 모양
④ 가공에 의한 커터의 줄무늬가 기호를 기입한 면의 중심에 대하여 대략 레이디얼 모양

38 일부의 도형이 치수 수치에 비례하지 않을 때의 표시법으로 올바른 것은?

① 치수 수치의 아래에 실선을 긋는다.
② 치수 수치에 ( )를 한다.
③ 치수 수치를 사각형으로 둘러싼다.
④ 치수 수치 앞에 "실" 또는 "전개"의 글자기호를 기입한다.

39 어떤 구멍의 치수 $\varnothing 20^{+0.041}_{-0.025}$에 대한 설명으로 틀린 것은?

① 구멍의 기준치수는 $\varnothing 20$이다.
② 구멍의 위치수 허용차는 +0.041이다.
③ 최소 허용 한계 치수는 $\varnothing 20.041$이다.
④ 구멍의 공차는 0.066이다.

40 제1각법과 제3각법의 설명 중 틀린 것은?
① 제1각법은 물체를 1상한에 놓고 정투상법으로 나타낸 것이다.
② 제1각법은 '눈 → 투상면 → 물체'의 순서로 나타낸 것이다.
③ 제3각법은 물체를 3상한에 놓고 정투상법으로 나타낸 것이다.
④ 한 도면에 제1각법과 제3각법을 같이 사용해서는 안 된다.

41 다음 도면은 3각법에 의한 평면도와 우측면도이다. 정면도로 가장 적합한 것은?

42 정투상법에서 물체의 모양, 기능, 특징 등이 가장 잘 나타내는 쪽의 투상면을 무엇으로 잡는 것이 좋은가?
① 정면도 ② 평면도
③ 측면도 ④ 배면도

43 KS의 부문별 기호에서 기계 부분을 나타내는 기호는?
① KS A ② KS B
③ KS C ④ KS D

44 다음 그림 중 원호의 길이 치수 기입으로 옳은 것은?

45 치수 보조 기호에서 이론적으로 정확한 치수를 나타내는 것은?
① 30 ② ②
③ 30 ④ (30)

46 유니파이 나사의 호칭 1/2-13UNC에서 13이 뜻하는 것은?
① 바깥지름
② 피치
③ 1인치 당 나사산 수
④ 등급

47 평벨트 풀리의 도시법으로 틀린 것은?
① 벨트 풀리는 축직각 방향의 투상을 주투상도로 할 수 있다.
② 암은 길이 방향으로 절단하여 단면을 도시한다.
③ 암의 단면모양은 도형의 안이나 밖에 회전 단면을 도시한다.
④ 암의 테이퍼 부분 치수를 기입할 때 치수 보조선은 경사선으로 그을 수 있다.

48 테이퍼 핀의 호칭 지름을 표시하는 부분은?
① 핀의 큰 지름 부분
② 핀의 작은 지름 부분
③ 핀의 중간 지름 부분
④ 핀의 작은 지름 부분에서 전체의 1/3이 되는 부분

49 다음 중 필릿 용접을 나타내는 기호는?

50 유체의 종류와 문자 기호를 연결한 것으로 틀린 것은?
① 공기 - A ② 가스 - G
③ 물 - W   ④ 수증기 - R

51 구름베어링의 호칭번호가 6203일 때 베어링의 안지름은?

① 15mm ② 16mm
③ 17mm ④ 18mm

52 나사의 제도방법에 대한 설명 중 틀린 것은?

① 암나사의 골을 표시하는 선은 굵은 실선으로 그린다.
② 수나사의 바깥지름은 굵은 실선으로 그린다.
③ 수나사의 골지름은 가는 실선으로 그린다.
④ 완전 나사부와 불완전 나사부의 경계선은 굵은 실선으로 그린다.

53 표준 스퍼 기어의 잇수가 32, 피치원 지름이 96mm이면 원주피치는 몇 mm인가? (단, π는 3.14로 한다.)

① 9.42 ② 10.28
③ 12.38 ④ 16.26

54 스퍼 기어에서 축 방향에서 본 투상도의 이뿌리원을 나타내는 선은?

① 가는 1점 쇄선 ② 가는 실선
③ 굵은 실선 ④ 가는 2점 쇄선

55 스프링 제도시 원칙적으로 상용하중 상태에서 그리는 스프링은?

① 코일 스프링 ② 벌류우트 스프링
③ 겹판 스프링 ④ 스파이럴 스프링

56 축을 제도할 때 도시방법의 설명으로 맞는 것은?

① 축은 길이 방향으로 단면 도시한다.
② 축에 단이 있는 경우는 치수를 생략한다.
③ 단면 모양이 같은 긴 축은 중간을 파단하여 짧게 그릴 수 있다.
④ 모따기는 기호만 기입한다.

57 CAD 시스템을 구성하는 하드웨어로 볼 수 없는 것은?

① CAD 프로그램 ② 중앙처리장치
③ 입력장치 ④ 출력장치

58 3차원 물체를 외부형상 뿐만 아니라 내부구조의 정보까지도 표현하여 물리적 성질 등의 계산까지 가능한 모델은?

① 와이어 프레임 모델
② 서피스 모델
③ 솔리드 모델
④ 엔티티 모델

59 다음 입·출력 장치의 연결이 잘못된 것은?

① 입력장치 - 키보드, 라이트펜
② 출력장치 - 프린터, COM
③ 입력장치 - 트랙볼, 태블릿
④ 출력장치 - 디지타이저, 플로터

60 CAD시스템에서 마지막 점에서 다음 점까지의 각도와 거리를 입력하여 선긋기를 하는 입력 방법은?

① 절대 직교좌표 입력방법
② 상대 직교좌표 입력방법
③ 절대 원통좌표 입력방법
④ 상대 극좌표 입력방법

제3회 전산응용기계제도기능사 CBT 시행문제 정답 및 해설

정답

01	②	02	④	03	③	04	③	05	③	06	④	07	①	08	②	09	④	10	②
11	②	12	③	13	③	14	④	15	①	16	②	17	②	18	③	19	④	20	①
21	④	22	④	23	③	24	①	25	①	26	③	27	③	28	④	29	①	30	②
31	②	32	④	33	④	34	③	35	①	36	①	37	③	38	①	39	③	40	②
41	④	42	①	43	②	44	③	45	①	46	③	47	②	48	②	49	④	50	④
51	③	52	①	53	①	54	②	55	③	56	①	57	③	58	③	59	③	60	④

01 해설

완전풀림(full annealing)
완전풀림은 아공석강에서는 Ac3점 이상, 과공석강에서는 Ac1점 이상의 온도로 가열하고, 그 온도에서 충분한 시간동안 유지하여 오스테나이트 단상 또는 오스테나이트와 탄화물의 공존조직으로, 서서히 냉각시켜서 연화시키는 방법으로서 일반적으로 풀림이라고 하면 완전풀림을 의미한다. 조직은 아공석강- 페라이트와 펄라이트, 과공석강- 망상 시멘타이트와 조대한 펄라이트로 된다.

02 해설

벨트전동의 단점으로 일정한 속도비를 얻기 힘들다.

03 해설

SKH - 고속도공구강(하이스강), SPS - 스프링강, GC - 회주철

04 해설

반달키 - 일명 우드러프 키(woodruff key)라고도 하며, 주로 테이퍼 축에 사용되며 키와 키 홈 등이 모두 가공하기 쉽고, 키와 보스를 결합하는 과정에서 자동적으로 키가 자리를 잡을 수 있는 장점을 가지고 있는 키이다.

05 해설

A1 변태점 이상의 온도에서 주철은 가열, 냉각을 반복하면 부피가 팽창하여 변형, 균열이 발생하는데 이를 주철의 성장이라 한다.
- 원인 : 1. 고온에서의 주철조직에 함유된 Fe_3C의 흑연화
  2. A1 변태에서의 체적변화에 의한 미세한 균열
  3. Si Al Ni의 성장
  4. 흡수된 가스의 팽창
  5. Si의 산화
- 방지책 : 흑연의 미세화, 조직을 치밀하게 할 것, 시멘타이트(Fe_3C)의 흑연화 방지제 Cr, W, Mo, V 등의 첨가로 Fe_3C의 분해 방지, Si대신 Ni로 치환

06 해설

주석(Sn)을 1% 정도 첨가한 7/3 황동으로, 특히 내해수성에 우수하기 때문에 해양시설 부재에 쓰이고 있다.
Cu 70%, Sn 1%, As 0.04%, 나머지 Zn

07 해설

형상기억합금은 Ni-Ti계와 Cu-Zn-Al계의 두 종류로 Ni-Ti계가 가공성이 뛰어나고 형상복원능력 또한 뛰어나 현재 가장 많이 사용함.

08 해설

$$\sigma = \frac{W}{A} = \frac{100N}{10mm^2} = 10N/mm^2$$

09 해설

전자식 주차 브레이크(EPB)'1) 시스템은 운전자가 차량을 정차하거나 멈추면 브레이크를 자동으로 작동시키고 출발 시 브레이크가 자동으로 풀리는 장치다.

10 해설

$$C = \frac{M(Z_1 + Z_2)}{2}, \ 100 = \frac{M(40+60)}{2}$$
$$M = 2$$

11 해설

- 사다리꼴나사(= 애크미 나사)
  - 사각 나사보다 강력한 동력 전달용에 사용
  - 나사산의 각도가 인치계(TW) : 29°, 미터계(TM) : 30°
- 삼각 나사
  - 체결용으로 가장 많이 사용 ABC나사라고도 함
  - 종류 : 미터나사(60°), 유니파이 나사(60°), 관용 나사(55°)
- 볼 나사
  - 나사축과 너트 사이에 많은 강구를 넣어서 힘을 전달하는 나사
  - 동력전달이 가장 원활한 나사, 공작기계의 수치제어용으로 많이 사용
  - 나사의 효율이 좋고, 먼지에 의한 마모가 적다.
  - 백래시를 작게 할 수 있다.(고려하지 않아도 된다)
- 사각 나사 : 프레스 등의 동력 전달용으로 사용, 축 방향의 큰 하중을 받는 곳에 주로 사용
- 관용 나사 : 파이프를 연결하는데 사용
- 둥근 나사 : 나사의 각도가 30°, 충격이 큰 기계나 먼지 등이 들어가기 쉬운 곳에 사용하는 나사
- 톱니 나사
  - 프레스, 잭, 바이스 등과 같이 큰 힘을 한 방향으로만 작용시킬 때 사용
  - 나사산의 각도 : 30°, 45°

12 해설

- 라우탈(Al-Cu- Si계) : 기계적 성질 및 주조성이 뛰어나다. 분배관, 밸브, 기타 일반용
- 실루민(Al-Si계) : 주조성이 양호하고 두께가 얇은 주물용
- 감마실루민(Al-Si-Mg계) : 기계적 성질, 주조성이 양호하며 자동차, 선박, 항공기 부품용
- Y합금(Al-Cu-Ni-Mg계) : 주조성은 떨어지나 내열성이 우수하다. 피스톤, 실린더 헤드용
- 하이드로날륨(Al-Mg계) : 내식성이 양호하여 화학 공업, 선박용으로 사용
- 로엑스(Al-Si-Cu-Ni-Mg계) : 내열성이 양호하며 피스톤용으로 사용

13 해설

- 베어링메탈의 재료가 구비해야 할 조건
- 녹아 붙지 않을 것(열전도도가 좋을 것)
- 마멸이 적을 것
- 내식성이 클 것
- 피로 강도가 클 것
- 마찰계수가 작을 것

14 해설

탄소함유량이 약 0.30~0.40%를 말한다.

15 해설

현가장치(Suspension)
자동차에서 나오는 충격을 줄여주는 장치로, 차축과 프레임/차체 사이에 연결되어 스프링으로 감속을 하는 방식이다.

16 해설

배럴(Barrel:통) 속에 가공물, 컴파운드, 연마재, 물 등을 넣고 회전하여 장입물 상호간의 충돌, 마찰 등에 의해 서로 연마되는 방법. 소형 제품을 대량으로 연마하는데 유리하며 경비가 적게 들어 제품의 완성도가 균일하다. 자기연마, 돌(stone)연마로 수용액 유무에 따라 건식, 습식으로 나뉨, 연마작업과 광택작업 가능함.

17 해설

$f = f_z \times Z \times N$
$f = 0.2 \times 12 \times 116.77$
$\quad = 280.25 mm/min$

$N = \dfrac{1000\,V}{\pi d} = \dfrac{1000 \times 22}{\pi \times 60} = 116.77 rpm$

18 해설

$H(kw) = \dfrac{P \times V}{102 \times 60 \times \eta}$

$\eta = \dfrac{P \times V}{102 \times 60 \times H} = \dfrac{20 \times 1500}{102 \times 60 \times 7.5}$
$\quad = 0.653 = 65\%$

19 해설

- 밀링작업에서 상향 절삭
  - 공구의 회전 방향과 공작물의 이송이 반대 방향인 경우
  - 칩이 잘 빠져나와 절삭을 방해하지 않는다.
  - 백래시가 제거된다.
  - 공작물이 날에 의하여 끌려 올라오므로 확실히 고정해야 한다.
  - 커터의 수명이 짧고, 동력 소비가 크다.
  - 가공면이 거칠다.
- 밀링작업에서 하향 절삭
  - 공구의 회전 방향과 공작물의 이송이 같은 방향인 경우
  - 칩이 잘 빠지지 않아 가공면에 흠집이 생기기 쉽다.
  - 백래시 제거 장치가 필요하다.
  - 커터가 공작물을 누르므로 공작물 고정에 신경 쓸 필요가 없다.
  - 커터의 마모가 적고, 동력 소비가 적다.
  - 가공면이 깨끗하다.

20 해설

$t = \dfrac{L}{N \times f} = \dfrac{100}{371.55 \times 0.2} = 1.34\min$

$N = \dfrac{1000\,V}{\pi d} = \dfrac{1000 \times 70}{\pi \times 60} = 371.55 rpm$

21 해설

- 구멍용게이지 - 플러그 게이지, 테보 게이지, 봉 게이지
- 축용게이지 - 스냅게이지, 링게이지, 고노 게이지

22 해설

게이지 블록은 공장 등에서 길이의 기준으로 사용되고 있는 단도기이며 게이지 블록은 길이의 정도가 매우 높아 밀착되는 특성을 가지고 있어 몇 개의 수로 조합하여 많은 치수의 기준을 얻을 수 있다.
게이지 블록의 종류는 요한슨 형, 호크 형, 캐리 형 3종류로 일반적으로 요한슨 형이 많이 쓰이고, 호크 형은 주로 미국에서 많이 사용한다.
- 게이지블록 등급 - 참조용 : K, 표준용 : 0, 검사용 : 1, 공작용 : 2

23 해설

- 랩제를 공작물 사이에 넣고, 압력을 가하면서 표면을 미끄럽게 고정도로 마무리하는 가공법이며, 건식과 습식이 있다. 손으로 하는 핸드래핑(hand lapping), 기계래핑(machine lapping)이 있다.
- 면의 거친 정도에 따라 거친 래핑(rough lapping), 마무리래핑(fine lapping)으로 나뉜다.

24 해설

표준 고속도공구강 - W(18) - Cr(4) - V(1)

25 해설

저온절삭 - 절삭저항이 큰 스테인레스강 등을 절삭할 때 바이트 선단에 액체탄산가스로 날끝을 냉각시켜 절삭하거나 공구나 피절삭물이 가공 열로 고온이 되는 것을 방지하기 위해 냉각하면서 절삭하는 냉각절삭법을 말한다.

26 해설

굵은 일점쇄선 - 특수 지정선이라 한다.

27 해설
산술 평균 거칠기 = 중심선 평균 거칠기

28 해설
도면의 중요 3요소
테두리선, 중심마크선, 표제란

30 해설
공차역에서 I O U L Q가 빠진다.

31 해설
최소틈새
= 구멍의 아래치수허용차 − 축의 윗 치수허용차
= 구멍의 최소 허용공차 − 축의 최대 허용치수

33 해설
- (단독형체)모양공차 ⌭ − 원통도
- (관련형체)자세공차 ∥ − 평행도,
  ⊥ − 직각도, ∠ − 경사도

34 해설
절단선 − 단면도의 절단된 부분을 나타내는 선으로 가는 1점 쇄선으로 그리며, 끝 부분과 방향이 바뀌는 부분은 굵게 그린다.

35 해설
SM 45C (JIS-S45C)− 기계구조용 탄소강으로 탄소 함유량이 0.42%~0.48% 분포되어 있어 중탄소강 계열이다.
Carbon steel for machine structure use
- S− 재질 Steel(강)을 나타낸다.
- M − machine structure use − 기계구조용

36 해설
기호(문자 숫자) − 외형선 − 숨은선 − 절단선 − 중심선 − 무게중심선 −치수 보조선

37 해설
- X − 가공에 의한 커터의 줄무늬 방향이 기호로 기입한 그림의 투상면에 경사지고 두 방향으로 교차
- M − 가공에 의한 커터의 줄무늬 방향이 여러 방향으로 교차 또는 무 방향
- R − 가공에 의한 커터의 줄무늬가 기호를 기입한 면의 중심에 대하여 대략 레이디얼 모양

38 해설
- 100 − 치수 수치에 비례하지 않을 때
- (100) 참고치수 − 치수 수치에 ( )를 한다.
- 100 이론적으로 정확한 치수 − 치수 수치를 사각형으로 둘러싼다.

39 해설
20 − 0.025 = 19.975

40 해설
제3각법은 '눈 → 투상면 → 물체'의 순서로 나타낸 것이다.

43 해설
KS A − 기본, KS C − 전기, KS D − 금속

44 해설
2번 현의 길이 치수기입, 4번 각도치수기입

45 해설
- 30 : 치수 수정시 표기
- 30 : 비례치수가 아닌 치수값
- (30): 참고치수

46 해설
1/2-13UNC 유니파이보통나사 호칭지름 1/2인치 - 1인치당 나사산수 13

49 해설
- ○ : 점용접
- ☐ : 플러그 용접

50 해설
수증기 - S

51 해설
- 00 - 10mm
- 01 - 12mm
- 02 - 15mm
- 03 - 17mm
- 04부터 x5 - 20mm

52 해설
암나사의 골지름과 수나사의 골지름은 가는 실선으로 그린다.

53 해설
$PCD = m \times z \quad m = \dfrac{PCD}{z} = \dfrac{96}{32} = 3$

$P = \dfrac{\pi \times m \times z}{z} = \pi \times m = \pi \times 3 = 9.42mm$

55 해설
스프링은 무하중상태로 그리는 것을 원칙으로 함, 겹판 스프링은 사용하중 상태로 그린다. 하중값 표기함.

56 해설
축은 전체 단면(전단면)을 금지하며 부분단면도만 허용한다.

59 해설
디지타이저(입력장치)

제4회 필기 CBT 시행문제

01 모듈 4, 잇수가 각각 75개, 150개인 1쌍의 스퍼 기어가 맞물려 있을 때, 두 기어의 축간 거리는 몇 mm 인가?

① 420　　② 430
③ 440　　④ 450

02 피치 3mm인 3줄 나사의 리드는 mm인가?

① 1mm　　② 2.87mm
③ 3.14mm　　④ 9mm

03 다음 그림과 같이 스프링을 연결하는 경우 직렬접속은 어느 것인가? (단, W는 하중이고 K_1, K_2, K_3는 스프링 상수이다.)

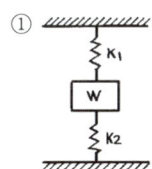
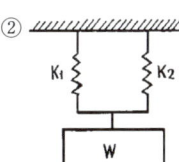
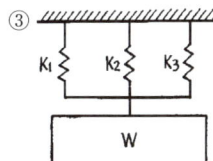
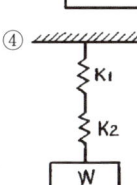

04 인장 코일 스프링에 3kgf의 하중을 걸었을 때 변위가 30mm이었다면, 이 스프링의 상수는 얼마인가?

① 1/10kgf/mm　　② 1/5kgf/mm
③ 5kgf/mm　　④ 10kgf/mm

05 피치원의 지름이 일정한 기어에서 모듈의 값이 커지면 잇수는?

① 많아진다.
② 적어진다.
③ 같다.
④ 이것만으로는 알 수 없다.

06 하중의 크기와 방향이 동시에 변화하면서 작용하는 하중은?

① 반복하중　　② 교변하중
③ 충격하중　　④ 정하중

07 못을 뺄 때의 못에 작용하는 하중상태는 무슨 하중에 속하는가?

① 인장하중　　② 압축하중
③ 비틀림하중　　④ 전단하중

08 다음 경도 시험 중 압입자를 이용한 방법이 아닌 것은?

① 브리넬 경도　　② 로크웰 경도
③ 비커스 경도　　④ 쇼어 경도

09 후크의 법칙을 표현한 식으로 맞는 것은? (단, σ : 응력, E : 영률, ϵ : 변형률이다.)

① $\sigma = \dfrac{2E}{\epsilon}$　　② $E = \dfrac{\sigma}{\epsilon}$
③ $E = \dfrac{\epsilon}{\sigma}$　　④ $\epsilon = \dfrac{E}{2\sigma}$

10 다음 중 직접측정기에 속하는 것은?
① 옵티미터 ② 다이얼게이지
③ 미니미터 ④ 마이크로미터

11 기본 설계 단계로부터 상세 설계 및 도면 작성에 이르는 설계 전체의 과정을 컴퓨터를 이용하여 설계하는 방식은?
① CAM(Computer Aided Manufacturing)
② CAD(Computer Aided Design)
③ CAE(Computer Aided Engineering)
④ CAT((Computer Aided Testing)

12 호칭지름이 50mm, 피치 2mm인 미터 가는 나사가 2줄 왼나사로 암나사 등급이 6일 때 KS나사 표시 방법으로 올바른 것은?
① 좌 2줄 M50×2-6H
② 좌 2줄 M50×2-6g
③ 왼 2N M50×2-6H
④ 왼 2N M50×2-6g

13 프레스 등의 동력 전달용으로 사용되면 축방향의 큰 하중을 받는 곳에 주로 쓰이는 나사는?
① 미터 나사 ② 관용 평행 나사
③ 사각 나사 ④ 둥근 나사

14 평벨트 풀리에서 동력을 전달하는 운전 중인 벨트에 작용하는 유효 장력은? (단, Tt는 긴장 측 장력, Ts 이완 측 장력이다.)
① Tt - Ts ② Ts - Tt
③ Tt / Ts ④ Ts / Tt

15 그림에서 ①번 부위에 표시한 굵은 일점쇄선이 의미하는 뜻은 무엇인가?

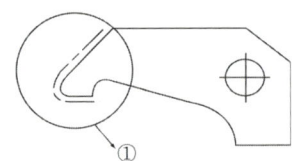

① 연삭 가공 부분 ② 열처리 부분
③ 다듬질 부분 ④ 원형 가공 부분

16 기하공차에서 이론적으로 정확한 치수를 나타내는 것은?
① $\boxed{30}$ ② ②
③ 30 ④ (30)

17 기어의 제도에 대한 설명 중 틀린 것은?
① 이끝원은 굵은 실선으로 그린다.
② 피치원은 가는 2점 쇄선으로 그린다.
③ 이뿌리원은 가는 실선으로 그린다.
④ 헬리컬기어는 잇줄방향으로 보통 3개의 가는 실선으로 그린다.

18 다음은 CAD System의 구성과 그들의 상관관계를 나타낸 것이다. ( )안에 들어갈 것으로 옳은 것은?

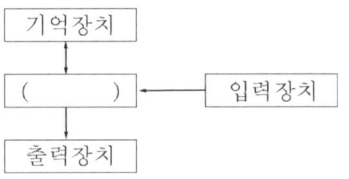

① CPU ② RAM
③ Register ④ Accumulator

19 45° 모따기를 나타내는 기호로 올바른 것은?
① C ② R
③ □ ④ t

20 6각너트 스타일1 A M12-8 SM20C - C로 표시된 6각 너트에서 A는 무엇을 의미하는가?

① 볼트 종류   ② 부품 등급
③ 강도 구분   ④ 지정사항

21 다음 기하공차 중에서 데이텀이 필요없이 단독으로 규제가 가능한 것은?

① 평행도   ② 진원도
③ 동심도   ④ 대칭도

22 다음 기하공차 중 평행도 공차기호는 어느 것인가?

① //   ② ⊥
③ ∠   ④ ─

23 관용 테이퍼 수나사를 표시하는 기호는?

① R   ② G
③ PT   ④ Tr

24 사인바(sine bar)로 각도를 측정할 때 몇 도를 넣으면 오차가 많이 발생하게 되는가?

① 10°   ② 20°
③ 30°   ④ 45°

25 다음 중 3차원의 기하학적 형상 모델링의 종류가 아닌 것은?

① 와이어 프레임 모델링(wire frame modelling)
② 서피스 모델링(surface modelling)
③ 솔리드 모델링(solid modelling)
④ 시스템 모델링(system modelling)

26 인장시험에서 시험 전의 표점거리가 50mm인 시험편으로 시험한 후 그 표점거리를 측정하였더니 55mm이었다면, 이 시험편의 연신율은?

① 10%   ② 15%
③ 20%   ④ 5%

27 다음 도형은 제3각법으로 정면도와 우측면도를 나타낸 것이다. ㉮에 들어갈 평면도로 맞는 것은?

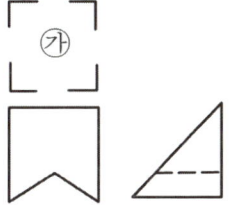

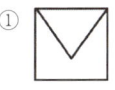 ① 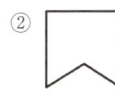 ②

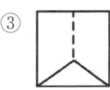 ③ 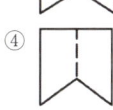 ④

28 기계제도에서 치수 기입의 원칙으로 틀린 것은?

① 치수는 되도록 정면도에 집중하여 기입한다.
② 치수는 되도록 중복 기입을 피한다.
③ 치수는 되도록 계산하여 구할 필요가 없도록 기입한다.
④ 치수는 되도록 치수선이 만나는 곳에 기입한다.

29 지름 120mm, 길이 340mm인 중탄소강 둥근 막대를 초경합금 바이트를 사용하여 절삭속도 150m/min으로 절삭하고자 할 때, 회전수는?

① 398rpm   ② 410rpm
③ 430rpm   ④ 458rpm

30 각도 측정에 사용되는 측정기가 아닌 것은?

① 사인바   ② 수준기
③ 오토콜리메이터   ④ 측장기

31 하이트 게이지 중 스크라이버 밑면이 정반에 닿아 정반면으로부터 높이를 측정할 수 있으며 어미자는 스탠드 홈을 따라 상하로 조금씩 이동시킬 수 있어 0점 조정이 용이한 구조로 되어있는 것은?

① HB형 하이트 게이지
② HT형 하이트 게이지
③ HM형 하이트 게이지
④ 간이형 형 하이트 게이지

32 다음 보기의 도면과 같이 '40' 밑에 그은 선은 무엇을 나타내는가?

|← 40 →|

① 기준 치수
② 비례척이 아닌 치수
③ 다듬질 치수
④ 가공 치수

33 코일 스프링의 제도에 대한 설명 중 틀린 것은?

① 스프링은 원칙적으로 하중이 걸린 상태에서 도시한다.
② 스프링의 종류와 모양만을 도시할 때에는 재료의 중심을 굵은 실선으로 그린다.
③ 특별한 단서가 없는 한 모두 오른쪽 감기로 도시하고 왼쪽 감기일 경우 "감긴 방향 왼쪽"이라고 표시한다.
④ 코일 부분의 중간 부분을 생략할 때에는 생략한 부분을 가는 1점 쇄선 또는 가는 2점 쇄선으로 표시해도 좋다.

34 게이지 블록의 표준조합 선택 및 치수의 조립시 고려하여야 할 사항으로 거리가 먼 것은?

① 게이지 블록의 윤곽 판독 방식
② 소수점 아래 첫째자리 숫자가 5보다 큰 경우에는 5를 뺀 나머지 숫자부터 선택
③ 조합의 개수를 최소로 할 것
④ 정해진 치수를 고를 때는 맨 끝자리부터 고를 것

35 다음 그림의 단면도는?

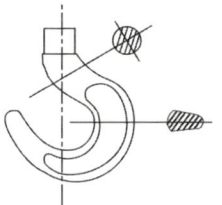

① 부분 단면도
② 한쪽 단면도
③ 회전도시 단면도
④ 조합 단면도

36 CAD 시스템에서 마지막 점에서 다음 점까지의 각도와 거리를 입력하여 선긋기를 하는 입력방법은?

① 절대좌표 입력방법
② 상대좌표 입력방법
③ 원통좌표 입력방법
④ 상태 극좌표 입력방법

37 스퍼기어의 제도에서 피치원 지름은 어느 선으로 나타내는가?

① 가는 1점 쇄선
② 가는 2점 쇄선
③ 가는 실선
④ 굵은 실선

38 SS330로 표시된 기계재료에서 330은 무엇을 나타내는가?

① 최저 인장강도
② 최고 인장강도
③ 탄소함유량
④ 종류

39 다음 나사의 표시 방법에 대한 설명 중 올바르지 않은 것은?

① 수나사와 암나사의 결합 부분은 수나사로 표시한다.
② 수나사나 암나사의 골지름은 가는 실선으로 그린다.
③ 수나사의 바깥지름과 암나사의 안지름은 굵은 실선으로 그린다.
④ 완전 나사부와 불완전 나사부의 경계선은 가는 실선으로 그린다.

40 회전 단면도를 설명한 것으로 가장 올바른 것은?

① 도형 내의 절단한 곳에 겹쳐서 90°회전시켜 도시한다.
② 물체의 1/4을 절단하여 1/2은 단면, 1/2은 외형을 도시한다.
③ 물체의 반을 절단하여 투상면 전체를 단면으로 도시한다.
④ 외형도에서 필요한 일부분만 단면으로 도시한다.

41 V-벨트 풀리는 호칭지름에 따라 홈의 각도를 달리하는데, 다음 중 V-벨트 풀리의 홈의 각도로 사용되지 않는 것은?

① 34°   ② 36°
③ 38°   ④ 40°

42 원뿔을 경사지게 자른 경우의 전개 형태로 올바른 것은?

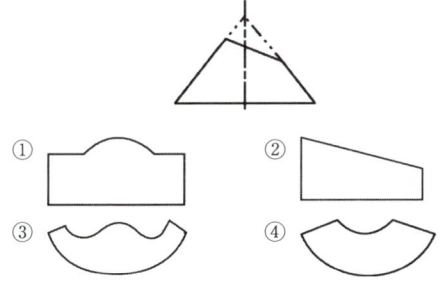

43 보기의 그림에서 ㉮부와 ㉯부에 두개의 베어링을 같은 축선에 조립하고자 한다. 이때 ㉮부를 기준으로 ㉯부에 기하공차를 결정할 때 가장 올바른 것은?

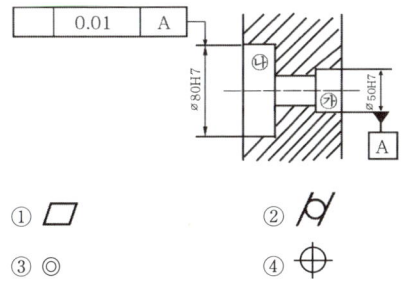

① ▱   ② ⌿
③ ◎   ④ ⊕

44 다음 중에서 3각법의 투시 순서로 옳은 것은?

① 눈 → 투상면 → 물체
② 물체 → 투상면 → 눈
③ 물체 → 눈 → 투상면
④ 눈 → 물체 → 투상면

45 표면거칠기를 나타내는 방법 중 단면곡선에서 기준길이를 잡고 가장 높은 곳과 낮은 곳의 차이를 측정하여 미크론(㎛) 단위로 나타내는 것을 무엇이라고 하는가?

① 최대높이거칠기
② 10점 평균거칠기
③ 중심선 평균거칠기
④ 단면 평균거칠기

46 다음 그림의 테이퍼 부분의 테이퍼 값은 얼마인가?

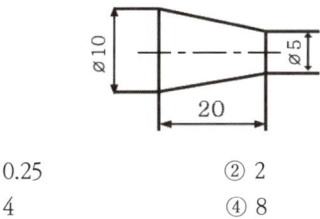

① 0.25   ② 2
③ 4   ④ 8

47 다음 도형은 제3각법으로 정면도와 우측면도를 나타낸 것이다. 평면도로 옳은 것은?

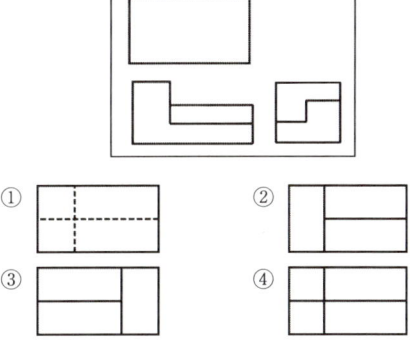

48 화면 표시 장치 각각의 영역에서 판독 위치, 입력 가능 위치 및 입력 상태 등을 표현하여 주는 표식은?

① 좌표 원점(origin point)
② 도면 요소(entity)
③ 커서(cursor)
④ 대화 상자(dialogue box)

49 일반적인 CAD 시스템에서 직선의 작성 방법이 아닌 것은?

① 임의의 두 점을 지정하는 방법
② 두 요소의 끝점을 연결하는 방법
③ 절대좌표값의 입력에 의한 방법
④ 두 평면의 교차에 의한 방법

50 구멍의 최소치수가 축의 최대치수보다 큰 경우는 무슨 끼워맞춤인가?

① 헐거운 끼워맞춤
② 중간 끼워맞춤
③ 억지 끼워맞춤
④ 강한 억지 끼워맞춤

51 도면상에 구멍, 축 등의 호칭치수를 의미하며 치수 허용한계의 기준이 되는 치수는?

① IT치수
② 실치수
③ 허용한계치수
④ 기준치수

52 축과 보스의 키홈에 KS 규격으로 치수를 기입하려고 할 때 적용 기준이 되는 것은?

① 보스 구멍의 지름
② 축의 지름
③ 키의 두께
④ 키의 폭

53 부품을 스케치할 때의 방법이 아닌 것은?

① 프린트법
② 플로팅법
③ 프리핸드법
④ 사진촬영법

54 한 쌍의 기어가 맞물려 있을 때 모듈을 m이라 하고 각각의 잇수를 Z_1, Z_2 라 할 때, 두 기어의 중심거리(C)를 구하는 식은?

① $C = (Z_1 + Z_2) \cdot m$
② $C = \dfrac{Z_1 + Z_2}{m}$
③ $C = \dfrac{(Z_1 + Z_2) \cdot m}{m}$
④ $C = \dfrac{(Z_1 + Z_2) \cdot m}{2}$

55 삼각법으로 그린 3면도 투상도 중 잘못 그려진 투상이 있는 것은?

①

②

③

④

56 다음 베어링중 축과 직각 방향으로 하중이 작용하는 베어링은?

① 칼라 베어링
② 드러스트 베어링
③ 레이디얼 베어링
④ 원뿔 베어링

57 볼베어링의 호칭번호가 62/22이면 안지름은 몇 mm인가?

① 22
② 110
③ 55
④ 100

58 다음 기하공차 기호 중 원통도 공차의 기호는?

①   ②
③   ④ ⌖

59 일반적인 CAD 시스템에서 해칭(hatching)할 도형을 지정한 후에 수정해야 할 파라미터가 아닌 것은?
① 해칭선의 종류   ② 해칭선의 굵기
③ 해칭선의 각도   ④ 해칭선의 간격

60 그림과 같은 정원뿔을 단면선을 따라 평면으로 교차시킨 경우 구성되는 단면 형태는?

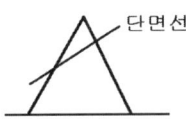

① 쌍곡선   ② 포물선
③ 타원   ④ 원

제4회 전산응용기계제도기능사 CBT 시행문제 정답 및 해설

정답

01	④	02	④	03	④	04	①	05	②	06	②	07	①	08	④	09	②	10	④
11	②	12	③	13	③	14	①	15	②	16	①	17	②	18	①	19	①	20	②
21	②	22	①	23	①	24	④	25	④	26	①	27	④	28	④	29	①	30	④
31	②	32	②	33	①	34	①	35	③	36	④	37	①	38	①	39	④	40	①
41	④	42	③	43	③	44	①	45	①	46	①	47	①	48	①	49	④	50	①
51	④	52	②	53	②	54	④	55	④	56	③	57	①	58	③	59	②	60	③

01 해설

$$c = \frac{PCD_1 + PCD_2}{2} = \frac{(4 \times 75) + (4 \times 150)}{2}$$
$$= 450mm$$

02 해설

$l = n \times p \times 회전수 = 3 \times 3 = 9mm$

03 해설

병렬접속 : ① ② ③

04 해설

$K = \dfrac{\omega}{\delta} = \dfrac{3kg_f}{30mm} = 0.1 kg_f/mm$

05 해설

$PCD = m \times z$

06 해설

교번하중 : 하중의 크기와 방향이 동시에 변화하면서 작용하는 하중

09 해설

후크의 법칙 비례한도내에서 응력과 변형률은 비례한다.

$$E = \frac{\sigma}{\epsilon} = \frac{\dfrac{\omega}{A}}{\dfrac{\lambda}{l}}$$

ω : 하중
A : 재료의 단면적
λ : $l - l'$, 늘어난 길이
l : 표점거리

11 해설

- CAD (Computer Aided Design) 제품의 설계를 최적화하는데 사용된다. 2D나 3D 모델링 및 드로잉을 하는데 주로 사용된다.
- CAM (Computer Aided Manufacturing)
  제품의 생산을 최적화하는데 사용된다. CAD 데이터를 NC 프로그램으로 만들어, CNC 공작기계로 보내는데 주로 사용된다.
- CAE (Computer Aided Engineering)
  제품의 설계에 대한 해석을 하는데 사용된다. CAD 데이터를 구조/유동해석 등을 통해 검증 및 최적화를 하는데 주로 사용된다.
- CFD (Computational Fluid Dynamics) 유동해석을 의미한다. CAE 안에서 수행된다.

18 해설
CPU - 제어장치, 연산장치, 기억장치

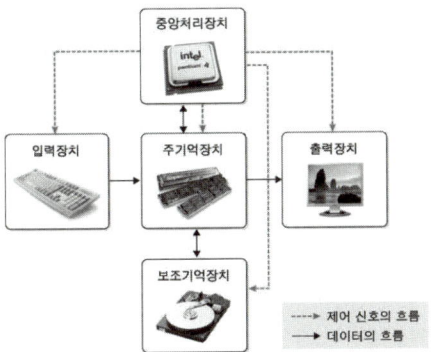

26 해설
$$\epsilon = \frac{l'-l}{l} \times 100 = \frac{\lambda}{l} \times 100$$
$$= \frac{55-50}{50} \times 100 = 10\%$$

29 해설
$$150 = \frac{\pi dn}{1000} = \frac{\pi \times 120 \times n}{1000}$$
$$n = \frac{1000v}{\pi d} = \frac{1000 \times 150}{\pi \times 120} = 398 rpm$$

34 해설
게이지 블록(gauge block) 게이지 블록, 블록게이지는 치수를 측정할 때 사용하는 장비이다.
처음 발명된 것은 요한슨(스웨덴)이 고안한 것으로 요한슨 블록이라고도 한다.
장비 내에는 사진과 같이 여러 가지 치수의 게이지 블록들이 들어있고, 이러한 블록들을 밀착(링깅, Wringing)시키면 생겨 서로가 붙게 된다. 따라서 붙인 게이지들로 치수를 합해 측정값으로 계산한다.
〈측정시 유의사항〉
- 피 측정물을 마이크로미터와 하트게이지를 이용하여 측정한다.
- 최소 갯수로 밀착하며 숫자의 맨 끝자리 수부터 골라낸다.
- 아래 첫자리수가 5보다 클 때에는 우선 5를 뺀 나머지 수부터 선택한다.
- 두꺼운 것(3mm 이상)끼리 밀착시킬 때는 유막형성 후 중앙에서 직교(90도)하도록 놓고 문질러 밀착, 회전시켜 일치시킨다.
- 얇은 것을 밀착시킬 경우에는 기본 게이지 위에 하나를 밀착시켜 올려 위치시키고 때어낼 때는 +자형으로 회전시켜 떼어낸다.
- 두꺼운 블록과 얇은 블록의 밀착시킬 때는 한 끝을 두꺼운 게이지 면으로 밀면서 밀착시켜야 하며, 그렇지 않으면 치수 변형이 생길 수 있다.

〈게이지 블록의 종류〉
- 직사각형의 단면을 가진 요한슨형(Johansson type형)
- 중앙에 구멍이 뚫린 정사각형의 단면을 가진 호크형(Hoke type형)
- 원형으로 중앙에 구멍이 뚫린 캐리형(carry type형)

39 해설
완전 나사부와 불완전 나사부의 경계선은 굵은 실선으로 그린다.

44 해설
1각법 : 눈 → 물체 → 투상면

46 해설
$$T = \frac{D-d}{l} = \frac{10-5}{20} = 0.25$$

51 해설
실치수 : 가공완료후 측정치수

53 해설
프린트법, 프리핸드법, 모양뜨기법, 사진촬영법

56 해설
드러스트 베어링 - 축방향으로 하중이 작용하는 베어링

제5회 필기 CBT 시행문제

01 두께가 같은 두 판재를 맞대기 용접을 했을 경우 인장하중 P=48kN에 대한 인장응력이 6Mpa이었을 때 이 판재 두께는?(단, 용접 길이 L은 32cm이다)
① 15   ② 1.5
③ 25   ④ 2.5

02 평벨트 풀리의 구조에서 벨트와 직접 접촉하여 동력을 전달하는 부분은?
① 림   ② 암
③ 보스   ④ 리브

03 표준게이지의 종류와 용도가 잘못 연결된 것은?
① 드릴게이지 : 드릴의 지름 측정
② 와이어 게이지 : 판재의 두께 측정
③ 나사의 피치 게이지 : 나사산의 각도 측정
④ 센터게이지 : 나사 바이트의 각도 측정

04 회전하고 있는 원통 마찰차의 지름이 250mm이고, 종동차의 지름이 400mm일 때 최대 a몇 N-m인가?(단 마찰차의 마찰계수는 0.2이고 서로 밀어붙이는 힘은 2kN이다.)
① 20   ② 40
③ 80   ④ 160

05 지름이 6cm인 원형 단면의 봉에 500kN의 인장하중이 작용할 때 이봉에 발생되는 응력은 약 몇 N/mm²인가?
① 170.8   ② 176.8
③ 180.8   ④ 200.8

06 압축 코일 스프링에서 코일의 평균지름이 50mm, 감긴 수 10회, 스프링 지수가 5일 때 스프링의 재료 지름은 약 몇mm인가?
① 5   ② 10
③ 15   ④ 20

07 다음 중 백래시를 작게 할 수 있고 높은 정밀도를 오래 유지할 수 있으며 효율이 가장 좋은 나사는?
① 사각나사   ② 톱니나사
③ 볼나사   ④ 둥근나사

08 다음 동력 전달 장치 중 운전이 조용하고 무단변속을 할 수 있으나 일정한 속도비를 얻기 힘든 것은?
① 마찰차   ② 기어
③ 체인   ④ 플라이휠

09 4m/s의 속도로 전동하고 있는 벨트의 긴장측의 장력이 1.23kN, 이완측의 장력이 0.49kN라 하면, 전달하고 있는 동력은 몇 kw인가?
① 1.55   ② 1.86
③ 2.21   ④ 2.96

10 기본 부하용량이 33000N이고, 베어링하중이 4000N인 볼 베어링이 900rpm으로 회전할 때, 베어링의 수명시간은 약 몇 시간인가?
① 9050   ② 9500
③ 10400   ④ 11500

11 직경 50mm의 축이 78.4N-m의 비틀림 모멘트와 49N-m의 굽힘 모멘트를 동시에 받을 때, 축에 생기는 최대 전단응력은 몇 Mpa인가?
① 2.88   ② 3.77

③ 4.56　　　　　　④ 5.79

12 3차원 솔리드 모델의 생성을 위해 사용되는 기본 입체(Primitive)가 아닌 것은?
① Cone
② Wedge
③ Sphere
④ Patch

13 표준 평기어에서 피치원지름 600mm, 모듈 10인 경우의 기어의 잇수는 몇 개인가?
① 60
② 62
③ 120
④ 124

14 탄소강에 함유된 원소 중에서 상온 취성의 원인이 되는 것은?
① 망간
② 규소
③ 인
④ 황

15 재료의 극한강도와 허용응력의 비를 무엇이라고 하는가?
① 변형율
② 강도율
③ 안전율
④ 응력율

16 초경질합금의 중요한 원소가 아닌 것은?
① W
② C
③ Co
④ Al

17 나사축과 너트 사이에 강구(steel ball)를 넣어서 힘을 전달하게 하는 나사는?
① 사각나사
② 사다리꼴나사
③ 둥근나사
④ 볼나사

18 청동에 1% 이하의 인을 첨가한 합금으로 기계적 성질이 좋고, 내식성을 가지며, 기어, 베어링, 밸브 시트 등 기계부품에 많이 사용되는 청동은?
① 켈밋
② 알루미늄 청동
③ 규소청동
④ 인청동

19 다음 중 분할 핀에 관한 설명으로 틀린 것은?
① 핀 한쪽 끝이 두 갈래로 되어 있다.
② 너트의 풀림 방지에 사용된다.
③ 축에 끼워진 부품이 빠지는 것을 방지하는데 사용된다.
④ 테이퍼 핀의 일종이다.

20 구리(Cu)의 성질에 대한 설명 중 틀린 것은?
① 전기 및 열의 전도성이 우수하다.
② 전연성이 좋아 가공이 용이하다.
③ 화학적 저항력이 작아 부식이 잘된다.
④ 아름다운 광택과 귀금속적 성질이 우수하다.

21 열경화성 수지에 해당되지 않는 것은?
① 페놀 수지
② 요소 수지
③ 멜라민 수지
④ 염화 비닐

22 일반적인 너트의 풀림을 방지하기 위하여 사용하는 방법이 아닌 것은?
① 스프링와셔에 의한 방법
② 나비너트에 의한 방법
③ 로크너트에 의한 방법
④ 멈춤 나사에 의한 방법

23 길이방향으로 절단하여 단면도시 할 수 있는 것은?
① 리브 및 암
② 키와 핀
③ 축
④ 부시

24 표준 성분이 4% Cu, 2% Ni, 1.5% Mg인 알루미늄 합금으로 시효 경화성이 있어서 모래형 및 금형 주물로 사용되고, 열간단조 및 압출가공이 쉬워 단조품 및 피스톤에 이용되는 금속은?
① Y합금
② 하이드로날륨
③ 두랄루민
④ 알클래드

25 기본 설계 단계로부터 상세 설계 및 도면 작성에 이르는 설계 전체의 과정을 컴퓨터를 이용하여 설계하는 방식은?

① CAM(Computer Aided Manufacturing)
② CAD(Computer Aided Design)
③ CAE(Computer Aided Engineering)
④ CAT((Computer Aided Testing)

26 전로에서 정련된 용강을 페로망간(Fe-Mn)으로 불완전 탈산시켜 주형에 주입한 것은?

① 탄소강　　② 킬드강
③ 림드강　　④ 세미킬드강

27 그림과 같이 제3각법으로 그린 투상도에 맞는 등각 투상도에 해당하는 것은?

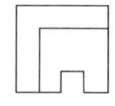
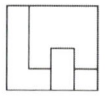 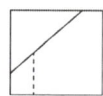

① 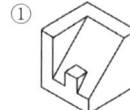　②
③ 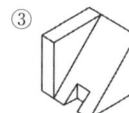　④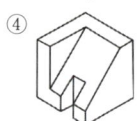

28 그림과 같은 단면도(빗금친 부분)를 무엇이라 하는가?

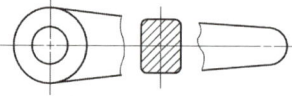

① 회전 도시 단면도　② 부분 단면도
③ 온 단면도　　　　④ 한쪽 단면도

29 호칭지수 36mm, 피치 6mm인 미터 사다리꼴나사의 표시법은?

① Tr36×6　　② P6TM36
③ M36P6　　④ M36×6

30 스프로킷 휠의 도시법에서 피치원을 나타내는 선은?

① 가는 1점 쇄선　② 굵은 실선
③ 가는 실선　　　④ 굵은 1점 쇄선

31 스프링 제도법에 대한 설명으로 틀린 것은?

① 스프링은 원칙적으로 하중이 걸리지 않은 상태로 그린다.
② 특별한 단서가 없는 한 오른쪽 감기로 도시한다.
③ 코일 부분의 중간을 생략할 때에는 가는 실선으로 표시한다.
④ 그림 안에 기입하기 힘든 사항은 일괄하여 요목표에 표시한다.

32 배관도의 제도에 대한 설명 중 잘못된 것은?

① 치수는 관, 관이음, 밸브의 입구 중심에서 중심까지의 길이로 표시한다.
② 관이나 밸브 등의 호칭 지름은 복선이나 단선으로 표시된 관선(pipe line) 밖으로 지시선을 끌어내어 표시한다.
③ 배관도에는 단선 도시방법과 복선 도시방법이 있다.
④ 관이음 기호를 사용하지 않고 관과 관이음을 실물 모양과 같게 나타내는 방법을 단선도시라 한다.

33 다음 중 물체의 특징이 가장 잘 나타나는 투상면은?

① 평면도　　② 정면도
③ 측면도　　④ 배면도

34 V벨트의 형별 중 단면 치수가 가장 큰 것은?

① M형　　② A형
③ D형　　④ E형

35 다음 중 출력장치는 어느 것인가?
① 마우스　② 디지타이저
③ 트랙 볼　④ 플로터

36 다음은 어떤 나사에 대한 설명인가?

> 나사산의 각도에 따라 29°와 30°의 두 가지가 있으며 동력 전달용으로 프레스나 밸브 등에 쓰인다.

① 삼각 나사　② 사각 나사
③ 사다리꼴 나사　④ 톱니 나사

37 18js7의 공차 표시가 옳은 것은? (단, 기본공차의 수치는 18㎛이다.)
① $100^{+0.050}_{-0.012}$　② $18^{\ 0}_{-0.0180}$
③ $18±0.009$　④ $18±0.018$

38 스퍼 기어에서 이끝원 지름(D)을 구하는 공식은? (단, m=모듈, z=잇수)
① $D = mZ$　② $D = πmZ$
③ $D = m/Z$　④ $D = m(Z+2)$

39 다음에서 최대 틈새는?
① 구멍의 최소허용치수 - 축의 최대 허용치수
② 구멍의 최대허용치수 - 축의 최소 허용치수
③ 축의 최소 허용치수 - 구멍의 최대 허용치수
④ 축의 최대 허용치수 - 구멍의 최소 허용치수

40 다음 중 축의 도시 방법으로 맞는 것은?
① 축은 길이 방향으로 단면 도시를 한다.
② 긴 축은 중간을 파단하여 그릴 수 없다.
③ 축 끝에는 모따기를 할 수 있다.
④ 축에 있는 널링이 빗줄인 경우에는 축선에 대하여 45°로 엇갈리게 그린다.

41 "100 H7/g6"은 어떤 끼워맞춤 상태인가?
① 구멍 기준식 중간 끼워맞춤
② 구멍 기준식 헐거운 끼워맞춤
③ 축 기준식 억지 끼워맞춤
④ 축 기준식 중간 끼워맞춤

42 기하공차의 종류와 기호가 잘못 연결된 것은?
① 원통도 - ⌭
② 평행도 - //
③ 원주흔들림 - ↗
④ 대칭도 - ⊜

43 제3각 정투상도에 있어서 누락된 투상도를 바르게 나타낸 것은?

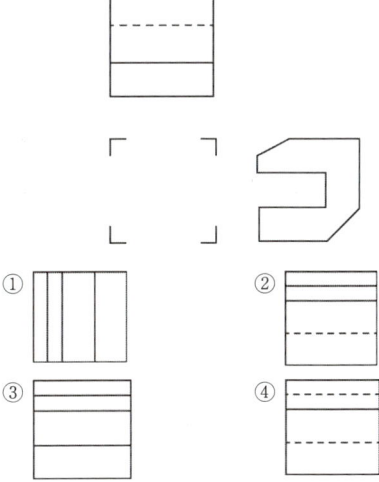

44 다음의 입력장치 중 스크린에 직접 접촉하면서 데이터를 입력하는 것은?
① 태블릿(tablet)
② 마우스(mouse)
③ 조이스틱(joystick)
④ 라이트 펜(light pen)

45 다음 나사의 도시법 중 잘못 설명한 것은?
① 수나사와 암나사의 골을 표시하는 선은 굵은 실선으로 그린다.
② 완전 나사부와 불완전 나사부의 경계선은 굵은 실선으로 그린다.
③ 암나사 탭 구멍의 드릴자리는 120°의 굵은 실선으로 그린다.
④ 수나사와 암나사의 측면도시에서 각각의 골지름은 가는 실선으로 약 3/4원으로 그린다.

46 다음 중 결합용 기계요소라고 볼 수 없는 것은?
① 나사 ② 키
③ 베어링 ④ 코터

47 다음 용접이음 중 맞대기 이음은 어느 것인가?

① 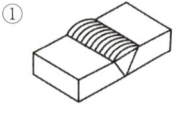 ②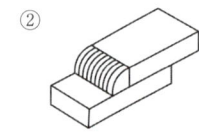

③ 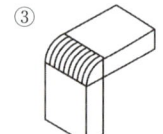 ④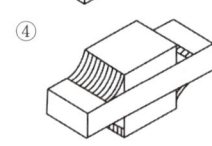

48 프린터의 출력 속도를 나타내는 단위로 가장 알맞은 것은?
① bps ② DPI
③ ppm ④ MIPS

49 다음 중 물체의 보이는 겉모양을 표시하는 선은?
① 외형선 ② 은선
③ 절단선 ④ 가상선

50 호칭번호가 6203인 베어링이 있다. 이 베어링 안지름의 크기는 몇 ㎜인가?
① 3 ② 10
③ 15 ④ 17

51 도면의 표제란에 척도가 1:2로 기입되어 있다면 이 도면에서 사용된 척도의 종류는?
① 현척 ② 배척
③ 축척 ④ 실척

52 리벳 이음의 도시 방법에 대한 설명으로 틀린 것은?
① 리벳은 길이 방향으로 단면하여 도시한다.
② 2장 이상의 판이 겹쳐 있을 때, 각 판의 파단선은 서로 어긋나게 외형선으로 긋는다.
③ 리벳의 체결 위치만 표시할 때에는 중심선만을 그린다.
④ 리벳을 크게 도시할 필요가 없을 때에는 리벳 구멍을 약도로 도시한다.

53 SM45C로 표시된 재료기호에서 45C는 무엇을 나타내는가?
① 재질번호 ② 재질등급
③ 최저 인장강도 ④ 탄소함유량

54 표면거칠기의 표시 방법 중 제거가공을 필요로 하는 경우 지시하는 기호로 옳은 것은?
①   ②
③   ④

55 기하공차의 종류에서 위치공차인 것은?
① 평면도 ② 원통도
③ 동심도 ④ 직각도

56 3차원 모델링 방법이라고 할 수 없는 것은?
① 와이어프레임 모델링(wire frame modeling)
② 오브젝트 모델링(object modeling)
③ 솔리드 모델링(slid modeling)
④ 서피스 모델링(surface modeling)

57 열처리, 도금 등 특별한 요구사항을 적용할 수 있는 범위를 표시하는데 사용하는 특수 지정선은?

① 굵은 실선 ② 가는 실선
③ 굵은 파선 ④ 굵은 1점 쇄선

58 다음 표면의 결 도시기호에서 R 이 뜻하는 것은?

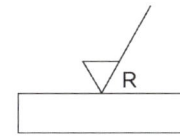

① 가공에 의한 커터의 줄무늬가 기호를 기입한 면의 중심에 대하여 대략 레디얼 모양임을 표시
② 가공에 의한 커터의 줄무늬 방향이 기호를 기입한 그림의 투상면에 평행임을 표시
③ 가공에 의한 커터의 줄무늬 방향이 기호를 기입한 그림의 투상면에 직각임을 표시
④ 가공에 의한 커터의 줄무늬가 여러 방향으로 교차 또는 무방향임을 표시

59 다음 설명 중 반지름 치수 기입 방법으로 옳은 것은?

① 반지름 치수를 표시할 때에는 치수선의 양쪽에 화살표를 모두 붙인다.
② 화살표나 치수를 기입할 여유가 없을 경우에는 중심 방향으로 치수선을 긋고 화살표를 붙인다.
③ 반지름이 커서 그 중심 위치까지 치수선을 그을 수 없을 때에는 자유실선을 사용하여 치수를 표기한다.
④ 반지름 치수는 반드시 중심을 표시해야 한다.

60 다음과 같이 특정한 가공방법을 지시하려고 한다. 가공방법의 지시기호 위치로 옳은 것은?

① 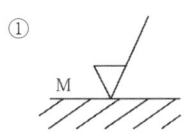   ②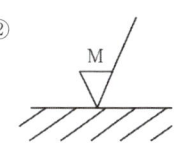

③ 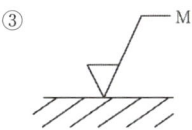   ④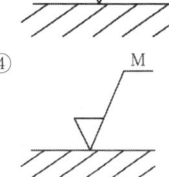

제5회 전산응용기계제도기능사 CBT 시행문제 정답 및 해설

정답

01	④	02	①	03	③	04	③	05	②	06	②	07	③	08	①	09	④	10	③
11	②	12	④	13	①	14	③	15	③	16	④	17	④	18	④	19	④	20	③
21	④	22	②	23	④	24	①	25	②	26	③	27	③	28	①	29	①	30	①
31	③	32	④	33	②	34	④	35	④	36	③	37	③	38	④	39	②	40	③
41	②	42	③	43	④	44	④	45	①	46	③	47	①	48	③	49	①	50	④
51	③	52	①	53	④	54	②	55	③	56	②	57	①	58	①	59	②	60	④

01 해설

$$\sigma = \frac{P}{A} = \frac{P}{t \times l}$$

$$6 \times 10^6 \text{N/m}^2 = \frac{48 \times 10^3 \text{N}}{t \times 0.32 \text{m}}$$

$$t = \frac{48 \times 10^3 \text{N}}{6 \times 10^6 \text{N/m}^2 \times 0.32 \text{m}} = 2.5 \text{cm}$$

02 해설

- 보스 : 축과 결합되는 부분으로 키나 고정 나사 등으로 체결한다.
- 림 : 벨트가 접촉되는 부분

03 해설

① 드릴게이지 : 드릴의 지름 측정
② 와이어 게이지 : 판재의 두께 측정
③ 나사의 피치 게이지 : 나사산의 피치 측정
④ 센터게이지 : 나사 바이트의 각도 측정

04 해설

종동차의 회전토크(T)를 구하는 식

D_2 : 종동차의 지름

μ : 마찰계수

P : 미는 힘

$$T = F\frac{D_2}{2} = \mu P \frac{D_2}{2}$$

$$T = 0.2 \times 2000\text{N} \frac{0.4\text{m}}{2} = 80\text{N-m}$$

05 해설

$$\sigma = \frac{F}{A} = \frac{4 \times 500000N}{\pi \times 60^2} = 176.8 N/mm^2$$

F : 작용하는 힘

N : 단위면적

06 해설

스프링지수 C

$$C = \frac{D}{d}, \ d = \frac{50}{5} = 10$$

08 해설

- 마찰차 : 회전하면서 접촉하는 두 면 사이의 마찰을 이용하여 양 축에 동력을 전달하는 장치이다.
- 플라이휠 : 회전 에너지를 저장하는데 사용되는 회

전 기계 장치이다. 플라이휠에 축적된 에너지의 양이 그 회전 속도의 제곱에 비례한다.

09 해설

$H = F \times v = (T_t - T_s) \times v$
$= (1.23 - 0.49) \times 4 = 2.96 kw$

10 해설

$L_s = 500 \left(\dfrac{C}{P}\right)^r \times \dfrac{33.3}{N}$

$= 500 \times \left(\dfrac{33000}{4000}\right)^3 \times \dfrac{33.3}{900} = 10388$

11 해설

$\tau = \dfrac{16T}{\pi d^3} = \dfrac{16 \times 92453}{\pi \times 0.05^3} = 3.77 \text{Mpa}$

$T = \sqrt{M^2 + T^2} = \sqrt{49^2 + 78.4^2}$
$= 92453 \text{N} - \text{m}$

12 해설

Primitive란 기본 도형을 말한다. 모든 3D S/W는 이런 기본 도형들을 제공하는데 이 기본 도형을 통해서 보다 빠르게 모델링을 할 수 있다.

13 해설

CD=Z(잇수) × M(모듈)
Z = PCD / M = 600mm/10 = 60개

14 해설

- 인(P) - 상온취성
- 황(S) - 적열취성

15 해설

안전율(S) = 극한강도 / 허용응력

16 해설

강도와 경도를 높이는데 사용되는 원소 W C Co

17 해설

볼나사 : 볼 나사는 회전 운동을 선형 운동으로 변환하는 일종의 선형 액추에이터입니다. CNC 기계, 로봇 공학 및 기타 정밀 기계를 포함한 다양한 산업 응용 분야에 사용.
볼 나사는 나사 막대 또는 샤프트, 너트 및 너트와 나사 막대 사이에서 구르는 볼 베어링 세트로 구성

18 해설

인청동 - 합금에 탈산제로서 미량의 P를 넣은 것과, P의 첨가에 의해 보통 청동보다도 기계적 성질이 양호하게 되고, P가 많은 것은 특히 내마모성에 우수하다. 탄성, 내마모성, 내식성을 필요로 하는 용도에 공급되어 용수철, 다이어프램, 축받이, 취동부품 등에 이용된다.

19 해설

- 분할핀의 호칭은 끼워지는 구멍의 크기임
- 핀 한쪽 끝이 두 갈래로 되어 있다.
- 너트의 풀림 방지에 사용된다.
- 축에 끼워진 부품이 빠지는 것을 방지하는데 사용된다.

20 해설

- 구리의 성질 전기 및 열의 전도성이 우수하다.
- 전연성이 좋아 가공이 용이하다.
- 대기중 화학적 저항력이 커서 부식이 잘 안된다.
- 아름다운 광택과 귀금속적 성질이 우수하다.

21 해설

〈열경화성수지〉
페놀수지, 에폭시 수지, 멜라민 수지, 우레아 수지, 불포화폴리에스테르 수지, 알키드 수지, 규소수지, 폴리우레탄수지

22 해설

- 스프링와셔에 의한 방법
- 로크너트에 의한 방법
- 핀 또는 작은 나사를 사용하는 방법
- 철사에 의한 방법
- 너트의 회전 방향에 의한 방법
- 자동침 너트를 사용하는 방법
- 세트 스크류에 의한 방법

25 해설

- CAM(Computer Aided Manufacturing) 컴퓨터를 이용해 실제 제조를 하기 위한 프로그램
- CAE(Computer Aided Engineering) 컴퓨터를 사용하여 통합적으로 처리하여 제품성능, 제조공정 등을 평가하는 일. CAD파일을 이용하여 시뮬레이션 및 해석 등의 검토
- CAT(Computer Aided Testing) 제품을 개발한 뒤에 대량생산에 앞서 사전 테스트를 하는 일종의 시뮬레이션
- PDM(Product Design Management) 제품을 기획하고 설계함에 있어서 종합적인 솔루션
- PLM(Product Lifecycle management) 제품의 생명이 다하기까지 전체적인 관리 시스템

26 해설

- 킬드강(Killed Steel) 페로실리콘(Fe-Si), 알루미늄(Al)으로 충분히 탈산 합금강, 구조용강, 단조 용강 등 고품질 자재로 사용
- 림드강(Rimmed Steel) 페로망간(Fe-Mn) 또는 소량의 알루미늄(Al)으로 조금 탈산 보통 일반 압연 강재, 용접구조물, 냉간 소성가공용으로 사용
- 세미킬드강(Semi-Killed Steel)페로망간, 페로실리콘, 알루미늄을 적당량 사용하여 킬드강과 림드강 중간 정도 탈산 일반 구조용 강에 사용

27 해설

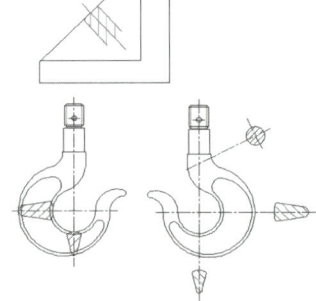

회전 단면도(Curved Section)

30 해설

- 피치원 지름 : 가는 일점 쇄선
- 이끝원 : 굵은 실선
- 이뿌리원 : 가는 실선(정면 단면 시 굵은 실선)

31 해설

코일 부분의 중간을 생략할 때에는 가는 일점쇄선과 이점쇄선으로 표시한다.

32 해설

관이음 기호를 사용하지 않고 관과 관이음을 실물 모양과 같게 나타내는 방법을 복선 도시라 한다.

34 해설

M A B C D E --> 단면의 지름이 커진다.

36 해설

- TM : 30° 사다리꼴 나사(미터계)
- TW : 29° 사다리꼴 나사(인치계)

37 해설

치수공차 ±0.009 = 0.018mm

38 해설

- (피치원 지름) PCD = M × Z
- (이끝원 지름) D0 = M(Z+2)

39 해설

- 최대틈새 = 구멍의 최대허용치수 – 축의 최소 허용치수
- 최소틈새 = 구멍의 최소허용치수 – 축의 최대 허용치수
- 최대죔새 = 축의 최대 허용치수 – 구멍의 최소 허용치수
- 최소죔새 = 축의 최소 허용치수 – 구멍의 최대 허용치수

40 해설

- 축은 길이 방향으로 단면 도시를 금지한다.
- 긴 축은 중간을 파단하여 그릴 수 있다.
- 축 끝에는 모따기를 할 수 있다.
- 축에 있는 널링이 빗줄인 경우에는 축선에 대하여 30°로 엇갈리게 그린다.

42 해설

- 온 흔들림도 -

45 해설

- 원주 흔들림도 -

수나사와 암나사의 골을 표시하는 선은 가는 실선으로 그린다.

46 해설

베어링 - 전동용 기계요소

48 해설

- PPM (Page Per Minute) – 레이저 프린터와 같은 페이지 단위의 출력에서 분 당 인쇄되어 나오는 페이지 수
- LPM(Line Per Minute) – 라인 단위의 출력 프린터에서 분 당 출력되는 라인의 수
- CPS (Character Per Second) – 도트 프린터나 잉크젯 프린터와 같은 저속의 프린터에서 초 당 인쇄되는 글자 수
- DPI (Dots Per Inch) 1인치(약 2.54 cm)당 인쇄되는 점의 수를 가리키는 해상도 단위
- LPI (Line Per Inch) 인치 당 선 수(LPI)는 하프톤 스크린의 1인치 당 인쇄되는 선의 수로서 인쇄에 사용
- bps (bits p er s econd)통신 속도의 단위로 1초 간에 송수신할 수 있는 비트수를 나타낸다.
- MIPS(Million Instructions Per Second) CPU가 1초 동안 처리할 수 있는 명령의 수 즉, 1MIPS는 1초 동안 100만개의 명령을 처리한다는 의미

49 해설

- 은선 : 보이지 않는 부분을 표현하는 선
- 절단선 : 단면을 표현하기 위한 선
- 가상선 : 가공 전 후의 표현

50 해설

⟨베어링 번호⟩
- 00 – 10mm
- 01 – 12mm
- 02 – 15mm
- 03 – 17mm
- 04 – 20mm

51 해설

- 현척(실척) – 1:1
- 배척 – 2:1

52 해설

리벳은 길이 방향으로 단면하여 도시하지 아니한다.

53 해설

SM45C – 기계구조용 탄소강,
45C (탄소 함유량 0.4 ~ 0.5%)

54 해설

- ∨ – 절삭 가공의 필요 여부를 묻지 않음
- ∇ – 비절삭 가공(주물, 단조)

55 해설

위치공차 – 동심도(◎) 위치도(⊕) 대칭도(÷)

58 해설

가공에 의한 커터의 줄무늬 방향 기호		
기호	의미	설명도
⊥	가공으로 생긴 앞줄의 방향이 기호를 기입한 그림의 투영면에 수직	
X	가공으로 생긴 선이 두 방향으로 교차	
M	가공으로 생긴 선이 다 방면으로 교차 또는 무 방향	
C	가공으로 생긴 선이 거의 동심원	
R	가공으로 생긴 선이 거의 방사상	
=	가공으로 생긴 앞줄의 방향이 기호를 기입한 그림의 투영면에 평행	

제6회 필기 CBT 시행문제

01 임의 점에서 직선거리 L만큼 떨어진 곳에서 힘 F가 직선 방향에 수직하게 작용할 때 발생하는 모멘트 M을 바르게 나타낸 것은?
① M=F×L ② M=F/L
③ M=L/F ④ M=F+

02 휠을 구동축으로 할 때 웜의 줄수를 3, 웜휠의 잇수를 60이라고 하면 이 웜기어 장치의 감속 비율은?
① 1/10 ② 1/20
③ 1/30 ④ 1/60

03 모듈이 2, 잇수가 30인 표준 스퍼기어의 소재의 지름은 몇 mm인가?
① 56 ② 60
③ 64 ④ 68

04 다음 비철 재료 중 비중이 가장 가벼운 것은?
① Cu ② Ni
③ Al ④ Mg

05 철-탄소계 상태도에서 공정 주철은?
① 4.3%C ② 2.1%C
③ 1.3%C ④ 0.86%C

06 탄소공구강의 단점을 보강하기 위해 Cr, W, Mn, Ni, V 등을 첨가하여 경도, 절삭성, 주조성을 개선한 강?
① 주조경질합금 ② 초경합금
③ 합금공구강 ④ 스테인리스강

07 다음 중 청동의 합금 원소는?
① Cu+Fe ② Cu+Sn
③ Cu+Zn ④ Cu+Mg

08 베어링의 호칭번호가 6308일 때 베어링의 안지름은 몇 mm인가?
① 35 ② 40
③ 45 ④ 50

09 2KN의 짐을 들어 올리는 데 필요한 볼트의 바깥지름은 몇 mm 이상이어야 하는가? (단, 볼트 재료의 허용인장응력은 40N/mm²이다.)
① 20.2 ② 31.6
③ 36.5 ④ 42.2

10 테이퍼 핀의 테이퍼 값과 호칭지름을 나타내는 부분은?
① 1/100, 큰 부분의 지름
② 1/100, 작은 부분의 지름
③ 1/50, 큰 부분의 지름
④ 1/50, 작은 부분의 지름

11 나사의 기호 표시가 틀린 것은?
① 미터계 사다리꼴나사 : Tr
② 인치계 사다리꼴나사 : WTC
③ 유니파이 보통나사 : UNC
④ 유니파이 가는나사 : UNF

12 나사의 피치가 일정할 때 리드(lead)가 가장 큰 것은?
① 4줄 나사 ② 3줄 나사
③ 2줄 나사 ④ 1줄 나사

13 원통형 코일의 스프링 지수가 9이고, 코일의 평균 지름이 180mm이면 소선의 지름은 몇 mm인가?
① 9　② 18
③ 20　④ 27

14 간헐운동(intermittent motion)을 제공하기 위해서 사용되는 기어는?
① 베벨 기어　② 헬리컬 기어
③ 웜 기어　④ 제네바 기어

15 직접전동 기계요소인 홈 마찰차에서 홈의 각도(2α)는?
① $2\alpha=10~20°$　② $2\alpha=20~30°$
③ $2\alpha=30~40°$　④ $2\alpha=40~50°$

16 미터나사에 관한 설명으로 틀린 것은?
① 기호는 M으로 표기한다.
② 나사산의 각도는 55°이다.
③ 나사의 지름 및 피치를 mm로 표시한다.
④ 부품의 결합 및 위치의 조정 등에 사용된다.

17 평벨트의 이용방법 중 효율이 가장 높은 것은?
① 이음쇠 이음　② 가죽 끈 이음
③ 관자 볼트 이음　④ 접착제 이음

18 축 방향으로 인장하중만을 받는 수나사의 바깥지름(d)과 볼트재료의 허용인장응력($\delta\alpha$) 및 인장하중(W)과의 관계가 옳은 것은?(단, 일반적으로 지름 3mm 이상인 미터나사이다.)
① $d=\sqrt{\dfrac{2W}{\sigma_a}}$　② $d=\sqrt{\dfrac{3W}{8\sigma_a}}$
③ $d=\sqrt{\dfrac{8W}{3\sigma_a}}$　④ $d=\sqrt{\dfrac{10W}{3\sigma_a}}$

19 전단하중에 대한 설명으로 옳은 것은?
① 재료를 축 방향으로 잡아당기도록 작용하는 하중이다.
② 재료를 축 방향으로 누르도록 작용하는 하중이다.
③ 재료를 가로 방향으로 자르도록 작용하는 하중이다.
④ 재료가 비틀어지도록 작용하는 하중이다.

20 베어링의 호칭번호가 6205인 레이디얼 볼 베어링의 안지름은?
① 5mm　② 25mm
③ 62mm　④ 205mm

21 치수 배치 방법 중 치수공차가 누적되어도 좋은 경우에 사용하는 방법은?
① 누진치수기입법　② 직렬치수기입법
③ 병렬치수기입법　④ 좌표치수기입법

22 스케치도를 작성할 필요가 없는 경우는?
① 제품 제작을 위해 도면을 복사할 경우
② 도면이 없는 부품을 제작하고자 할 경우
③ 도면이 없는 부품이 파손되어 수리 제작할 경우
④ 현품을 기준으로 개선된 부품을 고안하려 할 경우

23 기하 공차의 기호 중 진원도를 나타낸 것은?
① 　②
③ 　④

24 도면에 기입된 공차도시에 관한 설명으로 틀린 것은?

//	0.050	A
	0.011/200	

① 전체 길이는 200mm이다.
② 공차의 종류는 평행도를 나타낸다.
③ 지정 길이에 대한 허용 값은 0.011이다.
④ 전체 길이에 대한 허용 값은 0.050이다.

25 다음 중 억지끼워맞춤 또는 중간끼워맞춤에서 최대 죔새를 나타내는 것은?

① 구멍의 최대 허용 치수 - 축의 최소 허용 치수
② 구멍의 최대 허용 치수 - 축의 최대 허용 치수
③ 축의 최소 허용 치수 - 구멍의 최대 허용 치수
④ 축의 최대 허용 치수 - 구멍의 최소 허용 치수

26 치수 기입의 일반적인 원칙에 대한 설명으로 틀린 것은?

① 치수는 되도록 공정마다 배열을 분리하여 기입할 수 있다.
② 관계된 치수를 명확히 나타내기 위해 치수를 중복하여 나타낼 수 있다.
③ 대상물의 기능, 제작, 조립 등을 고려하여 필요하다고 생각되는 치수를 명료하게 도면에 지시한다.
④ 도면에 나타내는 치수는 특별히 명시하지 않는 한 그 도면에 도시한 대상물의 다듬질 치수를 도시한다.

27 이론적으로 정확한 치수를 나타낼 때 사용하는 기호로 옳은 것은?

① t
② ( )
③ □
④ 10 0

28 도면 제작과정에서 다음과 같은 선들이 같은 장소에 겹치는 경우 가장 우선시 하여 나타내야 하는 것은?

① 절단선
② 중심선
③ 숨은선
④ 치수선

29 다음 등각투상도에서 화살표 방향을 정면도로 할 경우 평면도로 할 경우 가장 옳은 것은?

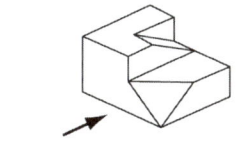

①  ②
③  ④

30 가공 결과 그림과 같은 줄무늬가 나타났을 때 표면의 결 도시기호로 옳은 것은?

① 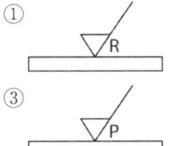 ②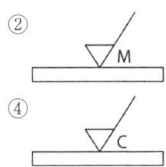
③ ④

31 제3각법에서 정면도 아래에 배치하는 투상도를 무엇이라 하는가?

① 평면도
② 좌측면도
③ 배면도
④ 저면도

32 가는 1점 쇄선으로 표시하지 않는 선은?

① 가상선
② 중심선
③ 기준선
④ 피치선

33 "가" 부분에 나타날 보조 투상도를 가장 적절하게 나타낸 것은?

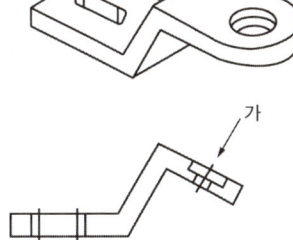

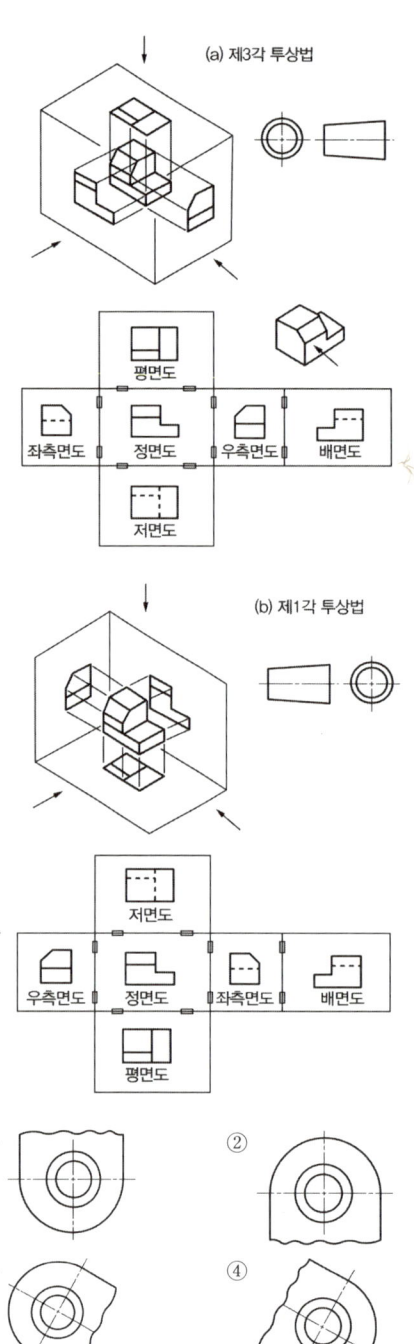

35 그림과 같이 표면의 결 지시기호에서 각 항목에 대한 설명이 틀린 것은?

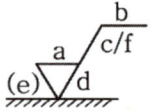

① a : 중심선 거칠기 값
② c : 가공 여유
③ d : 표면의 줄무늬 방향
④ f : R_a가 아닌 다른 거칠기 값

36 상하 또는 좌우 대칭인 물체의 1/4을 절단하여 기본 중심선을 경계로 1/2은 외부모양, 다른 1/2은 내부 모양으로 나타내는 단면도는?

① 전 단면도 ② 한쪽 단면도
③ 부분 단면도 ④ 회전 단면도

37 재료 기호가 "STS 11"로 명기되었을 때 이 재료의 명칭은?

① 합금 공구강 강재
② 탄소 공구강 강재
③ 스프링 강재
④ 탄소 주강품

38 다음 기하 공차 중 모양 공차에 속하지 않는 것은?

① ▱ ② ○
③ ∠ ④ ⌒

39 구멍의 최소 치수가 축의 최대 치수보다 큰 경우로 항상 틈새가 생기는 상태를 말하며, 미끄럼 운동이나 회전운동이 필요한 부품에 적용하는 끼워 맞춤은?

① 억지 끼워 맞춤
② 중간 끼워 맞춤
③ 헐거운 끼워 맞춤
④ 조립 끼워 맞춤

34 우리나라의 도면에 사용되는 길이 치수의 기본적인 단위는?

① mm ② cm
③ m ④ inch

40 그림의 "b" 부분에 들어갈 기하 공차 기호로 가장 옳은 것은?

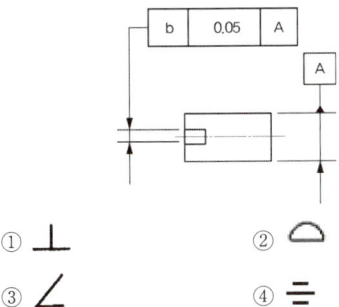

① ⊥ ② ⌒
③ ∠ ④ ＝

41 다음 중 국가별 표준규격 기호가 잘못 표기된 것은?

① 영국-BS   ② 독일-DIN
③ 프랑스-ANSI ④ 스위스-SNV

42 제3각법으로 표시된 다음 정면도와 우측면도에 가장 적합한 평면도는?

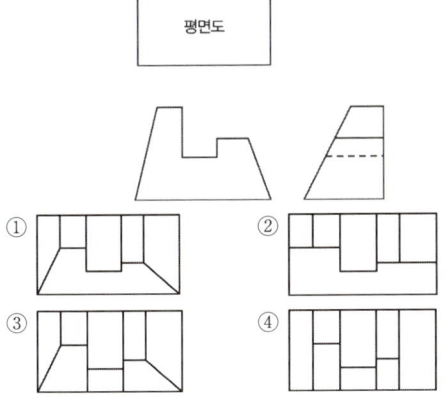

43 단면을 나타내는 데 대한 설명으로 옳지 않은 것은?

① 동일한 부품의 단면은 떨어져 있어도 해칭의 각도와 간격을 동일하게 나타낸다.
② 두께가 얇은 부분의 단면도는 실제치수와 관계없이 한 개의 굵은 실선으로 도시할 수 있다.
③ 단면은 필요에 따라 해칭하지 않고 스머징으로 표현할 수 있다.
④ 해칭선은 어떠한 경우에도 중단하지 않고 연결하여 나타내야 한다.

44 각도의 허용한계치수 기입방법으로 틀린 것은?

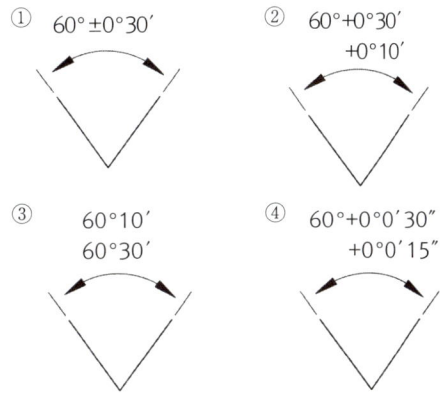

45 아래와 같은 구멍과 축의 끼워 맞춤에서 최대 죔새는?

- 구멍 : 20H7 = $20^{+0.021}_{0}$
- 축 : 20p6 = $20^{+0.035}_{+0.022}$

① 0.035   ② 0.021
③ 0.014   ④ 0.001

46 기어의 잇수는 31개, 피치원 지름은 62mm인 표준 스퍼기어의 모듈은 얼마인가?

① 1   ② 2
③ 4   ④ 8

47 배관 작업에서 관과 관을 이을 때 이음 방식이 아닌 것은?

① 나사 이음   ② 플랜지 이음
③ 용접 이음   ④ 클러치 이음

48 다음 중 스프로킷 휠의 도시방법으로 틀린 것은? (단, 축방향에서 본 경우를 기준으로 한다.)

① 항목표에는 톱니의 특성을 나타내는 사항을 기입한다.
② 바깥지름은 굵은 실선으로 그린다.
③ 피치원은 가는 2점 쇄선으로 그린다.
④ 이뿌리원을 나타내는 선은 생략 가능하다.

49 나사 표기가 다음과 같이 나타낼 때 설명으로 틀린 것은?

> Tr40×14(P7)LH

① 호칭지름이 40mm이다.
② 피치는 14mm이다.
③ 왼 나사이다.
④ 미터 사각나사이다.

50 구름 베어링 호칭 번호 "6203 ZZ P6"의 설명 중 틀린 것은?

① 62 : 베어링 계열 번호
② 03 : 안지름 번호
③ ZZ : 실드 기호
④ P6: 내부 틈새 기호

51 그림과 같이 가장자리(edge) 용접을 했을 때 용접 기호로 옳은 것은?

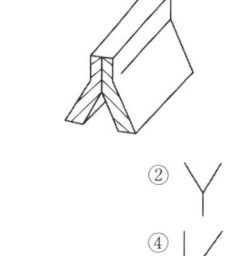

① \/   ② Y
③ ||| ④ V

52 6각 구멍붙이 볼트 M50 X 2 - 6g에서 6g가 나타내는 것은?

① 다듬질 정도   ② 나사의 호칭지름
③ 나사의 등급   ④ 강도 구분

53 동력을 전달하거나 작용 하중을 지지하는 기능을 하는 기계요소는?

① 스프링   ② 축
③ 키   ④ 리벳

54 웜의 제도 시 피치원 도시방법으로 옳은 것은?

① 가는 1점 쇄선으로 도시한다.
② 가는 파선으로 도시한다.
③ 굵은 실선으로 도시한다.
④ 굵은 1점 쇄선으로 도시한다.

55 다음 그림과 같이 스프링을 연결하는 경우 직렬접속은 어느 것인가? (단, W는 하중이고 K_1, K_2, K_3는 스프링 상수이다.)

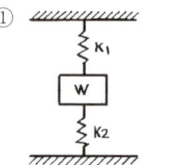 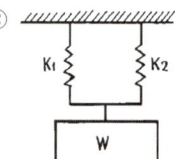

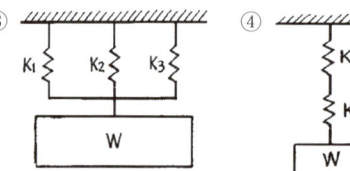

56 압축 하중을 받는 곳에 사용되며, 주로 자동차의 현가장치, 자전거의 안장 등 충격이나 진동 완화용으로 사용되는 스프링은?

① 압축 코일 스프링
② 판 스프링
③ 인장 코일 스프링
④ 비틀림 코일 스프링

57 CAD 시스템에서 기하학적 데이터의 변환에 속하지 않는 것은?

① 이동(translation)
② 회전(rotation)
③ 스케일링(scaling)
④ 리드로잉(redrawing)

58 CAD 시스템에서 출력 장치가 아닌 것은?

① 디스플레이(CRT)   ② 스캐너
③ 프린터   ④ 플로터

59 CPU(중앙처리장치)의 주요 기능으로 거리가 먼 것은?

① 제어 기능　　② 연산 기능
③ 대화 기능　　④ 기억 기능

60 정육면체, 실린더 등 기본적인 단순한 입체의 조합으로 복잡한 형상을 표현하는 방법?

① B-rep 모델링
② CSG 모델링
③ Parametric 모델링
④ 분해 모델링

제6회 정답 및 해설

전산응용기계제도기능사 CBT 시행문제

정답

01	①	02	②	03	③	04	④	05	①	06	③	07	②	08	②	09	②	10	④
11	②	12	②	13	①	14	④	15	③	16	②	17	④	18	①	19	③	20	②
21	③	22	①	23	①	24	①	25	④	26	②	27	②	28	②	29	②	30	②
31	④	32	④	33	④	34	①	35	②	36	②	37	①	38	②	39	③	40	④
41	②	42	④	43	④	44	③	45	①	46	②	47	②	48	③	49	④	50	④
51	③	52	③	53	②	54	①	55	④	56	①	57	④	58	②	59	③	60	②

01 해설

모멘트(M) = 작용 힘(F) × 작용점과의 직선 거리(L)

02 해설

$$i = \frac{z_1 \,(웜의 줄수)}{z_2 \,(웜 휠의 잇수)} = \frac{3}{60} = \frac{1}{20}$$

03 해설

이끝원 지름(소재의 지름)
= 2m+PCD=(2×2)+(2×30)=64mm

04 해설

Cu - 9.8   Ni -8.8   Al - 2.7
Mg - 1.7

05 해설

- 공정주철 - C4.3% - 1140℃
- 공석강 - C0.88% - 723℃

07 해설

황동 - Cu+Zn

08 해설

⟨6308⟩
- 6 : 형식번호
- 3 : 하중번호
- 08 : 안지름번호 08×5=40mm

09 해설

$$\sigma = \frac{W}{A}$$
$$d = \sqrt{\frac{2W}{\sigma}} = \sqrt{\frac{2 \times 20000}{40}}$$
$$= 31.62 = 31.6mm$$

12 해설

$l = n \times p \times 줄수 \times 회전수$

13 해설

$C = \dfrac{D}{d} \quad d = \dfrac{D}{C} = \dfrac{180}{9} = 20mm$

15 해설

홈 마찰차에서 홈의 각도(2α)
= 30~40°

16 해설

미터나사의 나사산 각도는 60°이다.

18 해설

$$d = \sqrt{\frac{2W}{\sigma_a}} \quad d = \sqrt{\frac{3W}{8\sigma_a}}$$
$$d = \sqrt{\frac{8W}{3\sigma_a}} \quad d = \sqrt{\frac{10W}{3\sigma_a}}$$

20 해설

호칭번호	해당기호	설명
6308 ZZ C3	C3	레이디얼 클리어런스
	ZZ	양측 시일드 붙음
	08	베어링 내경 40mm
	3	직경계열 3
	6	단열 깊은홈 볼 베어링
1206K+H 206	H206	내경 25mm의 아답터 붙음
	K	내경 테이퍼구멍 (테이퍼 1/12)
	06	베어링 내경 30mm
	2	직경계열 2
	1	자동조심 볼 베어링

[출체] 베어링 주요치수와 호칭번호|작성자 프럼

21 해설

〈직렬 치수 기입법〉
- 연속적으로 배열된 간격의 치수 기입
- 상대적인 치수가 기입되어 공차가 누적됨
- 공차가 누적되어도 상관없는 경우에 이용

〈병렬 치수 기입법〉
- 가공이나 조립의 기준선을 하나의 기점으로 선택
- 연속된 배열에도 개별적인 치수를 기입
- 치수 공차가 누적되지 않아, 다른 치수에 영향을 미치지 않음

23 해설

종류	적용하는 기하공차	공차 기호	정밀급	보통급	거친급	데이텀
모양	진직도 공차	—	0.02/1000	0.05/1000	0.1/1000	불필요
			0.01	0.05	0.1	
			⌀0.02	⌀0.05	⌀0.1	
	평면도 공차	⌗	0.02/100	0.05/100	0.1/100	
			0.02	0.05	0.1	
	진원도 공차	○	0.005	0.02	0.05	
	원통도 공차	⌭	0.01	0.05	0.1	
	선의 윤곽도 공차	⌒	0.05	0.1	0.2	
	면의 윤곽도 공차	⌓	0.05	0.1	0.2	
자세	평행도 공차	//	0.01	0.05	0.1	필요
	직각도 공차	⊥	0.02/100	0.05/100	0.1/100	
			0.02	0.05	0.1	
			⌀0.02	⌀0.05	⌀0.05	
	경사도 공차	∠	0.025	0.05	0.1	
위치	위치도 공차	⌖	0.02	0.05	0.1	
			⌀0.02	⌀0.05	⌀0.1	
	동심도 공차	◎	0.01	0.02	0.05	
	대칭도 공차	⌯	0.02	0.5	0.1	
흔들림	원주 흔들림 공차 온 흔들림 공차	↗	0.01	0.02	0.05	

24 해설

지정 길이 200mm에 대한 허용 값은 0.011이다. 전체 길이에 대한 허용 값은 0.050이다.

26 해설

〈치수 기입 원칙〉
- 중복 치수는 피한다.
- 치수는 주 투상도에 집중한다.
- 관련되는 치수는 한 곳에 모아서 기입한다.
- 치수는 공정마다 배열을 분리해서 기입한다.
- 치수는 계산해서 구할 필요가 없도록 기입한다.
- 치수 숫자는 치수선 위 중앙에 기입하는 것이 좋다.

- 치수 중 참고 치수에 대하여는 수치에 괄호를 붙인다.
- 필요에 따라 기준으로 하는 점, 선, 면을 기초로 하여 기입한다.
- 도면에 나타나는 치수는 특별히 명시하지 않는 한 다듬질 치수를 표시한다.
- 치수는 투상도와의 모양 및 치수의 비교가 쉽도록 관련 투상도 쪽으로 기입한다.
- 치수는 대상물의 크기, 자세 및 위치를 가장 명확하게 표시할 수 있도록 기입한다.
- 기능상 필요한 경우 치수의 허용 한계를 지시한다. (단, 이론적 정확한 치수는 제외)
- 대상물의 기능, 제작, 조립 등을 고려하여 꼭 필요한 치수를 분명하게 되면에 기입한다.
- 하나의 투상도인 경우, 수평 방향의 길이 치수 위치는 투상도의 위쪽에서 읽을 수 있도록 기입한다.
- 하나의 투상도인 경우, 수직 방향의 길이 치수 위치는 투상도의 오른쪽에서 읽을 수 있도록 기입한다.

〈치수 기입 시 주의사항〉
- 한 도면 안에서의 치수는 같은 크기로 기입한다.
- 각도를 라디안 단위로 기입하는 경우 그 단위 기호인 rad을 기입한다.
- cm이나 m를 사용할 필요가 있는 경우 반드시 cm나 m를 기입해야 한다.
- 길이 치수는 원칙적으로 mm의 단위로 기입하고, 단위 기호는 붙이지 않는다.
- 치수 숫자는 정자로 명확하게 치수선의 중앙 위쪽에 약간 띄어서 평행하게 표시한다.
- 치수 숫자의 단위수가 많은 경우 3자리마다 숫자의 사이를 적당히 띄우고 콤마를 붙이지 않는다.
- 숫자와 문자는 고딕체를 사용하고, 크기는 도면과 투상도의 크기에 따라 알맞은 크기와 굵기를 선택한다.
- 각도 치수는 일반적으로 도의 단위로 기입하고, 필요한 경우 분, 초를 병용할 수 있으며, 도, 분, 초 등의 단위를 기입한다.

27 해설
- t – 두께
- ( ) – 참고치수
- □ – 정사각형 기호
- 100 – 이론적으로 정확한 치수

28 해설
기호, 숫자 – 외형선 – 숨은선 – 절단선– 무게중심선 – 중심선 – 치수보조선

30 해설
- M – 교차 또는 무방향
- C – 동심원

32 해설
가상선 – 가는 이점쇄선

35 해설
- a : 중심선 거칠기 값
- b : 가공방법
- c : 컷오프 값
- d : 표면의 줄무늬 방향
- f : 기준길이 값
- e : 가공여유 값

36 해설
한쪽 단면도 (반 단면도) – 상하 또는 좌우 대칭인 물체의 1/4을 절단하여 기본 중심선을 경계로 1/2은 외부모양, 다른 1/2은 내부모양으로 나타내는 단면도

37 해설
- STC – 탄소 공구강 강재
- SPS – 스프링 강재
- SC – 탄소 주강품

38 해설
- ⌒ – 평면도
- ○ – 진원도

- ⌒ – 선의 윤곽도

39 해설
- 헐거운 끼워맞춤 – 구멍의 최소 치수가 축의 최대 치수보다 큰 경우로 항상 틈새가 생기는 상태, 미끄럼 운동이나 회전운동이 필요한 부품에 적용하는 끼워맞춤
- 억지 끼워맞춤 – 축의 최소 치수가 구멍의 최대 치수보다 큰 경우로 항상 죔새가 생기는 상태

40 해설
- ⌯ – 대칭도

41 해설

각국의 표준화 규격	
KS	한국
EN	유럽
DIN	독일
BS	영국
NF	프랑스
ANSI	미국
CSA	캐나다
SA	호주
CNS	대만
GOST	러시아
GB	중국
JIS	일본

43 해설
해칭선은 문자, 기호 숫자 등이 겹칠 경우에는 중단하여 나타내야 한다.

45 해설
최대 죔새
= 축의 최대허용치수 – 구멍의 최소허용치수
= +0.035 – 0 = 0.035

46 해설
PCD = M × Z, $m = \dfrac{pcd}{z} = \dfrac{62}{31} = 2$

47 해설
관 이음 – 나사이음, 용접이음, 플랜지 이음

48 해설
- 스퍼 기어와 같은 방법으로 바깥지름은 굵은 실선
- 피치원은 가는 1점 쇄선, 이뿌리원은 가는 실선 또는 굵은 파선으로 표시한다.
- 축에 직각 방향으로 본 그림을 단면으로 도시할 때에는 톱니를 단면으로 하지 않고, 이뿌리의 위치에서 절단하여 이뿌리선은 굵은 실선으로 한다.

50 해설
P6 – 등급기호

51 해설

번호	명칭	그림	기호
6	넓은 루트면이 있는 한 면 개선형		Y
7	U형 맞대기 용접 (평형면 또는 경사면)		Y
8	J형 맞대기 용접		Y
9	이면 용접		⌒
10	필릿 용접		△
11	플러그 용접 : 플러그 또는 슬롯 용접(미국)		⊓
12	점 용접		○
13	심(seam) 용접		⊖

번호	명칭	그림	기호
14	개선각이 급격한 V형 맞대기 용접		\/
15	개선각이 급격한 일면 개선형 맞대기 용접		|
16	가장자리(edge) 용접		|||

52 해설

6g – 수나사 등급

56 해설

- 압축 코일 스프링 – 코일 중심선 방향으로 압축 하중을 받는 코일 스프링 – 자동차 현가 장치, 자전거 안장 등 충격 및 진동 완화용으로 사용
- 인장 코일 스프링 – 코일 중심선 방향으로 인장 하중을 받는 코일 스프링 – 재봉틀의 실걸이 스프링, 자전거 앞 브레이크 스프링어용으로 사용
- 비틀림 코일 스프링 – 코일 중심선 주위에 비틀림을 받는 코일 스프링

60 해설

- CSG 모델링 – 정육면체, 실린더 등 기본적인 단순한 입체의 조합으로 복잡한 형상을 표현
- B-Rep (Boundary Representation) 방향성과 경계가 있는 곡면들로 솔리드를 표현
- Parametric modeling 파라미터 즉 매개변수(Parameter)를 사용한 수식을 적용해서 모델의 형상을 제어한다는 의미를 가지고 있다.

제1회 필기 CBT 시행문제

01 성수지의 공통된 성질 중 틀린 것은?
① 가볍고 튼튼하다.
② 전기절연성이 좋다.
③ 단단하며 열에 강하다.
④ 가공성이 크고 성형이 간단하다.

02 다음 중 선팽창계수가 큰 순서대로 올바르게 나열한 것은?
① 알루미늄 〉 구리 〉 철 〉 크롬
② 철 〉 크롬 〉 구리 〉 알루미늄
③ 크롬 〉 알루미늄 〉 철 〉 구리
④ 구리 〉 철 〉 알루미늄 〉 크롬

03 고속도공구간 강재의 표준형으로 널리 사용되고 있는 18-4-1형에서 텅스텐 함유량은(%)?
① 1   ② 4
③ 18   ④ 23

04 열처리 방법 중 강을 경화시킬 목적으로 실시하는 열처리는?
① 담금질   ② 뜨임
③ 불림   ④ 풀림

05 보통 주철에 비하여 규소가 적은 용선에 적당량의 망간을 첨가하여 주입하면 금형에 접촉되는 부분은 급랭되어 아주 가벼운 백주철이 되는데, 이러한 주철을 무엇이라 하는가?
① 가단주철   ② 칠드주철
③ 고급주철   ④ 합금주철

06 탁상용 드릴머신에서 드릴자루의 최대지름은?
① ∅20   ② ∅13
③ ∅10   ④ ∅8

07 암나사의 안지름과 골지름을 표시하는 방법이 맞는 것은? (단면하지 않은 상태로 도시한 그림을 기준으로 함)
① 안지름은 굵은 실선 골지름은 가는실선으로 그린다.
② 안지름은 굵은 파선 골지름은 가는파선으로 그린다.
③ 안지름은 가는 실선 골지름은 굵은파선으로 그린다.
④ 안지름은 가는 실선 골지름은 굵은실선으로 그린다.

08 연삭가공에서 결합제의 기호 중 틀린 것은?
① 비트리파이드 - V
② 금속결합제 - M
③ 셀락 - E
④ 레지노이드 - R

09 CNC공작기계의 일반적인 특징으로 틀린 것은?
① 품질이 균일한 생산물을 얻을 수 있으나 고장 발생시 자가진단이 어렵다.
② 공작기계가 공작물을 가공 중에도 파트 프로그램 수정이 가능하다.
③ 인치단위의 프로그램을 쉽게 미터 단위로 자동 변환할 수 있다.
④ 파트 프로그램을 매크로 형태로 저장시켜 필요시 불러 사용할 수 있다.

10 알콜, 석유 등의 유류호재 등급은?
① A급 ② B급
③ C급 ④ D급

11 선반에서 그림과 같이 테이퍼 가공을 하려 할 때 필요한 심압대의 편위량은 몇 mm인가?

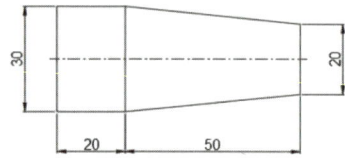

① 5 ② 6
③ 7 ④ 8

12 컴퓨터 도면 관리시스템의 일반적인 장점을 잘못 설명한 것은?
① 여러가지 도면 및 파일의 통합관리체계를 구축 가능하다.
② 반영구적인 저장매체로 유실 및 훼손의 염려가 없다.
③ 도면의 질과 정확도를 향상시킬 수 있다.
④ 정전 시에도 도면 검색 및 작업을 할 수 있다.

13 제도 표시를 단순화하기 위해 공차 표시가 없는 선형치수에 대한 일반 공차를 4개의 등급으로 나타낼 수 있다. 이 중 공차등급이 '거침'에 해당하는 호칭기호는?
① c ② f
③ m ④ v

14 다음 설명에 해당하는 나사는 무엇인가?

- 미국, 영국, 캐나다 3국의 협정에 의해 지정된 것이다.
- ABC나사라고도 한다.
- 나사산의 각도가 60°인 인치계 나사이다.

① 유니파이나사 ② 관용나사
③ 사다리꼴나사 ④ 미터나사

15 리베팅이 끝난 뒤에 리벳 머리의 주위 또는 강판의 가장자리를 정으로 때려 그 부분을 밀착시켜 틈을 없애는 작업은?
① 시밍 ② 코킹
③ 커플링 ④ 해머링

16 피치 2mm인 2줄 삼각나사를 180° 회전시켰을 때 이동거리는 얼마인가?
① 1.2mm ② 1mm
③ 4mm ④ 2mm

17 머시닝센터에서 테이블에 고정된 공작물의 높이를 측정하고자 할 때 가장 적당한 것은?
① 한계게이지 ② 다이얼게이지
③ 사인바 ④ 하이트게이지

18 다음의 자료표현 중 그 크기가 가장 큰 것은?
① bit(비트) ② byte(바이트)
③ record(레코드) ④ field(필드)

19 일반적으로 스퍼기어의 요목표에 기입하는 사항이 아닌 것은?
① 치형 ② 잇수
③ 피치원지름 ④ 비틀림각

20 그림과 같이 표면의 결도시 기호가 지시되었을 때 표면의 줄무늬 방향은?

① 가공으로 생긴 선이 거의 동심원
② 가공으로 생긴 선이 여러 방향
③ 가공으로 생긴 선이 방향이 없거나 돌출됨
④ 가공으로 생긴 선이 투상면에 직각

21 기어전동기와 비교 했을 때 V벨트 전동기의 장점으로 틀린 것은?

① 미끄럼으로 안전한 동력을 전달한다.
② 원동축의 진동이나 충격이 종동축에 전달되지 않는다.
③ 먼거리의 동력을 전달할 수 있다.
④ V벨트는 엇걸기로 동력을 전달할 수 있다.

22 스프링의 종류와 모양만을 도시할 때 재료의 중심선을 어떤 식으로 표시하는가?

① 굵은 실선
② 가는 실선
③ 굵은 1점 쇄선
④ 가는 1점 쇄선

23 스프링의 용도에 대한 설명 중 틀린 것은?

① 힘의 측정에 사용된다.
② 마찰력 증가에 이용된다.
③ 일정한 압력으로 가할 때 사용된다.
④ 에너지를 저축하여 동력원으로 작동시킨다.

24 시간의 변화에도 힘의 크기와 방향이 변하지 않는 하중은?

① 정하중
② 동하중
③ 굽힘하중
④ 인장하중

25 나사의 표시방법 중 Tr40x14(P7)-7e에 대한 설명 중 틀린 것은?

① Tr은 미터사다리꼴 나사를 뜻한다.
② 줄수는 7줄이다.
③ 40은 호칭지름 40mm를 뜻한다.
④ 리드는 14mm이다.

26 그림과 같이 V벨트 풀리의 일부분을 잘라내고 필요한 내부 모양을 나타내기 위한 단면도는?

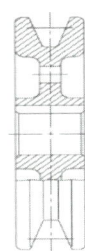

① 온단면도
② 한쪽단면도
③ 부분단면도
④ 회전도시단면도

27 모듈5, 잇수가 60인 표준 평기어의 이끝원은 몇mm인가?

① 300mm
② 310mm
③ 320mm
④ 340mm

28 구멍의 치수가 ⌀50+0.025/0 축의 치수가 ⌀50 0/-0.025일 때 최대 틈새는 얼마인가?

① 0.025
② 0.05
③ 0.01
④ 0.07

29 치수 보조선에 대한 설명으로 옳지 않은 것은?

① 필요한 경우에는 치수선에 대하여 적당한 각도로 평행한 치수 보조선을 그을 수 있다.
② 도형을 나타내는 외형선과 치수 보조선은 떨어져서는 안된다.
③ 치수 보조선은 치수선을 약간 지날 때까지 연장하여 나타낸다.
④ 가는 실선으로 나타낸다.

30 도면의 척도가 1:2로 도시되었을 때 척도의 종류는?

① 배척
② 축척
③ 현척
④ 비례척이 아님

31 축의 도시 방법에 대한 설명으로 틀린 것은?
 ① 긴축은 중간 부분을 파단하여 짧게 그리고 실제 치수를 기입한다.
 ② 길이 방향으로 절단하여 단면을 도시한다.
 ③ 축의 끝에는 조립을 쉽고 정확하게 하기 위해 모따기를 한다.
 ④ 축의 일부중 평면 부위는 가는 실선의 대각선으로 표시한다.

32 구름베어링의 호칭이 6203ZZ인 베어링의 안지름은 몇 mm인가?
 ① 3 ② 15
 ③ 17 ④ 30

33 기하공차의 종류에서 위치공차에 해당하는 것은?
 ① 평면도 ② 원통도
 ③ 동심도 ④ 직각도

34 스프로킷 휠의 도시방법에 대한 설명 중 옳은 것은?
 ① 스프로킷의 이끝원은 가는 실선으로 그린다.
 ② 스프로킷의 피치원은 가는 2점 쇄선으로 그린다.
 ③ 스프로킷의 이뿌리원은 가는 실선으로 그린다.
 ④ 축의 직각방향에서 도시할 때 이뿌리원은 가는 실선으로 그린다.

35 구의 지름이 100일 때 맞는 기호 표기는?
 ① R100 ② SR100
 ③ ⌀100 ④ S⌀100

36 도면에서 구멍의 치수가 ⌀70+0.07/−0.04로 기입되어 있다면 치수공차는?
 ① 0.11 ② 0.03
 ③ 0.04 ④ 0.07

37 직립형 브로우칭머신과 비교했을 때 수평형 브로우칭머신의 특징 중 틀린 것은?
 ① 기계점검이 어렵다.
 ② 가동 및 안전성이 직립형보다 우수하다.
 ③ 기계의 조작이 쉽다.
 ④ 설치면적이 크다.

38 방전가공에서 가공액의 역할이 아닌 것은?
 ① 극간의 절연 회복
 ② 방전 폭발압력의 발생
 ③ 방전가공 부분의 보온
 ④ 가공칩의 제거

39 다음과 같은 배관 설비 도면에서 유니온 접속을 나타내는 기호는?

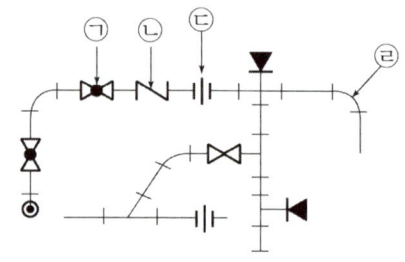

 ① ㉠ ② ㉡
 ③ ㉢ ④ ㉣

40 다음 중 표면강화의 종류가 아닌 것은?
 ① 침탄법 ② 질화법
 ③ 고주파경화법 ④ 심냉처리법

41 열경화성수지에서 높은 전기절연성이 있어 전기부품 재료로 많이 쓰이고 있는 베크라이트(Bakelite)라고 불리는 수지는?
 ① 요소수지 ② 페놀수지
 ③ 멜라민수지 ④ 에폭시수지

42 8~12% Sn에 1~2% Zn의 구리합금으로 밸브, 콕, 기어, 베어링, 부시 등에 사용되는 합금은?
① 코르손 합금 ② 베릴륨합금
③ 포금 ④ 규소청동

43 다음 설명에 가장 적합한 3차원의 기하학적인 형상 모델링 방법은?

> - Boolean 연산을 통해서 복잡한 형상 표현이 가능하다.
> - 형상을 절단한 단면도 작성이 용이하다.
> - 은선제거가 가능하고 물리적인 성질 등의 계산이 가능하다.
> - 컴퓨터의 메모리 양과 데이터 처리가 많아진다.

① 서피스 모델링(Surface Modeling)
② 솔리드 모델링(Solid Modeling)
③ 시스템 모델링(System Modeling)
④ 와이어 프레임 모델링(Wire Modeling)

44 CAD 시스템에서 마지막 입력점을 기준으로 다음 점까지의 직선거리와 기준 직교축과 그 직선이 이루는 각도로 입력하는 좌표계는?
① 절대좌표계 ② 구면좌표계
③ 원통좌표계 ④ 상대극좌표계

45 등각 투상도에 대한 설명으로 틀린 것은?
① 원근감을 느낄 수 있도록 하나의 시점과 물체의 각 점을 방사선으로 이어서 그린다.
② 정면, 평면, 측면을 하나의 투사도에서 동시에 볼 수 있다.
③ 직육면체에서 직각으로 만나는 3개의 모서리는 120°를 이룬다.
④ 한 축이 수직일 때 나머지 두 축은 수평선과 30°를 이룬다.

46 다음과 같이 표시된 기하공차에서 A가 의미하는 것은?

// | 0.011 | A

① 공차 종류와 기호
② 기준면
③ 공차등급의 기호
④ 공차값

47 다음 중 나사의 종류를 표시하는 기호로 맞는 것은?
① 미터보통나사 - BC
② 미니추어나사 - SM
③ 유니파이 보통나사 - UNC
④ 미터사다리꼴나사 - G

48 다음 투상도의 좌측면도에 해당하는 것은? (단, 제3각 투상법으로 표현한다.)

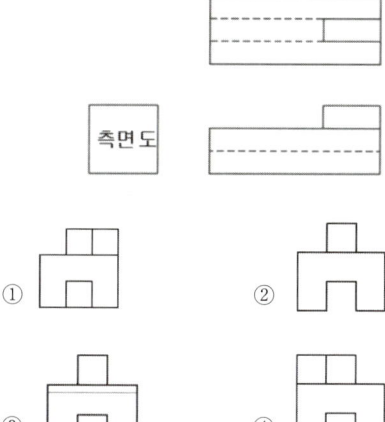

49 다음 보기의 설명에 해당되는 도면양식은 무엇인가?

- 도면의 영역을 명확히 한다.
- 용지의 가장자리에서 생기는 손상으로 도면내용이 보호되도록 그리는 테두리선이다.
- 선의 굵기는 0.5mm 이상의 굵기인 실선으로 그린다.

① 윤곽선　　　　② 비교눈금
③ 표제란　　　　④ 중심마크

50 도면관리에서 다른 도면과 구별하고 도면의 내용을 직접 보지 않고 제품의 종류 및 형식 등의 내용을 알 수 있도록 하기 위해 기입하는 것은?

① 도면번호　　　② 도면척도
③ 도면양식　　　④ 중심마크

51 최대실체공차 방식에서 외측 형체에 대한 실효치수의 식으로 옳은 것은?

① 최대실체치수 - 기하공차
② 최대실체치수 + 기하공차
③ 최소실체치수 - 기하공차
④ 최소실체치수 + 기하공차

52 다음 중 축에는 홈을 파지 않고 보스에만 키홈을 파는 것은?

① 성크키　　　　② 스플라인키
③ 평키　　　　　④ 새들키

53 운전 중 또는 정지 중에 운동을 전달하거나 차단하기에 적절한 축이음은?

① 외접기어　　　② 클러치
③ 올덤커플링　　④ 유니버설조인트

54 스프링의 종류와 모양만을 도시하면 재료의 중심선을 어떤 선으로 표시하는가?

① 굵은 실선　　　② 가는 실선
③ 굵은 1점 쇄선　④ 가는 1점 쇄선

55 면을 사용하여 은선을 제거할 수 있고 또 면의 구분이 가능하므로 가공면을 자동적으로 인식 처리 할 수 있어서 NCdata에의 NC가공작업이 가능하나 질량 등의 물리적인 성질은 구할 수 없는 모델링 방법은?

① 서피스 모델링
② 솔리드 모델링
③ 시스템 모델링
④ 와이어 프레임 모델링

56 밀링작업에서 안전 및 유의사항으로 틀린 것은?

① 바이스의 일감은 단단하게 고정한다.
② 정면 밀링커터작업을 할 때에는 보안경을 써야 한다.
③ 주축을 변속할 때는 저속상태에서 해야 한다.
④ 테이블 위에는 측정기나 공구를 올려놓지 말아야 한다.

57 다음의 치수공차에서 최대허용치수는?

$$\varnothing 100 \, ^{+0.04}_{-0.02}$$

① 99.98　　　　② 100.04
③ 0.02　　　　 ④ 0.06

58 풀림의 목적이 아닌 것은?

① 조직이 균일화된다.
② 재질을 경화시킨다.
③ 내부 응력을 저하시킨다.
④ 강의 경도가 낮아져 연화된다.

59 구름베어링의 호칭번호에서 6203 ZZ P6의 설명 중 틀린 것은?

① 62 : 베어링 계열 번호
② 03 : 안지름 번호
③ ZZ : 실드 기호
④ P6 : 내부 틈새 기호

60 CAD 시스템에서 출력장치가 아닌 것은?

① 디스플레이　　② 스캐너
③ 프린터　　　　④ 플로터

제1회 정답 및 해설

전산응용기계제도기능사 CBT 시행문제

정답

01	③	02	①	03	③	04	①	05	②	06	②	07	②	08	④	09	①	10	②
11	③	12	④	13	①	14	④	15	②	16	④	17	④	18	③	19	④	20	②
21	④	22	①	23	②	24	①	25	②	26	③	27	②	28	②	29	②	30	②
31	②	32	②	33	③	34	③	35	④	36	①	37	②	38	②	39	③	40	④
41	②	42	②	43	②	44	②	45	①	46	②	47	③	48	②	49	①	50	①
51	②	52	④	53	②	54	①	55	①	56	③	57	②	58	②	59	④	60	②

01 해설

장점
- 비중이 작고 경량이면서 강도가 큰 편이다.
- 내화학적 및 전기절연성이 우수한 재료가 많다.
- 흡수 및 투수성이 거의 없다.
- 착색이 가능하고 광택이 좋은 재료이다.
- 가공성이 크고 접착성이 좋다.

단점
- 경도가 낮아서 잘 긁히며, 햇빛에 의해 변색이 쉽다.
- 내화성이 낮아서 비교적 저온에서 연화, 연질되며 연소 시 유독가스가 발생한다.
- 온도 및 습도에 의한 변형이 크고, 내후성이 부족하여 풍화의 우려가 있다.

02 해설

Zn 〉 Pb 〉 Mg 〉 Al 〉 Sn 〉 Mn 〉 Ag 〉 Cu 〉 Au 〉 Fe 〉 Pt 〉 Li

- **전기전도율**
  Ag(은) 〉 Cu(구리) 〉 Au(금) 〉 Al(알루미늄) 〉 Mg(마그네슘) 〉 Zn(아연) 〉 Ni(니켈) 〉 Fe(철)
- **열전도율**
  Ag(은) 〉 Cu(구리) 〉 Au(금) 〉 Al(알루미늄) 〉 Mg(마그네슘) 〉 Zn(아연) 〉 Ni(니켈) 〉 Fe(철)

03 해설

고속도공구강(하이스, High Speed Tool Steel)은 고강도, 고인성, 고내마모성의 대표적인 공구용강으로 절삭용 각종 공구, 엔드밀, 드릴, 리머, 탭 등의 공구 제작으로 사용 표준조성은 텅스텐(W) 18%, 크롬(Cr) 4%, 바나듐(V) 1%이다.

04 해설

① 풀림(어닐링) : 금속의 연성을 높이고 내부응력제거하며 기계적성질을 균일하게 만든다. 공냉 또는 노냉 냉간가공을 위해 사용
② 불림(노멀라이징) : 금속의 조직 미세화 표준화, 재결정온도 이상으로 가열 후 냉각 공냉 조직의 미세화로 강도와 경도의 향상되고 풀림보다 냉각속도는 빠름
③ 뜨임(템퍼링) : 담금질 후 실시하며 경화된 금속을 가열 후 공냉 취성을 감소하고 인성을 부여하며 경도와 강도를 균일하게 함 잔류 오스테나이트를 마텐자이트화 함
④ 담금질(퀜칭) : 금속을 오스테나이트화한 후 물, 기름 등에 급랭 마르텐사이트로 변태하여 경화됨 경도와 강도는 크게 올라가나 내부응력으로 인해 취약해짐

05 해설

주철을 금형이 붙어 있는 사형에 주입, 응고할 때 필요 부분이 급랭되어 단단하고 강인한 성질을 갖게 되는 조직을 칠이라고 함, 칠층의 두께는 10~25mm 정도 냉경주물이라 함. 표면은 백주철로 하고, 내부는 연한 회주철로 만든 것으로 압연용 칠드 롤러, 차륜 등과 같은 것에 사용됨.

06 해설

탁상드릴
- 직선자루 직경이 13mm
- 테이퍼자루 직경이 20~75mm(모스테이퍼)

07 해설

암나사 제도법
- 암나사 골지름은 굵은 선, 바깥지름은 가는선으로 그린다.
- 단면을 해칭하는 경우 골지름까지 긋는다.
- 나사 끝에서 본 제도는 우측 상단 1/4을 열어 둔다.
- 치수는 바깥지름에 표시하며 지시선은 60도로 뽑아서 표시한다. 관통 나사는 나사의 호칭 치수, 탭나사는 호칭 치수와 완전 나사부 깊이만 기입하고 드릴 깊이는 기입하지 않는다.
- 바깥지름과 골지름 사이의 간격은 호칭 지름 1/8 ~ 1/10로 그린다.
- 관통하지 않은 암나사는 드릴 날끝각이 118도 이나 날끝각을 120도로 그린다.

08 해설

결합제	기호	원호	주성분	용도
무기질	V	Vitrified	점토, 장석 〈자기질〉	일반 연삭용 (90%사용) 지름이 크거나 얇은 숫돌에 부적합(충격에 약함)

결합제	기호	원호	주성분	용도
무기질	S	Silicate	물, 유리 〈규산소오다〉	대형 숫돌에 사용(중연삭에 부적합) (고속도강), 균열 발생 쉬운 재료
유기질	E	Shellai	천연수지 〈셀락〉	결합력 제일 약함, 거울면 연삭절단용 및 다듬질 면의 정밀도가 높은 것에 사용
유기질	R	Rubber	합성 〈천연〉 고무	매우 얇은 숫돌 사용 센터리스 조정 숫돌용
유기질	B	Resinoid	베클라이트	절단 숫돌용에 적합 주물 덧쇠 자르기에 사용
금속	PVA	Polyvingl	비닐 결합제	비철금속 연삭용
금속	M	Metal	천연다이아몬드 황동, 니켈, 은	초경합금 연삭용, 세라믹, 보석, 유리

10 해설

A급 일반화재, B급 유류화재, C급 전기화재, D급 금속화재, F급 식용유화재

11 해설

$$e = \frac{(D-d)L}{2l} = \frac{(30-20)70}{2 \times 50} = 7mm$$

13 해설

ISO2768-1에서 허용 등급 f-거침, m-중간, c-조밀, v-매우조밀 일반허용을 지정
외부의크기, 내부크기, 직경, 반경, 거리 등 선형치수에

적용해서 가공능력과 설계요구 사항에 따라 선택함

15 해설
- 코킹(Caulking) - 기밀을 필요로 하는 경우에 리벳팅 후 리벳 머리 주위와 강판의 가장자리를 정과 같은 공구로 때리는 작업을 말함. 강판의 자리 75~85° 경사지게 함, 5mm 이상의 강판에서 가능, 5mm 미만은 패킹 등으로 기밀유지함
- 플러링(Fullering) - 기밀을 더욱 완벽하게 하는 목적으로 나비의 끝이 넓은 플러링공구로 강판의 가장자리를 때리는 작업

16 해설
$l = n \times p \times 회전수 = 2 \times 2 \times 0.5 = 2mm$

17 해설
하이트게이지 = 높이게이지

18 해설
비트 〈 니블 〈 바이트 〈 워드 〈 필드 〈 레코드

19 해설
비틀림각은 헤리컬 기어에 적용

20 해설

기호	의미	설명도
=	투상면에 평행	
⊥	투상면에 직각	

기호	의미	설명도
X	다방면 교차	
M	무방향	
C	동심원	
R	방사상	

22 해설
- 스프링은 원칙적으로 무하중인 상태로 그린다. 만약, 하중이 걸린 상태에서 그릴 때에는 선도 또는 그 때의 치수와 하중을 기입한다.
- 하중과 높이(또는 길이) 또는 처짐과의 관계를 표시할 필요가 있을 때에는 선도 또는 항목표에 나타낸다.
- 특별한 단서가 없는 한 모두 오른쪽 감기로 도시하고, 왼쪽 감기로 도시할 때에는 '감긴 방향 왼쪽'이라고 표시한다.
- 코일 부분의 중간 부분을 생략할 때에는 생략한 부분을 가는 1점 쇄선으로 표시하거나 또는 가는 2점 쇄선으로 표시해도 좋다.
- 스프링의 종류와 모양만을 도시할 때에는 재료의 중심선만을 굵은 실선으로 그린다.
- 조립도나 설명도 등에서 코일 스프링은 그 단면만으로 표시하여도 좋다.

24 해설
- 정하중 : 정지하고 있는 물체에 대해 힘의 크기, 방향 및 작용점이 일정한 하중(인장하중, 압축하중, 전단하중, 토크(모멘트) 등
- 동하중
  - 변동 하중: 불규칙한 작용을 하는 하중으로 진폭

과 주기가 모두 변화
- 반복 하중 : 계속하여 반복 작용하는 하중으로 진폭은 일정하고 주기는 규칙적
- 교번 하중 : 하중의 크기와 방향이 충격 없이 주기적으로 변화
- 이동 하중 : 물체 위를 이동하며 작용하는 하중

25 해설
- Tr – 미터 사다리꼴나사
- 14 – 리드
- P7 – 피치
- 7e – 수나사 등급

27 해설
D = m × Z + (2 × m) = 5 × 60 + (2 × 4)
  = 310mm

28 해설
최대 틈새
= 구멍의 최대허용치수값 – 축의 최소허용치수값
= 50.025 – 49.975 = 0.05
= 구멍의 위치수허용차 – 축의 아래치수 허용차
= +0.025 – (– 0.024) = 0.05

31 해설
- 긴 축은 중간을 파단하여 짧게 그릴 수 있다.
- 축의 키 홈 부분의 표시는 부분 단면도로 나타낸다.
- 축의 끝은 모따기를 하고 모따기 치수를 기입한다.
- 축은 길이 방향으로 절단하여 단면을 도시하지 않는다.

32 해설
- 00 – 10mm
- 01 – 12mm
- 02 – 15mm
- 03 – 17mm
- 04×5 – 20mm

33 해설

종류	적용하는 기하공차	공차 기호	정밀급	보통급	거친급	데이텀
모양	평면도 공차	⌓	0.02/100	0.05/100	0.1/100	불필요
			0.02	0.05	0.1	
	진원도 공차	○	0.005	0.02	0.05	
	원통도 공차	⌭	0.01	0.05	0.1	
	선의 윤곽도 공차	⌒	0.05	0.1	0.2	
	면의 윤곽도 공차	⌓	0.05	0.1	0.2	
자세	평행도 공차	//	0.01	0.05	0.1	필요
	직각도 공차	⊥	0.02/100	0.05/100	0.1/100	
			0.02	0.05	0.1	
			⌀0.02	⌀0.05	⌀0.05	
	경사도 공차	∠	0.025	0.05	0.1	
위치	위치도 공차	⌖	0.02	0.05	0.1	
			⌀0.02	⌀0.05	⌀0.1	
	동심도 공차	◎	0.01	0.02	0.05	
	대칭도 공차	=	0.02	0.5	0.1	
흔들림	원주 흔들림 공차 온 흔들림 공차	⌰	0.01	0.02	0.05	

34 해설
스퍼 기어와 같은 방법으로 바깥지름은 굵은 실선, 피치원은 가는 1점 쇄선, 이뿌리원은 가는 실선 또는 굵은 파선으로 표시한다.
축에 직각 방향으로 본 그림을 단면으로 도시할 때에는 톱니를 단면으로 하지 않고, 이뿌리의 위치에서 절단하여 이뿌리선은 굵은 실선으로 한다.

36 해설
치수공차 = 위치수허용차 – 아래치수허용차
       = +0.07 – (–0.04) = 0.11

38 해설
방전가공에서 가공액의 역할은 다음과 같다.
- 절연 역할 : 전극과 공작물 사이의 전기적 절연을 유지
- 열 제거 : 방전 시 발생하는 열을 흡수하여 공작물

과열 방지
- 절삭물 제거 : 방전 중 발생하는 미세 절식물을 씻어내어 작업 공간 청결 유지
- 방전 안정화 : 방전 간격과 패턴을 일정하게 유지하여 가공의 정확도 향상

즉, 가공액은 방전가공의 효율성 및 품질을 높이는 중요한 역할을 한다.

40 해설

표면경화법은 금속 재료의 표면을 강화하여 내마모성, 내식성 등을 개선하는 방법이다. 주요 표면경화법은 다음과 같다.

열처리법 (Heat Treatment)
- 질화처리(Nitriding) : 질소를 금속 표면에 침투시켜 표면을 경화
- 경화처리(Hardening) : 금속을 고온에서 가열한 후 급냉하여 표면을 경화
- 침탄처리(Carburizing) : 표면에 탄소를 침투시켜 표면을 강화
- 퍼지처리(Purging) : 표면을 고온에서 금속 원소와 결합시켜 경화
- 레이저 표면 경화(Laser Surface Hardening) : 고출력 레이저를 사용하여 표면을 급격히 가열하고 빠르게 냉각시켜 표면을 경화
- 전자빔 경화(Electron Beam Hardening) : 전자빔을 사용하여 금속 표면을 빠르게 가열한 후 냉각시켜 경화
- 화학적 경화(Chemical Hardening) : 표면에 특정 화학 물질을 반응시켜 경화시키는 방법. 예를 들어, 산화처리(Anodizing) 등이 있다.
- 플라즈마 경화(Plasma Hardening) : 플라즈마 상태에서 금속 표면을 처리하여 경화를 유도하는 방법

이 외에도 다양한 방법들이 있지만, 위의 방법들이 대표적인 표면경화법이다.

47 해설

나사의 종류를 표시하는 기호는 보통 나사의 형상이나 규격을 나타내는 문자와 숫자 조합으로 구성된다. 일반적으로 사용되는 나사의 종류를 구분하는 기호는 다음과 같다.

- M : 미터법 나사 (Metric screw)
  - 예 : M10, M12, M8 등. 이 기호는 나사의 직경을 밀리미터 단위로 나타난다.
- BSP : British Standard Pipe (영국식 파이프 나사)
  - 예 : BSPT, BSPP. 이 기호는 주로 파이프 연결용 나사를 나타낸다.
- UNC : Unified National Coarse (미국식 일반 나사)
  - 예 : UNC 1/4-20, UNC 3/8-16 등. 미국에서 일반적으로 사용되는 나사이다.
- UNF : Unified National Fine (미국식 미세 나사)
  - 예 : UNF 1/4-28, UNF 3/8-24 등. 더 정밀한 나사로, UNC보다 나사산 간격이 좁다.
- JIS : 일본 산업 규격 나사 (Japan Industrial Standard)
  - 예 : JIS B 0205, JIS B 0202 등. 일본에서 사용하는 나사의 규격을 나타난다.

이 외에도 나사의 종류를 나타내는 다양한 기호가 있으며, 나사의 규격을 정확하게 표시하려면 이러한 기호와 함께 나사의 직경, 피치, 길이 등도 명시되어야 한다.

51 해설

최대실체공차 방식에서 외측 형체에 대한 실효치수(실제 치수)는 다음과 같은 방식으로 계산된다.

최대실체공차 방식에서 외측 형체의 실효치수 : 실효치수는 실제 치수가 공차 범위 내에서 허용된 최대 크기를 의미한다. 이때, 외측 형체는 측정 시 외부 경계를 기준으로 측정하는 것이므로, 해당 형체의 실효치수는 외측 공차를 적용하여 계산된다.

53 해설

축이음은 두 개의 축을 연결하여 회전력을 전달하거나 기계적인 움직임을 전달하는 데 사용되는 부품이다. 축이음은 다양한 종류가 있으며, 주로 연결되는 방식이나 사용 목적에 따라 분류된다. 아래는 대표적인 축이음 종류이다.

① 플랜지 이음 (Flange Coupling)
- 설명 : 두 개의 축을 플랜지(원형 디스크 형태의 부품)를 이용해 연결하는 방식이다. 보통 볼트로 고정된다.
- 특징 : 조정이 용이하고, 높은 강도와 내구성을 제공하는 경우가 많다.

② 기어 이음 (Gear Coupling)
- 설명 : 기어 형태의 맞물림으로 두 축을 연결하는 방식이다. 고속 회전이나 큰 토크가 필요한 경우

에 사용된다.
- 특징 : 높은 토크 전달 능력과 안정성이 우수하지만, 유지보수가 필요할 수 있다.

③ 연결대 이음 (Universal Joint or U-Joint)
- 설명 : 두 축이 서로 일정 각도로 배치되어 있을 때, 회전 운동을 전달할 수 있도록 해주는 이음이다. 자동차나 농기계에서 많이 사용된다.
- 특징 : 회전 각도가 변동할 수 있는 특성이 있어 다양한 각도의 회전 전달이 가능하다.

④ 클러치 이음 (Clutch Coupling)
- 설명 : 축을 연결하거나 분리할 수 있는 장치로, 주로 동력을 전달하거나 차단하는 역할을 한다. 엔진과 기계 장비에서 주로 사용된다.
- 특징 : 동력의 연결과 분리가 가능하여 기계적인 제어가 용이하다.

⑤ 슬리브 이음 (Sleeve Coupling)
- 설명 : 두 축을 슬리브(통형 부품)로 연결하는 방식이다. 축 끝에 슬리브를 끼워서 고정하는 간단한 구조이다.
- 특징 : 설치가 간편하고, 비용이 저렴하며, 소형 장비에서 많이 사용된다.

⑥ 기타 이음 (Elastic Coupling)
- 설명 : 고무나 탄성 소재를 이용해 축을 연결하여 충격 흡수 및 진동 감소 효과를 제공한다.
- 특징 : 충격이나 진동이 큰 환경에서 사용되며, 기계의 안정성을 높이는 데 기여한다.

⑦ 버터플라이 이음 (Butterfly Coupling)
- 설명 : 두 축을 양쪽에 장착된 날개 모양의 부품을 사용하여 연결하는 방식이다.
- 특징 : 진동 감소와 연결 해제가 용이한 특성을 가진다.

축이음은 기계의 특성에 맞게 적절한 종류를 선택하여 사용해야 하며, 이음의 형태와 재질, 회전 속도, 토크 등 다양한 조건을 고려하여 결정된다.

59 해설

P6 : 등급

제8회 필기 CBT 시행문제

이쌤이 콕! 찝어주는 주요 예상문제 풀어보기!

01 금속결정격자의 종류가 아닌 것은?
① 체심입방격자 ② 면심입방격자
③ 사방입방격자 ④ 조밀육방격자

02 밀링 주축의 회전운동을 직선왕복운동으로 변환하여 가공물 안지름에 키홈을 가공할 수 있는 부속장치는?
① 슬로팅장치 ② 래크절삭장치
③ 분할대 ④ 회전테이블

03 황동의 연신율이 가장 클 때 아연(Zn)의 함유량은 몇 (%) 정도인가?
① 30 ② 40
③ 50 ④ 60

04 너트의 풀림 방지 방법이 아닌 것은?
① 와셔를 이용하는 방법
② 핀 또는 작은 나사 등에 의한 방법
③ 로크너트에 의한 방법
④ 키에 의한 방법

05 밀링머신에서 분할대는 어디에 설치하는가?
① 주축대 ② 테이블위
③ 칼럼(기둥) ④ 오버암

06 표면강화와 피로강도 상승의 효과가 함께 있는 가공 방법은?
① 브로칭 ② 배럴가공
③ 숏피닝 ④ 래핑

07 정면 평면, 측면을 하나의 투상도에서 볼 수 있도록 그린 도법은?
① 보조투상도 ② 단면도
③ 등각투상도 ④ 전개도

08 다음 구멍과 축의 끼워 맞춤 조합에서 헐거운 끼워맞춤은?
① ∅40H7/g6 ② ∅50H7/kg6
③ ∅40H7/p6 ④ ∅50H7/s6

09 내연기관의 피스톤 등 자동차 부품으로 많이 쓰이는 Al합금은?
① 실루민 ② 화이트메탈
③ Y합금 ④ 두랄루민

10 기어 가공에서 창성법에 의한 가공이 아닌 것은?
① 호브에의한 가공
② 피니언 커터에 의한 가공
③ 랙커터에 의한 가공
④ 형판에 의한 가공

11 캐시 메모리(cache memory)에 대한 설명으로 맞는 것은?
① 연산장치로서 주로 나눗셈에 이용된다.
② 제어장치로 명령을 해독하는데 주로 사용된다.
③ 보조기억장치로서 휴대가 가능하다.
④ 중앙처리장치와 주기억장치 사이의 속도 차이를 극복하기 위해 사용한다.

12 다음 제3각법으로 그린 정투상도를 등각투상도로 바르게 표현한 것은?

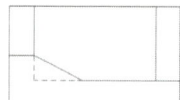

①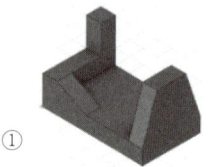

②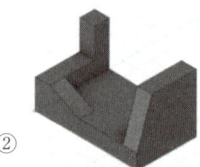

③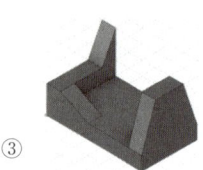

④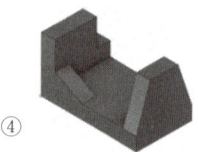

13 피로한도에 영향을 끼치는 인자가 아닌 것은?
① 노치효과 ② 치수효과
③ 표면거칠기 ④ 인장강도

14 모듈 5, 잇수가 40인 표준 평기어의 이끝원 지름은 몇 mm인가?
① 200mm ② 210mm
③ 220mm ④ 240mm

15 연강재 볼트에 600N의 하중이 축 방향으로 작용할 때 볼트의 골지름은 몇 mm 이상이어야 하는가? (단, 허용압축응력은 60Mpa이다.)
① 12 ② 10
③ 2.5 ④ 3.5

16 그림과 같이 ∅24mm 드릴로 두께 50mm의 SM25C 강판에 구멍가공을 할 때 최소 이송거리는?

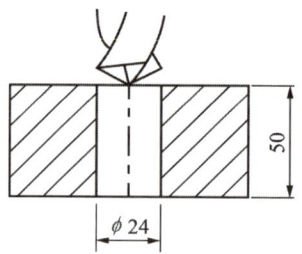

① 42mm ② 50mm
③ 58mm ④ 66mm

17 길이를 측정하고 직각 삼각형의 삼각 함수를 이용한 계산에 의하여 임의각의 측정 또는 임의각을 만드는 측정기는?
① 사인바 ② 높이 게이지
③ 깊이 게이지 ④ 공기 마이크로미터

18 부품을 스케치할 때의 방법이 아닌 것은?
① 프린트법 ② 플로팅법
③ 프리핸드법 ④ 사진촬영법

19 도면의 크기 중 420mm×594mm 크기를 갖는 제도용지 규격은?
① A1 ② A2
③ A3 ④ A4

20 특정 부분의 도형이 작아서 상세한 도시나 치수기입을 할 수 없을 때 사용하는 투상도는?
① 보조 투상도 ② 부분 투상도
③ 국부 투상도 ④ 부분 확대도

21 모양공차를 표기할 때 그림과 같은 직사각형의 틀(공차기입 틀)에 기입하는 내용은?

A	B

① A : 공차값,
　B : 공차의 종류 기호
② A : 공차의 종류 기호,
　B : 데이텀 문자기호
③ A : 데이텀 문자기호,
　B : 공차값
④ A : 공차의 종류 기호,
　B : 공차값

22 구멍과 축의 끼워 맞춤 기호에 대한 설명으로 맞는 것은?

① ∅50H7/f6 : 구멍기준식 헐거운 끼워 맞춤
② ∅50E7/h6 : 구멍기준식 헐거운 끼워 맞춤
③ ∅50H7/m6 : 축 기준식 중간 끼워 맞춤
④ ∅50P7/h6 : 축 기준식 헐거운 끼워 맞춤

23 치수 보조 기호 중에서 구의 지름을 나타내는 기호는?

① C　　② t
③ R　　④ S∅

24 다음과 같이 어떤 물체를 제 3각법으로 작도할 때 평면도로 옳은 것은?

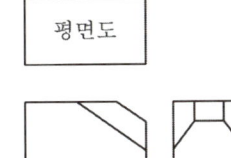

　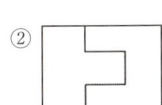

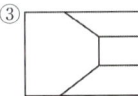　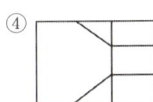

25 다음 등각투상도의 화살표 방향을 정면도로 하여 제 3각법으로 제도한 것으로 맞는 것은?

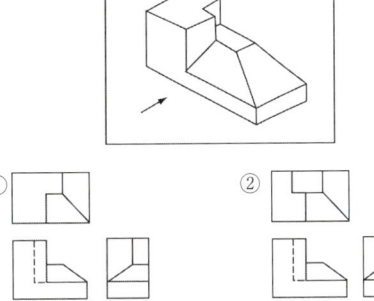

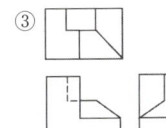　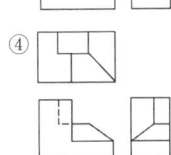

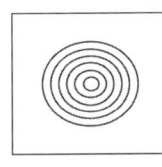

26 가공에 의한 커터의 줄무늬 방향이 다음과 같이 생길 경우 올바른 줄무늬 방향 기호는?

① C　　② M
③ R　　④ V

27 다음 그림의 단면도 중 종류가 다른 하나는?

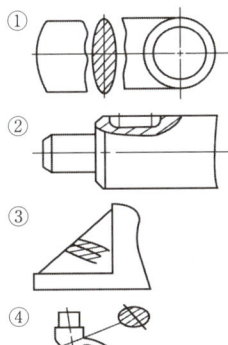

28 잇수 18, 피치원 지름 108인 스퍼기어의 모듈은?
① 2   ② 4
③ 6   ④ 8

29 CAD 시스템 사용시의 효과라고 할 수 없는 것은?
① 고도의 설계 기능, 기술이 불필요
② 제품의 표준화
③ 제품 제도의 데이터베이스 구축용이
④ 설계 생산성 증가

30 다음 보기의 도면과 같이 '40' 밑에 그은 선은 무엇을 나타내는가?

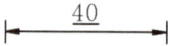

① 기준 치수
② 비례척이 아닌 치수
③ 다듬질 치수
④ 가공 치수

31 유체의 종류와 기호를 연결한 것으로 틀린 것은?
① 공기 - A   ② 가스 - G
③ 유류 - O   ④ 수증기 - W

32 다음 그림의 단면도는?

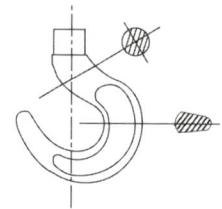

① 부분 단면도   ② 한쪽 단면도
③ 회전도시 단면도 ④ 조합 단면도

33 CAD시스템에서 마지막 점에서 다음 점까지의 각도와 거리를 입력하여 선긋기를 하는 입력방법은?
① 절대좌표 입력방법
② 상대좌표 입력방법
③ 원통좌표 입력방법
④ 상대 극좌표 입력방법

34 SS330로 표시된 기계재료에서 330은 무엇을 나타내는가?
① 최저 인장강도   ② 최고 인장강도
③ 탄소함유량   ④ 종류

35 V-벨트 풀리는 호칭지름에 따라 홈의 각도를 달리하는데, 다음 중 V-벨트 풀리의 홈의 각도로 사용되지 않는 것은?
① 34°   ② 36°
③ 38°   ④ 40°

36 원뿔을 경사지게 자른 경우의 전개 형태로 올바른 것은?

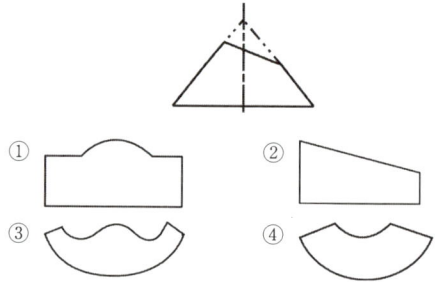

37 보기의 그림에서 ㉮부와 ㉯부에 두개의 베어링을 같은 축선에 조립하고자 한다. 이때 ㉮부를 기준으로 ㉯부에 기하공차를 결정할 때 가장 올바른 것은?

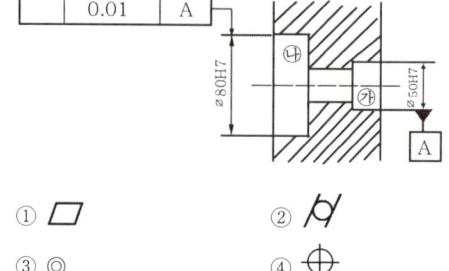

38 다음 중에서 3각법의 투시 순서로 옳은 것은?
① 눈 → 투상면 → 물체
② 물체 → 투상면 → 눈
③ 물체 → 눈 → 투상면
④ 눈 → 물체 → 투상면

39 표면거칠기를 나타내는 방법 중 단면곡선에서 기준 길이를 잡고 가장 높은 곳과 낮은 곳의 차이를 측정하여 미크론(μm) 단위로 나타내는 것을 무엇이라고 하는가?
① 최대높이
② 10점 평균거칠기
③ 중심선 평균거칠기
④ 단면 평균거칠기

40 일반적으로 기계부품 등의 조립순서나 분해순서를 설명하는 지침서 등에 주로 사용하는 투상도법은?
① 등각 투상법
② 정투상법
③ 사투상법
④ 투시도법

41 지름이 일정한 원기둥을 전개하려고 한다. 어떤 전개 방법을 이용하는 것이 가장 적합한가?
① 삼각형법을 이용한 전개도법
② 방사선법을 이용한 전개도법
③ 평행선법을 이용한 전개도법
④ 사각형법을 이용한 전개도법

42 마우러조직도에 대한 설명으로 옳은 것은?
① 탄소와 규소량에 따른 주철의 조직관계를 표시한 것
② 탄소와 흑연량에 따른 주철의 조직관계를 표시한 것
③ 규소와 망간량에 따른 주철의 조직관계를 표시한 것
④ 규소와 FeC량에 따른 주철의 조직관계를 표시한 것

43 탄소강에 함유된 5대 원소는?
① 황, 망간, 탄소, 규소, 인
② 탄소, 규소, 인, 망간, 니켈
③ 규소, 탄소, 니켈, 크롬, 인
④ 인, 규소, 황, 망간, 텅스텐

44 내열용 알루미늄 합금 중 Y합금의 성분은?
① 구리, 납, 아연, 주석
② 구리, 니켈, 망간, 주석
③ 구리, 알루미늄, 납, 아연
④ 구리, 알루미늄, 니켈, 마그네슘

45 금속재료를 고온에서 오랜 시간 외력을 걸어 놓으면 시간 경과에 따라 서서히 그 변형이 증가하는 현상은?
① 크리프
② 스트레스
③ 스트레인
④ 템퍼링

46 다음 중 소결 경질 합금이 아닌 것은?
① 비디아(Widia)
② 텅갈로이(Tungalloy)
③ 카볼로이(Caboloy)
④ 프라티나이트(Platinite)

47 알루미늄 합금인 두랄루민의 표준성분에 포함된 금속이 아닌 것은?
① Mg
② Cu
③ Ti
④ Mn

48 Fe-C 상태도 상에 나타나는 조직 중에서 금속간 화합물에 속하는 것은?
① Ferrite
② Cementite
③ Austenite
④ Pearlite

49 다음 중 전기전도율이 가장 큰 금속은?
① 알루미늄
② 마그네슘
③ 구리
④ 니켈

50 드릴의 홈, 나사의 골지름, 곡면형상의 두께를 측정하는 마이크로미터는?

① 외경 마이크로미터
② 캘리퍼형 마이크로미터
③ 나사 마이크로미터
④ 포인터 마이크로미터

51 기분치수가 30, 최대허용치수가 29.9, 최소허용치수가 29.8일 때 아래치수허용차는?

① -0.1   ② -0.2
③ +0.1   ④ +0.2

52 절삭저항의 크기 측정이 가능한 것은?

① 다이얼게이지(Dial Gauge)
② 서피스게이지(Surface Gauge)
③ 스트레인게이지(Strain Gauge)
④ 게이지블럭(Gauge Block)

53 그래픽 스크린 상에서 특정의 위치나 물체를 지정하는데 사용되는 입력장치는?

① 라이트 펜(light pen)
② 마우스(mouse)
③ 컨트롤 다이얼(control dial)
④ 조이스틱(joy stick)

54 게이지 블록을 사용하거나 취급할 때 주의 사항으로 틀린 것은?

① 천이나 가죽 위에서 취급할 것
② 먼지가 적고 건조한 실내에서 사용할 것
③ 측정면에 먼지가 묻어 있으면 솔로 털어낼 것
④ 측정면의 방청유는 휘발유로 깨끗이 닦아 보관할 것

55 스프링의 변형에 대한 강성을 나타내는 것은 스프링 상수이다. 하중W(N)일 때 변위량을 δ델타(mm)라고 하면 스프링 상수k(N/mm)는?

① $k = \dfrac{\delta}{W}$ ② $k = \delta W$
③ $k = \dfrac{W}{\delta}$ ④ $k = Wb$

56 체인전동장치의 일반적인 특징으로 거리가 먼 것은?

① 속도비가 일정하다.
② 유지 및 보수가 용이하다.
③ 내열, 내유, 내습성이 강하다.
④ 진동과 소음이 없다.

57 일반적으로 두축이 같은 평면 내에서 일정한 각도로 교차하는 경우에 운동을 전달하는 축이음은?

① 맞물림클러치   ② 플렉시블커플링
③ 프랜지커플링   ④ 유니버설조인트

58 캠은 평면캠과 입체캠을 구분할 때 입체캠의 종류가 아닌 것은?

① 원통캠   ② 삼각캠
③ 원뿔캠   ④ 빗판캠

59 CAD에서 사용하는 3차원 형상모델링이 아닌 것은?

① 솔리드 모델링
② 시스템 모델링
③ 서피스 모델링
④ 와이어 프레임 모델링

60 다음 중 CAD 시스템의 출력장치가 아닌 것은?

① 플로터   ② 프린터
③ 모니터   ④ 라이트펜

제8회 전산응용기계제도기능사 CBT 시행문제 정답 및 해설

정답

01	③	02	①	03	①	04	④	05	②	06	③	07	③	08	①	09	③	10	④
11	④	12	②	13	③	14	④	15	④	16	③	17	①	18	②	19	②	20	④
21	④	22	①	23	④	24	④	25	④	26	①	27	②	28	③	29	①	30	②
31	④	32	③	33	④	34	①	35	④	36	③	37	③	38	①	39	①	40	①
41	③	42	①	43	①	44	④	45	①	46	③	47	③	48	②	49	③	50	④
51	②	52	③	53	①	54	④	55	③	56	④	57	④	58	②	59	②	60	④

01 해설

- 체심 입방격자 (Body-Centered Cubic, BCC)
  체심 입방격자는 한 개의 원자가 격자의 중심에, 여덟 개의 원자가 격자의 각 꼭짓점에 위치한 구조이다. 이 구조에서는 각 원자가 주변 원자와 일정한 간격을 유지하며 배열된다.
  - 예시 : 철 (실온에서), 크로뮴, 텅스텐
- 면심 입방격자 (Face-Centered Cubic, FCC)
  면심 입방격자는 각 꼭짓점과 각 면의 중심에 원자가 위치한 구조이다. 각 면에 1/2씩의 원자가 위치하여 보다 고밀도로 배열된다.
  이 구조는 고온에서 많이 나타나며, 많은 금속들이 이 구조를 가진다.
  - 예시 : 구리, 알루미늄, 금, 은
- 육방정계 (Hexagonal Close-Packed, HCP)
  육방정계는 육각형 기저면에 원자가 배열되고, 각 기저면 위에 원자가 3층 구조로 쌓인 형태이다. 이 구조는 매우 고밀도로 배열되어 있어 밀도가 높고, 내구성이 뛰어난 금속들이 이 구조를 가진다.
  - 예시 : 마그네슘, 아연, 티타늄
- 단순 입방격자 (Simple Cubic, SC)
  단순 입방격자는 각 꼭짓점에만 원자가 위치하는 가장 간단한 형태의 결정 구조이다. 하지만 자연에서는 드물게 나타난다.
  - 예시 : 폴로늄(Polonium)이 이 구조를 가진다.
- 금속 결정격자의 특성
  - 체심 입방격자 (BCC) : 고온에서 안정하며, 강도가 높지만 변형이 어렵고 연성이 낮다.
  - 면심 입방격자 (FCC) : 연성과 인성이 우수하며, 대부분의 금속은 FCC 구조를 가질 때 높은 전도성과 내식성을 보인다.
  - 육방정계 (HCP): 매우 고밀도 배열을 가지며, 기계적 강도가 뛰어나지만 변형이 어려울 수 있다. 금속의 결정격자는 그 물리적 특성에 많은 영향을 미치므로, 다양한 산업에서 금속의 사용 성능을 최적화하기 위해 중요한 요소로 고려된다.

04 해설

- 락너트 (Lock Nut) : 스프링너트나 이중너트와 같은 특수한 디자인을 가진 너트를 사용하여 풀림을 방지할 수 있다. 이들 너트는 일반적인 너트보다 더 강하게 조여져 풀림을 방지한다.
- 잠금 와셔 (Lock Washer) : 너트와 기계 표면 사이에 스프링 와셔나 벨브 와셔 같은 잠금 와셔를 삽입하여 풀림을 방지한다. 와셔는 진동에 의해 너트가 풀리는 것을 방지하는 역할을 한다.
- 세라믹 또는 화학적 잠금제 (Threadlocker)
  : 잠금액 또는 레드/블루 Threadlocker와 같은 화학적인 접착제를 나사산에 적용하여 풀림을 방지할 수 있다. 이 방법은 진동이 강한 환경에서 효과적이다. 접착제가 경화되어 나사산을 고정시킨다.
- 훅 너트 (Self-locking Nut) : 자체 잠금 너트는 너트 내부에 플라스틱 링이나 금속 부품을 삽입하여 조여지면서 풀림을 방지한다. 이 너트는 고정력을 강화하는데 효과적이다.

- 토크 관리 : 정확한 토크값으로 너트를 조여 주는 것이 중요하다. 너무 느슨하거나 너무 강하게 조이는 것보다 적당한 토크로 조여주면 풀림을 방지하는 데 도움이 된다.
- 다단계 조임 : 큰 기계나 구조물에서 사용되는 너트는 다단계로 점진적으로 조여서, 너무 많은 압력을 한 번에 가하지 않도록 해야 한다. 이는 균등한 하중 분배를 돕고 풀림을 방지하는 데 도움이 된다.
- 핀 고정 : 핀을 사용하여 너트를 고정하는 방법이다. 이 방법은 보통 고정력이 더 중요한 부분에서 사용되며, 너트가 풀리는 것을 완전히 방지할 수 있다.

06 해설

숏피닝(Shot Peening)은 표면강화와 피로강도 상승의 효과를 동시에 얻을 수 있는 기계적 가공 방법이다. 이 방법은 금속 표면에 작은 강철 또는 세라믹 구슬(숏)을 고속으로 쏘아 표면에 압축 응력을 유도하는 과정이다.

09 해설

- 내열성 향상 : 이트륨은 고온에서 알루미늄의 내열성을 향상시킨다. 이는 고온 환경에서 사용되는 부품, 예를 들어 항공 우주 산업이나 자동차 엔진 부품에 유용하다.
- 내식성 : 이트륨은 알루미늄 합금의 내식성을 높여주어, 부식에 강한 특성을 제공한다. 이는 해양 환경이나 화학 산업 등에서 유용하다.
- 기계적 성질 개선 : 알루미늄 합금의 강도와 경도를 향상시킬 수 있다. 이트륨은 알루미늄 합금의 미세 구조를 안정화시켜, 기계적 특성을 개선하는 데 기여할 수 있다.
- 초전도성 및 자성 특성 : 이트륨은 일부 합금에서 초전도성 특성이나 자성 특성을 발휘하기도 하며, 이로 인해 전자기기나 특수 장비에 사용될 수 있다.

10 해설

- 기계적 창성법 (Mechanical Shaping)
이 방법은 기어의 이빨을 형성하는 기계적인 방법으로, 주로 창성기(Shaper Machine)를 사용하여 기어의 치형을 가공한다.
- 기어 연삭법 (Gear Grinding)
기어의 치형을 정밀하게 가공하기 위해 연삭기를 사용하여 이빨을 다듬는 방법이다.
- 기어 밀링법 (Gear Milling)
밀링기를 사용하여 기어의 치형을 가공하는 방법으로, 회전하는 도구와 기어를 맞물려 가공한다.
- 기어 전자기적 창성법 (Electrochemical Shaping)
전기화학적 방법을 사용하여 기어의 치형을 가공하는 방법으로, 전해질을 이용해 금속을 제거한다.
- 기계적 연삭법 (Mechanical Grinding)
기계적인 방법으로 기어의 표면을 연마하여 정밀한 치형을 가공하는 방법이다.

16 해설

드릴관통 최소이동거리는 일감 두께에 드릴지름 1/3을 더하면 된다.

$50 + (\frac{24}{3}) = 58$

17 해설

사인바 – 45도 이상에서는 오차가 심해서 45도 이하만 측정이 가능함

18 해설

프린트법, 프리핸드법, 사진촬영법, 모양뜨기법

19 해설

- A1 – 594x841mm
- A2 – 420x594mm
- A3 – 297x420mm
- A4 – 210x297mm

22 해설

- ⌀50E7/h6 : 축 기준식 헐거운 끼워 맞춤
- ⌀50H7/m6 : 구멍 기준식 중간 끼워 맞춤
- ⌀50P7/h6 : 축 기준식 억지 끼워 맞춤

26 해설
동심원을 나타내는 줄무늬 방향 기호
- M : 교차 또는 무방향
- R : 레이디얼, 방사상

27 해설
- ② : 부분단면
- ①, ③, ④ : 회전단면도시

31 해설
수증기 - S

32 해설
회전도시 단면도
- 투상도 내에 단면 표시 단면경계 - 가는실선
- 투상도 밖에 단면 표시 단면경계 - 굵은실선

34 해설
SS - 일반압연강재

37 해설
위치 공차의 종류 - 동축도(동심도), 위치도, 대칭도

38 해설
- 1각법 : 눈 - 물체 - 투상면
- 3각법 : 눈 - 투상면 - 물체

39 해설
최대높이거칠기(Ry)

41 해설
- 평행선을 이용한 전개도법은 주로 각기둥이나 원기둥을 전개할 때 사용
- 방사선을 이용한 전개도법은 각뿔이나 원뿔의 전개에 사용하며 꼭지점을 중심으로 방사형으로 전개시키는 방법
- 삼각형을 이용한 전개도법은 입체의 표면을 여러 개의 삼각형으로 나누어 전개하는 방법

46 해설
- 텅스텐 카바이드(WC-Co) : 가장 널리 사용되는 소결 경질 합금으로, 텅스텐 카바이드(WC)와 코발트(Co)를 결합하여 뛰어난 내마모성 및 강도를 제공한다.
- 텅스텐 카바이드(Tungsten Carbide, WC) : 텅스텐과 탄소의 합금으로, 고온 및 고압에서 뛰어난 내마모성을 자랑한다.
- 타이타늄 카바이드(TiC) : 타이타늄과 탄소의 합금으로, 높은 온도에서의 내구성 및 경도를 제공한다.
- 크로뮴 카바이드(Cr_3C_2) : 크로뮴과 탄소의 합금으로, 내마모성과 내식성이 뛰어나고 고온에서도 잘 견딘다.
- 반도체계 소결 합금 : 코발트나 니켈 기반의 합금에 다양한 탄화물을 포함하여, 특별한 특성을 부여한 고성능 합금이다.
- 다이아몬드 코팅 공구(Diamond Coate Tools)
  - Widia (텅스텐 카바이드 공구 브랜드)
  - Kennametal (소결 경질 합금 공구 제조업체)
  - Carboloy (금속 절삭 공구 브랜드)
  - Seco Tools (소결 합금 절삭 공구)

49 해설
- 은 (Ag) - 가장 높은 전기전도율을 가진 금속이다. 전도율은 약 63×10^6 S/m이다.
- 구리 (Cu) - 은에 비해 약간 낮지만 매우 높은 전기전도율을 가진다. 전도율은 약 59×10^6 S/m이다.
- 금 (Au) - 전도율은 약간 낮지만 여전히 매우 높은 전기전도율을 가진다. 전도율은 약 45×10^6 S/m이다.
- 알루미늄 (Al) - 구리보다 전도율은 낮지만 여전히 높은 전기전도율을 가진다. 전도율은 약 37×10^6 S/m이다.
- 아연 (Zn) - 전도율은 약 16×10^6 S/m이다.
- 철 (Fe) - 철은 전도율이 상대적으로 낮지만 여전히 금속 중에서는 높은 편이다. 전도율은 약 10×10^6 S/m이다.

- 흑연 (Graphite) - 비금속이지만 층상 구조로 인해 전기전도율이 높은 물질이다. 전도율은 약 10^6 S/m이다.
- 바나듐 (V) - 전도율은 약 1.3×10^6 S/m이다.
- 실리콘 (Si) - 반도체로, 전도율은 매우 낮지만 온도나 불순물 농도에 따라 조절이 가능하다. 전도율은 약 1.5×10^{-3} S/m이다.

51 해설
최소허용치수 - 기준치수
= 29.8 - 30 = -0.2

52 해설
스트레인게이지(Strain Gauge)는 물체가 변형될 때 발생하는 미세한 변형을 측정하는 센서이다. 이 장치는 주로 물체에 가해지는 힘이나 하중을 감지하고, 이를 전기적인 신호로 변환하여 측정하는 데 사용된다. 스트레인게이지는 변형이 일어난 부분에 부착되어 물체의 변형 정도에 따라 저항 값이 변하는 원리를 이용한다.

- 주요 구성과 원리

스트레인게이지는 일반적으로 금속이나 반도체 소재로 만든 미세한 와이어로 구성된다. 이 와이어는 변형을 받으면 길이가 늘어나거나 줄어들게 되며, 그에 따라 저항 값도 변화한다. 이 원리를 이용해 변형의 정도를 측정하는데, 저항 변화는 물체의 변형률에 비례한다.

- 길이 변화 : 스트레인게이지가 부착된 물체가 변형되면, 그에 따라 스트레인게이지의 길이가 변하고, 길이가 늘어나거나 줄어들면 저항 값이 변화한다.
- 저항 변화 : 스트레인게이지의 저항은 변형에 따라 증가하거나 감소한다. 이를 전기적인 신호로 변환하여 변형률을 측정할 수 있다.

- 사용 원리
  - 변형률 측정 : 스트레인게이지는 물체에 가해지는 변형(변형률)을 측정한다. 변형률은 물체의 원래 길이에 대한 변형된 길이의 비율로 정의된다.
  - 전기적 신호 변환 : 변형이 일어나면 스트레인게이지에 부착된 금속 와이어의 길이가 변화하여 저항 값도 달라지며, 이 저항 변화가 전기적 신호로 변환되어 측정된다.
- 스트레인게이지의 주요 응용 분야
  - 구조물 모니터링 : 다리, 건물, 항공기 등에서 하중을 모니터링하는데 사용된다.
  - 기계적 하중 측정 : 압력 센서, 토크 센서 등에 사용되어 기계적인 힘을 정밀하게 측정한다.
  - 자동차 및 항공기 산업 : 차량이나 항공기의 하중과 변형을 측정하여 안전성을 평가하고, 최적화된 설계를 위해 사용된다.
- 종류
  - 일반 스트레인게이지 : 단일 스트레인게이지를 사용하여 변형을 측정한다.
  - 브리지 회로 스트레인게이지 : 스트레인게이지 4개를 사용하는 다리형 브리지 회로를 통해 더욱 정밀한 측정을 할 수 있다.

56 해설
체인 전동 장치(Chain Drive System)는 기계에서 회전 운동을 전달하기 위해 체인을 사용하는 시스템이다. 주로 동력 전달, 기계적 연결, 또는 움직임을 전달하는 데 사용되며, 여러 산업에서 중요한 역할을 한다. 체인 전동 장치는 그 구성 요소와 특성에 따라 다양한 종류가 있지만, 일반적으로 다음과 같은 특징들을 가진다.
1. 강력한 전력 전달
2. 효율성
3. 정밀한 전력 전달
4. 내구성 및 수명
5. 진동과 소음
6. 비용 효율성
7. 다양한 크기와 종류
8. 유지보수 필요
9. 다양한 응용 분야
10. 속도 조절의 제한

57 해설
플랜지 축이음 (Flange Coupling)
- 설명 : 두 개의 축 끝에 플랜지를 부착하여, 플랜지에 나사를 이용해 서로 연결하는 방식이다. 플랜지 축이음은 비교적 간단한 구조로, 유지보수 및 조정이 용이하다.

- 특징
  높은 전동력 전송 가능
  정밀한 정렬 요구
  회전 방향이 일치해야 함
- 용도 : 대형 기계나 중장비에서 사용

유니버설 축이음 (Universal Joint or U-joint)
- 설명: 서로 다른 각도를 가진 두 축을 연결할 때 사용하는 장치이다. 주로 차량의 구동 시스템에서 사용되며, 회전 축이 불규칙한 방향으로 전달될 때 유용하다.
- 특징
  각도가 달라져도 회전 운동을 전달할 수 있음
  비틀림과 충격 흡수 가능
- 용도 : 자동차, 트럭, 기계 등에서 사용

슬리브 축이음 (Sleeve Coupling)
- 설명 : 두 축을 간단한 튜브 형태의 슬리브로 연결하는 방식이다. 슬리브는 두 축을 맞물려 연결하여 회전 운동을 전달한다.
- 특징
  간단하고 저렴한 구조
  축 정렬이 잘 맞을 때 사용
  적당한 회전 속도와 힘을 전달
- 용도 : 소형 기계나 간단한 회전 기계 장치에서 사용

디스크 축이음 (Disc Coupling)
- 설명 : 금속 디스크를 사용하여 두 축을 연결하는 방식이다. 디스크 축이음은 고속 회전 및 충격을 잘 견딘다. 또한, 유연성이 있어 진동을 흡수하는 능력이 있다.
- 특징
  높은 정밀도와 강도
  진동 및 충격 흡수 능력
  높은 회전 속도에 적합
- 용도 : 고속 회전 장치, 정밀 기계, 항공기 등

헬리컬 축이음 (Helical Coupling)
- 설명 : 나선형 헬리컬 기어를 사용하여 두 축을 연결하는 방식이다. 헬리컬 기어는 평행축 또는 비평행축을 효율적으로 연결할 수 있다.
- 특징
  높은 전동력 전달
  소음과 진동이 적음
  축의 정렬에 유연성 있음
- 용도 : 기계적 정밀도를 요구하는 경우

제9회 필기 CBT 시행문제

01 동력전달용 V벨트 풀리의 규격(형)이 아닌 것은?
① B ② A
③ F ④ E

02 기어설계시 전위기어를 사용하는 이유로 거리가 먼 것은?
① 중심거리를 자유로이 변화시키고자 할 경우에 사용
② 언더컷은 피하고 싶은 경우에 사용
③ 베어링에 작용하는 압력을 줄이는 경우에 사용
④ 기어의 강도를 개선하려고 할 경우 사용

03 구조는 간단하면서 복잡한 운동을 구현할 수 있는 기계요소로서 내연 기관의 밸브 개폐기구 등에 사용되는 것은?
① 마찰차(friction wheel)
② 클러치(clutch)
③ 기어(gear)
④ 캠(cam)

04 다음 중 운동용 나사에 해당하지 않는 것은?
① 사각 나사 ② 사다리꼴 나사
③ 톱니 나사 ④ 미터 나사

05 마찰에 의하여 회전력을 전달하며 축의 임의의 위치에 보스를 고정할 수 있는 키는?
① 미끄럼키 ② 스플라인
③ 접선키   ④ 원뿔키

06 솔리드 모델링의 데이터 구조 중 CSG(Constructive Solid Geometry) 트리 구조의 특징에 대한 설명으로 틀린 것은?
① 데이터 구조가 간단하고 데이터의 양이 적어 데이터 구조의 관리가 용이하다.
② CSG 트리로 저장된 솔리드는 항상 구현이 가능한 입체를 나타낸다.
③ 화면에 입체의 형상을 나타내는 시간이 짧아 대화식 작업에 적합하다.
④ 기본형상(primitive)의 파라메터만 간단히 변경하여 입체 형상을 쉽게 바꿀 수 있다.

07 2차원 평면에서 원(circle)을 정의하고자 할 때 필요한 조건으로 틀린 것은?
① 중심점과 원주상의 한 점으로 정의
② 원주상의 3개의 점으로 정의
③ 두개의 접선으로 정의
④ 중심점과 하나의 접선으로 정의

08 다음 모델 중 공학적인 해석(유한요소해석 등)에 적합한 것은?
① 와이어 프레임 모델(wire frame model)
② 서피스 모델(surface model)
③ 솔리드 모델(solid model)
④ 시스템 모델(system model)

09 M22볼트(골지름 19.29mm)가 2장의 강판을 고정하고 있다. 체결볼트의 허용전단응력이 39.25Mpa라고 하면 최대 몇 kN까지 하중을 받을 수 있는가?
① 3.21   ② 7.54
③ 11.48 ④ 22.96

10 리벳이음에서 리벳지름을 d, 피치를 p라 할 때 강판의 효율 η로 옳은 것은? (단 1줄리벳 겹치기이음이다.)

① $\eta = 1 - \dfrac{d}{p}$ ② $\eta = \dfrac{d}{p} - 1$
③ $\eta = 1 - \dfrac{p}{d}$ ④ $\eta = 1 + \dfrac{d}{p}$

11 다음 중 용접이음의 단점에 속하는 것은?
① 내부결함이 생기기 쉽고 정확한 검사가 어렵다.
② 용접공의 기능에 따라 용접부의 강도가 좌우된다.
③ 다른 이음작업과 비교하여 작업 공정이 많은 편이다.
④ 잔류응력이 발생하기 쉬워서 이를 제거해야 하는 작업이 필요하다.

12 원주에 톱니 형상의 이가 달려 있으며 폴(Pawl)과 결합하여 한쪽 방향으로 간헐적인 회전운동을 주고 역회전을 방지하기 위해 사용하는 것은?
① 레치 휠   ② 플라이 휠
③ 원심 부레이크   ④ 자동하중브레이크

13 임의의 점에서 직선거리 L만큼 떨어진 곳에서 힘(F)가 직선방향에 수직하게 작용할 때, 발생하는 모멘트(M)을 바르게 나타낸 것은?
① M=F×L   ② M=F/L
③ M=L/F   ④ M=F+L

14 웜을 구동축으로 할 때 웜의 줄수를 3, 웜 휠의 잇수를 60이라고 하면, 이 웜 기어장치의 감속 비율은?
① 1/10   ② 1/20
③ 1/30   ④ 1/60

15 치수선과 치수보조선에 대한 설명으로 틀린 것은?
① 치수선과 치수보조선은 가는 실선을 사용한다.
② 치수보조선은 치수를 기입하는 형상에 대해 평행하게 그린다.
③ 외형선, 중심선, 기준선 및 이들의 연장선을 치수선을 사용하지 않는다.
④ 치수보조선과 치수선의 교차는 피해야 하나 불가피한 경우에는 끊김없이 그린다.

16 표준 스퍼기어에서 요목표상의 전체 이높이는?(압력각 20°, 모듈 2, 잇수 31, 피치원지름 62)
① 4   ② 4.5
③ 5   ④ 5.5

17 끼워맞춤에서 축기준식 헐거운 끼워맞춤을 나타낸 것은?
① H7/g6   ② H6/F8
③ h6/P7   ④ h6/F7

18 2개 이상의 입체면과 면이 만나는 경계선은?
① 절단선   ② 파단선
③ 작도선   ④ 상관선

19 단면의 무게중심을 연결한 선은?
① 굵은 실선   ② 가는 1점 쇄선
③ 가는 2점 쇄선   ④ 가는 파선

20 도면에서 표면상태를 줄무늬 방향의 기호로 표시할 경우 R이 뜻하는 것은?
① 가공에 의한 커터의 줄무늬 방향이 투상면에 평행
② 가공에 의한 커터의 줄무늬 방향이 레이디얼 모양
③ 가공에 의한 커터의 줄무늬 방향이 동심원 모양
④ 가공에 의한 커터의 줄무늬 방향이 경사지고 두방향으로 교차

21 축을 도시할 때 설명으로 맞는 것은?
① 축은 조립방향을 고려하여 중심축을 수직방향으로 놓고 도시한다.
② 축은 길이 방향으로 절단하여 온 단면도로 도시한다.
③ 축의 끝에는 모양을 좋게 하기 위해 모따기를 하지 않는다.

④ 단면 모양이 같은 긴 축은 중간 부분을 생략하여 짧게 도시할 수 있다.

22 길이를 구하는 측정기로 맞는 것은?
① 측장기   ② 오토콜리미터
③ 각도기   ④ 직각자

23 나사에서 완전나사부와 불완전나사부의 경계선을 나타내는 선은?
① 가는 실선   ② 파선
③ 가는 1점 쇄선   ④ 굵은 실선

24 롤링 베어링의 내륜이 고정되는 곳을 무엇이라 하는가?
① 저널   ② 하우징
③ 궤도면   ④ 리테이너

25 평벨트 풀리에서 림(RIM)중앙부를 약간 높게 만드는 이유로 가장 맞는 것은?
① 제작이 용이하기 때문에
② 풀리의 강도 증대와 마모를 고려하여
③ 벨트가 벗겨지는 것을 방지하기 위해
④ 벨트 착탈시 용이하게 하기 위해

26 눈금자와 같이 주로 금형으로 생산되는 플라스틱 제품 등에 가공여부를 묻지 않을 때 사용되는 기호는?
① 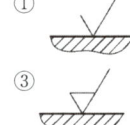   ②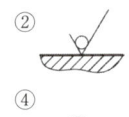
③   ④

27 기하공차 기호에서 자세공차를 나타내는 것이 아닌 것은?
① 대칭도 공차   ② 직각도 공차
③ 경사도 공차   ④ 평행도 공차

28 운동에너지를 전기와 열에너지로 변환하는 장치는?
① 클러치   ② 유니버설조인트
③ 브레이크   ④ 플렉시블조인트

29 도면을 접어서 사용하거나 보관할 때 앞부분에 나타내어 보이도록 하는 부분은?
① 도면이 그려지지 않은 부분(훼손방지를 위해)
② 표제란이 있는 부분
③ 조립도가 보이는 부분
④ 부품번호가 보이는 부분

30 스프로킷 휠 도시법에서 피치원은 무슨 선으로 표시하는가?
① 가는 1점 쇄선   ② 굵은 실선
③ 가는 실선   ④ 굵은 1점 쇄선

31 다음 그림과 같은 반달키의 호칭치수 표시방법으로 맞는 것은?

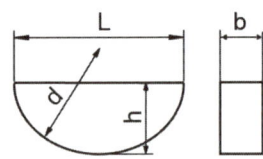

① b×d   ② b×L
③ b×h   ④ h×L

32 다음 그림과 같은 투상도는 무슨 투상도인가?

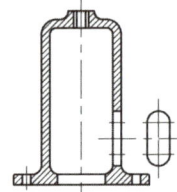

① 부분확대도   ② 국부투상도
③ 부분투상도   ④ 회전투상도

33 구(Sphere)를 도시할 때 필요한 최소의 투상도 수는?
① 1개 ② 2개
③ 3개 ④ 4개

34 비 자성체로서 Cr과 Ni를 함유하며, 일반적으로 18-8 스테인리스강이라 부르는 것은?
① 페라이트계 스테인리스강
② 오스테나이트계 스테인리스강
③ 마텐자이트계 스테인리스강
④ 펄라이트계 스테인리스강

35 특수강에 포함되는 특수원소의 주요 역할 중 틀린 것은?
① 변태속도의 변화
② 기계적, 물리적 성질의 개선
③ 소성 가공성의 개량
④ 탈산, 탈황의 방지

36 자동차의 핸들, 전동기의 축 등에 사용되며 축에 작은 삼각형 키 홈을 만들어 축과 보스를 고정시키는 것은?
① 스플라인 축 ② 페더 키
③ 세레이션 ④ 접선 키

37 "밀링에 사용하는 엔드밀의 재료는 일반적으로 SKH2를 사용한다." 에서 SKH는 어떤 재료를 나타내는 KS기호인가?
① 일반 구조용 압연 강재
② 고속도 공구강 강재
③ 기계 구조용 탄소 강재
④ 탄소 공구 강재

38 기계요소 부품 중에서 직접 전동용 기계요소에 속하는 것은?
① 벨트 ② 기어
③ 로프 ④ 체인

39 비중 1.74로 실용 금속 중에서 가장 가볍고 비강도가 알루미늄보다 우수하여 항공기, 자동차, 선박, 전기기기, 광학기계 등에 이용되며 구상흑연 주철의 첨가제로 사용되는 것은?
① Ag ② Cu
③ Mg ④ Sn

40 기계구조용 탄소강 SM35C에서 35란 숫자는 무엇을 나타내는가?
① 인장강도 ② 망간함유량
③ 탄성계수 ④ 탄소함유량

41 기어의 이의 크기를 표시하는 방법이 아닌 것은?
① 모듈 ② 지름 피치
③ 원주 피치 ④ 반지름 피치

42 원통 연삭방식에서 연삭숫돌을 일정한 위치에서 회전시키고, 회전하는 일감을 숫돌 폭 방향으로 이송하여 연삭하는 방법을 무엇이라 하는가?
① 트래버스 연삭 ② 플런저 연삭
③ 만능 연삭 ④ 공구 연삭

43 선반 작업 중에 지켜야 할 안전사항이 아닌 것은?
① 긴 공작물을 가공할 때는 안전장치를 설치 후 가공한다.
② 가공물이 긴 경우 심압대로 지지하고 가공한다.
③ 드릴 작업시 시작과 끝은 이송을 천천히 한다.
④ 전기배선의 절연상태를 점검한다.

44 호칭지름이 40mm, 피치가 7mm인 1줄 미터 사다리꼴 나사의 올바른 표시방법은?
① Tr40 × 7 ② Tr40 × 7H
③ M40 × 7 ④ M40 × 7H

45 스케치할 때 치수 측정 용구가 아닌 것은?
① 버니어 캘리퍼스
② 서피스 게이지
③ 피치 게이지
④ 깊이 게이지

46 배관도의 치수기입 방법에 대한 설명 중 틀린 것은?
① 파이프나 밸브 등의 호칭 지름은 파이프라인 밖으로 지시선을 끌어내어 표시한다.
② 치수는 파이프, 파이프 이음, 밸브의 목 입구의 중심에서 중심까지의 길이로 표시한다.
③ 여러 가지 크기의 많은 파이프가 근접해서 설치된 장치에서는 단선도시 방법으로 그린다.
④ 파이프의 끝부분에 나사가 없거나 왼나사를 필요로 할 때에는 지시선으로 나타내어 표시한다.

47 다음 중 치수 기입의 원칙으로 맞는 것은?
① 어느 정도의 중복 기입은 상관없다.
② 치수는 되도록 평면도에 집중하여 기입한다.
③ 치수는 치수선이 만나는 곳에 기입한다.
④ 치수는 선에 겹치게 기입해서는 안 된다.

48 Al_2O_3 분말과 TiC 또는 TiN 혼합 후 소결하여 제작하는 공구 재료는?
① 다이아몬드
② 세라믹
③ 초경합금
④ 서멧

49 다음 중 컴퓨터의 처리 속도 단위 중 가장 빠른 시간 단위는?
① ms
② μs
③ ns
④ ps

50 도면상에 구멍, 축 등의 호칭치수를 의미하며 치수 허용한계의 기준이 되는 치수는?
① IT치수
② 실치수
③ 허용한계치수
④ 기준치수

51 다음 스프링에 관한 제도 설명 중 틀린 것은?
① 코일 스프링에서 코일 부분의 중간 부분을 생략하는 경우에는 생략하는 부분의
② 선지름의 중심선을 가는 1점 쇄선으로 나타낸다.
③ 하중 또는 처짐 등을 표시할 필요가 있을 때에는 선도 또는 항목표로 나타낸다. 도면에서 특별한 지시가 없는 한 모두 오른쪽 감기로 도시한다.
④ 벌류트 스프링은 원칙적으로 하중이 가해진 상태에서 그리는 것을 원칙으로 한다.

52 다음 중 육각볼트의 호칭이다. ③이 의미하는 것은?

KS B 1002	6각 볼트	A	M12×80	-8.8
①	②	③	④	⑤
MFZn2				
⑥				

① 강도
② 부품등급
③ 종류
④ 규격번호

53 지름이 50mm 축에 10mm인 성크키를 설치했을 때 일반적으로 전단하중만을 받을 경우 키가 파손되지 않으려면 키의 길이는 몇 mm 이상인가?
① 25mm
② 75mm
③ 100mm
④ 120mm

54 지름 D_1=200mm, D_2=300mm의 내접 마찰차에서 그 중심거리는 몇 mm인가?
① 50
② 100
③ 125
④ 250

55 원동차의 잇수 28 종동차의 잇수 8284인 한 쌍의 속도비(i)는 얼마인가?
① i = 1/3
② i = 1/4
③ i = 1/6
④ i = 1/8

56 미터나사에서 지름이 14mm 피치가 2mm의 나사를 태핑하기 위한 드릴구멍의 지름은 몇 mm로 하는가?
① 16　　② 14
③ 12　　④ 10

57 슬리브의 최소 눈금이 0.5mm의 마이크로미터에서 딤블의 원주 눈금이 100등분 되었다면 최소한 읽을 수 있는 값은?
① 0.01mm　　② 0.005mm
③ 0.002mm　　④ 0.05mm

58 다음 가공 방법의 기호가 틀린 것은?
① 선반가공(L)　　② 보링가공(B)
③ 리머가공(FF)　　④ 호닝가공(GH)

59 고온의 오스테나이트 영역에서 탄소강을 냉각하면 냉각속도의 차이에 따라 여러 조직으로 변태되는데, 이들 조직의 강도와 경도를 큰 순서대로 바르게 나열한 것은?
① 마텐자이트 〉 트루스타이트 〉 소르바이트 〉 펄라이트
② 트루스타이트 〉 소르바이트 〉 펄라이트 〉 마텐자이트
③ 펄라이트 〉 마텐자이트 〉 소르바이트 〉 트루스타이트
④ 마텐자이트 〉 펄라이트 〉 트루스타이트 〉 소르바이트

60 구멍용 한계 게이지가 아닌 것은?
① 플러그게이지　　② 봉게이지
③ 태보게이지　　④ 스냅게이지

전산응용기계제도기능사 CBT 시행문제
제9회 정답 및 해설

정답

01	③	02	③	03	④	04	④	05	④	06	③	07	③	08	②	09	③	10	①
11	③	12	③	13	④	14	①	15	②	16	②	17	④	18	④	19	③	20	②
21	④	22	①	23	④	24	①	25	③	26	①	27	①	28	③	29	②	30	①
31	①	32	③	33	①	34	②	35	④	36	③	37	②	38	②	39	③	40	④
41	④	42	①	43	④	44	①	45	②	46	③	47	④	48	③	49	④	50	④
51	④	52	②	53	②	54	①	55	①	56	③	57	②	58	③	59	①	60	④

01 해설
풀리의 직경이 작아짐 〈- M A B C D E -〉 풀리의 직경이 커짐

02 해설
전위기어(前位齒車, pre-positioning gear)는 일반적으로 기계나 차량의 동력 전달 시스템에서 사용되는 특수한 기어이다. 전위기어의 주요 목적은 다음과 같다.
- 속도 변화 및 효율적인 동력 전달 : 전위기어는 주로 기계 시스템에서 전방위적으로 동력을 전달하거나 속도를 조절하는 역할을 한다. 예를 들어, 차량의 기어 시스템에서 사용될 때 엔진의 동력을 최적의 속도로 변환하여 효율적인 주행을 도와준다.
- 부하 분산 및 부드러운 전환 : 기계나 차량에서 전위기어를 사용하면 급격한 기어 변환 없이 부드럽게 속도를 변화시키거나 부하를 분산시킬 수 있다. 이는 시스템의 내구성을 높이고 기계적 충격을 최소화하는 데 도움을 준다.
- 정밀 제어: 전위기어는 특히 정밀한 동력 전달이 요구되는 시스템에서 사용되며, 각 기어의 위치를 미리 조정하여 더욱 세밀한 제어를 가능하게 한다. 예를 들어, 로봇이나 항공기와 같은 고정밀 기계에서는 전위기어가 중요하게 작용할 수 있다.
- 변속기에서의 사용: 자동차와 같은 차량에서 전위기어는 변속기 시스템의 일환으로, 기어를 미리 준비하거나 조정하여 변속을 더욱 원활하게 만들어 준다. 전위기어는 변속 시 충격을 줄이고, 더 빠르고 부드럽게 변속할 수 있게 도와준다.

04 해설
운동용 나사는 다양한 종류가 있으며, 각각의 특성에 맞춰 사용된다. 리드 스크루, 볼 스크루, 트레드밀 나사와 같은 나사는 회전 운동을 직선 운동으로 변환하는 데 널리 사용되며, 볼 스크루는 효율성과 정밀도가 뛰어나 자동화와 로봇 시스템에 주로 사용된다.

08 해설
솔리드 모델링의 주요 방법
- B-Rep (Boundary Representation)
  경계 표현법은 물체의 외부 경계를 정의하여 3D 형상을 만든다. 이를 위해 물체의 면, 모서리, 꼭짓점을 정의하며, 경계를 따라 물체를 구성한다.
  - 예 : CATIA, SolidWorks, AutoCAD 등에서 사용하는 방식이다.
- CSG (Constructive Solid Geometry)
  구성적 솔리드 기하학은 기본적인 기하학적 형태(예 : 직육면체, 구, 원기둥 등)를 결합하여 복잡한 물체를 만드는 방식이다. 이 방법은 기하학적 형태를 더하고 빼고(boolean operation) 결합하는 방식으로 물체를 생성한다.
  - 예 : 3D 시스템에서 많이 사용된다.

- Sweep 모델링
  스윕(Sweep) 기법은 2D 형태를 3D 공간에서 이동시키거나 회전시키면서 3D 형상을 생성하는 방법이다. 예를 들어, 원형 단면을 따라 이동하여 원통 모양을 만들 수 있다.
- Revolve 모델링
  회전(Revolve) 기법은 2D 형상을 축을 기준으로 회전시켜서 3D 형상을 생성하는 방법이다. 원통형, 구형 등 대칭적인 형상에 적합한다.

솔리드 모델의 장점
- 정확한 물리적 특성 분석 가능
  솔리드 모델은 부피나 밀도와 같은 물리적 속성까지 정의할 수 있기 때문에, 힘 분석, 응력 테스트, 열 흐름 시뮬레이션 등과 같은 물리적 특성을 정확하게 분석할 수 있다.
- 제작에 용이
- 충돌 및 간섭 검사
- 효율적인 협업

솔리드 모델의 응용 분야
- 기계 설계
- 자동차 산업
- 항공우주
- 건축 및 토목 공학
- 제품 디자인

결론
솔리드 모델(Solid Model)은 3D 모델링 기법 중에서 물리적 특성까지 정의할 수 있는 정확하고 실용적인 방식이다. 기계 설계, 자동차, 항공우주, 건축 등 다양한 분야에서 설계, 분석, 제조 과정에 필수적인 도구로 사용되며, 정확한 형태와 물리적 분석을 가능하게 해준다.

09 해설

$\tau = \dfrac{F}{A}$, $A = \dfrac{\pi \times 19.29^2}{4}$
$F = 39.25 \times 292.10 = 11461N = 11.46kN$

10 해설
응력 집중
열 영향을 받은 영역(HAZ) 문제
- 균열 및 변형 : 용접 중 급격한 온도 변화로 인해 열변형이 발생할 수 있다. 이로 인해 용접이음 부위가 왜곡되거나 균열이 발생할 수 있다.
- 내식성 문제
- 높은 기술적 요구

16 해설
Ht = m x 2.25 = 2 x 2.25 = 4.5

20 해설

기호	의미	설명도
=	투상면에 평행	
⊥	투상면에 직각	
X	다방면 교차	
M	무방향	
C	동심원	
R	방사상	

34 해설
18-8 스테인리스라고 숫자만 보이면 이게 뭔지 알 수 없다.
간단히 말하면 KS 규격의 STS304 스테인리스라는 말이다.
최소한 18% 크롬과 최소 8% 니켈이 합금된 스테인

리스 강재를 말하며 스테인리스도 종류가 많고 그중 오스테나이트 스테인리스 강재를 말한다.

37 🅟 해설
SKH 강재는 열처리 후 경도가 HRC 63~65에 달하며, 일반 강재보다 내마모성이 뛰어나다. 인성 또한 우수하여 절삭 작업 중 파손 위험을 줄이고, 높은 신뢰성과 긴 수명을 제공한다.
W(18)-Cr(4) -V(1) 표준 고속도공구강(하이스강)

41 🅟 해설
이의 크기
- 원주 피치(P) = πD / Z = πm
- 모듈(m) = p / π = D / Z
- 지름피치 = π / P = Z / D = 1 / m [inch]

42 🅟 해설
외경연삭기는 공작물의 외부 원통형 표면을 연삭하는 데 사용되며, 고정밀도 및 고품질의 마감이 요구되는 경우에 주로 사용된다.
트래버스와 테리모션 연삭 방식
- 트래버스 연삭 : 숫돌이 공작물의 길이를 따라 왕복 운동하며 연삭
- 테리모션 연삭 : 숫돌이 회전하며 공작물에 대해 가로 방향으로 미세 이동

플런지컷 방식의 특징
- 플런지컷 연삭 : 숫돌이 공작물에 대해 직접 수직으로 접근하여 연삭
- 효율성 : 대량 생산에 적합하며 높은 연삭 효율을 제공한다.

43 🅟 해설
- 가공물의 칩은 가공물의 회전이 완전히 멈춘 후에 제거
- 가공물의 고정 작업 시 선반 척의 조를 완전히 고정
- 선반의 기어박스 위에 작업공구 등이 없도록 정리 정돈 후 작업
- 칩 비산방지장치 설치 및 가공 작업 시 보안경 착용
- 면장갑 착용 제한, 옷 소매를 단정히 하는 등 적절한 작업복 착용
- 상의의 옷자락은 안으로 넣고 소맷자락을 묶을 때는 끈 사용 금지

45 🅟 해설
서피스 게이지 : 금 긋기에 사용

49 🅟 해설
$ms > \mu s > ns > ps > fs > as$

52 🅟 해설
① 규격번호
② 볼트의 종류
③ 부품등급
④ 나사의 호칭, 호칭길이
⑤ 강도구분 또는 성상구분
⑥ 아연도금 2μm

53 🅟 해설
키의 길이는 1.5D 이상
50 × 1.5 = 75 이상

54 🅟 해설
$C = \dfrac{D_2 - D_1}{2}$ = (300-200)/2
 = 50mm

55 🅟 해설
속도비$(i) = \dfrac{N_2}{N_1} = \dfrac{D_1}{D_2} = \dfrac{Z_1}{Z_2} = \dfrac{28}{84} = \dfrac{1}{3}$

56 🅟 해설
드릴구멍의 지름
= 나사의 지름 − 피치
= 14 − 2 = 12mm

57 해설
0.5/100 = 0.005mm

58 해설
- 줄가공(FF)
- 리머가공(FR)

59 해설
마텐자이트 〉 트루스타이트 〉 소르바이트 〉 펄라이트

60 해설
한계 게이지 : 플러그게이지, 봉게이지, 태보게이지
축용 한계 게이지 : 스냅 게이지

제10회 필기 CBT 시행문제

01 제도에서 등각투상법(isometric projection)의 특징으로 옳은 것은?

① 투시수렴점이 존재한다.
② 세 축이 같은 각도로 기울고 축간 각이 120°이다.
③ 깊이축이 실제보다 2배로 축척된다.
④ 원은 항상 타원으로 표현된다.

02 표면거칠기 지표 Ra(산술평균거칠기)는 무엇을 나타내는가?

① 표면 높이의 최대값
② 거칠기 프로파일의 산술평균 절대값
③ 피크 간 평균 간격
④ 표면의 경사도

03 다음 도면에서 표현된 단면도로 모두 맞는 것은?

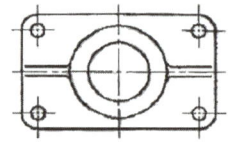

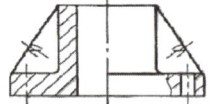

① 전단면도, 한쪽 단면도, 부분 단면도
② 한쪽 단면도, 부분 단면도, 회전도시 단면도
③ 부분 단면도, 회전도시 단면도, 계단 단면도
④ 전단면도, 한쪽 단면도, 회전도시 단면도

04 ISO 기하공차에서 위치(tolerance of position)가 제어하는 것은?

① 표면의 거칠기
② 형상 자체의 직각도
③ 요소의 중심 위치 정렬 ④ 재료 경도

05 CAD에서 레이어(layer)를 사용하면 얻는 주된 이점은?

① 파일 용량 증가에 따른 도면 용량증가를 체크해야 함
② 도면 요소의 그룹화 및 가시성·출력 제어 가능
③ 자동 치수 계산에 의한 도면 작업의 용이성을 증대
④ 윤곽선만 그리기를 활용하는 것

06 재료의 인장시험에서 비례한도(proportional limit)는 무엇을 의미하는가?

① 재료가 파단되는 점
② 응력-변형률 선형 구간이 끝나는 점
③ 항복 이후의 점
④ 영구 변형이 없는 최대점

07 다음 등각도를 3각법으로 투상할 때 평면도로 맞는 것은?

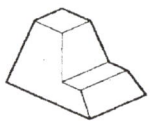

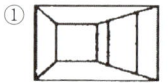 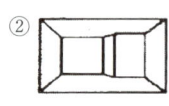

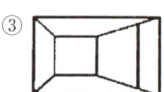 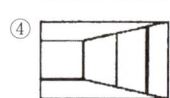

08 구멍 깊이를 도면에 표기할 때 흔히 쓰는 방식은?
① 단순 숫자 표기(예: 50)
② 깊이기호(보통 '⌴' 또는 'DIA × 깊이' 형식)와 함께 표기
③ 반지름 표기
④ 기입하지 않음

09 2D CAD의 OFFSET 명령은 어떤 작업을 수행하는가?
① 객체 회전
② 객체를 일정 거리만큼 평행 복사하여 새로운 선/곡선을 생성
③ 객체 삭제
④ 객체 스케일 조정

10 나사 표기 'M10 × 1.5'에서 1.5는 무엇을 말하는가?
① 나사 길이(mm)
② 피치(나사산 간격, mm)
③ 허용오차
④ 나사 강도 등급

11 정투상법(orthographic projection)의 중요한 특징은?
① 거리감(원근감)이 표현된다.
② 투영선이 기준면에 수직이며 실제 치수와 일치하는 뷰 제공
③ 하나의 뷰만 사용한다.
④ 축소만 가능하다.

12 축의 평행도(parallelism) 기하공차는 무엇을 의미하는가?
① 축의 재료 성질
② 축 중심선이 기준 축에 대해 얼마나 평행한지의 허용 정도
③ 표면의 평탄도
④ 나사의 회전속도

13 CNC G-code에서 G00 명령은 통상 어떤 의미인가?
① 선형 보간(절삭 이동)
② 급속이송(무가공 이동)
③ 원호 보간
④ 나사 가공 지시

14 치수공차가 작아질수록 제조 난이도와 비용은 어떻게 되는가?
① 쉬워지고 비용 감소
② 변화 없음
③ 어려워지고 비용 증가
④ 공정이 빨라짐

15 CAD에서 블록(block) 기능의 주된 활용 목적은?
① 파일 암호화
② 반복되는 요소를 하나의 객체로 묶어 재사용·편집이 용이하게 함
③ 자동 치수 생성
④ 레이어 간 전환 불가

16 열처리 공정 중 담금질(quenching)의 주목적은?
① 연성 증가
② 강도·경도 증가(급냉으로 조직 변형)
③ 표면 윤활
④ 색상 변화

17 도면의 단면도(section view)를 활용하는 주된 이유는?
① 외형 치수만 간략히 보기 위해
② 내부 구조·형상을 명확히 전달하기 위해
③ 색상 표기를 위해
④ 표면 거칠기만 나타내기 위해

18 볼트 체결의 풀림 방지 방법으로 적절하지 않은 것은?
① 스프링 와셔 사용
② 접착제(락타이트) 적용
③ 셀프 락 너트 사용
④ 표면 거칠기 증대로만 해결

19 베어링의 기본적 역할은 무엇인가?

① 회전체 고정으로 마찰을 증대시킴
② 회전체의 마찰 감소 및 하중지지
③ 윤활 공급에 원활함
④ 열 분산과는 관계없이 사용 가능함

20 치수공차 표기 프레임(기하공차 프레임)의 기본 형태는?

① 원형 테두리
② 직사각형 프레임 내에 기호·값·기준 표기
③ 괄호 표기만 사용
④ 색상 테이블로 대체

21 폴리라인(polyline)과 일반 선(line)의 차이점은?

① 폴리라인은 여러 세그먼트를 하나의 객체로 취급 가능
② 일반 선만으로는 치수 표기가 가능
③ 폴리라인은 색상 변경 불가
④ 차이 없음

22 강도의 단위 MPa는 무엇의 약자인가?

① 메가파스칼(Megapascal) - 압력/응력 단위
② 밀리파스칼
③ 메가파운드
④ 모듈러스 단위

23 브리넬(Brinell) 경도시험에서 사용하는 압입체는 무엇인가?

① 다이아몬드 마찰침
② 강구(steel or carbide ball)
③ 레이저 프로브
④ 전자빔

24 정면도(Front view)에 보통 포함되는 정보로 옳지 않은 것은?

① 주치수(primary dimensions)
② 외형 윤곽
③ 재료의 상세 규격만을 표기(형상 무관)
④ 중심선·표면기호 등 표기

25 치수·공차에서 'Datum'은 무엇을 의미하는가?

① 기준(도면에서 측정·정렬의 기준점 또는 기준면)
② 허용치 상한값에 대한 적용 값
③ 공차값 자체에 대한 IT공차 계열
④ 치수 단위의 단위를 제시함

26 CAM에서 피드(feed rate)는 무엇을 의미하는가?

① 공구 회전수(RPM)
② 공구의 절삭 이동 속도(절삭시 이송속도)
③ 냉각수 유량
④ 파일 전송 속도

27 직각도(Perpendicularity)를 나타내는 기호는?

① ⊔
② ⊥
③ ∅
④ ⌀

28 용접기호에서 필렛용접(fillet weld)을 표현하는 방식은?

① 필렛형 표기 또는 지시선 위에 기호 표기
② 원형 기호 사용 또는 지시선 위에 기호 표기
③ 점선 표기 또는 원형 기호 사용
④ 대괄호 표기 또는 지시선 위에 기호 표기

29 ISO 2768 규격의 주요 목적은?

① 용접기술 표준 대한 기본 규정
② 일반치수·공차에 대한 기본 규정
③ 재료의 분류에 대한 기본 규정
④ 도면 색상에 대한 기본 규정

30 동심도(concentricity) 기하공차가 의미하는 것은?

① 표면의 거칠기 수준
② 여러 원·원통의 중심점이 얼마나 일치하는가
③ 전단강도
④ 재료의 탄성률

31 치수선(dimension line)에 치수값을 표기할 때 보통 위치는?
① 치수선 위 중앙
② 도면 여백
③ 치수선 끝점
④ 도면 하단 주석란

32 키(key)의 기계적 목적은 무엇인가?
① 열전달 향상을 목적을 갖음
② 축과 허브 사이의 회전력 전달(토크 전달)
③ 윤활 공급에 필수적인 형식을 갖음
④ 전기적 접지에 유리한 지점을 알림

33 구멍기준식과 축 기준식의 차이는?
① 구멍을 기준으로 허용차를 설정할 것인가, 축을 기준으로 할 것인가의 차이
② 단위계(미터법/영국식) 차이
③ 둘은 동일
④ 공차와 무관

34 CAD에서 SPLINE 곡선이 주로 사용되는 경우는?
① 직선 표현 전용
② 부드러운 자유곡선(자유형상) 표현
③ 치수 자동화
④ 축척 조정

35 재료의 연성(ductility)을 평가하는 대표 지표는?
① 경도
② 연신율
③ 탄성계수
④ 밀도

36 드릴 가공 전에 센터드릴(center drill)을 사용하는 주된 이유는?
① 최종 표면 거칠기 개선
② 드릴의 걸림 방지 및 정확한 중심 확보(초기 타선 생성)
③ 나사산 형성
④ 추가 절삭 불필요

37 도면 척도 표기 '1:2'는 의미가 맞는 것은?
① 도면이 실제보다 2배 크게 표현됨
② 도면이 실제의 절반 크기(축소)로 표현됨
③ 수직 방향만 확대됨
④ 스케일에 관계없음을 뜻함

38 나일론, 폴리프로필렌 등은 어떤 재료군에 속하는가?
① 금속
② 폴리머(플라스틱)
③ 세라믹
④ 복합재

39 절단면 해칭(Section lines)은 무엇을 나타내나?
① 표면 거칠기를 적절하게 표현 가능함
② 절단면의 재료 단면(절단된 면을 구분하기 위한 해칭)
③ 치수한계를 만들 수 있음
④ 공차 범위가 포함됨

40 보링(boring) 가공의 주 목적은?
① 거친 절삭 제거
② 이미 가공된 구멍의 정밀 치수·원통도·표면 마감 개선
③ 나사산 형성
④ 표면 경도 증가

41 기하공차 프레임의 가장 왼쪽 칸(첫 칸)에 보통 표시되는 것은?
① 공차값(수치)
② 형상심볼(기하심볼)
③ 기준문자(A,B,C)
④ 재료표시

42 정투상 방법에 따라 평면도와 우측면도가 다음과 같다면 정면도에 해당하는 것은?

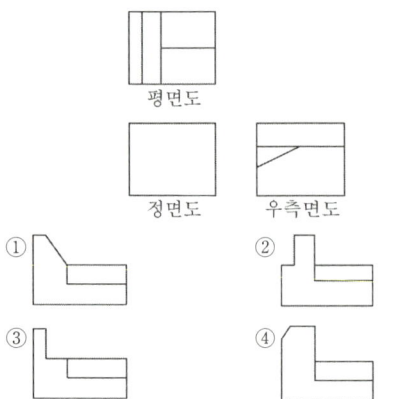

43 황삭(roughing)과 정삭(finish) 가공의 차이점은?
① 황삭은 마무리, 정삭은 거친 제거
② 황삭은 많은 재료 제거(초기 거친 절삭), 정삭은 표면 마감·정밀 치수용
③ 동일 공정
④ 정삭은 냉각 필요 없음

44 도면에 재료를 표기할 때 흔히 사용하는 표기법은?
① 재료명 또는 재료 규격(예: SM45C 등)
② 색상만 기입
③ 표기하지 않음
④ 제조업체만 표기

45 평행키(parallel key)와 반달키(woodruff key)의 구조적 차이점과 장점은?
① 평행키는 플라스틱만 사용
② 반달키는 축 홈에 반원형으로 삽입되어 축 분해·조립 시 편리한 경우가 있음
③ 둘은 동일
④ 반달키는 회전력 전달 불가

46 설계에서 안전율(safety factor)의 통상적 정의는?
① 실제응력 / 허용응력
② 허용응력 / 설계응력
③ 파단하중 / 사용하중
④ 재료 수명 / 사용시간

47 도면 주석(annotation)에 일반적으로 포함되지 않는 항목은?
① 재료·열처리 조건
② 표면처리·도금 사양
③ 응시자(제작자) 개인 이름
④ 공차·치수

48 참고치수(reference dimension)는 도면에서 보통 어떻게 표기하나?
① 괄호( ) 안에 표기
② 밑줄로 표기
③ 색상으로 표기
④ 표기하지 않음

49 PVD/CVD 코팅 등 절삭공구 코팅의 주목적은?
① 공구 경도 감소 및 가열의 효율
② 마찰·마모 감소 및 공구 수명 연장
③ 색상 변화에 따른 디자인
④ 전기적 성질 부여함

50 CAD에서 치수 갱신(dim update)이 자동으로 되지 않을 때 원인으로 가장 흔한 것은?
① 뷰의 잠금 또는 치수 스타일/연결이 끊긴 경우
② 파일 이름 길이
③ 운영체제 문제만이 원인
④ 레이어가 하나밖에 없는 경우

51 아래 그림과 같이 도형을 표시하는 투상도의 명칭은?

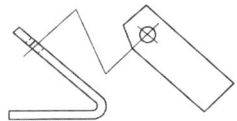

① 보조 투상도   ② 부분 투상도
③ 국부 투상도   ④ 회전 투상도

52 볼트 체결에서 규정된 토크값을 따르는 이유는?
① 색상 일치
② 적정 프리로드(체결력)를 확보해 풀림·피로파괴를 방지하고 접합 성능을 유지
③ 표면거칠기 보정
④ 너트 크기 표준화

53 기계요소에서 'pivot'의 의미로 옳은 것은?
① 어떤 축을 중심으로 회전이 이루어지는 점(축 중심)
② 표면거칠기 최고점을 나타냄
③ 나사의 끝부분을 체크하고 가공함
④ 윤활 포인트를 확인하고 윤활하는 방법

54 스핀들 속도(Spindle RPM)가 절삭 가공에 미치는 영향으로 옳은 것은?
① 절삭 속도와 공구 마모율에 영향
② 윤활유 온도만 영향을 주기 때문
③ 공작물 색상 변화에 따른 영향
④ 파일 저장 속도에 따른 영향

55 표면거칠기 Ra 수치의 단위는?
① μm(마이크로미터)   ② mm
③ nm   ④ cm

56 도면에서 좌표치수를 표기할 때 주요 기준점으로 사용하는 것은?
① 임의
② 지정된 기준면 또는 기준선(Datum)
③ 도면의 모서리만
④ 중앙만 사용

57 STL 파일 형식의 주된 용도는?
① 2D 도면 교환방식으로 다른 형식으로 활용이 가능함
② 3D 형상을 삼각형 메쉬로 표현하여 3D 프린팅·시각화에 사용
③ 재료 성분 분석을 정확하게 할 수 있음.
④ 윤활 시뮬레이션을 처리하며 활용성이 매우 뛰어남

58 단순보(Simply supported beam)에 중앙하중 P가 작용할 때 최대 굽힘모멘트(M_max)는? (보 길이 L)
① $P \cdot L/2$ ② $P \cdot L/4$
③ $P \cdot L$ ④ $P \cdot L/8$

59 냉간성형 또는 소성가공 후 생긴 잔류응력을 제거하기 위한 적절한 열처리는?
① 급냉(quenching) 만이 최선임
② 어닐링(annealing) 또는 템퍼링(tempering)
③ 표면 연마만으로 해결이 가능함
④ 도금으로 어느 정도 해결함

60 도면의 절단기호(Section indicator)에서 화살표가 가리키는 것은?
① 절단 방향을 나타냄
② 재료 종류를 표현함
③ 치수 기준점을 표시함
④ 윤활 방향을 제시함

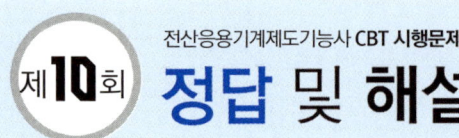

정답

01	②	02	②	03	②	04	③	05	②	06	②	07	②	08	②	09	②	10	②
11	②	12	②	13	②	14	③	15	②	16	②	17	②	18	④	19	②	20	②
21	①	22	①	23	②	24	③	25	①	26	③	27	②	28	①	29	②	30	②
31	①	32	②	33	①	34	②	35	②	36	②	37	②	38	②	39	②	40	②
41	②	42	①	43	②	44	①	45	②	46	②	47	③	48	①	49	②	50	①
51	①	52	②	53	①	54	①	55	①	56	②	57	②	58	②	59	②	60	①

01 해설
등각투상은 세 축이 120°를 이루며 등각으로 표현되는 투상법. 축 각도와 동일 축척임.

02 해설
Ra는 표면 프로파일의 편차 절대값의 평균으로 널리 쓰이는 대표적 거칠기 지표임.

03 해설
정투상의 정면도와 평면도로 이루어진 반단면, 회전단면, 부분단면

04 해설
위치공차는 구멍·핀 등의 실제 위치가 기준에 대해 어긋날 수 있는지를 규정함.

05 해설
레이어는 요소를 분류해 켜기/끄기, 색상·출력 설정 등을 통해 도면 관리와 가독성을 높임.

06 해설
비례한도는 응력과 변형률이 비례 관계를 벗어나는 지점을 말함.

08 해설
깊이 표기는 심볼이나 "깊이"를 명시해 오해를 방지함. 예: ⌴50 또는 Ø20 × 깊이50

09 해설
OFFSET은 주어진 객체를 입력한 거리만큼 평행하게 복사하는 명령으로 치수 작업에 유용

10 해설
미터나사 표기에서 (M10에 피치 1.5mm).

11 해설
정투상은 평행투영으로 각 뷰가 실제 형상 치수를 유지하도록 표현함(전면·위·측면 등).

12 해설
평행도는 축이나 면이 기준에 대해 평행하게 유지되어야 함을 규정함.

13 해설
G00은 공구를 작업하지 않고 빠르게 이동시키는 급속이송 명령으로, 절삭이 아닌 위치이동에 사용.

14 해설
오차가 좁아지면 정밀가공·검사가 필요해 가공 난이도와 비용이 증가함.

15 해설
블록은 동일한 요소를 반복 삽입하고 한 번의 수정으로 모두 반영되게 해 작업 효율을 높임.

16 해설
담금질은 재료를 고온에서 급냉시켜 경도와 강도를 높이는 열처리 방식임.

17 해설
단면도는 내부 형상(구멍·홈·강성 구조 등)을 명확히 보여 설계·가공 이해를 돕는다.

18 해설
표면 거칠기만으로는 체결 풀림을 신뢰성 있게 방지할 수 없으며, 기계적·화학적 방식이 일반적임.

19 해설
베어링은 회전축을 지지와 마찰을 줄여 회전 효율과 수명을 보장함.

20 해설
기하공차 프레임은 직사각형 모양으로 기호-공차값-기준 등을 규격화해 표기함.

21 해설
폴리라인은 여러 선·호를 하나의 연속 객체로 취급해 편집이 쉬움.

22 해설
MPa는 10^{-6}pa 응력·강도 단위임.

23 해설
Brinell 시험은 일정 직경의 강구를 표면에 눌러 자국의 직경으로 경도를 산출함.

24 해설
정면도는 형상·치수·중심선 등을 포함하지만, 재료 표기는 별도 주석으로 표기하며 형상과 관련 있음.

25 해설
Datum은 측정이나 공차의 기준이 되는 면·선·점을 지칭함.

26 해설
피드Rate는 공구가 이동하는 속도로 공구·공작물 수명과 표면 마감에 영향을 줌.

27 해설
⊥기호는 직각(평면·축의 직각도)을 나타내는 표준 기호임.

28 해설
필렛용접은 삼각형 모양의 기호나 용접심 위치·크기를 함께 표기해 지시함.

29 해설
ISO 2768은 일반공차의 규정을 제시해 치수값에 공차가 없을 때 적용되는 기준을 제공함.

30 해설
동심도는 서로 다른 원형 요소의 중심선이 중심점에서 얼마나 일치하는지를 규정함.

31 해설
표준 치수 표기법에 따르면 치수값은 치수선 위 중앙에 위치시키고 가독성을 확보함.

32 해설
키는 축과 기어/풀리 등의 허브를 결합해 회전력을 전달하는 기계요소임.

33 해설
두 시스템은 공차 설정의 기준을 무엇으로 삼느냐(구멍 기준 vs 축 기준)에 따른 공차 체계 차이를 의미함.

34 해설
Spline은 제어점으로 매끄러운 자유곡선을 만들 때 주로 사용되며 제품디자인 등에서 중요함.

35 해설
연신율(elongation, %) : 인장시험에서 시편이 늘어나는 비율로 연성을 나타내는 주요 지표임.

36 해설
센터드릴로 작은 홈을 만들어 드릴의 슬립을 방지하고 정확한 자리잡기를 도와줌.

37 해설
1:2는 도면이 실제보다 2분의 1 크기로 축소 표기되었음을 나타냄.

38 해설
나일론, 폴리프로필렌은 중합체 기반의 폴리머(플라스틱) 재료군에 속함.

39 해설
절단해칭은 어떤 면이 절단되었는지를 시각적으로 구별하여 내부 구조를 보여줌.

40 해설
보링은 구멍의 직경·원통도·표면 상태를 정밀하게 맞추는 마무리 공정임.

41 해설
프레임의 가장 왼쪽에는 기하형상 심볼(예: 평행도, 평면도, 위치도 등)이 위치함.

43 해설
황삭(roughing)은 소재의 빠르게 치수에 근접 제거하고, 정삭(finishing)은 치수·표면을 정확히 맞추는 과정임.

44 해설
일반적으로 재료명·재질 규격·열처리 등은 도면 주석에 명시하여 가공·선정에 참고함.

45 해설
Woodruff(반달)키는 축의 곡률에 맞춰 삽입되어 조립이 쉬운 장점이 있으며, 평행키는 단면이 직사각형임.

46 해설
안전율은 설계상 고려되는 허용한계와 실제 예상 하중 간의 여유를 의미하며 통상 허용응력(또는 파단강도)을 사용하중으로 나눈 값 등으로 정의

47 해설
도면 주석에는 설계·가공 관련 정보가 포함되고, 작성자 이름은 문서관리에는 있을 수 있으나 도면 주석의 필수 항목은 아님.

48 해설
참고치수는 제조·검사에 영향 주지 않는 정보이므로 괄호 표기로 구분함.

49 해설
PVD/CVD 코팅 등은 마찰계수 감소·내열성 증가·마모저항 향상을 통한 수명 연장 목적임.

50 해설
도면 뷰가 참조모델과 분리되었거나 치수 스타일 설정이 잘못되어 자동 업데이트가 작동하지 않는 사례가 흔함.

52 해설
적정 토크는 체결부의 신뢰성(프리로드 확보, 피로수명)에 직접적 영향을 미침.

53 해설
피벗은 회전·지지점의 중심을 의미하며 베어링·힌지 등에서 사용되는 용어임.

54 해설
RPM은 회전속도이며 표면 마감·열 발생·공구 수명 등에 직접 영향하므로 적절히 선정해야 함.

55 해설
표면거칠기(Ra)는 보통 마이크로미터(μm) 단위로 표기함.

56 해설
좌표치수는 측정·가공의 일관성을 위해 기준면/기준선을 기준으로 표기함.

57 해설
STL은 표면을 삼각형 메쉬로 표현하는 간단한 3D 형상 파일로 3D 프린팅 전처리에서 표준적으로 사용됨.

58 해설
STL은 표면을 삼각형 메쉬로 표현하는 간단한 3D 형상 파일로 3D 프린팅 전처리에서 표준적으로 사용됨.

59 해설
잔류응력 제거와 응력완화를 위해 어닐링이나 템퍼링 등의 열처리를 사용함.

60 해설
화살표는 절단면을 어느 방향에서 바라볼지를 지시하므로 단면도 해석에 필수적임.

제11회 필기 CBT 시행문제

01 CAD 시스템에서 도면상 임의의 점을 입력할 때 변하지 않는 원점(0,0)을 기준으로 정한 좌표계는?

① 상대 좌표계　② 상승 좌표계
③ 증분 좌표계　④ 절대 좌표계

02 DXF 파일 형식의 주된 용도는?

① 3D 메쉬 저장 전용
② AutoCAD와 타 프로그램 간 2D/기본 도면 데이터 교환(텍스트 기반)
③ 사진 압축 저장
④ 재료 분석 데이터 저장

03 그림의 "C" 부분에 들어갈 기하 공차 기호로 가장 알맞은 것은?

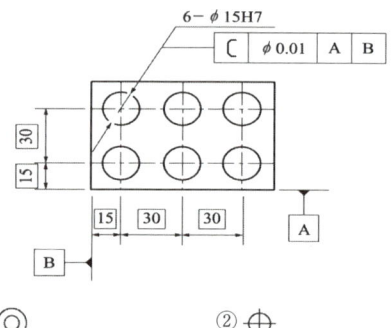

① ◎　② ⌖
③ ○　④ ⌒

04 절삭조건에서 절삭속도(V, m/min)를 구하는 공식은? (D: 공구직경(mm), n: RPM)

① $V = \pi \cdot D \cdot n / 1000$
② $V = D / (\pi \cdot n)$
③ $V = n / (\pi \cdot D)$
④ $V = \pi \cdot D / n$

05 나사 체결에서 '언더컷' 혹은 '언더헤드' 처리가 필요한 주된 이유는?

① 미적용으로 인한 색상 변화 방지
② 체결시의 응력집중을 줄이고 부품 간 간섭을 방지하기 위해
③ 전기적 전도성 향상
④ 윤활제 저장

06 좌표측정기(CMM, Coordinate Measuring Machine)의 주된 장점은?

① 공작물을 가열할 수 있다.
② 표면 처리 기능이 있다.
③ 고정밀 3차원 치수 및 형상 측정이 가능하다.
④ 절삭 가공을 대신한다.

07 드릴링에서 리머(reamer)의 주목적은?

① 큰 구멍을 빠르게 뚫기 위해
② 이미 뚫린 구멍의 직경 정밀화 및 표면 마감 개선을 위해
③ 나사산을 내기 위해
④ 소성가공을 위해

08 절삭공구의 허용오차가 작은 공구를 사용할 때 기대되는 효과로 옳은 것?

① 절삭온도가 항상 증가
② 가공 정밀도와 표면 마감 향상
③ 절삭속도 제한 없음
④ 윤활 불필요

09 제3각법으로 그린 투상도에서 우측면도로 옳은 것은?

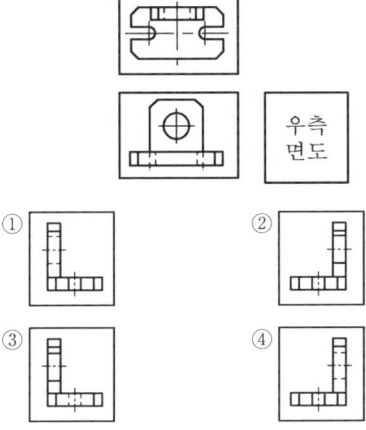

10 재료의 Rockwell 경도시험에서 사용하는 경도 스케일(RB, RC 등)은 무엇을 구분하는가?
① 시편의 색상
② 적용하중과 압입체(다이아몬드/볼) 조합에 따른 스케일 구분
③ 온도 조건
④ 전기 전도성

11 치수기입 방식에서 한계치수(limit dimension)의 특징은?
① 허용공차 범위를 치수값을 직사각형을 두른다.
② 치수값의 상한·하한을 직접 표기하여 공차를 명확히 한다.
③ 정확한 단일 값만 허용한다.
④ 참고하는 치수로 무시해도 된다.

12 절삭 가공에서 '펙 드릴링(peck drilling)'을 사용하는 주된 이유는?
① 한 번에 최대 깊이로 가공해서 시간을 절약
② 긴 깊은 구멍 가공 시 칩 제거와 냉각을 위해 반복적으로 후퇴시켜 절삭
③ 구멍의 직경을 크게 하기 위해 정밀하게 확장하는 절삭
④ 표면 경도 향상시키기 위한 절삭

13 IGES 파일 형식은 주로 어떤 목적에 사용되는가?
① 사진 편집을 위한 특정한 데이터를 말함
② 3D CAD 시스템 간 곡면·솔리드 데이터 교환을 위해 널리 사용됨
③ 2D 도면만 저장이 가능하여 3D 데이터로는 사용하기 어렵다.
④ 동영상 파일 포맷방식으로 기준이 됨

14 기계제도에서 치수 공차의 단측공차(unilateral tolerance) 뜻은?
① 치수가 좌우 대칭으로 허용되는 경우
② 한쪽 방향으로만 허용오차가 주어진 경우
③ 허용치수 없게 표시되고 일반공차를 적용
④ 표면거칠기 표기 방식을 나타냄

15 용접 기호에서 홈(groove) 용접은 주로 어떤 상황에서 사용되는가?
① 얇은 시트 접합시 전부 사용
② 두 부재의 모서리를 깊게 가공해 전체 단면을 관통 용접해야 할 때 사용
③ 표면 장식용을 용접하는 경우
④ 나사 결합을 대신하기 위해 일정한 간격으로 용접을 하는 경우

16 도면 타이틀블록(title block)에 일반적으로 포함되는 항목이 아닌 것은?
① 도면 번호(Drawing No.)
② 재료명(Material)
③ 시험 응시자의 사진
④ 축척(Scale)

17 절삭공구의 절삭속도와 공구수명의 관계를 표현하는 대표식은?
① Taylor 식: $V \cdot T^n = C$
② Pythagoras 식
③ 이상기체 법칙
④ Ohm 법칙

18 디버링(deburring)의 주목적은?

① 공작물의 색상 변경을 위한 작업
② 가공 후 남은 버(burr)를 제거하여 안전성과 조립성 향상
③ 나사산 정밀화를 위한 후처리 방법이다.
④ 윤활을 증가시켜 원활한 접촉에 의한 마찰을 줄일 수 있다.

19 용접 지시기호가 나타내는 용접부위의 형상으로 가장 옳은 것은?

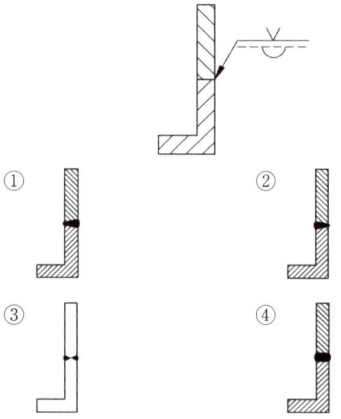

20 공차 등급에서 간섭(fit interference)이 의미하는 것은?

① 축이 항상 회전하는 결합을 정하는 방식
② 축과 구멍이 간섭되어 조립 시 압입 필요 방식
③ 축과 구멍이 항상 느슨하게 체결됨
④ 축과 구멍이 결합에서 표면 경도가 낮음

21 브로칭(broaching) 가공의 특징은?

① 여러 이빨을 가진 공구를 작은 구멍만 가공 가능
② 여러 이빨을 가진 공구를 한 번통과로 내부형상 가공법
③ 여러 이빨을 가진 공구를 표면 경화 공정
④ 여러 이빨을 가진 공구를 비선형 곡면 가공 전용

22 CAD에서 XREF(외부참조)를 사용하는 주된 이유는?

① 도면간 공용 요소를 외부 파일로 참조하여 파일을 압축하기 위해
② 도면간 공용 요소를 외부 파일로 참조하여 동기화 및 관리 편의 제
③ 도면간 공용 요소를 외부 파일로 참조하여 색상 통일만을 위해
④ 도면간 공용 요소를 외부 파일로 참조하여 출력 품질 저하

23 재료의 피로강도(fatigue strength) 시험에서 S-N 곡선이 의미하는 것은?

① 응력(Stress)과 피로수명(반복수 N)의 응력 대비 시간 경과 비율
② 응력(Stress)과 피로수명(반복수 N)의 관계를 나타낸 곡선
③ 응력(Stress)과 피로수명(반복수 N)의 변형률의 수평선
④ 응력(Stress)과 피로수명(반복수 N)의 온도와 경도의 관계

24 치수기입에서 카운터보어(counterbore)와 카운터싱크(countersink)의 차이는?

① 둘은 동일
② 카운터보어는 평평한 바닥의 큰 구멍, 카운터싱크는 원추형 구멍
③ 카운터싱크는 평평한 바닥의 큰 구멍, 카운터보어는 원추형 구멍
④ 카운터보어는 돌출형 평평한 바닥의 면을 갖는 부분을 말함

25 EDM(전기방전가공)의 장점으로 옳은 것은?

① 연삭보다 빠르게 모든 재료 절삭 가능
② 비전도성 재료 절삭에 유리
③ 복잡한 곡면·경질 금속의 정밀 가공이 가능
④ 나사 가공에 적합

26. 렌치 토크 계산에서 체결력(프리로드)과 관계 깊은 물리량은?

① 체결물의 색상
② 나사산의 마찰계수와 토크-프리로드 관계식
③ 표면거칠기와 관계 없음
④ 전기적 저항

27. CAD에서 모델 공간(model space)과 종이 공간(paper space)의 차이는?

① 동일한 개념
② 모델 공간은 설계, 페이지 종이 공간은 인용 배치·뷰포트 구성에 사용
③ 모델 공간은 인쇄 전용 배치·뷰포트 구성, 종이 공간은 설계에 사용
④ 페이지 레이아웃은 3D 전용으로 사용됨

28. 재료 분류에서 SUS(스테인리스강) 중 304와 316의 주요 차이는?

① 304는 더 높은 내식성을 가지고 있고 내구성이 더 뛰어남
② 316은 몰리브덴(Mo) 첨가로 염화물 환경에서 304보다 내식성이 더 좋음
③ 두 합금은 동일한 성격을 갖으며 활용도 또한 같다.
④ 304는 비금속으로 특정한 합금에 주로 사용함

29. 그림에서 기하공차 기호로 기입할 수 없는 것은?

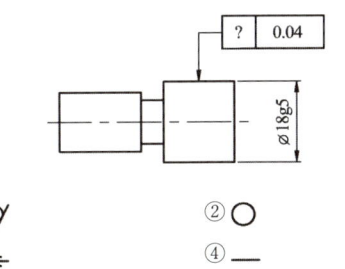

① ∠   ② ○
③ ⌀   ④ —

30. CNC에서 G01, G02, G03의 차이는?

① G01은 급속이송, G02/03은 나사 가공으로 정확한 처리요구함
② G01 선형보간, G02 시계방향 원호, G03는 반시계방향 원호 보간
③ G01 시계방향 원호, G02 선형보간, G03는 반시계방향 원호 보간
④ G01 선형보간, G02 반시계방향 원호 보간, G03는 시계방향 원호 보간

31. 치수 표기에서 참고치수(indicative dimension)의 의미는?

① 제조에 필수적인 치수로 중요한 치수임
② 참고용 치수로 제조·검사에는 구속력 없음
③ 반드시 엄격히 맞춰야 함
④ 제품을 완성후 실시하는 측정치수

32. 냉간단조(cold forging)와 열간단조(hot forging)의 차이점으로 옳은 것은?

① 냉간단조는 상온가공으로 치수정밀도가 높고 표면마감이 좋음, 열간단조는 높은 변형에 유리
② 열간단조는 상온가공으로 치수정밀도가 높고 표면마감이 좋음, 냉간단조는 높은 변형에 유리
③ 냉간단조는 항상 소성파괴를 유발하여 가공도가 높음
④ 열간단조는 표면마감이 항상 좋아 표면에 대한 처리가 필요없다.

33. CAD 도면에서 선 종류(선폭)의 의미로 틀린 것은?

① 주요 외형선은 굵은 실선, 보조선은 가는 실선 등 규정된 선폭으로 표시해 가독성 확보
② 모든 선은 동일한 굵기여야 한다.
③ 단면선을 해칭으로 구분
④ 중심선·치수선 등은 규정된 선형 사용

34 탭핑(tapping)과 나사 절삭(thread cutting)의 차이는?

① 탭핑은 내부나사를 만들기 위해 전용 탭으로 절삭; 나사 절삭은 외부 나사 등 다른 공구 사용
② 둘은 항상 동일
③ 탭핑은 표면도장 과정
④ 나사 절삭은 윤활제 공급 불필요

35 열처리에서 노멀라이징(normalizing)의 목적은?

① 조직 균일화와 기계적 성질의 개선
② 급랭으로 경도 최고화
③ 표면 산화 유도
④ 비금속 처리

36 CAD에서 OSNAP 기능의 주된 목적은?

① 색상 자동으로 지정
② 스냅 기능으로 정확한 점(끝점·중점·교차점 등)을 잡아 정밀 입력을 돕는다.
③ 파일 저장 자동화
④ 3D 모델링 전용

37 기계재료의 피어싱(piercing) 가공은 주로 어떤 공정에서 사용되는가?

① 아크 용접
② 판금 펀칭에서 재료를 관통시키는 공정
③ 연삭 마무리
④ 열처리

38 치수 공차 표기법에서 기본치수(basic dimension)의 특징은?

① 공차가 적용되는 수치
② 이론적 정확치로 프레임 내에서 상하공차 없이 박스로 표기되며 기하공차와 함께 사용됨
③ 참고용만 가능
④ 치수 단위를 생략함

39 CAM에서 '클리어런스(공구상승 고도)'를 설정하는 이유는?

① 공구가 항상 가공면에 닿도록 하기 위해
② 공구의 비가공 이동 시 공작물과 충돌을 방지하기 위해 충분한 상승 고도를 설정
③ 윤활제 분사를 멈추기 위해
④ 드릴 전용 숫자

40 재료의 전단강도(shear strength)를 시험하는 대표적 실험은?

① 충격시험
② 전단시험(단층 전단) 또는 인장시험에서 계산적 추정
③ 경도시험만으로 정의됨
④ 광학현미경 분석

41 도면의 주석에서 표면처리 항목에 흔히 포함되는 것은?

① 페인팅 색상 및 도장에 대한 결과값
② 도금 Anodizing, 열처리 등 표면처리 방식과 두께·사양
③ 재료만 기입, 경도값 표시
④ 도면 작성자 성명 및 생산관리자 성명 표기

42 CNC에서 홈 파기(grooving) 가공시 주의할 점으로 틀린 것은?

① 공구의 강성을 고려해 절삭 파라미터를 낮춤
② 칩 배출 경로 확보가 중요
③ 큰 진폭의 진동을 허용하면 표면상태 개선
④ 절삭깊이/폭 한계를 지켜 공구파손 방지

43 치수표기에서 스탠다드(표준) 선형이 아닌 것은?

① 외형선(실선 굵음)
② 중심선(점/대시 혼합)
③ 표면거칠기 표기(특수기호)
④ 무작위 점선(의미 없음)

44 가스켓(gasket) 기능으로 옳은 것은?
① 전기 절연만 담당
② 접합부의 누유·누기 방지를 위한 밀봉 기능
③ 재료의 구조강성 증가
④ 열전달 증진

45 절삭유(냉각유)의 주요 역할이 아닌 것은?
① 절삭열 제거 및 냉각
② 윤활을 통한 마찰 감소
③ 공구·공작물 부식 촉진
④ 칩 제거 보조

46 재료 시험에서 충격시험(impact test)이 주로 평가하는 물성은?
① 전단강도
② 인성
③ 표면거칠
④ 전기저항

47 CAD에서 치수 스타일(dimension style) 설정이 중요한 이유는?
① 치수값을 자동으로 계산하기 때문
② 글꼴·단위·소숫점·화살표 모양 등 일관된 표기 규칙을 유지하기 위해
③ 3D 모델링에만 사용
④ 파일 크기 축소용

48 재료의 열팽창계수(coefficient of thermal expansion)가 설계에서 중요한 경우는?
① 온도 변화가 큰 환경에서 치수정밀성·간섭을 고려해야 할 때
② 온도 변화가 큰 환경에서 항상 무시해도 됨
③ 온도 변화가 큰 환경에서 색상 결정 시만 필요함
④ 온도 변화가 큰 환경에서 표면거칠기 산정에만 영향

49 나사 규격에서 6H는 무엇을 의미하는가?
① 재질 등급
② 암나사의 공차 등급
③ 길이 등급
④ 나사 표면 처리 방식

50 절삭공정에서 '칩 브레이커(chip breaker)'의 역할은?
① 칩을 더 길게 만들어 배출을 어렵게 함
② 칩을 작고 관리하기 쉬운 형태로 만들어 배출·공정 안전성을 향상시킴
③ 공구의 색상 유지
④ 절삭속도 증가만을 목표

51 리벳(rivet) 체결의 장점으로 옳은 것은?
① 분해 조립이 자유로움
② 충격·진동 환경에서의 신뢰성 높은 영구 체결 방식
③ 나사에 비해 항상 더 강함
④ 전기 전도성 향상

52 관의 결합방식 표현에서 유니언식을 나타내는 것은?

53 폴리머(플라스틱) 성형 공정 중 사출성형(injection molding)의 주요 단점은?
① 복잡 형상 제조 불가
② 초기 금형비용(금형 제작비)이 높아 소량 생산에 불리
③ 빠른 생산성 없음
④ 재료 선택이 제한됨

54 볼트 등 체결요소의 등급(grade) 표기는 무엇을 의미하는가?
① 볼트 등 체결요소의 색상 분류
② 강도·인성의 등급으로 체결 강도값을 나타냄
③ 체결요소의 길이 등급
④ 체결요소의 표면처리 방식

55 재료 절삭성(machinability)이 좋은 재료의 특징으로 옳지 않은 것은?

① 칩 형성이 양호해 공구마모가 적음
② 표면 마감이 좋음
③ 가공 속도 향상이 어려움
④ 공구수명이 길어 생산비 절감에 유리

56 CAD에서 면을 솔리드로 만들기 위해 사용하는 일반적 명령(혹은 방법)은?

① JOIN만으로 항상 가능 결합 상태를 지정후 변환
② 폐곡선으로 프로파일을 만든 뒤 EXTRUDE(압출) 혹은 REVOLVE(회전) 등으로 솔리드 생성
③ TRIM으로 곧바로 솔리드 생성이 가능하고 추출을 원활하게 함
④ 치수 스타일로 솔리드 생성이 가능하고 설정도 가능함

57 용접 후 비파괴검사(NDT)에 포함되는 방법이 아닌 것은?

① 초음파검사(UT)
② 방사선투과검사(RT)
③ 색상 시각 점검만
④ 자분검사(MT)

58 다음 표준 스퍼 기어에 대한 요목표에서 전체 이 높이는 몇 mm인가?

스퍼기어		
기어치형		표준
공구	치형	보통 이
	모듈	2
	압력각	20°
잇수		31
피치원 지름		62
전체 이 높이		
다듬질 방법		호브절삭
정밀도		KS B 1405, 5급

① 4
② 4.5
③ 5
④ 5.5

59 측정기(버니어캘리퍼)를 읽을 때 주의할 점으로 틀린 것은?

① 눈의 시선은 눈금을 수평으로 보아 패러락스를 줄여야 한다.
② 캘리퍼 잔류오차(zero error)를 확인해야 한다.
③ 항상 강하게 물려서 측정하면 정확도가 향상된다.
④ 측정 표면의 청결 상태를 확인해야 한다.

60 제품 설계 시 DFM(Design for Manufacturing) 원칙의 주요 목적은?

① 디자인의 미적 가치만 향상시키면 다른 요소는 필요하지 않음
② 제조 공정·비용·조립성을 고려하여 설계를 최적화해 제조성 향상 및 비용 절감
③ 테스트 시간 증가는 필수적이라 생각하고 진행함
④ 재료 낭비를 늘림으로 결과를 긍정적으로 진행함

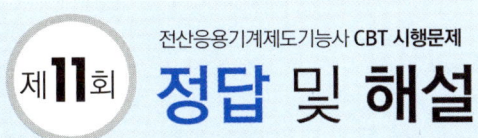

정답

01	④	02	②	03	②	04	①	05	②	06	③	07	②	08	②	09	④	10	②
11	②	12	②	13	②	14	②	15	②	16	③	17	①	18	②	19	①	20	②
21	②	22	②	23	②	24	②	25	③	26	②	27	②	28	②	29	③	30	②
31	②	32	①	33	①	34	①	35	②	36	②	37	②	38	②	39	②	40	②
41	②	42	③	43	④	44	②	45	②	46	②	47	②	48	①	49	②	50	②
51	②	52	②	53	②	54	②	55	③	56	②	57	③	58	②	59	③	60	②

02 해설
DXF는 AutoCAD 호환을 위해 2D·기본형상 교환에 널리 쓰이는 ASCII/Binary 포맷이다.

04 해설
절삭속도는 원주속도이며 $V = \dfrac{\pi dn}{1000}$ (m/min)

05 해설
언더컷은 부품 간 간섭 제거 및 응력 집중 완화를 위해 설계할 때 사용된다.

06 해설
CMM은 프로브로 3D 좌표를 취득해 정밀 치수·형상 검사에 사용된다.

07 해설
리머는 구멍을 정밀 치수·원통도로 마무리하는 공구다.

08 해설
공구 정밀도가 높을수록 치수정밀도와 표면 마감 개선에 도움된다.

10 해설
Rockwell은 하중과 압입체 조합에 따라 여러 스케일을 사용(예: HRC는 다이아몬드 콘 사용).

11 해설
한계치수는 상한·하한을 명시하여 허용범위를 명확히 표기한다.

12 해설
Peck drilling은 칩이 쌓이는 것을 방지하고 냉각·윤활 효과를 높이기 위해 사용된다.

13 해설
IGES는 CAD 간 제품형상(특히 곡면·솔리드)을 교환할 때 사용되는 표준 포맷 중 하나다.

14 해설
단측공차는 허용오차가 한쪽 방향으로만 주어지는 방식이다.

15 해설
Groove weld는 두 부재 가장자리를 가공(깎음)해 완전 침투 용접이 필요할 때 사용한다.

16 해설
타이틀블록에는 도면 관련 정보가 들어가며 개인 사진은 포함되지 않는다.

17 해설
Taylor 식은 공구수명과 절삭속도의 경험적 관계를 나타낸다.
$VT^n = C$ (V: 절삭속도, T: 공구수명, n: 실험상수)

18 해설
단측디버링은 버 제거로 안전사고 예방과 조립 적합성 확보에 중요하다.

20 해설
간섭치수는 축이 구멍보다 커서 결합 시 압입형태가 되는 상태를 말한다.

21 해설
브로칭은 기하학적 형상을 한 번의 왕복으로 가공하는 효율적인 방법이다.

21 해설
XREF는 공용 도면요소(예: 설계기준, 레이아웃)를 참조해 중앙관리 가능하게 한다.

23 해설
S-N 곡선은 다양한 응력에서의 반복하중에 대한 피로수명을 보여준다.

24 해설
카운터보어는 볼트머리 수납용 평평한 보어, 카운터싱크는 원추형으로 머리 매립용이다.

25 해설
EDM은 전도성 재료에 비접촉 방식으로 복잡한 형상을 정밀 가공할 수 있다.

26 해설
토크는 마찰과 나사 프로파일에 따라 프리로드로 변환되므로 마찰계수가 중요하다.

27 해설
모델 공간은 실제 크기 설계, paper space는 인쇄·제작용 시트 레이아웃을 구성한다.

28 해설
316은 몰리브덴 첨가로 해수·염화물 환경에 대해 304보다 더 뛰어난 내식성을 보인다.

29 해설
기준 데이텀 없이 단독으로 적용가능한 모양공차 방식만 사용 가능함.

30 해설
G01은 선형 보간(피드 적용), G02시계방향, G03반시계방향의 원호 보간 명령

31 해설
참고 치수는 가공·검사에서 규격으로 강제되지 않는 정보다.

32 해설
냉간단조는 상온가공으로 정밀·표면우수, 열간은 큰 성형량·재료 유동성 우수

33 해설
도면 표준에 따라 선폭·선종을 달리해 의미를 구분하며 모든 선을 동일하게 하면 안 된다.

34 해설
탭핑은 구멍 내부에 나사산을 만들 때 사용되는 공구·공정이다.

35 해설
노멀라이징은 가열 후 공기냉각으로 조직을 균일화하고 기계적 성질을 개선한다.

36 해설
OSNAP은 정확한 지점 포착으로 도면 입력·수정 시 실수를 줄여준다.

37 해설
피어싱은 판금 가공에서 펀치로 구멍을 만드는 공정이다.

38 해설
기본치수는 이론적 값으로 박스로 표기되고 기하공차 프레임과 연동된다.

39 해설
공구가 빠르게 이동할 때 공작물이나 고정구와 충돌하지 않도록 안전거리를 확보한다.

40 해설
전단강도는 전단시험 또는 적절한 형식의 인장시험 결과로 추정한다.

41 해설
표면처리는 내식성·마감·기능 확보를 위해 도면에 명시한다.

42 해설
진동이 크면 오히려 공구수명·표면 품질이 악화되므로 진동 허용은 틀리다.

43 해설
도면에는 규격화된 선형만 사용하며 무작위 점선은 의미가 없어 사용하지 않는다.

44 해설
가스켓은 플랜지 등 접합부에서 유체 누설을 막는 밀봉재로 사용된다.

45 해설
절삭유는 부식 방지 역할을 하며 부식 촉진은 오히려 부적절한 성분의 절삭유 사용 시 발생

46 해설
충격시험은 재료의 인성 및 취성 전이를 평가하는데 사용된다.

47 해설
치수 스타일은 도면 표준 준수와 가독성을 위해 통일된 형태로 관리함

48 해설
온도 변화에 따라 치수 변화가 생기므로 정밀부품·조립부에는 열팽창을 고려해야 한다.

49 해설
ISO 미터 나사에서 6H는 암나사의 공차 등급을 나타내는 기호이다.

50 해설
칩 브레이커는 칩 형태를 제어해 배출을 원활히 하고 공구·공작물 손상을 방지한다.

51 해설
리벳은 영구체결로 충격·진동에 강해 구조체 체결에 사용된다(분해·재사용성은 낮음).

52 해설
─┼─ : 나사결합
─╂─ : 플랜지결합
─╫─ : 유니온결합

53 해설
사출성형은 대량생산에서 비용효율적이지만 금형비가 높아 소량에 비경제적이다.

54 해설
체결요소의 등급은 기계적 특성(항복·인장강도)을 나타내는 중요한 정보다.

55 해설
절삭성이 좋으면 가공 속도를 높일 수 있다.

56 해설
솔리드 모델링은 폐곡선+압출/회전 등의 형상 생성 프로세스를 따른다.

57 해설
NDT는 UT, RT, MT, PT 등 전문 검사법을 포함하며 단순 색상 시각검사는 제한적이다.

58 해설
전체 이 높이 $H_t = M \times 2.25 = 2 \times 2.25 = 4.5mm$

59 해설
과도한 힘은 측정오차를 유발하므로 적정 힘으로 측정해야 한다.

60 해설
DFM은 제조 용이성·비용·품질을 고려한 설계 관점으로 생산성 향상이 목적

제12회 필기 CBT 시행문제

01 CAD에서 UCS(User Coordinate System)를 변경하는 주된 목적은?
① 화면 배경색 조정
② 작업 좌표계 방향 및 기준점 설정
③ 선 두께 변경
④ 출력 스케일 조정

02 나사의 유효지름(Effective diameter)은?
① 외경과 동일
② 나사의 맞물림에 실제로 작용하는 지름
③ 나사산의 바닥 지름
④ 피치와 무관한 치수

03 운전 중 또는 정지 중에 운동을 전달하거나 차단하기에 적절한 축이음은?
① 외접기어   ② 클러치
③ 올덤 커플링   ④ 유니버설 조인트

04 전체 둘레 현장 용접을 나타내는 보조 기호는?
①   ②
③   ④

05 재료의 탄성계수 E는 어떤 관계를 정의하는가?
① 응력과 변형률의 비
② 경도와 강도의 비
③ 비중과 밀도의 비
④ 응력과 시간의 관계

06 용접 기호에서 전면 필릿용접을 표시할 때 기호는 어느 쪽에 표기되는가?
① 화살표 반대편 선
② 화살표 있는 쪽 선
③ 상단에만 표기
④ 하단에만 표기

07 치수공차에서 최대실체조건(MMC)이란?
① 가장 작은 치수 허용 상태
② 가장 큰 재료가 남는 상태
③ 표면 거칠기가 최대인 상태
④ 도면에서 허용하지 않는 상태

08 전산응용제도에서 DXF 파일은 무엇을 위한 것인가?
① 데이터 압축용
② 다양한 CAD 간 교환용 포맷
③ 사진 저장용
④ 워드 파일 변환용

09 리벳 접합의 단점은?
① 제작비 저렴
② 분해 불가 및 중량 증가
③ 강도 우수
④ 충격 저항 높음

10 허용차와 끼워맞춤에서 H7/h6 조합은 무엇을 의미하는가?
① 구멍 기준 끼워맞춤
② 축 기준 끼워맞춤
③ 표면 거칠기
④ 나사 피치

11 CAD에서 MIRROR 명령의 기능은?
① 객체를 회전
② 객체를 반사 대칭 복사
③ 객체를 이동
④ 객체를 분할

12 기계제도에서 '참조선'은 무엇을 나타내는가?
① 절단방향
② 도면상 참고할 치수나 기호를 연결하는 선
③ 중심축
④ 기준면

13 평행도 공차 기호는?
① ⊥
② //
③ ∅
④ R

14 기계재료에서 열전도율이 가장 낮은 것은?
① 구리
② 알루미늄
③ 고무
④ 철

15 강재의 인성을 향상시키는 열처리법은?
① 담금질
② 뜨임
③ 풀림
④ 표면경화

16 3D CAD에서 Boolean 연산이 아닌 것은?
① Union
② Subtract
③ Mirror
④ Intersect

17 치수기입에서 지름 20, 깊이 30 구멍 표기는?
① ∅20 30
② ∅20 ⌴30
③ R20 30
④ 20×30

18 강의 탄성영역에서 응력-변형률 관계는?
① 직선
② 곡선
③ 불규칙
④ 일정하지 않음

19 공차에서 기하공차 프레임의 두 번째 칸은 무엇을 기입하는가?
① 공차값
② 기준기호
③ 표면거칠기
④ 치수

20 절삭유의 주요 목적이 아닌 것은?
① 절삭열 제거
② 칩 배출 용이
③ 공구수명 연장
④ 재료 경도 증가

21 CNC G-code에서 G91 명령은 무엇을 의미하는가?
① 절삭 속도 지정
② 절대좌표 모드(Absolute)
③ 증분(상대) 좌표 모드(Incremental)
④ 급속이송 모드

22 탭(Tap) 공구의 주 용도는?
① 내부(암) 나사산을 절삭·성형하여 만들기 위해
② 외부(수) 나사산을 만드는 공구
③ 구멍을 확대하는 공구
④ 구멍을 고정밀로 가공하는 공구

23 홀의 내부 표면을 마무리하여 원통도와 표면거칠기를 개선하는 공정은?
① 보링(boring)
② 호닝(honing).
③ 리밍(reaming)
④ 드릴링(drilling)

24 비파괴검사(NDT) 중 침투시험(PT, Penetrant Testing)이 주로 검출하는 결함은?
① 내부 기공
② 미세한 재결정
③ 표면을 뚫고 있는 표면균열
④ 금속조직 변화

25 CNC 드릴링의 canned cycle 중 G83의 주요 특징은?

① 단일 드릴 사이클(무대기)
② 페크(칩 배출을 위한 반복 후퇴) 드릴링(깊은 구멍 가공 시 사용)
③ 나사 가공 전용 사이클
④ 원호 가공 사이클

26 도면에서 "Datum target(기준 표식)"은 어떤 경우에 사용되는가?

① 불규칙한 표면에서 기준을 지정할 특정 영역(작은 표면영역)을 나타내기 위해
② 치수 기호 대체용
③ 표면거칠기 표기 대용
④ 용접심 표기용

27 표면거칠기 기호에서 "Lay(윤곽 흐름)" 기호가 의미하는 것은?

① 거칠기 수치(Ra 등)
② 공차영역
③ 연삭 방향 없음
④ 가공면의 표면결(가공 방향/패턴)의 방향을 나타냄

28 회전부품에서 Runout(런아웃)이란 무엇을 가리키는가?

① 표면 거칠기 수치
② 회전 중 축심의 편심(편심·진동으로 인한 편차)을 나타냄
③ 단면적 감소량
④ 재료 경도값

29 기어에서 백래시(backlash)는 무엇을 뜻하는가?

① 기어의 경도
② 기어 전개각
③ 맞물림 간의 간극(이동 여유)으로, 과도하면 정밀도 저하 유발
④ 기어 윤활 방식

30 전체적으로 재료를 가열 후 서서히 냉각시켜 조직을 균일화하고 연성을 향상시키는 열처리법은?

① 어닐링(Annealing)
② 담금질(Quenching)
③ 템퍼링(Tempering)
④ 침탄(Carburizing)

31 치수 공차 설계 시 Tolerance stack-up이란 무엇을 의미하는가?

① 공차 표기 방식
② 조립부에서 여러 치수들이 누적되어 발생하는 최대/최소 편차(오차 누적 문제)
③ 표면거칠기 합계
④ 공정 순서표

32 다음 중 취성파괴(brittle fracture)의 징후가 아닌 것은?

① 갑작스러운 파단
② 낮은 흡수에너지
③ 평탄하고 과립상 단면
④ 큰 소성 변형(눈에 띄는 목줄림·necking)

33 가공에서 step-over(스텝오버)는 무엇을 의미하는가?

① 공구의 회전수
② 한 패스에서 다음 패스로 이동하는 축 방향 거리
③ 공구 반경 보정값
④ 절삭 깊이

34 CAD/CAE 파일 포맷 중 STEP(.step/.stp) 파일의 주된 특징은?

① 이미지 압축용
② 2D 벡터 전용
③ CAD 간 솔리드·곡면·엔티티를 상호 교환할 수 있는 표준 포맷
④ 오디오 파일

35 단일 스타트(single-start) 나사의 lead(리드)는 일반적으로 무엇과 같은가?
① 나사 외경
② 피치(pitch)와 동일(단일 스타트의 경우)
③ 나사 길이
④ 나사의 허용오차 등급

36 다음 중 연성파단(ductile fracture)의 전형적 특성은?
① 평탄한 파면
② 갑작스러운 파단
③ 낮은 흡수에너지
④ 큰 소성변형(목줄림·늘어남)과 컵앤콘 형태의 파단

37 표면거칠기 지표 Rz는 무엇을 나타내는가?
① 산술평균거칠기(Ra)와 동일
② 프로파일에서 여러 국소 피크-밸리의 평균적인 최대 높이(일정 방식으로 계산되는 피크-투-밸리 평균)
③ 표면 경사 각도
④ 치수 공차값

38 기계가공에서 나오는 swarf(스와프)는 무엇인가?
① 윤활제
② 공구 마모 조각
③ 절삭으로 생긴 칩(가공 부산물)
④ 표면 거칠기 보정치

39 표면거칠기를 측정하는 대표적 계측기는?
① 표면형상측정기(Profilometer).
② 버니어 캘리퍼스
③ 마이크로미터(표면거칠기 직접측정 아님)
④ 인디케이터

40 기어 제조에서 hob(호브)는 주로 어떤 공정에 사용되는가?
① 프레스 성형
② 호빙
③ 연삭 가공
④ 주조 공정

41 나사 표기에서 "6g"은 무엇을 나타내는가?
① 피치
② 길이
③ 외측(수) 나사의 공차 등급(허용도의 등급을 나타내는 문자·숫자 조합)
④ 재질 등급

42 부품 설계에서 fillet radius(모서리 필렛 반경)를 넣는 주요 목적은?
① 응력 집중을 감소시켜 피로강도 향상
② 가공 시간 단축
③ 색상 변경
④ 표면거칠기 조절

43 다음 중 절삭(제거) 방식이 아닌 제조법은?
① 밀링
② 선반가공
③ 드릴링
④ 적층

44 공차 관련 약어 LMC는 무엇의 약자인가?
① Largest Material Condition
② Least Material Condition(최소 재료 상태)
③ Linear Measurement Control
④ Load Mean Coefficient

45 대체로 탄성계수(E)가 가장 큰 재료는? (선택지 중)
① 탄소강(steel)
② 알루미늄
③ 폴리머(플라스틱)
④ 나무

46 품질관리에서 Gage R&R은 무엇을 평가하는가?
① 공정능력(Cp)
② 제품 수명
③ 계측 시스템의 반복성(Repeatability) 및 재현성(Reproducibility)을 평가
④ 표면거칠기 한계

47 관(튜브) 벤딩 시 mandrel bending(맨드렐 벤딩)의 주된 이점은?

① 단순 가공성만 증가
② 관 내측 주름(무너짐)을 줄이고 내부지지로 형상 보존
③ 가공 시간 단축
④ 외경 감소

48 표면 케이스 하드닝(case hardening) 공정 중 하나인 carburizing(침탄)의 목적은?

① 전체 소성 가공성 증대
② 표면 연화
③ 내부 경화
④ 표면에 탄소를 확산시켜 표면경도(피복층)를 높이고 내부는 연성 유지

49 토크(torque)의 SI 단위는 무엇인가?

① N·m (뉴턴·미터)
② N/m
③ Pa
④ J

50 Clearance fit(유격 끼워맞춤)은 어떤 상태를 의미하는가?

① 항상 간섭 발생
② 축이 구멍보다 큰 상태
③ 구멍이 축보다 커서 조립 시 여유가 있는 상태 (유격)
④ 나사 산정

51 극히 정밀하고 매끄러운 표면 마감을 얻기 위해 주로 사용하는 공정은?

① 그라인딩만
② 래핑(Lapping) - 평탄성·미러 피니시를 얻기 위한 연마 공정
③ 드릴링
④ 톱질

52 인디케이터(다이얼 인디케이터)로 TIR(Total Indicator Reading)를 측정할 때 TIR은 무엇을 의미하는가?

① 평균값
② 단일측정값
③ 계측값의 최대치와 최소치 차이(최대 편차 합)
④ 표면 거칠기

53 아래 중 비접촉식(Non-contact) 계측 장비는?

① 마이크로미터(접촉형)
② 버니어 캘리퍼스(접촉형)
③ 투과식 게이지(접촉)
④ 레이저 스캐너(비접촉식).

54 GD&T(기하공차)에서 기준 우선순위(Datum precedence)에 관한 규칙은 무엇인가?

① 첫 번째 기초 Datum은 Primary(주기준)로 가장 높은 우선순위를 갖는다.
② 마지막 기초가 가장 우선
③ 우선순위는 무작위
④ 모든 Datum은 동등한 우선순위이다

55 전원 전달용 나사(lead screw)로 종종 쓰이는 나사형은?

① 전부 미터나사
② 제곱나사
③ ACME(또는 트라페조이달) 나사 - 동력 전달·정밀 이송에 적합
④ 머신나사(기계 체결용)

56 정밀 길이 표준이나 캘리브레이션에 사용되는 Gauge block(베어링 블록, Jo block)의 주 용도는?

① 표면 거칠기 측정
② 기준 길이 표준으로 조합하여 정밀 길이 측정·계측기 교정에 사용
③ 나사 조립용
④ 윤활 테스트용

57 Shrink fit(열간 삽입) 방식의 조립은 어떻게 이루어지는가?

① 한 부품을 가열(팽창)하거나 다른 부품을 냉각해(수축) 삽입 후 결합하여 강한 간섭체결을 얻음
② 접착제로 고정
③ 볼트로 고정
④ 용접으로 영구 결합

58 다음 중 파괴 시험(Destructive Test)의 예시는?

① 초음파 검사(UT)
② 방사선 검사(RT)
③ 표면 침투 검사(PT)
④ 인장시험(Tensile test)

59 Morse taper(모스 테이퍼)는 주로 어디에 사용되는가?

① 전선 연결부를 만들어 연결을 쉽게 함
② 플라스틱 성형 금형을 말함
③ 공구(드릴 척 등)를 스핀들에 고정하는 원추형 인터페이스로 사용
④ 표면 거칠기 표준 기준값을 말함

60 디스플레이상의 도형을 입력장치와 연동시켜 움직일 때, 도형이 움직이는 상태를 무엇이라고 하는가?

① 드래깅(dragging)
② 트리밍(trimming)
③ 쉐이딩(shading)
④ 주밍(zooming)

제12회 정답 및 해설

정답

01	②	02	②	03	②	04	③	05	①	06	②	07	②	08	②	09	②	10	①
11	②	12	②	13	②	14	③	15	②	16	③	17	②	18	①	19	①	20	④
21	③	22	①	23	②	24	③	25	②	26	①	27	④	28	②	29	③	30	①
31	②	32	④	33	①	34	③	35	③	36	④	37	②	38	③	39	①	40	②
41	③	42	①	43	④	44	②	45	①	46	③	47	②	48	④	49	①	50	③
51	②	52	③	53	④	54	①	55	③	56	②	57	①	58	④	59	③	60	①

01 해설
UCS는 사용자가 좌표축(X,Y,Z)을 원하는 방향으로 재설정하여 3D 작업이나 특정 평면 작업을 쉽게 하기 위해 사용한다.

02 해설
유효지름은 수나사와 암나사가 실제로 맞물려 하중을 전달하는 부분의 평균 지름이다.

04 해설
▶ - 현장용접, ▷ - 공장용접

05 해설
Hooke의 법칙에서 응력/변형률 = E이다.

06 해설
필렛용접은 화살표 방향에 따라 기준선 위·아래에 기호를 배치한다.

07 해설
MMC는 구멍은 최소치수, 축은 최대치수일 때 재료가 가장 많이 남는 조건이다.

08 해설
DXF는 Drawing Exchange Format으로 CAD간 호환에 쓰인다.

09 해설
리벳은 분해가 어렵고 무게가 증가한다는 단점이 있다.

10 해설
H7/h6은 구멍 기준 시스템을 나타낸다.

11 해설
MIRROR는 대칭선 기준으로 반사 복사를 한다.

12 해설
참조선은 기호, 주석 등을 연결해주는 얇은 실선이다.

13 해설
평행도는 // 기호로 표시한다.

14 해설
고무는 비금속으로 열전도율이 매우 낮다.

15 해설
담금질 후 뜨임을 하면 인성이 회복된다.

16 해설
Mirror는 대칭 복사이고, 나머지는 Boolean 연산이다.

17 해설
깊이는 ⎕ 기호로 표시한다. → Ø20 ⎕30

18 해설
탄성영역에서는 직선관계(Hooke의 법칙)

19 해설
첫 칸은 기호, 두 번째 칸은 공차값

20 해설
절삭유는 경도를 증가시키지 않는다.

21 해설
G90은 절대좌표(G90), G91은 증분(상대)좌표 모드로, 이후 좌표값을 현재 위치 기준으로 해석한다.

22 해설
탭은 이미 뚫린 구멍에 내부 나사산을 만드는 전통적 공구다(탭핑 공정).

23 해설
호닝은 연마성 공구로 구멍의 원통도·표면마감을 매우 정밀하게 향상시킨다(실린더, 베어링 자리 등).

24 해설
PT는 액체 침투제를 이용해 표면 또는 표면-개방 균열을 시각적으로 검출하는 검사법이다.

25 해설
G83은 긴 깊은 구멍에서 칩을 제거하기 위해 일정 간격으로 공구를 후퇴시키는 peck(페크) 드릴링 사이클이다.

26 해설
Datum target은 표면이 넓거나 불규칙할 때 특정 지점/영역을 기준으로 지정하여 기하공차를 적용할 때 쓴다.

27 해설
Lay 기호는 표면의 결 방향(예: 평행, 교차, 동심 등)을 나타내며 기능·마모에 영향을 준다.

28 해설
런아웃은 회전 시 중심선이 얼마나 흔들리는지를 나타내며 TIR(총 표시 범위)로 측정된다.

29 해설
백래시는 토크 전송 시 자유롭게 움직일 수 있는 여유량으로, 허용량을 관리해야 정확한 위치 제어가 가능하다.

30 해설
어닐링은 잔류응력 해소와 조직 균일화로 연성과 가공성을 높이는 공정이다.

31 해설
설계 시 각 치수의 허용오차가 누적되면 조립불량이 발생할 수 있으므로 이를 계산해 허용범위를 관리해야 한다.

32 해설
취성파괴는 소성변형이 거의 없이 갑자기 파단되는 특성이며, 큰 소성변형은 연성파괴의 특징이다

33 해설
특히 밀링에서 스텝오버는 인접 패스 사이의 측면 겹침을 결정해 표면 마감과 절삭시간에 영향한다(측면 겹침 비율 고려).

34 해설
STEP은 ISO 표준으로 솔리드·NURBS 곡면 등 CAD데이터를 정확히 교환할 때 널리 사용된다.

35 해설
리드는 나사 한 회전당 이동 거리이며, single-start면 lead = pitch, multi-start면 lead = pitch × starts.

36 해설
연성파단은 파단 전 상당한 소성변형을 보이며, 파면은 전형적으로 목줄림과 연성 특성을 나타낸다.

37 해설
Rz는 통상 여러 구간에서의 피크 및 밸리 간 높이 평균을 의미하며 Ra와는 계산 방식이 다르다.

38 해설
스와프는 칩·부스러기 등을 의미하며 공정마다 형태가 달라 배출·처리 방법이 중요하다.

39 해설
프로필로미터(접촉식 또는 비접촉식)는 표면 프로파일을 측정해 Ra·Rz 등을 산출한다.

40 해설
호브(hob)는 기어의 이 형상을 연속 절삭으로 만드는 호빙 공정의 주 절삭공구다.

41 해설
ISO 미터 나사에서 숫자는 공차 등급, 소문자(g)는 수나사의 공차를 표시한다.

42 해설
필렛은 날카로운 코너에서 발생하는 응력 집중을 완화해 구조적 강도와 피로수명을 개선한다.

43 해설
적층 제조는 소재를 더해 제품을 만드는 방식으로 절삭과 반대되는 원리다.

44 해설
LMC는 부품이 가진 최소 재료(예: 구멍이 최대, 축이 최소) 상태를 나타내는 기하공차 조건이다.

45 해설
강은 폴리머·비금속에 비해 훨씬 큰 탄성계수(강성)를 가진다.

46 해설
Gage R&R은 측정장비 및 측정자간 변동을 분석해 계측시스템 신뢰도를 평가한다.

47 해설
맨드렐은 관 내부에 지지체를 넣어 벤딩 시 단면 붕괴를 방지하여 고품질 힘을 얻는다.

48 해설
침탄은 탄소를 표면으로 확산시켜 표면층을 경화시키고 피로·마모저항을 높인다.

49 해설
토크(회전력)는 힘(N)×거리(m)로 N·m 단위를 사용한다(또한 단위는 에너지와 동일하지만 물리적 의미는 다름).

50 해설
유격 끼워맞춤은 구멍이 축보다 커서 조립이 느슨하게 되는 상태로, 회전·슬라이딩이 용이하다.

51 해설
래핑은 두 표면 사이에 연마제를 넣고 상대 운동을 시켜 매우 정밀한 표면을 얻는다(실린더·밸브 시트 등).

52 해설
TIR은 회전 시 표시기 판독의 최대값과 최소값의 차이로 런아웃·편심을 평가한다.

53 해설
레이저/광학 스캐너는 접촉 없이 표면 형상을 빠르게 취득하는 비접촉 계측기이다.

54 해설
기하공차 프레임에서 왼쪽부터 기호·값·기준문자가 나오면 첫째 기준이 Primary(우선순위 1)로 행동한다.

55 해설
ACME 나사(또는 트라페조이달)는 넓은 치형으로 강한 하중전달과 내구성 때문에 리드스크류 등에 쓰인다.

56 해설
게이지 블록은 정밀 연마된 블록을 적층해 다양한 정확한 길이를 만들고 계측기 교정에 활용한다.

57 해설
열을 이용해 일시적으로 부품 치수를 키우거나 줄여 삽입 후 상온에서 고정되도록 해 강한 체결력을 얻는다.

58 해설
인장·압축·굽힘 등은 재료를 실제 파단시켜 강도·연성 등을 평가하는 파괴 시험이다.

59 해설
모스테이퍼는 공구와 스핀들(심압대)의 원추 맞춤으로 힘과 위치를 정밀하게 전달한다(자립형 체결).

DIY 전산응용기계제도기능사 필기

초 판	인쇄	2010년 3월 20일
초 판	발행	2010년 3월 25일
개정 14판	발행	2024년 1월 25일
개정 15판	발행	2025년 1월 20일
개정 16판	발행	2026년 1월 15일

지은이 | 이광선·이정호
발행인 | 조규백
발행처 | 도서출판 구민사
　　　　 (07293) 서울특별시 영등포구 문래북로 116, 604호(문래동3가 46, 트리플렉스)
전　화 | (02) 701-7421
팩　스 | (02) 3273-9642
홈페이지 | www.kuhminsa.co.kr

신고번호 | 제2012-000055호 (1980년 2월 4일)
I S B N | 979-11-6875-638-0　　13500

값 26,000원

※ 낙장 및 파본은 구입하신 서점에서 바꿔드립니다.
※ 본서를 허락없이 부분 또는 전부를 무단복제, 게재행위는 저작권법에 저촉됩니다.